室内环境污染控制与治理技术

宋广生　王雨群　编著

机械工业出版社

本书从科学性、实用性出发，共分 13 章，全面解析了国内外的室内空气质量标准和相关规范、《绿色建筑评价标准》以及最新的 ISO/DIS16814 标准。全面介绍了室内环境污染与治理的发展历程、国内外建立的室内环境污染控制体系、室内环境评价、预评价系统知识及其在装饰装修工程中的应用；分析了室内环境污染种类、来源及新型污染物、污染特征和人体健康效应；介绍了最新的室内环境污染在线检测与控制技术以及车内空气污染与控制方法。

本书适用于广大环境污染控制、评价、监测与治理等相关领域的从业人员、研究人员、建筑装饰行业人员以及大专院校相关专业师生参阅。

图书在版编目（CIP）数据

室内环境污染控制与治理技术/宋广生，王雨群编著．—北京：机械工业出版社，2011.2（2022.7 重印）

ISBN 978-7-111-32841-4

Ⅰ.①室… Ⅱ.①宋… ②王… Ⅲ.①居住环境-环境污染-污染控制 Ⅳ.①X506

中国版本图书馆 CIP 数据核字（2010）第 260567 号

机械工业出版社（北京市百万庄大街 22 号 邮政编码 100037）

策划编辑：薛俊高 责任编辑：薛俊高

版式设计：霍永明 责任校对：陈秀丽

封面设计：张 静 责任印制：郜 敏

北京富资园科技发展有限公司印刷

2022 年 7 月第 1 版·第 6 次印刷

184mm×260mm·18.5 印张·459 千字

标准书号：ISBN 978-7-111-32841-4

定价：36.00 元

电话服务

客服电话：010-88361066

010-88379833

010-68326294

网络服务

机 工 官 网：www.cmpbook.com

机 工 官 博：weibo.com/cmp1952

金 书 网：www.golden-book.com

机工教育服务网：www.cmpedu.com

前　言

室内环境是人们生存的重要场所，而室内空气质量又与每个人息息相关。每个人在正常情况下平均每分钟呼吸空气约16次，每天约需空气10m^3，约13kg左右，是正常人每天需水量的4～7倍、每天进食量的7～10倍，可见，空气对于人的生存是何等重要！

我国从20世纪80年代大规模室内装饰装修开始，历经“煤烟型”、“光化学烟雾型”污染之后进入以“室内空气污染”为主的第三污染期。室内空气质量恶化以建筑大量使用化学建筑材料、装饰装修材料、人造板材复合家具，以及各种家用电器、办公用品等从其中散发出的有毒有害气体为起因，还与建筑因节能要求、密封性提高、室内空气流通不畅、公共建筑中央空调系统新风量减少、二次污染等因素密切相关。新时期的特征污染物如挥发性有机污染物、病毒、细菌、PM_{10}甚至$PM_{2.5}$等在室内空气中形成富集效应，它们除皮肤直接吸收进入体内外，在占24h中长达80%～90%以上的室内暴露时间中，大部分通过人体的肺被动地吸入肺泡，多种有害物质与表面积为60～80m^2的肺泡进行交换和扩散。可以想象，如此大的接触面积下，室内空气品质状况对人们身体健康的影响何等巨大！其结果是室内环境污染物使人体在心理上、精神上受到不良影响，产生“病态建筑综合症”、建筑相关疾病（BRI）、多种化学物质过敏症（MCS）等病症，造成人体在神经上、行为上和器官功能上的变化和异常，产生呼吸系统、心血管系统、免疫系统等病变，甚至引发各种癌症，而对婴幼儿、孕妇和老人等弱势群体的健康危害更是首当其冲，人们所遭受的现实与潜在危害是无法估量的。

历史上任何一次工业化革命、经济革命往往都会或多或少以环境污染和毁坏生态作为代价，同样，也开始了对环境保护的研究和探索。1997年Kaiser在《Science》上发表的“决战洁净空气科学”一文，称“工业界和环境领域研究者正致力于与空气污染和疾病相关的研究，这被人们称为近几十年来最大的环境斗争”；国际室内空气领域著名专家Fanger教授特别指出：室内空气污染治理从某种意义上说比室外空气污染治理更重要。可见目前室内空气污染问题已被科学界与工业界广泛关注，室内空气污染控制与治理方面的研究也成为人们关注的热门话题之一。

作者在长期的室内环境监测与净化治理的工作实践和研究中，深刻感到室内环境质量的重要性。因此将环境监测与保护方面的工作经验、研究成果编写出来，作为从事室内环境保护工作从业人员的指导用书。通过本书使室内环境保护从业人员全面、系统地了解和掌握室内环境污染控制和治理技术，积极投身到室内环境保护和治理中，维护人类健康与生命安全。

本书共分13章，全面解析了国内外的室内空气质量标准和相关规范、《绿色建筑评价标准》以及最新的ISO/DIS16814标准。全面介绍了室内环境污染与治理的发展历程、国内外建立的室内环境污染控制体系、室内环境评价、预评价系统知识及其在装饰装修工程中的应用；分析了室内环境污染种类、来源及新型污染物、污染特征和人体健康效应；介绍了最新的室内环境污染在线检测与控制技术以及车内空气污染与控制方法。

书中第1~10章、第13章由王雨群编写；第11章、12章由宋广生编写，其中第11章中电工知识的内容由吴吉祥提供。

本书从科学性、实用性出发，力图以最新研究成果解析室内环境污染物的控制技术与治理方法、技术发展现状以及研究发展方向。重点解析室内环境污染综合控制与治理的最新研究成果、原理和方法、产品及其应用，有针对性地介绍了居室、中央空调、车内空气净化技术、方法和产品；对人们普遍关注的人造板材有害物质控制技术、甲醛清除技术进行详细分析和研究；在净化技术中对物理吸附、机械过滤、化学净化法、微生物及植物多酚净化法、光催化净化法、酶催化生态净化法、活性炭、竹炭、活性炭纤维及其改性技术和产品、电气石负离子和电场等离子净化法等实用性强的新型净化原理、净化方法和应用进行了详细解析，介绍了室内空气净化器和净化材料检测与鉴定知识、室内环境污染治理程序与现场施工方面的应用知识，引用了大量文献资料。

本书适用于广大环境污染控制、评价、监测与治理等相关领域的从业人员、研究人员、建筑装饰行业人员以及大专院校相关专业师生参阅。

室内环境污染控制与治理领域是一个涉及多学科、跨领域的新兴研究空间，作为室内环境工作者，作者深知该领域的无穷与深奥，由于编者学术水平、编写能力、写作时间及经验所限，书中缺点和错误在所难免，敬请读者批评斧正，并向引用文献的作者致谢。

编　者

目　录

第 1 章　室内环境污染及治理概述

1.1　室内环境污染及治理的发展历程

历史上任何一次工业化革命或者经济开发革命往往都会或多或少以环境污染和毁坏生态作为代价，同样也开展了对环境的研究和探索。人们进行环境污染治理的努力可以追溯到14世纪，以当时英国伦敦的烟雾法为代表。与此同时，人们对空气污染问题的研究源于1952年的伦敦烟雾事件，经过50多年的研究，人们对空气污染的成因、影响因素和代表性危害都有了较为全面的认识；同时，控制空气污染的方法或措施也不断完善，并形成了与室外空气污染控制相关的产业。只是，以往人们对环境科学研究主要集中在大气、水、土壤、垃圾和噪声污染以及它们的防治与治理措施等方面。

但是随着工业化、产业化的进程，环境科学的进一步深入研究和人民生活质量的提高，另一个与人们健康和生命息息相关的室内污染与防治问题的研究日趋重要。在现代社会背景下的室内空气质量控制，人们开展了与甲醛、挥发性有机污染物、传染性病毒的斗争，已经与传统的防止一氧化碳中毒、二氧化硫污染之类的问题有着天壤之别。

1.1.1　病态建筑综合症（SBS）的引发

20世纪70年代后期，化学合成材料工业迅速发展，出现了大量人工复合型建筑材料和建筑装修材料，它们在建筑中广泛被采用，其中一些材料排放有害气体。当时出于节约能源的考虑，建筑物的气密性大大提高，新风量减少，由此带来室内通风率不足，污染物在室内空气中形成富集效应，对人体产生危害，使得长期生活和工作在“现代”建筑中的人群中表现出一系列病态反应。

1. 病态建筑综合症（SBS）的主要表现

病态建筑综合症（SBS）有如下主要表现：

1）眼睛，尤其是眼膜，鼻黏膜，以及咽喉感觉到刺激症状。

2）嘴唇等黏膜干燥。

3）皮肤红斑，麻疹，湿疹。

4）易疲劳。

5）频繁引发头痛和呼吸道感染。

6）明显感觉气短，胸闷。

7）没有外力的作用，也会引起过敏。

8）头晕，恶心，呕吐反复发作。

这些症状并没有显著的病理改变，一旦离开污染的建筑物，病症会明显的减轻或消失。

2. 国际上有关病态建筑综合症的定义

世界卫生组织（WHO）于1982年首次解释：“SBS为在非工业区主诉具有急性非特异

症候群（眼、鼻和咽刺激症、头疼、疲劳、全身不适）的建筑物室内活动者的频数增加的情况。这些症状在离开该建筑物之后能得到改善”。WHO 在 1983 年对病态建筑综合症进行了定义，并将这些建筑和不良反应归纳为“病态建筑（Sick Building）”和“病态建筑综合症（Sick Building Syndrome）”。

1989 年 WHO 又提出新的定义：“SBS 为一种对室内环境的反应，大多数室内活动者的反应不能归因于某一明确的因素，例如对已知污染物或不良通风系统的过渡暴露。这种症候群被假定为由若干暴露因素的多因素互相作用所引起，并涉及不同的反应机理”。

1991 年欧洲室内空气质量及其健康影响联合行动组织又重新划分了定义。SBS：专指由受到影响的工作人员所主诉报告的，在工作期间所发生的非特异症状，包括黏膜和眼刺激症、咳嗽、胸闷、疲劳、头痛和不适。

3. SBS 发病机理

尽管 SBS 的发病涉及不同的反应机理，因而很复杂，然而有关 SBS 发病机理的研究仍然在不断深入。SBS 发病主要涉及刺激症状、过敏症状和全身症状。比较著名的研究成果有 W. S. Cain 学说和 G. D. Nielsen 学说。

在 G. D. Nielsen 等的学说中，SBS 的发病解释为：在眼、鼻、咽部和上呼吸道黏膜中分布有大量的三叉神经的无髓鞘 A_δ 纤维。在无髓鞘 C 纤维和薄髓鞘 A_δ 纤维膜中镶嵌有感觉性刺激受体（Sensory Irritant Receptors，SIR）和阳离子/钙通道（Cation/Ca^{2+} Channel）的蛋白复合体。VOC 和甲醛等能够通过物理性吸附和/或化学反应的方式激活 SIR，从而打开阳离子/钙通道，然后引起钙内流。细胞内钙的积累又可以导致神经细胞在局部和中枢的纤维末梢内 P 物质（Substance P，SP）和降钙素基因相关（Calcitonin Gene-related Peptide，CGRP）颗粒的脱颗粒。当 SP 和 CGRP 脱颗粒发生在中枢神经系统时，即可产生刺激感觉和全身症状，当发生在眼、鼻、咽部和上呼吸道黏膜，则会发生局部炎症等反应。参与这个过程的因素还有：VOC 和甲醛等在上呼吸道的代谢（-）；质子供体的调制作用（+）；SP 和 CGRP 在上呼吸道的代谢（-）；SP 和 CGRP 代谢的抑制（+）；SP 受体的拮抗剂（-）和激活剂（+）等。

1.1.2 建筑相关疾病（BRI）

建筑相关疾病（Building Related Illness，BRI）最普遍的症状是超敏性疾病，包括肺炎、湿疹、哮喘、过敏性鼻炎和感冒（infection），其病原已知，具有一致的临床表现，主要表现为呼吸系统疾病、心血管疾病、军团病及各种癌症（如肺癌）。

BRI 病原包括过敏原、感染原、特异的空气污染物和特定的环境条件（例如气温和相对湿度），是由于接触建筑环境中的抗原，刺激特殊抗体反应引起。

建筑相关疾病（BRI）的特点：

1）患有建筑相关疾病的人群具有某些类型的临床不适反应，离开工作环境后症状也不会消失，并且能被医生诊断。

2）病人和医生都很难意识到病人的工作环境和所患疾病之间的关系。

3）建筑相关疾病通常只是个别发生。

4）建筑部件的微生物污染是造成建筑相关疾病问题的主要原因。

建筑相关疾病的最著名的例子就是军团病事件。军团病是由军团菌引起的，被感染人群有5%~15%死亡率。这种病最初在1976年美国得到了证实。

1.1.3 多种化学物质过敏症（MCS）

多种化学物质过敏症（multiple chemical sensitivity，MCS）指在新的、密闭的办公楼中发生的原因不明的症候群。室内空气中一定数量的某种化学物质或生物物质，对一般人群可能不会引起反应，但对敏感人群，却会引起过敏反应。对这种过敏是如何发生的，现在还没有研究清楚。

1.1.4 军团菌（Legionella）

军团菌（Legionella）是引起军团病（legionnaires disease，LD）的病原菌，是兼性胞内寄生菌，可入侵变形虫，或是人类的巨噬细胞内，系革兰氏阴性杆菌。是由于1976年在美国费城退伍军人年会中首次发现的急性发热性肺部疾病而被命名的，这次聚会，有221人被感染，其中死亡34人。目前，在世界范围内的大部分国家和地区，均发现过军团菌病。

研究发现：公共场所中中央空调、冷却水塔、热水沐浴器等系统中军团菌繁殖、传播是引起军团病感染、暴发的主要原因。目前，国际上多个国家已将军团菌肺炎定为法定传染病之列。现已发现了30多种军团杆菌，至少19种是人类肺炎的病原。据估计，在美国每年都有8000~18000人感染上军团病。

1.1.5 传染性非典型肺炎（严重急性呼吸综合症，SARS）

2002年冬~2003年夏，我国香港、广东、北京、山西和内蒙古等地区发生传染性非典型肺炎（严重急性呼吸综合症，SARS），截至2003年5月14日，SARS已经传播到全球32个国家和地区，据世界卫生组织2003年8月15日公布统计数字，截至2003年8月7日，全球累计非典病例共8422例，涉及32个国家和地区。全球因非典死亡人数919人，病死率近11%。

这种被世界卫生组织（WHO）称为“严重急性呼吸综合症”（Severe Acute Respiratory Syndrome，SARS）的呼吸道急性传染病是由一种新的冠状病毒（SARS相关冠状病毒）引起的急性呼吸系统疾病，主要通过短距离飞沫、接触患者呼吸道分泌物及密切接触传播。临床上以发热、头痛、肌肉酸痛、乏力、干咳少痰为特征，严重者出现气促或呼吸窘迫。这是一种新的呼吸道疾病，其临床表现与其他非典型肺炎相类似，但具有传染性强的特点，故中国医务工作者将其命名为传染性非典型肺炎。

尽管人们对这种冠状病毒研究和认识极其有限，但通过其传播途径和传播方式分析，它们可以通过空气气溶胶、昆虫、动物等途径传播，显示出较强的传染力，现实也再一次暴露了各种建筑气密性高、通风系统新风量不足等严重缺陷，特别是中央空调通风系统的设计、使用和维护不当和缺陷，使得室内环境对人体健康产生严重影响，从而引起了全球前所未有的关注。

1.1.6 甲型H1N1流感

甲型H1N1流感病毒[Influenza A(H1N1) virus]是一种亚型流感病毒，也是人类最常见的流行性感冒（流感）之一。有些株H1N1病毒会引起小部分地方性的流行，有些是季节性的大流行。2006年大约有一半的人类流感病毒感染是由H1N1病毒株引起的。2009年6

月，世界卫生组织宣布，禽流感新菌株的猪源 H1N1 病毒流感大流行，此前这株通常被媒体称为“猪流感”，后改为甲型 H1N1 流感病毒。据 WHO2009 年 8 月 4 日公布的数据，甲型 H1N1 流感病毒目前已扩散到世界各大洲的168 个国家和地区，已造成全球1154 人死亡。甲型 H1N1 流感传染途径与季节性流感类似，通常是通过感染者咳嗽和打喷嚏产生的小液滴，然后通过空气气溶胶或接触性感染而传播，与患者近距离接触也有可能导致新的感染或发病。

1.2 室内空气质量研究

由于室内环境污染越来越严重、对人体健康的影响日益显著，各国政府、研究机构和广大研究人员，针对室内环境开展了多方面的研究和探索，开展了室内环境与人体健康的影响、室内空气品质与控制方面的广泛研究。

1.2.1 室内空气品质定义及其发展历程

1. 室内空气品质（IAQ）

室内空气品质（Indoor Air Quality，IAQ），是指在某个具体的环境内，空气中某些要素对人们生活、工作的适宜程度，它反映了人们的具体要求而形成的一种概念。如何评价室内环境质量是目前为人们所关心的主要问题之一。它包括室内空气的温度、湿度、空气新鲜度和洁净度等情况。

由于室内空气品质与每个人息息相关，这使得人们开始深入研究和探讨室内空气质量对人类健康的影响，污染物及其来源以及可行的解决途径等。于是，在一些西方国家研究室内环境的学者就提出了“室内空气品质（IAQ）”学说，IAQ 是近 10 年国际环保界最关注的课题之一。

2. 室内空气品质定义的发展与不同解释

室内空气品质定义在近 20 年中经历了许多变化。最初，人们把室内空气品质几乎完全等价为一系列污染物浓度指标。近年来，人们认识到这种纯客观的定义不能涵盖室内空气品质的内容。

影响较大的是在 1989 年国际室内空气品质讨论会上，丹麦的 Fanger 教授提出了一种空气品质的主观判断标准：空气品质反映了人们的满意程度。如果人们对空气满意，就是高品质；反之，就是低品质。英国的 CIBSE（Chartered Institute of Building Services Engineers）认为：如果室内少于 50% 的人能察觉到任何气味，少于 20% 的人感觉不舒服，少于 10% 的人感觉到黏膜刺激，并且少于 5% 的人在不足 2% 的时间内感到烦躁，则可认为此时的室内空气品质是可接受的。这两种定义的共同点是都将室内空气品质完全变成了人们的主观感受。这种简单和直观的评价，成为国际上对室内空气品质评价的主流。

美国 ASHRAE 颁布的标准《满足可接受室内空气品质的通风》（ASHRAE 62—1989）中兼顾了室内空气品质的主观和客观评价，定义如下：良好的室内空气品质应该是“空气中没有已知的污染物达到公认的权威机构所确定的有害物浓度指标，且处于这种空气中的绝大多数人（≥80%）对此没有表示不满意”。首次提出了可接受的室内空气品质（acceptable indoor air quality）和感受到的可接受的室内空气品质（acceptable perceived indoor air quality）

等概念。其中，可接受的室内空气品质定义如下：空调房间中绝大多数人没有对室内空气表示不满意，并且空气中没有已知的污染物达到了可能对人体健康产生严重威胁的浓度。感受到的可接受的室内空气品质定义如下：空调空间中绝大多数人没有因为气味或刺激性而表示不满。它是达到可接受的室内空气品质的必要而非充分条件。由于有些气体，如氡、CO等没有气味，对人也没有刺激作用，不会被人感受到，但却对人危害很大，因而仅用感受到的室内空气品质是不够的，必须同时引入可接受的室内空气品质。

国际标准化组织TC205技术委员会编制的《建筑环境设计-室内空气质量-人居环境室内空气质量的表述方法》（ISO/DIS 16814）对室内空气质量的标准采纳了三种表述方法：一是应尽可能降低吸入的空气对人体健康造成的负面作用；因而对室内有害化学物质进行限量。二是基于感受到空气质量的表述，室内空气应使人感到舒适，可以接受。三是基于通风量的间接表述，对IAQ的间接表述首先是要确定满足人员健康要求和感受到空气质量要求的最小通风量，用实际风量与规定最小风量的大小关系来描述IAQ。

2002年我国制定的《室内空气质量标准》（GB/T 18883—2002）中借鉴了国外相关标准，不但涵盖了19项相关检测指标客观评价内容，还首次采用国际上对室内空气质量可感受的定义，加入了“室内空气应无毒、无害、无异味”主观感受与评价方式，与国际主流室内空气品质的观念相接轨，也标志着我国在室内环境质量的理念在加入WTO后，开始溶入世界上主流室内空气品质研究领域。

1.2.2　引起室内环境污染的危险因素

人们将不良建筑综合症（SBS）的危险因素分为四大类，见表1-1。

表1-1　不良建筑综合症的危害因素

分　类	危害因素
物理因素	气温、相对湿度、通风、人工光照、噪声振动、离子、颗粒物、纤维
化学因素	吸烟、甲醛、VOC、生物杀虫剂、臭味物质、其他无机化学污染物、二氧化碳、一氧化碳、二氧化氮、二氧化硫、臭氧
生物因素	霉菌、皮屑、细菌、螨虫
心理因素	精神紧张、忧郁、压抑、烦躁

近年来，由于现代建筑中室内装饰装修材料增多、各种现代办公设备的广泛使用，直接导致室内化学污染物的增多；而建筑密闭性的提高、空调系统新风量不足或通风不畅，使室内有害气体得不到排放而富集，使污染物浓度升高；对人体舒适的室内温度、湿度也为真菌、细菌、致病菌等繁殖提供了合适条件，使它们的繁殖能力增强或加快。这些因素与SBS、BRI、MCS及“空调病”、“居室综合症”等多种人体不适和亚健康状态的产生密切相关。

1.2.3　室内环境污染的危害

尽管人们开展室内空气品质的研究已有30多年的研究历程，但人们在室内环境对人体健康影响的了解方面还处于初级阶段，有许多机理尚不清楚。但是室内环境污染对人体的危害及其后果确令人震惊。

据统计，人们平常有80%的时间处于室内，而室内某些污染物浓度又超过室外，因此人们对IAQ问题日益重视。一个成年人平均呼吸次数为10～15次/min，每次需要0.5L空气，以平均70岁寿命来计算，每个人一生要用27万 m^3 空气。这些空气进入人体内，在总表面积为60～80m^2 的肺泡里，经物理扩散进入体内交换。可以想象在如此长的暴露时间、如此大的接触面积下，室内空气品质状况对人们身体健康影响何等巨大。人们不知不觉地、被动地吸入这些污染物，在其长期的干扰下，在心理上、精神上受到不良影响，导致植物神经系统的紊乱、免疫力减退，造成在行为上和器官功能上的变化，直接危害人体的健康，人们所遭受的潜在危害是无法估量的。

研究表明：继"煤烟型"、"光化学烟雾型"污染后，现代人正进入以"室内空气污染"为标志的第三污染时期，室内空气污染已被世界银行列为全球四个最关键的环境问题之一，全球每年因此而导致死亡的人数达280万人。

2002年3月世界银行"室内空气污染"的报告中指出，在全球范围内颗粒物的暴露有85%发生在室内，它是引发各种肺病、过敏性疾病的主要因素。美国环境保护署（EPA）历时5年的专题调查结果显示，许多民用和商用建筑内的空气污染程度是室外空气污染数倍至数十倍，有的甚至超过100倍。EPA的另一份报告中指出室内空气污染是有关国民健康的首要环境问题之一。据统计，室内环境污染已经引起36%的呼吸道疾病，22%的慢性肺病和15%的气管炎，支气管炎。全世界每年有2400万人的死亡与室内污染紧密相关。因此，世界卫生组织（WHO）将室内空气污染与高血压、胆固醇过高及肥胖症等共同列为人类健康的十大威胁。Haymore和Odom估计低劣的室内空气品质造成美国每年的经济损失超过400亿美元，这一数目令人触目惊心。1989年美国环保署对新西兰的一项调查表明，每年由于室内空气品质不好造成的损失约占国民生产总值的3%。而1990年对英国的调查表明，SBS使生产力降低了4%。在1997年，Menzies的一项实验研究表明，好的室内空气品质提高了大约11%的生产力。经过估算，在1996年，美国因为SBS引起的经济损失高达76亿美元。《美国医学杂志》1985年调查报告估计，在美国，每年因呼吸道感染而就医的人数达到7500万次，每年损失1.5亿个工组日，花费的医疗费用达150亿美元，而缺勤损失则高达590亿美元。

据世界银行有关资料显示，中国2001年因室内空气污染造成的损失为106亿美元，而每年因室内空气污染引起的超额死亡人数又达11万人，引发诸如其他血液病（尤其儿童白血病）、神经类疾病及各种癌症。据统计在我国室内空气污染所产生的疾病负担目前达4%。在疾病负担因素中排序占第四位，目前我国儿童哮喘病率为2%～5%，其中1～5岁儿童患病率高达85%，在全国65%的儿童不同程度地患有哮喘。据报道北京每年由居室污染造成的中毒事件有400多起，死亡350多人，中毒者1万人以上，慢性中毒的范围更加广泛；长春仅2002年冬季取暖期间就有30多人死于室内CO和其他污染物中毒。而令人不安的是，2005年的调查显示，目前在我国，家庭绿色环保产品使用率还不到30%，有92.3%的家庭对装修污染缺乏正确认识，70%以上的家庭装修污染超标，而污染严重超标达16～40倍的已占到了34%。

1.3　室内空气质量研究领域

1.3.1　室内空气质量研究领域的划分

室内空气质量研究领域有两种划分方法，按社会属性划分，室内空气质量控制和改善可分为以下几方面：城市建筑环境（居住建筑环境、办公建筑环境和公共建筑环境），农村建筑环境，交通工具内环境，特殊空间（医院、地下空间等），室外和室内环境的相互影响等。

按学科领域的技术属性划分，室内空气质量研究内容可分为室内空气质量对人舒适、健康和工作效率的影响；化学污染控制；微生物污染控制、颗粒污染控制、室内空气环境综合控制、室内外空气质量的关系等。

1.3.2　室内空气质量研究进展

有关室内空气品质的研究，可以追叙到 20 世纪 70 年代，当时，人们已经开始采用通风的方法来改善室内空气环境。制冷空调系统的出现，为人们创造了舒适的空调环境。70 年代的全球能源危机，使制冷空调系统这一能源消耗大户面临严重考验，节能降耗成为空调系统设计的关键环节。为节能而提高建筑物的密封性和绝热性，降低了最小新风量标准，但是这一措施引起了室内空气环境恶化：由于建筑物内透气性变差、换气量减少，导致室内挥发性化学物质、微生物与可吸入颗粒物形成富集效应，污染物浓度增高，从而危害人体健康；为了增加室内的舒适性，而发明并使用加湿器，但随着室内湿度的增加，加剧了致病微生物的繁殖；导致了室内空气污染，出现了“病态建筑综合症”。

随后的几十年中，美国、德国、日本等发达国家，广泛深入地研究了室内污染的浓度水平、健康风险评估，制定了相应的法律或规范控制技术，基本解决了由室内装饰装修材料引起的室内污染问题，从源头上较好地控制了室内污染。20 世纪 80 年代以来，制冷空调步入一个新的发展阶段，其中最为突出的就是由舒适性空调向健康空调的变革。

由此，室内空气质量研究已成为现代建筑科学的前沿研究课题，它涉及医学卫生、建筑环境工程、建筑设计等诸方面，研究的目的是创造一种卫生、健康、舒适的室内空气环境。

与此同时，国际上室内空气质量研究近几十年来发展迅速。1978 年由丹麦著名学者 Fanger 教授发起，在丹麦哥本哈根召开了第 1 届国际室内空气大会（The 1st Inter. Conf. of Indoor Air），在世界不同国家举办国际室内空气大会，其后每 3 年 1 次。美国空气和废弃物处理学会（A&WMA），制冷空调暖通工程师学会（ASHRAE）年会中室内空气质量也都是重要专题之一。国际上现有国际室内空气学会（ISIAQ），1990 年，又成立了国际室内空气科学院（International Academy of Indoor Air Sciences，简称 IAIAS）。2005 年我国清华大学成功主办了第 10 届国际室内空气大会（The 10th Inter. Conf. of Indoor Air）。清华大学发起的国际暖通空调大会（Inter. Conf. of Heating，Ventilating and Air-conditioning）自 1991 首次举办以来已举办 5 届，室内空气质量也成为了该系列国际会议的主要专题之一。室内空气质量（IAQ）研究领域中，生态建筑材料、室内环境与健康、暖通空调、室内空气净化等相关领域成为研究热点。

随着对于室内空气污染问题认识的不断深化，室内环境作为卫生和环境科学的重要组成部分越来越受到重视。一批专门从事室内环境检测、宣传教育、学术研究和学术交流、咨询和评估的机构开始形成。如美国工业卫生协会（AIHA）专门设立了室内环境质量（IEQ）委员会。“国际室内空气质量与气候协会（ISIAQ）”、“美国绿色建筑委员会（USGBC）”和“室内空气质量协会（IAQA）”也于 1992 年、1993 年和 1995 年相继创立。就连北大西洋公约组织（NATO）这样的军事合作组织也在其科学与环境事务局所属的高级研究中心开展

“室内空气质量（IAQ）科学”的研究和教育培训计划，每年都要在缔约国开展室内环境方面的培训工作。

与此同时，室内空气质量的管理机构也开始在发达国家和地区形成，如美国环保局于1988年在其空气与辐射司下设立室内空气质量（IAQ）程序办公室，1995年又与较早设立的氡分部合并成立了室内环境处，并附设了两个与室内环境相关的国家实验室，在相关部门设立了室内环境的监管、执法机构。如今，美国的学校里都设有室内环境协调员，管理和督导室内环境质量的监测和控制。法国政府也于1999年底成立了国家室内空气监测站，并从2001年开始，每年在全国选择1000个监测点，对典型室内场所的氡、铅、霉菌、过敏源、VOCs、人造矿物纤维、杀虫剂及烟草烟雾等10多种有害物质进行检测，并向公众通报检测结果。我国的香港特别行政区也于1998年在其环境署内设立了室内环境主管部门，并于1999年公布了楼宇的IAQ指南。在室内环境管理机构的指导下，室内环境立法也开始进行，到目前为止，欧美各发达国家，亚洲的日本、韩国和我国香港地区，以及世界卫生组织已建立比较完善的室内环境法规。

我国大规模出现室内空气污染是在20世纪80年代。在居住条件大幅度改善的同时，室内空气品质却不断恶化。较之国外，我国研究室内空气品质起步较晚，我国从事住宅室内空气污染的研究始于70年代，当时主要是中国预防医学科学院钮式如研究员的研究室，出发点是研究室内通风，并针对二氧化碳等室内空气污染物。到1980年，中国预防医学科学院何兴舟研究员所领导的环境流行病研究室开始了云南宣威地区农村室内燃料燃烧与癌症并发率关系的研究，这是我国较早的室内空气污染与健康关系的研究。同年，武汉市卫生防疫站的杨旭医师在城区开展了室内空气污染的研究工作。1984年，在全国防疫站系统开展了大量的室内空气污染调查工作。最为突出的是1988～1990年间中国预防医学科学院秦钰慧研究员所领导的中国五城市室内空气污染与健康关系的调查研究，研究历时两年，空气污染物包括IP、二氧化硫、二氧化氮、一氧化碳等；人群包括小学生、中学生、社会居民；健康指标包括肺功能、碳氧血红蛋白等，文章多次在国际会议上发表，特别是在芬兰赫尔辛基大会（IndoorAir’93）时做过报告，是那次千人大会上的重要发言。至此，我国的室内空气污染研究还是集中在燃料上。

到了20世纪90年代，引起居室室内空气污染最主要的原因是由于不良装修，即在装修过程中使用了含有大量有害物质如甲醛、挥发性有机物等一些装饰装修材料。1993年杨旭副主任医师首先开始了建筑物装饰材料的污染研究。1995年秦钰慧研究员组织“室内化学品与健康关系的研究”，室内空气质量和装饰建材研究是其重要的方面。并以此着手制定我国室内空气标准。此后中国预防医学科学院数次举办过关于室内空气质量研讨会。国家环境保护总局于2000年8～9月召开“室内空气质量相关法规及污染控制技术培训班”，2001年5月，中国科学技术协会过程学会联合会举办了“全国室内环境质量研讨会”等。室内空气质量标准的制定，直接关系到人体健康，需要毒理学试验结果作为依据，并且要进行卫生学的分析和评价，这样的工作不是一个检测机构就能够完成的。还有污染源控制，这是我国目前室内空气污染研究的一个热点问题。消除污染根本方法是消灭污染源，停止使用了对能产生甲醛的脲醛泡沫塑料和产生石棉粉尘的石棉等建筑材料。一方面，通过立法制定了室内环境卫生标准和产品质量标准，在生产和装饰装修工程的过程中尽量控制这些建筑材料的污染物含量；另一方面，需要对室内究竟有哪些污染源、这些污染源可能产生什么样的污染物以及这些污染物的释放特征进行研究，这样就可以在装修过程中对有可能造成室内空气污染的污染源进行控制。

1.4 室内空气质量控制与治理

1997年Kaiser在《Science》上发表的“决战洁净空气科学”一文中提到“工业界和环境领域研究者正致力于与空气污染和疾病相关的研究，这被人们称为近几十年来最大的环境斗争”，可见目前空气污染问题已被科学界与工业界广泛关注。但在环境工程和空气污染治理中，长期以来存在一个认识上的误区，即重视室外大气污染治理，轻视室内空气污染治理。丹麦技术大学的国际室内空气领域著名专家Fanger教授特别指出：室内空气污染治理从某种意义上说比室外空气污染治理更重要，因为绝大多数人90%以上的时间在室内度过。良好的室内空气品质对人体健康至关重要。

由于我国室内空气质量的恶化从20世纪80年代的大规模室内装饰装修开始，特别是近年来随着人民生活水平的提高，住房改革带来的购房、室内装修热潮，由于新建建筑多，装修量大，对建筑材料和装修材料有害气体散发量的限制标准或法规不够完善或执行不力，室内空气品质问题较发达国家严重得多。

室内环境研究领域包括：

（1）室内环境基础研究　在室内环境研究领域中，从基础研究层面上，人们开展了如下方面的研究：

1）室内污染源和污染特性的研究。

2）室内空气质量评价。

3）室内污染传播过程。

4）室内污染对人体健康的影响与评价。

（2）室内空气品质的控制与改善研究领域　在室内空气品质的控制与改善研究领域中，人们开展了如下方面的研究：

1）暖通空调系统新风控制与稀释效应的研究。

2）室内污染源的控制研究。

3）空气净化方法、净化材料及净化装置的研究。

1.5 我国室内环境保护行业的形成、现状及发展前景和亟需解决的问题

1.5.1 室内环境保护行业的形成、现状及发展前景

我国室内环境净化治理行业最早始于20世纪80年代。当时市场上才刚刚出现室内环境质量的概念。2003年初，一起突如其来的非典极大地推动了人们室内环境质量意识的提高，推动着室内环境净化治理产业进入了新一轮快速发展阶段。

根据产品用途的不同，目前细化的空气净化治理产品主要有以下几种类型：一是普通空气净化器。这类产品主要包括空气加湿器、空气净化器、新风换气机，其主要用途为家庭、

办公室、室内公共场所等处。二是便携式空气净化装置。这类产品主要包括便携式净化器、车载净化器等，主要用于改善小的室内空间的空气质量。三是净化材料。产品主要包括各类空气清新剂、甲醛捕捉剂、苯、氨等有害物质清除剂，各种新型空气净化、过滤材料、光催化材料等。

国内目前生产空气净化材料的企业数量比较多，多为中小型企业，市场份额较小，缺少龙头企业。由于城市化进程的加快、消费者环保意识的逐渐提高和生活水平的不断改善，中国室内环境净化治理产品的需求量将会稳步提高，尤其在未来的几年内，产品需求将会延续较快的增速；而在产品供给方面，以纳米二氧化钛光催化、生态净化技术等新兴技术的广泛应用，将会有效提高空气净化产品的功效，更好地满足不同消费者的需求，有较好的市场发展前景。

1.5.2 我国室内环境污染治理行业发展现状

2005年2月17日召开的“中国首届室内环境净化治理行业发展研讨会”发布最新消息：我国室内环境净化治理行业已经形成年销售额104亿规模的新兴行业。2006年，随着我国经济建设的发展，我国以室内环境检测治理为主要内容的室内环境保护行业产值实现170个亿，2007年，中国的室内环境保护行业市场规模超过200个亿，2008年，我国室内环境保护行业的发展规模已经超过300亿人民币。据调查统计，未来几年内，室内环境净化治理行业仍处于快速成长期，预计将以每年28%的复合增长率增长。

从20世纪80年代开始，我国室内环境检测治理行业，经过多年的发展，形成了一个比较完整的新兴行业。这些行业已经发展成为包括：空气净化器、空气净化材料、空调净化和清洗系统；具有净化功能室内装饰装修材料；具有节能功能热交换系统；室内环境污染监测、控制、评价系统的一个相对完整行业体系。其主要表现为：

1）全社会室内环境保护意识得到了迅速提高，而且形成一种全社会的共识。室内环境污染防治从家庭到学校、商场和各种公共场所都得到一定程度的普及。

2）我国室内环境保护行业的相关标准已经初步形成。几年来，我国的室内环境相关标准不断发布实施，室内环境保护的标准体系已经基本形成。

3）室内环境检测治理和净化产品已经形成规模，并且出现了多个在国内外具有影响的名牌企业。

4）室内环境检测治理人员的职业资格和培训已经形成体系。国内培训机构开展的室内环境检测治理师培训已经形成规模。

但是，从总体上来看，我国室内环境污染治理行业还处于发展初级阶段，许多净化技术、净化产品都是从大气污染治理技术转移而来。生产企业较少、投资规模小、技术密集程度较低、产品适应市场发展的需求能力较差，针对室内空气中主要污染物净化能力较低，主流产品市场占有率不高。仍需全社会大力支持和推动。

自从21世纪以来，国际国内许多重大事件的发生，极大地促进了我国室内环境行业的发展，人们对室内环境污染的认知度得到极大提高。

1.5.3 “绿色奥运”对室内环境保护行业的大力推动

为了保证我国对全世界人民的承诺，保证奥运会开办成一届绿色、人文奥运会和成功的、圆满的奥运会，保证奥运场馆接待的良好环境和良好的室内环境质量，北京奥运工程和相关接待场所采用了 168 项高科技技术，其中有 61 项先进空气处理技术，占全部技术的 36%。综合起来，绿色奥运室内环境保护的特点如下：

（1）制定“绿色奥运”环保工程指南　为了控制室内环境污染，北京奥组委从筹办奥运会开始先后制定《奥运工程环保指南》、《奥运改扩建工程环保指南》以及《奥运临建工程环保指南》。在这些《指南》中明确规定，为了保证有良好的室内环境，在奥运工程的建设过程中，采取了严格的室内环境污染控制技术，包括建筑材料、水泥制品及混凝土、外加剂、墙体材料、建筑卫生陶瓷、门窗、防水材料和人造板、涂料、油漆、胶粘剂等室内装饰材料，都要按照奥运工程绿色材料的要求进行检测和预控，各项环保指标要求超过国标 E_1 级标准，达到《奥运工程环保指南》要求的 E_0 级标准。

（2）奥运场馆室内通风新技术广泛应用　有效的通风是保证奥运场馆和接待场所室内环境质量的必要条件，加强通风、提高室内环境中的新风量是有效的解决方法。同时，一些具有节能功能的通风技术和设施在一些新建场馆得到了应用，这些技术充分利用建筑结构，经过巧妙地设计，实现了低能耗甚至零能耗的自然通风。让运动员和观众们时刻都能享用新鲜的空气，同时保证冷暖适宜。

例如在运动员集中休息的奥运村，为了提高室内环境质量，设计师采用了直接安装在窗上的专用的无噪声通风设备，这种设备不需要电力驱动，仅靠内部特殊的设计结构即能抗噪、防粉尘、交换室内外空气，因此，它自身也不会发出空调、排气扇那样的噪声。由于安装了这种设备，运动员可实现不开窗也能实时交换窗外新鲜空气，同时有过滤噪声、花粉、病菌等功能，保证运动员房间内的空气清新和宁静。

北京射击馆采用了生态型呼吸式遮阳幕墙，通过一种特殊的材料，在水帘下通过通风系统，集这几个技术的综合作用的结果，使空气能够在室内达到平衡。实现对建筑通风换气的全智能自动控制，一方面提高了室内空气质量，使室内冬暖夏凉，另一方面极大地减少了能源的耗能，为运动员发挥成绩创造了良好条件。

新建的中国农业大学体育馆，馆顶的天窗设计除了可以采光，还能够增强室内对流通风，为了有效降低温度，提高室内空气质量，减少空调使用，采用了屋顶的 400 多个高低错落分层排列的玻璃窗通风方法，玻璃窗打开后，经自然通风可以让体育馆内的空气和馆外的空气形成自然的对流。

被称为“魔方”的“水立方”在室内环境的设计上充分考虑了运动员和观众的需要，比赛大厅、戏水大厅都采用了百叶自然进风、上部机械排风，可替代强制新风量。

（3）大量采用新型室内环境污染净化技术　“绿色奥运”为室内空气净化业提供施展产品和技术的机会，在“北京 2008 年奥运会独家供应商配套供应商招标大会”上发布，奥运会有近 20 亿元的室内空气净化器配套采购计划，吸引了 500 多家中国内地、港台及日本等境内外企业的先进室内环境净化产品和技术前来竞标。

北京亚都公司研制的解决室内环境污染问题的具有分子络合技术、负离子技术的各种空气净化器，成为提高奥运场馆空气加湿净化器的独家供应商。同时，国内外相关企业的产品和技术也出现在奥运工程和负责接待工作的宾馆和饭店，甚至车辆中。

（4）新型集中空调清洗净化技术　北京市建立了 230 家集中空调清洗技术服务机构，采用了大量先进的集中空调清洗技术，包括清洗机器人、空调风管检测机器人、气吹机器人、气鞭风刀、电动控制软轴刷、机器人控制箱、工业吸污机和清洗监控系统、图像显示录像设备等。全市服务奥运会的209个安装集中空调建筑物的集中空调通风系统已全部清洗完毕，确保了涉奥场所室内空气的安全卫生。

海尔公司研制的自动清扫空调，为运动员和消费者带来舒适温度的同时，带来了便捷和健康。可以说，自动清扫空调推动了整个行业的进步，整个空调行业进入了能自动除尘的健康时代。

（5）室内空气质量实时在线监控管理系统　为了及时有效地监控室内环境质量，北京市的公共卫生人员在112个签约饭店和72个竞赛场馆（群）安装了先进的室内空气质量实时在线监控管理系统，全市设有192个监控点，安装了美国、日本等国家的先进室内空气质量检测仪、甲醛检测仪，全天24h实时动态采集室内环境中的一氧化碳、二氧化碳、甲醛含量、温度、湿度、噪声的数据，形成自动采集、自动传输、自动报警的实时在线监控管理系统，并通过北京市奥运场馆公共卫生保障指挥中心监控室内的大屏幕直接显示出来。

“绿色奥运”重点工程和项目的应用，对室内环境保障技术的发展产生了大力推动。

1.5.4　国家863计划及“十一五”重点项目研究开发

依据《国家中长期科学和技术发展规划纲要（2006—2020年）》、《国家“十一五”科学技术发展规划》和《863计划“十一五”发展纲要》，我国“十一五”期间在环境与健康领域战略目标是：研究大幅度增加资源储备技术，提高资源综合利用效率；研究区域性环境污染综合防治技术，逐步形成与社会经济发展水平相适应的资源环境科技创新体系，为保证社会经济可持续发展、建立资源节约型和环境友好型社会提供强有力的科技支撑。围绕“十一五”863计划资源环境技术领域战略这一目标，开展的重点研究项目：“室内典型空气污染物净化关键技术与设备”，主要将围绕高效快速安全治理有机污染物和有害微生物关键控制技术与设备研究，重点研究开发新型环境净化材料、环境净化技术和环境净化设备，并开展相应的应用示范，为我国室内环境污染治理提供有力的技术支撑。

“室内典型空气污染物净化关键技术与设备”项目总体目标：针对大型公共场所（如超市、商场、娱乐场所等）室内空气污染控制的重大需求，以治理有机污染物和有害微生物为目的，研究公共场所室内空气污染物的解析与调控技术，开发具有自主知识产权的新型环境净化材料和技术，制备净化功能组件，研制新型独立空气净化器和适用于中央空调的空气净化单元样机，形成室内空气污染净化技术系统，并进行示范应用，为提升我国室内空气污染净化技术与装备水平、改善公共场所室内空气质量提供支撑。

1. “室内典型空气污染物净化关键技术与设备”主要研究内容

项目主要研究内容：针对大型公共场所室内空气有机物和有害微生物的污染现状，选择典型场所（如超市、商场、娱乐场所等）开展技术研究和应用示范。主要研究内容包括：

（1）室内空气中污染物的解析与调控　明确室内空气典型污染物种类、浓度水平、污染特征以及与气流组织等因素之间的相关性，研究公共场所不同污染物的动态行为，解析污染物来源，形成污染物净化调控的技术方案。

（2）室内空气中有机污染物的净化技术　研制新型高效多功能的吸附净化材料、技术及相应的功能组件，研发二氧化钛基光催化应用技术，制备功能组件；研发低能耗、高效率的非热等离子体空气净化技术；重点研发具有吸附、催化等协同/耦合技术，形成与室内净化装置匹配的功能组件和配套技术。

（3）室内空气中有害微生物的净化技术 研制对室内有害微生物具有快速杀菌效果、无毒副作用的新型抗菌材料，研发抗菌材料的负载、复合、控释等技术，形成与室内净化装置匹配的功能组件和配套技术。

（4）室内空气污染净化设备与示范应用 集成上述研究成果，研发适用于公共场所中央空调的净化单元装置和独立空气净化器以及关键配套技术，完成其在典型公共场所的示范应用。

2. “室内典型空气污染物净化关键技术与设备”项目主要考核指标

1）建立典型公共场所（如超市、宾馆、娱乐场所等）污染物动态行为特征的数据库，形成2~3种公共场所室内空气污染调控技术方案。

2）开发新型吸附、催化和抗菌材料5~6种，净化功能组件4~5种，具备规模生产能力，产品达到下列技术指标：甲醛净化效率>95%、苯净化效率>90%、除菌率≥90%、抗菌率≥90%（国家标准30m^3空气舱，6h）。

3）应用所研发的净化材料和功能组件，研制空气净化设备，在保证常规运行指标前提下，在2个以上典型公共场所（如超市、商场、娱乐场所等）完成示范应用并稳定运行6个月，空气质量达到相应的室内空气质量国家标准。

1.5.5 “净化经济”理论及产业链的建立与发展

由于室内环境保护行业的迅速发展与壮大，行业发展已经从“净化产业”发展到了“净化经济”。

所谓“净化经济”，由室内环境保护的产业分支，包括室内环境检测、净化服务、净化设备、空调清洗、洁净技术与设备等相关行业，通过行业结构调整发展成一条“净化”产业经济链，形成具有现代工业基础的高新技术产业结构链。“当以上所谓的室内环境保护行业上层建筑和产业门类并齐发展的时候，整体意义上的净化经济就形成了”。

在人们环境保护意识发展的过程中，室内环境净化行业及其从业人员越来越清晰地认识到，党和国家对生态环境的高度重视，已经为这个新兴行业的发展打开了一扇大门，是室内环境保护事业发展的根本保证，只要有良好的政策条件，室内环境保护与治理事业就能得到充分发展和壮大。

1.5.6 新型职业受到社会青睐

随着人们生活水平的不断提高，我国对日益严重的室内环境污染格外重视，先后发布了一系列法律法规和技术规范，要求新建、扩建和改建的民用建筑的室内环境质量必须达到相应的标准，室内环境治理行业由此迅速发展。仅以上海为例，估计2006年至少有2.5万多名从业人员，预计5年内，仅上海的室内环境治理市场就将需要约6万名从业人员。全国，估计从业人员在100多万人以上。全国的一些大中城市如能加强对该行业发展的关注和支持，本职业的发展前景将更加可观。

1.5.7 住宅产业构调整

在建筑的建造和使用过程中，需要消耗大量的自然资源，同时增加环境负荷。据统计，人类从自然界所获得的50%以上的物质原料用来建造各类建筑及其附属设备。这些建筑在建造和使用过程中又消耗了全球能量的50%左右；与建筑有关的空气污染、光污染、电磁污染等占环境总体污染的34%；建筑垃圾占人类活动产生垃圾总量的40%。

由中华人民共和国住房和城乡建设部及国家质检总局联合发布的《绿色建筑评价标准》于2006年6月1日开始实施。

绿色建筑是指在建筑的全寿命周期内，最大限度地节约资源（节能、节地、节水、节材）、保护环境和减少污染，为人们提供健康、适用和高效的使用空间，与自然和谐共生的建筑。

绿色建筑是将可持续发展理念引入建筑领域的结果，将成为未来建筑的主导趋势。目前，世界各国普遍重视绿色建筑的研究，许多国家和组织都在绿色建筑方面制定了相关政策和评价体系，有的已着手研究编制可持续建筑标准。由于世界各国经济发展水平、地理位置和人均资源等条件不同，对绿色建筑的研究与理解也存在差异。

我国政府从基本国情出发，从人与自然和谐发展，节约能源，有效利用资源和保护环境的角度，提出发展“节能省地型住宅和公共建筑”，主要内容是节能、节地、节水、节材与环境保护，注重以人为本，强调可持续发展。从这个意义上讲，节能省地型住宅和公共建筑与绿色建筑、可持续建筑提法不同，内涵相通，具有某种一致性，是具有中国特色的绿色建筑和可持续建筑理念。而环境功能材料与技术是绿色环境建筑的基础和保障。

我国资源总量和人均资源量都严重不足，同时消费增长速度惊人，在资源再生利用率上也远低于发达国家。各地区在气候、地理环境、自然资源、经济社会发展水平与民俗文化等方面都存在巨大差异。我国正处于工业化、城镇化加速发展时期。中国现有建筑总面积400多亿m^2，预计到2020年还将新增建筑面积约300亿m^2。在我国发展绿色建筑，是一项意义重大而十分迫切的任务。借鉴国际先进经验，建立一套适合我国国情的绿色建筑评价体系，反映建筑领域可持续发展理念，对积极引导大力发展绿色建筑，促进节能省地型住宅和公共建筑的发展，具有十分重要的意义。而绿色建筑与绿色室内环境离不开室内环境污染监测与治理。

2000年我国用于住宅装修的费用高达1800亿元，2002年达到2100亿元。专家预测：在未来10年，室内装饰装修行业发展速度将高于建筑业的平均速度，按年增长20%计算，会形成一个十分巨大的市场，这将大大促进室内环境保护事业的发展。

1.6 室内环境污染治理行业自律公约与从业人员应具有的职业道德

室内空气检测与治理行业的诞生，是随着我国室内装饰装修行业的发展、室内环境污染对人体影响日益严重、人们对自身健康重视不断增强而形成的新型行业。2001年之后政府相关部门加速制定了一些与室内空气质量相关的标准，如2001年制定了《室内装饰装修材料有害物质限量》、《民用建筑工程室内环境污染控制规范》。2002年5月1日起《住宅室内装饰装修管理办法》正式实施，2003年3月1日《国家室内空气质量标准》（GB/T 18883—2002）正式实施，这些标准的实施，尤其是2003年SARS暴发之后，人们对室内空气质量更加关注，使室内环境检测与污染治理行业得到了飞速发展，市场需求日益增长。

由于市场需求旺盛，行业标准缺失、低投资门槛和高投资回报率，使室内环境治理行业成暴发性增长，其发展速度远远超过传统产业。特别是缺少净化材料类的产品检测与质量标准，一些根本不具备研发和生产能力的不法企业开始打着环保的幌子生产劣质产品，市场上，室内空气检测和治理项目成了这些鱼龙混珠者敛财的工具，给消费者及行业发展带来了负面影响。但随着相关国家标准的健全和完善，行业将会有新一轮的洗牌，产品质量不符合国家标准的企业和产品逐步将被淘汰，室内空气治理行业将会得到理性回归，形成健康、快速的增长，步入新一轮的行业黄金发展期。

为了加强环境检测与空气净化行业从业法律和法规意识，加强行业内自律，让更多百姓避免室内空气污染对身体健康的危害，回归清馨健康的室内空气环境，全国相关行业主管部门都制定了行业公约和自律条约，加强从业人员的职业道德教育，为此，呼吁室内环境行业从业人员，共同响应如下号召：

1）要严格执行《计量法》、《室内空气质量标准》（GB/T 18883—2002）、《民用建筑工程室内环境污染控制规范》（GB 50325—2010）和《产品质量检验机构计量认证管理办法》等相关法规、标准和规范，严格执行国家质量标准、规范的要求，科学、公正地在开展室内环境检测和污染治理工作。

2）要认真贯彻国家有关产品管理方面的法律法规，净化治理产品必须履行产品效果检定、制定产品企业标准并报当地技检部门备案，技术鉴定、主管部门批准生产等程序方可投入生产。要实事求是宣传产品效果，不得随意夸大其作用，不得仿造产品合格证书和推荐证书。

3）要认真贯彻《实验室资质认定评审准则》，按《准则》的要求，逐条进行自查，保证质量监督体系的正常运转，不断提高检测工作水平。

4）开展室内环境污染治理的服务单位，应在服务后为消费者提供具有 CMA 检测资质的检测报告，并做好跟踪服务。

5）要按照国家特许经营的有关法律法规开展加盟业务，为加盟商提供通过计量检定的具有 CMA 标志的检测仪器和通过检测的净化治理产品，不断提高室内环境保护行业内的特许经营的信任度。

6）进一步加强企业员工的职业道德教育。加强专业知识和专业技能培训和员工的继续教育，保证员工整体素质的不断提高，真正做到为客户服务，服务于民。

7）要加强企业经营管理，加强行业协会、会员单位、企业法人和主要经营者的法律意识和思想意识，与时俱进，与政府保证高度一致，自觉规范市场行为，脚踏实地，严于律己，正确处理长远利益与眼前利益的关系。

8）企业要不断研究开发适合室内环境污染特点的新产品，真正在室内环境保护行业中树品牌、立形象，产品促进室内环境保护行业健康发展。

第2章　室内环境污染控制体系、标准与评价方法

2.1　国内外室内环境污染控制体系的建立与发展

随着国际上工业化进程，全球环境污染日益严重。从20世纪60年代开始，国外大规模出现室内装修热，在由建筑及装饰材料围成的与室外环境隔开的室内小环境中，各种有害化学物质释放或散发，引起室内空气污染，危害人体健康，而被各国的广泛关注。1983年，世界卫生组织（WHO）开展大规模调查，初步掌握室内空气质量问题的成因、现状与危害，并把由于室内空气质量问题引起的健康影响定义为“病态建筑综合症”（SBS）。

在建筑物构成的相对密闭的室内空间中，除了建筑及装饰材料外，家庭烹饪、取暖、吸烟等人类的活动，各种家用电器、办公用品、日用化学品等都是室内环境的污染源，它们可能会释放或散发出有害物质；而由于能源危机，出于节能的需要，减少通风换气量或换气次数，室内空气中的污染形成富集效应，使得室内污染更为严重。随着室内空气中的各种污染物浓度不断增加和聚积，室内人群接触有害化学物质的机会和剂量超过正常情况，严重影响室内人群的身体健康和生活质量。因此，各国制定了相应的室内环境中污染控制标准和评价方法。在以后的几十年中，逐渐构成了比较科学的室内环境质量评价和控制体系，建立了相对比较完备的法律及室内环境中相关污染物的卫生标准，形成了一门独立的学科。

2.1.1　国外室内装饰污染法规建设简介

1. 美国

美国是世界上最发达国家，其在室内建筑装饰污染方面的法规也比较完善。1960年美国国会通过了《联邦有害物品法》，规定所有家用有害产品都必须带有“警告标签”。洛杉矶市在1996年提出了限制有机溶剂排放量的著名“66法规”，并于1967年1月1日实施，现在已发展到1113法规。该法规规定建筑平光涂料的VOC含量，2008年为50g/L。1113法规增加了在“警告标签”还不足以保护消费者安全的情况下，可以颁布禁用的家用产品。1972年通过了《消费品安全法》，1973年成立消费品委员会，对除食品、化妆品、烟草及其产品，农药、机动车、飞机、船以外的家用产品进行管理。另外，美国EPA“美国测试和材料协会”（ASTM）对如何健康地使用建筑装饰材料和室内产品都有明确的规定。

为了加强对污染源的监控，1990年ASTM提出了测试室内源释放有机物的指导程序，推荐了用小型人工气候舱测定室内材料/制品中挥发性有机物测试条件。欧盟也于同年提出了相似的指导程序。在美国EPA提出的影响室内材料释放的因素和释放源模型，利用释放率数据，提出的IAQ（室内空气质量）模型，可预测室内释放污染物的浓度，并根据污染源的释放特性和暴露量评价提出室内材料的评价方法。

新泽西州劳工部于1997年发布了《室内空气质量标准》（N. J. A. C. 12：100-13），对公共建筑内的空气质量做了原则性的规定。新泽西州的该项标准规定要求装饰、装修后室内空

气污染物的浓度不得超过 OSHA（美国职业安全和卫生管理局）的有关要求。同时还规定室内 CO_2 浓度不应超过 2000mg/m^3，否则应对通风设备加以检查和改善。

美国室内装饰污染法规管理，有专门的《联邦有害物品法》、《消费品安全法》等法律，与装饰污染有关的法律还涉及普通法和司法判例。所谓普通法，指法院认可而具有法律约束力的基于公正观念、理性或常识的原则和一般习惯。与装饰污染管理密切的普通法主要是侵权法，装饰污染的行为往往构成程度不等的侵权，受害人可根据侵权法对污染者起诉以谋求司法救助。司法判例在美国是法律渊源之一，装饰污染法律的实施通过司法判例而得到确认和解释。

2. 日本

日本在装饰污染管理也有专门立法，1973 年日本制定了《关于限制有害物质的家庭用品的法律》，由厚生省指定加以限制或禁止使用的有害物质；制定含有有害物质家庭用品的控制标准；负责家庭用品安全性的监督、指导。

针对装饰胶粘剂中一些易挥发的化学室内装饰材料或家具逸出，造成室内空气污染，日本颁布了《建筑物标准法》，从 2003 年 7 月开始控制使用甲醛、TVOC 等有害化学物质，今后还将限用一些其他可疑化学品。在防止室内空气污染方面，日本厚生省将执行 14 种挥发性有机物（VOC）的室内浓度标准。厚生省限定室内甲醛（胶粘剂常用化学品）的浓度不应超过 0.08×10^{-6}mg/m^3，而建筑物标准法规定的室内甲醛浓度比厚生省规定的还低。鉴于此，日本关于建筑胶粘剂新制定的日本工业标准（JIS）中根据所含甲醛的挥发率，将产品分成若干等级：挥发率低于 5μg/(m^2·h) 的胶粘剂为非甲醛级产品，应用可不受限制；而挥发率超过上述规定的胶粘剂，根据房屋结构和通风设施情况，限制使用。

此外，对于室内空气质量（IAQ），由健康福利部立法并进行管理。健康福利部于 1993 年制定了防治军团病指引，为选择建筑装饰材料提供了预防措施。

3. 韩国

韩国对于室内空气污染问题非常重视，尤其对装饰过程中产生的 VOC、甲醛等对人体有严重影响的有毒物质。韩国环境部颁布了多用途场所室内空气质量法规，此标准于 2004 年 5 月 30 日生效。

根据新的法规《多用途场所室内空气质量标准》，建筑商在户主入住前应该对建筑材料的甲醛和 VOC 释放量进行为期 60 天的监测。而对于多用途场所，如地铁站、图书馆、医疗中心和百货商店，环境部则在使用健康材料的基础上还建立维护和推荐标准，并要求建筑商重视。另外环境部还控制释放大量污染物的建筑材料的使用。此项法规将保护居民并加快通风、室内空气测量与控制及环保建筑材料的推广及应用。

韩国环境部室内空气品质控制中、长期计划：环境部将每年都监控全国的室内空气品质状况；基于这些数据，建立和执行切实可行的政策；限制有毒物质含量超标的建筑材料的使用；大力鼓励使用环保材料；政府也会制定室内空气品质指导方针并发布信息。除此以外，计划还包括一系列的补充措施，如出版指南和小册子等书籍，组织国际会展等。此外，各个部门，如建设和交通部、健康及福利部、教育及人力资源开发部、环境部等政府机构都积极参与到室内空气质量、装饰污染的管理问题上来。

4. 欧洲

欧洲联盟“议会管理委员会”（Council Directive Committee 89/106），负责执行会员国与

建筑产品相关的法律、管理条例和管理规定。“欧洲室内空气质量及其健康影响联合行动组织”（European Concerted Action/Indoor Air Quality and Its Impact on Man），已经出版了十几本相关报告，提出一系列的方案和标准（或称“指导限值”）。

2.1.2 国外室内环境标准与相关产品认证制度

国外对室内空气质量及污染控制的研究开始于20世纪60年代，此后便逐步完善，建立了相对比较完备的法律及各项污染物的卫生标准。德国在建筑装修和室内产品的管理方面最为成功，自1978年发布了世界上第一个环境标志——“蓝色天使”以来，世界上已有20多个国家和地区对建筑、装修材料实行了环境标志，如瑞典对室内建筑材料实施安全标签制，丹麦、挪威制定了“健康建材”标准，规定涂料、油漆等在使用说明上除标明性能外，还必须标明健康指标。这些举措已成功应用在建筑材料和室内产品的管理方面，并被其他国家所借鉴，正是由于制定了大量较完备的法律规范，使得国外目前可以较好地从源头控制室内空气污染。

1. 德国

德国在建筑装饰材料和室内产品的管理方面最为成功，早在1971年德国的国家环境计划中就提出了对消费者使用的产品实行环境标志计划的概念，该标志于1978年发布，目标在于：通过技术革新，在引导消费者选择方面提供准确信息，并为生产有利于保护环境的产品提供经济鼓励等手段，减少环境污染。

可以被授予环标的产品及服务要具有如下要求：①与其他达到同样性能的产品具有可比性；②从整体上进行考虑，要考虑环保的一切方面（包括原材料的使用）；③在对环境的可靠性方面有极明显的特征；④未较明显地减弱产品的合理使用性，也未削弱产品的安全性。

在德国有3800多种产品标贴有这种环保标志，但并不是什么产品都可以贴这个标志。德国对标志产品种类的选择侧重于对环境危害大，但采取环保措施后，又可明显降低对环境影响的产品，比如装修建筑材料和设备，如油漆、建筑机械等。

蓝色天使标志在使用时有一个突出特点，那就是必须标明使用原因。按照规定，使用蓝色天使标志的原因主要有以下几种：节能、无磷、可回收利用、低毒低害、低噪声、节水或者可生物降解。比如定位“低毒低害”的木质人造板，甲醛含量国际标准是不可超过$0.08\times10^{-6}mg/m^3$，而标志产品则要求低于$0.05\times10^{-6}mg/m^3$，可见其要求之苛刻。

目前，环境标志在消费者中知名度越来越大，据调查，环境标志蓝色天使在德国消费者中的知名度已经达到93%，他们当中100%的人认为选择有蓝色天使标志的产品是明智之举。

2. 北欧

丹麦、芬兰、冰岛、挪威、瑞典等国于1989年实施了统一的北欧环境标志。丹麦为了促进装饰建材的发展，推出了“健康建材”（HMB）标准，规定所出售的建材产品在使用说明书上除了标出产品质量标准外，还必须标出健康指标。

1992年开始制定建筑材料室内空气浓度（DICL）指标值，提出挥发性有机化合物空气残留含量小于$0.2mg/m^3$时为无刺激或无不适。$0.2\sim0.3mg/m^3$时，在其他因素联合作用下，可能会出现刺激和不适。在$3\sim25mg/m^3$时，出现刺激和不适，并可能出现头痛。并先后制定了地毯、地毯衬垫、石膏板、矿棉、玻璃棉、金属板等建材制品室内空气浓度标准。

门、折叠门、镶木地板、层合地板、PVC卷材地板、窗户等的有关标准正在制定中。瑞典已正式实施新的建筑法规，规定用于室内的建筑材料必须实行安全标签制。制定了有机化合物室内空气浓度指标限值：不大于0.2mg/m^{3}为一类空气；大于0.2mg/m^3，不大于0.5mg/m^{3}为二类空气。瑞典的地面材料业很发达，每年都有大量出口，出口厂家已自觉在产品说明书上标出产品在4周和26周时，室内有机化合物空气浓度指导限值。

3. 英国

英国是研究开发绿色建材较早的欧洲国家之一。早在1991年英国建筑研究院（BRE）曾对建筑材料及家具等室内用品对室内空气质量产生的有害影响进行了研究。通过对臭味、霉菌、潮湿、结露、通风速率、烟气运动等的调研和测试，提出了污染物、污染源对室内空气质量的影响。通过对涂料、密封膏、胶粘剂、塑料及其他建筑制品的测试，提出了这些建筑材料不同时间的有机挥发物散发率和散发量。通过大量的研究，提出在相对湿度大于75%时，可能产生霉菌，并对于某些人会诱发过敏症。对室内空气质量的控制、防治提出了提议，并着手研究开发了一些绿色建筑材料。

4. 加拿大

加拿大的环境标志计划“环境选择”始于1993年，1993年3月颁布了第一个产品标志，至今已有14个类别的800多种产品被授予了环境标志。加拿大对一些建材产品制定了“住宅室内空气质量指南”。如对水性建筑涂料，开始时制定的总有机挥发物（TVOC）标准为250g/L（高光泽仿瓷涂料），到1997年已降至200g/L，现在多数水性涂料的TVOC在100~150g/L范围内，已有零含量TVOC涂料供货。并且规定，水性涂料不得使用甲醛、卤化物溶剂、含芳香族类碳氢化合物，不得用汞、铅、镉和铬及其化合物的颜料和添加剂。刨花板的VOC现用值为120g/m^3，目标值为60g/m^3；中密度纤维板和硬木板的推荐VOC为180g/m^3；地毯的最大TVOC规定为4-甲基环己烯0.1mg/m^2，甲醛0.05mg/m^2，苯0.4mg/m^2；PVC弹性地板的TVOC不大于0.1mg/m^2；可拆卸石膏板专用胶粘剂，不得含有芳香族、卤化物等有机物，其有机挥发物含量不得超过3%（质量比）。

5. 美国

美国环保局（EPA）正在开展应用于住宅室内空气质量控制的研究计划，一些州已开始实施有关材料的环境标志计划。在一些州，规定地毯有机物散发量（TVOC）为0.55mg/m^2，其中4-甲基环己烯为0.1mg/m^2，甲醛为0.05mg/m^2，苯乙烯为0.04mg/m^2。华盛顿州要求机关办公室室内所用饰面材料和家具（包括地毯、涂料、胶粘剂、防火材料等）在正常条件下TVOC含量不得超过0.5mg/m^3，可吸入颗粒0.05mg/m^3，甲醛0.06mg/m^3，4-甲基环己烯0.0065mg/m^3（仅对地毯）。

加利福尼亚州SACRAMER地区1997年7月1日开始对如下物质实行环境保护标志标准：单层屋面膜胶粘剂打底料VOC限量为650g/L；室内地面材料铺设胶粘剂VOC限量为250g/L，多用途建筑胶粘剂VOC限量为220g/L，陶瓷面砖用胶粘剂VOC限量为150g/L，室内地面覆盖材料用胶粘剂为150g/L。

2.1.3　我国室内空气污染控制与监管保障体系

1. 我国室内空气污染控制标准、法规和有害物质限量

我国室内空气质量标准的发展历程是从20世纪90年代中期开始的，当时，卫生部发布了 GB 9663～9672—1996、GB 16153—1996、GB/T 16127—1995、GB/T 17093～17094—1997、GB/T 17095—1995、GB/T 17096～GB/T 17097—1997、WS/T 182—1999、GB/T 17216—1998 等 20 项公共场所卫生标准。2001 年 9 月卫生部发布了《室内空气质量规范》、《木质板材中甲醛的卫生规范》和《室内用涂料卫生规范》。2001 年 11 月国家质量监督检验检疫总局和建设部联合发布《民用建筑工程室内环境污染控制规范》(GB 50325—2001)；2001 年 12 月国家质量监督检验检疫总局发布了 GB 6566—2001、GB 18580～18588—2001《室内装饰装修材料有害物质限量标准》等 10 项标准。2002 年 11 月国家质量监督检验检疫总局、卫生部、国家环境保护总局联合发布《室内空气质量标准》(GB/T 18883—2002)，并随着技术进步与检测过程中出现的问题进行了相关标准的修订。这些标准从我国室内环境现状出发，参照国际标准，结合技术发展与设备条件，构成了我国一个比较完整的室内污染控制和评价标准体系，对于保护居民健康，促进我国检测与环境治理发展，发展我国室内环境事业具有十分重要意义。

但这些标准的制定，与西方发达国家相比，我国控制民用建筑室内污染的法律和规范比较少，法律法规出台也比较晚，室内质量法律法规修订的次数较少。据统计，美国环境空气质量标准自 1971 年制定起，先后修改了 7 次，而我国环境空气质量标准制定于 1982 年，直到 1996 年才修订，2000 年做了局部修改后，适用至今。

我国目前执行的主要室内环境质量控制标准、规范和有害物质限量标准等有：

1）国家卫生部 2001 年 9 月制定了《室内空气质量卫生规范》。

2）国家建设部 2001 年 11 月 26 日制定并发布，2002 年 1 月 1 日实施的《民用建筑工程室内坏境污染控制规范》。

3）国家环保局 2001 年制定的《室内环境质量评价标准》。

4）2001 年 12 月国家质量监督检验检疫总局、卫生部和国家环保局制定的《室内空气质量标准》(GB/T 18883—2001)。

5）2002 年 7 月 1 日起开始实施、由国家质量监督检验检疫总局颁布的《室内装饰装修材料有害物质限量》（GB 18580～18588—2001）和《建筑材料放射性核素限量》（GB 6566—2001）等 10 项强制性国家标准。

6）2003 年 6 月 30 日开始实施、由国家质量监督检验检疫总局颁布的《空调通风系统清洗规范》(GB 19210—2003)。

7）2006 年 3 月 1 日起实施、由国家质量监督检验检疫总局颁布的《公共场所集中空调通风系统卫生管理办法》。

上述标准和规范的实施，尤其是《室内空气质量标准》与《民用建筑工程室内环境污染控制规范》、十种《室内装饰装修材料有害物质限量》共同构成我国一个比较完整的室内环境污染控制和评价体系，对于保护消费者的健康，发展我国的室内环境事业具有重要的意义。

2. 我国室内环境质量标准体系的展望

由于我国大规模室内装饰装修始于 20 世纪 80 年代，对建筑装修引起室内环境污染的研究起步较晚，很多研究还处于探索阶段，与国外相比，在检测方法、技术设备方面相对落后。尽管近年来，我国在室内空气污染检测防治方面的各项研究取得了显著发展，并且不断改善民用建筑施工工艺，完善室内空气质量相关法规，但是室内空气污染问题仍然十分严峻，室内空气污染引起的事故时有发生。因此，有必要加强对建筑装修导致空气污染的系统研究，研究各种民用建筑室内空气污染状况及其对人体健康的影响，促进绿色建材的研制、开发和应用。同时，为制定室内空气的相关卫生标准提供依据，促进检测、评价建筑装修材料的机构的建立和发展，对建筑室内设计、建筑材料的选择、施工工艺的改进、施工管理的加强等方面都有着指导作用。及时地将研究成果投入生产管理，对于促进我国装饰装修行业的发展，保证广大人民群众的身体健康都有着重要意义。

2.2 《室内空气质量标准》（GB/T 18883—2002）解析

2002 年 12 月 18 日国家标准化管理委员会发布了 2002 第 12 号公告，由国家质量监督检验检疫总局、国家环保总局、卫生部制定了我国第一部《室内空气质量标准》，并于 2002 年 11 月 19 日正式发布，2003 年 3 月 1 日正式实施。本标准的出台，为我国室内空气质量的全面评价提供了科学依据，对控制室内空气污染，切实提高我国的室内空气质量，保护民众健康具有重要的意义。

2.2.1 《室内空气质量标准》制定的指导思想

（1）原则性 《室内空气质量标准》是以国家有关人民健康的方针政策和法规为依据，以保护人体健康为最终目标制定出来的。

（2）科学性　环境质量标准的制定要反映生产实践和科研成果的统一。室内环境质量评价标准的确定，是在以环境卫生基准和流行病学调查基础上，进行广泛的调研和科学验证，是以充分的科学数据为依据制定出来的。

（3）特殊性　标准在制定过程中，是通过了解当前国外室内环境保护的现状和发展趋势，有选择地吸收国外室内环境保护中先进的部分，紧密结合我国的国情、环境特征、经济技术条件而制定出来的。

（4）可操作性　在制定过程中充分听取广大社会公众的意见，使标准的监测方法和评价方法配套，保证标准在实际应用中具有可操作性。

2.2.2 《室内空气质量标准》的显著特点

（1）权威性　本标准由国家标准化管理委员会以国家标准形式发布，具有权威性。

（2）国际性　本标准引入了室内空气质量（IAQ）的概念，是借鉴了国外相关标准的基础上建立的，标志着我国在室内环境质量的理念在加入 WTO 以后与世界的距离更近了。

（3）前瞻性　标准中加入了“室内空气应无毒、无害、无异味”的要求，与国际上对室内空气质量可感受的定义、观念相吻合，为今后进一步提高本标准的权威性奠定了基础，为广大消费者解决自己的污染难题提供了有力的武器。

（4）综合性　本标准包含了客观评价和人的主观感受两个方面的内容，不仅能控制化学性的污染项目，还能控制具有物理性、生物性和放射性的污染项目，涵盖面广。

（5）适用性和针对性　本标准紧密结合我国的实际情况，既考虑了我国较发达地区城市建筑中新风量、温湿度及甲醛、苯等污染物等控制指标，也考虑了一些西部不发达地区使用原煤取暖和烹饪造成的室内一氧化碳、二氧化碳和二氧化氮的污染物的控制，还包含了发达国家 IAQ 没有列入的氨，为控制我国北方民用建筑冬期施工使用含氨基类混凝土外加剂，提供了重要依据。

（6）系统配套性 《标准》与《民用建筑工程室内环境污染控制规范》（GB 50325—2010）、《建筑材料放射性核素限定》（GB 6566—2001）和《室内装饰装修材料有害物质限量》10 项标准等共同构成了我国一个比较完整的室内环境污染控制和评价体系。

2.2.3 标准内容解析

1. 标准适用范围

从《室内空气质量标准》（GB/T 18883—2002）适用范围来看，它适用于已投入使用的建筑物，对工程交付使用后的室内环境进行控制，或者说适用于日常生活空气质量。从控制范围来看：在用建筑物室内环境污染物中，既有建筑物结构材料、装饰装修材料散发的污染，也有室内各种设备、家具、电器及生活、办公、人群等产生的污染。一般来说，建筑材料对室内环境的污染会随着时间的延长逐渐减小，而电器及生活、办公、人群等产生的污染则是持续性的，有时后者甚至高于前者。

2. 标准控制内容

《室内空气质量标准》从物理性、化学性、生物性、放射性四个参数类别 19 个检测指标对室内空气质量进行控制（详见表 2-1 室内空气质量标准）。既要控制影响室内环境质量的环境要素（温湿度、空气流动、空气交换等），还要控制家具、电器及生活过程、办公过程及人群自身等产生的污染物、装饰装修材料产生的污染物以及室外环境对室内环境的影响，如大气中的污染物产生的 SO_X、NO_X、CO、CO_2、O_3、甲苯、二甲苯、苯并［a］芘、可吸入颗粒物 PM_{10}、菌落总数等。表现为对人们生产、工作及生活活动中的室内空气质量进行多方位、多角度的全面控制。

表 2-1 室内空气质量标准

序号	参数类别	参数	单位	标准值	备注
1	物理性	温度	°C	22～28	夏季空调
				16～24	冬季采暖
2		相对湿度	%	40～80	夏季空调
				30～60	冬季采暖
3		空气流速	m/s	0.3	夏季空调
				0.2	冬季采暖
4		新风量	$m^3/(h·人)$	30①	
5	化学性	二氧化硫 SO_2	mg/m^3	0.50	1h 均值
6		二氧化氮 NO_2	mg/m^3	0.24	1h 均值
7		一氧化碳 CO	mg/m^3	10	1h 均值
8		二氧化碳 CO_2	%	0.10	日平均值
9		氨 NH_3	mg/m^3	0.20	1h 均值
10		臭氧 O_3	mg/m^3	0.16	1h 均值

（续）

序　号	参数类别	参　数	单　位	标 准 值	备　注
11	化学性	甲醛 HCHO	mg/m^3	0.10	1h 均值
12		苯 C_6H_6	mg/m^3	0.11	1h 均值
13		甲苯 C_7H_8	mg/m^3	0.20	1h 均值
14		二甲苯 C_8H_{10}	mg/m^3	0.20	1h 均值
15		苯并[a]芘 B(a)P	ng/m^3	1.0	日平均值
16		可吸入颗粒 PM_{10}	mg/m^3	0.15	日平均值
17		总挥发性有机物 TVOC	mg/m^3	0.60	8h 均值
18	生物性	细菌总数	cfu/m^3	2500	依据仪器定②
19	放射性	氡 Rn	Bq/m^3	400	年平均值（行动水平③）

① 新风量要求≥标准值，除温度、相对湿度外的其他参数要求≤标准值。

② 见附录 D。

③ 达到此水平建议采取干预行动以降低室内氡浓度。

3. 标准检测方法

《标准》中所采用的检测方法，均可选用已有的国家标准方法，见表 2-2。

表 2-2 《室内空气质量标准》中引用的部分检测方法

标 准 名 称	标　准　号	允许浓度及菌落总数
《居室空气中甲醛的卫生标准》	GB/T 16127—1995	$0.08mg/m^3$
《住房内氡浓度控制规范》	GB/T 16146—1995	$100Bq/m^3$（新建房） $200Bq/m^3$（已建房）
《室内空气中氮氧化物卫生标准》	GB/T 17096—1997	$0.10mg/m^3$
《室内空气中二氧化碳卫生标准》	GB/T 17094—1997	0.10%（$2000mg/m^3$）
《室内空气中二氧化硫卫生标准》	GB/T 17097—1997	$0.15mg/m^3$
《室内空气中细菌总数卫生标准》	GB/T 17093—1997	$4000cfu/m^2$（菌落总数）
《室内空气中可吸入颗粒物卫生标准》	GB/T 17095—1997	$0.15mg/m^3$
《室内空气中臭氧卫生标准》	GB/T 18202—2000	$0.10mg/m^3$

《标准》中采样方法分为两种情况：筛选法采样与累积法采样。筛选法采样时门窗要先关闭 12h，采样至少 45min。筛选法是累积法的前提，当采用筛选法（1h 平均）进行检测，其检测值不符合国家标准时，必须采用累积法（按年平均、日平均、8h 平均）要求采样。标准规定年平均浓度至少采样 3 个月、日平均浓度至少采样 18h、8h 平均浓度至少采样 6h、1h 平均浓度至少采样 45min。

在实际检测中用累积法采样，虽然数据的代表性较高，但是其可操作性不强，只适用于室内空气质量的研究。

4. 标准的法律效力

由于《标准》中的控制指标、检测项目、检测方法、取样方法、设备仪器条件、经济发展水平等诸因素来说，相对于我国室内环境严峻的现状，大多数民用建筑、特别是各种公共场所的室内环境难以达到标准规定的要求，因此，《标准》只是推荐性的标准，不能强制执行。只是合作双方共同认可的前提下，进行室内环境质量的评价方法。

5. 标准发展、修订与展望

尽管我国的《室内空气质量标准》（GB/T 18883—2002）中也涵盖了客观评价和人的主观感受两个方面的内容，并设立了19项相关检测指标，但是，从某种意义上来看，标准中片面地把室内空气质量几乎完全等价为一系列污染物浓度的指标，孤立地把污染物的浓度限量指标作为室内空气质量的控制标准，而没有真正了解污染物的浓度指标的实质。这样评价指标是机械的、片面的。

在标准中直接引用已经出台的行业标准或规范中的采样方法和监测方法，引用比较多的是环境空气质量监测技术规范和监测方法以及《公共场所卫生监测技术规范》（GB/T 17220—1998）和《作业场所空气采样仪器的技术规范》（GB/T 17061—1997）等。由于领域不同，所涉及污染物区别较大，相应的样品采集方法、采样量、分析方法、检测范围、校正方法、干扰排除、检测极限等问题也比较多，导致监测数据的代表性、准确性和可比性不高。所以在今后的修订中，应考虑对引用标准的筛选、修正。

随着我国社会的进步、人民生活水平的提高和消费者室内环境意识的增强，室内环境变化较快、污染物种类多、含量变化范围大、区域性污染物差别较大，因此，在对国家性的室内环境空气质量标准进行修订时，要全面地、准确地、客观地、规范地对我国室内环境状况进行全面评价、监测、控制，还必须对《室内空气质量标准》（GB/T 18883—2002）进行全面修订，形成室内环境综合性标准。

2.3 《民用建筑工程室内环境污染控制规范》（GB 50325—2010）解析

2001年国家质量监督检验检疫局、卫生部和国家环保局制定的《民用建筑工程室内环境污染控制规范》（GB 50325—2001）（以下简称《规范》）已于2001年11月26日发布，2002年1月1日起实施。这是我国建筑工程控制规范中首次涉及室内空气污染控制。《规范》颁布实施，结束了工程的建设活动中不涉及室内环境污染控制问题的历史，该规范执行4年，对民用建筑实施的工程建设全过程控制，有效促进了我国室内空气质量的提高。

2.3.1 《民用建筑工程室内环境污染控制规范》的制定和修改

在《规范》执行4年之后，为了保持国家标准的先进性，于2006年对《规范》局部修订。2010年在此基础上，结合我国情况，进行了有针对性的专题研究，经广泛征求意见和多次讨论修改，最后审查定稿。新制定的民用建筑工程室内环境污染控制规范，按照已被证明行之有效的工程建设全过程控制的模式，在工程分类、材料中有害物质限定、工程勘察设计、工程施工、竣工验收都提出了相应的要求，条文内容贯穿可操作性原则，前后一致，责任分明。

2010版的修订共涉及正文75条，占2006版《规范》正文110条的约68%，文字修改多处（包括文字印刷方面、与其他标准的文字表述不一致处等），同时对附录 A、附录 B、附录 C、附录 D、附录 E 相应进行了修订，增加了附录 F、附录 G，条文说明也有若干修订之处。

修订后的《规范》有若干新内容，包括：

1）提出了建筑物通风的新风量要求，这将对防止一味追求建筑节能而忽视室内空气质量的倾向发挥积极作用。

2）提出了无机孔隙建筑材料（装修材料）测量氡析出率的要求，这将对降低室内氡浓度、保障人民群众身体健康发挥作用。

3）对涂料、胶粘剂等建筑装修材料增加提出了甲苯、二甲苯等含量限量要求，加强了室内有机污染防治。

4）细化了室内空气取样测量过程，并提出了更为严格、具体的技术要求，这将提高取样测量的可操作性和测量结果的准确性等等。总之，修订后的《规范》进一步提升了我国民用建筑工程室内环境污染控制与改善的技术水平。

2.3.2 工程分类

《规范》将民用建筑工程分为两类：住宅、学校教室、老年建筑、幼儿园等作为Ⅰ类，饭店宾馆、商店、候车室、办公楼等公共场所列为Ⅱ类。

住宅、医院、老年建筑、幼儿园和学校教室等民用建筑工程，人们在其中停留的时间较长，且老、幼、体弱者较多，应严格要求，为对需要进行保护的弱势群体、重要场所加以保护，污染物控制指标与原有的住宅卫生标准接轨。旅馆、办公楼、文化娱乐场所、商场、公共交通等候室、餐厅、理发店等民用建筑工程，人们在其中停留的时间较短，且健康成年人居多，按一般防护定为Ⅱ类，污染物控制指标与原有的公共场所卫生标准接轨。《规范》对Ⅰ类建筑实施严格控制；而考虑到公共场所的一些特性，对Ⅱ类建筑控制水平相对较宽。

对民用建筑进行等级分类，既有利于减轻污染物对人身健康毒害，又有利于建筑材料和装修材料的合理利用，在保证人身安全的前提下降低工程成本，促进建筑材料和装修材料工业的健康发展。

2.3.3 适用范围

《规范》适用范围明确定位于新建、扩建和改建的民用建筑工程，强调的是纳入正常建筑工程监督管理程序的“工程”，这类“工程”有条件而且必须严格执行《规范》的有关规定。

《规范》控制的是民用建筑工程建设阶段主要由建筑材料和装修材料产生的室内空气污染，是建筑施工过程中可以通过全过程控制，能够实实在在控制的污染源。而外购家具、生活污染和大气污染这些建筑施工单位无力控制的严重污染源不属于《规范》控制的范围，可分清责任范围。

2.3.4 材料中污染物限量标准

民用建筑工程所涉及的材料分为建筑主体材料和装饰装修材料，在《规范》中对相应材料都做出明确分级，对材料中有害物质做出限量要求。

1. 无机非金属建筑主体材料及装修材料放射性指标限量要求

《规范》规定了民用建筑工程所使用的砂、石、砖、水泥、商品混凝土、混凝土预制构件和新型墙体材料等无机非金属建筑主体材料；无机非金属装修材料，包括石材、建筑卫生陶瓷、石膏板、吊顶材料、无机瓷质砖胶粘剂等，进行分类时，其放射性指标限量应符合相应的《建筑材料放射性核素限量》（GB 6566—2001）限量规定。

2. 人造木板及饰面人造木板有害物质限量规定

《规范》规定了民用建筑工程类别及相应的使用人造板材限量等级，测量方法。由于室内装饰装修所用人造板材品种繁多，《规范》对不同人造板材的检测方法进行了限定，分别测量人造板材中游离甲醛释放量和游离甲醛含量。对控制民用建筑工程室内空气中甲醛污染起到了重要作用。

3. 涂料、胶粘剂、水性处理剂有害物质限量及测定方法

《规范》规定了民用建筑工程室内装饰装修水性涂料、涂料、胶粘剂，包括防火涂料、防水剂、防腐剂、水性阻燃剂、水性处理剂中 VOCs、游离甲醛限量及其含量测定方法；规定了溶剂型涂料、胶粘剂、水性处理剂中 VOCs、苯；聚氨酯漆游离甲苯二异氰酸酯（TDI）单体等污染物的限量范围和测定方法。

2.3.5 过程控制

在民用建筑工程勘察设计过程中，对土壤中氡浓度调查及防氡、装饰装修材料的选择；工程施工过程中一般规定、材料进场检验、施工要求；室内环境质量验收等过程控制做出规定和要求。2010 版及 2006 版《规范》都对 2001 版做了多项重要修订。

1. 加强民用建筑工程的土壤氡控制

新版《规范》要求，新建、扩建的民用建筑工程设计前，应进行建筑工程所在城市区域土壤中氡浓度或土壤表面氡析出率调查。并对土壤表面氡析出率测定城市区域性土壤氡水平调查方法提出了原则性意见。

2. 同时加强对混凝土外加剂的氨、甲醛污染物的控制

由于许多混凝土外加剂（减水剂）的主要成分是芳香族磺酸盐与甲醛的缩合物。如果在生产时合成工艺控制不当，产品很容易带有大量的游离甲醛，从而造成毛坯房室内空气中甲醛超标。2006 版《规范》中，同时把在控制混凝土外加剂中氨气、甲醛污染污染物进行限量并规定了测量方法。

3. 加强对建筑装饰装修材料污染的控制

2010 版《规范》要求对室内装饰用卫生陶瓷、瓷质砖的放射性同石材一样进行放射性检测和控制，Ⅰ类民用建筑工程室内装修采用的无机非金属装修材料必须符合国家 A 类标准。同时强调民用建筑工程室内装修时，不应采用 108 胶粘剂等聚乙烯醇缩甲醛胶粘剂。室内装修中所使用的木地板及其他木质材料，严禁采用沥青、煤焦油类防腐，并规定了室内用水性处理剂中游离甲醛的限量标准。

4. 加强对同一种建筑装饰材料不同批次的污染物的检测

为了控制使用量较大的材料的污染问题，规范要求民用建筑工程室内装修中采用的某一种人造木板或饰面人造木板面积大于 $500m^2$ 时，天然花岗石石材或瓷质砖使用面积大于 $200m^2$ 时，应对不同产品、不同批次材料的有害物质指标进行复验。

5. 民用建筑工程竣工验收

1）规范室内环境污染物浓度检测点的设置（详见表 2-3）。2010 修订后的《规范》要求随着房间面积的增加，测量点数也有适当增加，但不是成比例的增加，提高了可操作性。

表 2-3　室内环境污染物浓度检测点数设置

房间使用面积/m^2	检测点数/个	房间使用面积/m^2	检测点数/个
<50	1	≥500、<1000	不少于 5
≥50、<100	2	≥1000、<3000	不少于 6
≥100、<500	不少于 3	≥3000	每 1000m^2 不少于 3

2）注意检测现场的家具污染问题。在对甲醛、氨、苯、TVOC 取样检测时，装饰装修工程中完成的固定式家具，应保持正常使用状态。

3）加强民用建筑工程室内环境污染检测治理验收。要求工程竣工验收时，如发现污染物超标情况，应采取措施进行处理，并可对不合格项进行再次检测。再次检测时，抽检数量增加 1 倍，并应包含同类型房间及原不合格房间。再次检测结果全部符合本规范的规定时，判定为室内环境质量合格。

4）室内环境污染物浓度限量：《规范》对室内环境污染物浓度限量做出规定和要求。其中，氡浓度限量为实测氡浓度值，不再进行平衡氡子体换算，与国际接轨；甲醛、氨、苯及总挥发性有机化合物（TVOC）浓度限量均是在扣除室外空气本地值的基础上制定的，室外空气污染程度不是工程建设单位能够控制的，扣除室外空气值可以明确和有效的对工程建设阶段所用建筑材料和装修材料产生的污染进行控制。

5）加强了对室内环境污染的检测方法和仪器设备的要求。特别是关于室内环境中的甲醛、苯和总挥发性有机化合物（TVOC）的测定仪器、方法和过程要求更加具体规范，更加适合多数实验室的实际情况，可操作性更强。

2.3.6　规范的法律效力

《规范》是国家的强制性标准，必须强制执行。室内环境质量验收不合格的民用建筑工程，严禁投入使用。

2.3.7　规范的修订与展望

《规范》制定后对室内空气质量控制起到了积极作用。随着人们生活水平的提高和生活方式的改变，新建建筑逐渐从单一的毛坯房转变成精装修房，随着工程验收标准适用范围拓宽，原先标准规定指标的约束逐渐凸现。

1. 精装修民用住宅室内环境污染物的新特点

在对精装修民用住宅工程验收大量数据检测统计表明：精装修民用住宅室内空气某些污染物（如甲苯、二甲苯等）出现频率较大、浓度较高。苯、甲苯、二甲苯等苯系物是建筑装饰材料中常用的原料，主要来源于溶剂、人造板材、墙纸、胶粘剂、油漆、涂料中，长期低剂量吸入可引发神经衰弱综合症，对人体造血机能危害较大，是引起人体发生呼吸系统、血液系统、中枢神经系统反应、病变的主要危险因素，是诱发新生儿再生障碍性贫血和白血病的主要原因。

苯系物是室内空气质量的重要衡量指标之一，如何突出控制重点污染物，加强对苯系物的监测，是《规范》面临的新问题。

2. 公共场所室内空气污染日益严重

因建筑装修的各种公共场所室内空气污染日益严重，必须制定相关措施，在设计、施工及室内环境验收等全过程中进行重点监督，以减小公共场所室内污染，保护公众群体身体健康。而现行《规范》将办公室、写字楼、超市、大型商场等公共场所定为民用建筑分类中的Ⅱ类，但现代城市生活中，人们在公共场所工作的时间越来越长，甚至超过8h，对大部分室内工作人员，不比在住宅内停留时间短，因而对人体的侵害不容忽视，如何改善公共场所室内空气质量是《规范》面临的新问题。

3. 民用建筑工程使用的建筑装修材料质量不高

通过近年来对民用建筑工程使用的建筑装修材料中有害物质大量监测统计分析，结果表明：民用建筑装饰装修材料中有害物质没有得到明显降低，产品质量不高，低质、劣质材料比例有上升趋势。必须制定相关检查、监督措施，加大产品质量抽查力度，加强民用建筑工程室内装修所用装饰装修材料的抽查比例，以减小因装饰装修材料质量不高对室内空气产生的污染。

4. 室内温度对挥发性有机污染物影响显著

在多年的民用建筑工程室内环境监测中发现：室内温度与挥发性有机污染物关系密切。当室内温度高于20℃时，甲醛、苯、TVOC等污染超标严重，而这些装饰装修工程在低于20℃时，检测结果显示超标现象并不显著。因此，在《规范》修订时，有必要在监测、工程验收时，以室内温度20℃为分类标准，降低在室内温度在20℃以下时的甲醛、苯、TVOC标准限量值。

5. 加强全装修住宅建筑工程室内污染监测力度

在商品住宅建设中，大力发展全装修住宅建设是政府建设主管部门的一项重要举措。但在近年来对全装修住宅室内环境监测中发现：全装修住宅室内空气中甲醛、苯、TVOC超标十分严重。应加强建筑装饰材料有害物质监测、抽查、验收等过程控制力度，杜绝低质、劣质建筑装饰材料进入装饰工程中；提高全装修住宅工程验收监测比例。

6. 地域性污染物的差别

我国北方城市民用工程建筑室内环境中存在氨污染，而许多南方城市室内空气中氨基本没有超标现象。受地质条件的影响，大部分平原壤土地区室内氡污染现象较少，而大部分南方城市室内甲醛、苯系物、TVOC超标现象严重。如何在全国性标准和规范中突出地域性污染物的差别，是《规范》修订时遇到的一个棘手难题。

7. 展望

2002年实施的《规范》，经修订后对提高民用建筑工程的室内环境质量，控制建筑工程的室内环境污染，发展我国的室内环境污染检测治理行业，提高消费者的室内环境意识，保护消费者的室内环境权益起到了积极的作用。如何加强民用建筑室内环境污染控制，进一步提高消费者的室内环境保护意识，推动我国的室内环境保护事业的发展，成为今后的一项重要任务。

2.4 《室内装饰装修材料有害物质限量标准》10 项标准

2.4.1 限量标准的主要内容和控制指标

为了提高我国室内装饰装修材料企业的产品质量，规范室内装饰装修材料的生产，2001 年 12 月 10 日，国家质量监督检验检疫总局联合建设部、林业局、中国轻工联合会和中国石油化工协会及有关部门发布了《室内装饰装修材料有害物质限量》（下称：《有害物质限量》）10 项强制性标准，主要包括：

《人造板及其制品中甲醛释放限量》（GB 18580—2001）。

《溶剂型木器涂料中有害物质限量》（GB 18581—2001）。

《内墙涂料中有害物质限量》（GB 18582—2001）。

《胶粘剂中有害物质限量》（GB 18583—2001）。

《木家具中有害物质限量》（GB 18584—2001）。

《壁纸中有害物质限量》（GB 18585—2001）。

《聚氯乙烯卷材地板中有害物质限量》（GB 18586—2001）。

《地毯、地毯衬垫及地毯胶粘剂有害物质释放限量》（GB 18587—2001）。

《混凝土外加剂中释放氨的限量》（GB 18588—2001）。

《建筑材料放射性核素限量》（GB 6566—2001）。

2.4.2 限量标准的主要特点

1. 强制性国家标准

《有害物质限量》10 项标准属于强制性国家标准，要求室内装饰装修材料的生产企业、装饰装修行业、建筑施工单位和建设单位在产品生产、建筑施工过程中必须强制执行。

2. 完善已颁发的标准

在《有害物质限量》10 项标准中，壁纸、木家具、聚氯乙烯卷材地板、混凝土外加剂等缺少有害物质限量标准；而人造板及其制品、内墙涂料、溶剂型木器涂料、胶粘剂等在已经颁发的标准中没有严格的限量；在已经颁发的建筑材料放射性核素标准中控制指标不准确。

这 10 项标准中，对装饰装修材料中的甲醛、苯、铅、汞等有害物质的含量做了严格明确的限制。

3. 限量标准的引用与制定

在《有害物质限量》10 项标准中，引用了部分国外标准或规定，并从我国实际情况列出限量值：

1）人造板及其制品主要控制甲醛释放限量，其限量值与欧洲标准《刨花板》（EN 312—1997）等有关标准相一致。

2）溶剂型木器涂料中苯的限量与“欧共体生态标志产品—色漆和清漆生态指令”（1999/10/EC）中相同。

3）可溶性重金属限量值与英、法、德等国儿童玩具材料中重金属规定一致。内墙涂料中挥发性有机化合物（VOC）限量值与“欧共体生态标志产品—色漆和清漆生态指令”（1999/10/EC）中相同。

4）壁纸产品中甲醛、铅、铬、汞、钡、锑、砷、硒的限量值等同于欧洲标准《卷筒壁纸—成品壁纸、乙烯壁纸和塑料壁纸的规范》（EN 233—1999）中规定的限量指标。

5）地毯、地毯衬垫及地毯用胶粘剂产品分为A、B两级，其中A级环保型的限量值与美国地毯协会（CRI）标准规定的挥发性有机化合物、甲醛、苯乙烯、4-苯基环己烯、丁基羟基甲苯、2-乙基己醇指标相同。

6）木家具、胶粘剂、聚氯乙烯卷材地板、混凝土外加剂中释放氨及建筑材料放射性核素中有害物质的限量值在国外并无相应的标准规定，但因我国此类装饰装修材料有害物质含量超标严重，因此标准中列出了这些有害物质的限量值。

《有害物质限量》10项强制性标准的实施，有利于提高我国室内装饰装修材料生产企业的产品质量，有利于室内装饰装修材料市场的监督和整顿，从而有助于从源头上控制建筑装饰污染的产生，促进室内环境污染的改善，保障民众的身体健康。

2.5 《标准》、《规范》、《有害物质限量》10项标准之间的关系与区别

2.5.1 相同的目标

《室内空气质量标准》（GB/T 18883—2002）（简称《标准》）与《民用建筑工程室内环境污染控制规范》（GB 50325—2010）（简称《规范》）以及《有害物质限量》10项标准，都有相同的目标：从控制材料或室内环境主要污染物水平出发，实现控制室内环境质量。

2.5.2 标准法律地位不同

《标准》（GB/T 18883—2002）是推荐性标准，是合同双方约定而自愿实施的。《规范》（GB 50325—2010）是强制性标准，必须执行。从标准的法律地位来看它们的执行力度是不同的。同时，上述两个标准是并行存在、分别执行的，不存在替代关系。而《有害物质限量》10项标准都是强制性标准，必须强制执行。

2.5.3 标准适用范围不同

《标准》适用于已投入使用的建筑物。对工程交付使用后的室内环境进行控制。其控制的室内空气质量与现实生活密切相关。表现为交付使用后的室内环境污染物的产生和污染物产生量来看：在用的建筑物室内环境污染中，既有建筑物结构材料、装饰装修材料散发的污染，也有设备、家具、电器及生活、办公、人群等产生的污染。一般来说，建筑材料对室内环境的污染会随着时间的延长逐渐减小，而电器及生活、办公、人群等产生的污染则是持续性的，有时后者甚至高于前者。

《规范》适用于新建、改建和扩建民用建筑工程（包括土建和装修）的建筑建设中过程控制、工程质量验收。《有害物质限量》10项标准以对材料中有害物质的控制为手段，来实现室内空气中污染物的控制。《规范》是工程标准，适用范围是建筑物的工程过程控制，它

从工程的勘察设计开始，到工程的竣工验收为止的全过程。由此可知，《规范》控制的基本上是各种建筑物结构材料、装饰装修材料散发而产生的污染。

《有害物质限量》标准则是对 10 类具体装饰装修材料中有害物质检测及限量的标准，是针对 10 种具体的装饰装修材料中的有害物质进行限量和控制。是实现控制室内环境污染物和污染水平的具体控制手段。通过具体材料的控制，才能实现室内环境质量的控制。

2.5.4　控制要素不同

《标准》从物理性、化学性、生物性、放射性 4 个参数类别 19 个检测指标对室内空气质量进行控制。既要控制影响室内环境质量的环境要素（温湿度、空气流动、空气交换等），还要控制家具、电器及生活过程、办公过程及人群自身等产生的污染物、装饰装修材料产生的污染物以及室外环境对室内环境的影响，如大气中的污染物产生的 SO_X、NO_X、CO、CO_2、O_3、甲苯、二甲苯、苯并［a］芘、可吸入颗粒物 PM_{10}、菌落总数等。表现为对人们生产、生活活动中的室内环境进行控制。《规范》所控制的基本上是建筑、装修材料产生的甲醛、氨、氡、苯五项指标及以苯甲苯、二甲苯等苯系物为主的 VOCs，表现为对目前室内环境中的主要污染物进行控制。所以，无论从检测范围、检测内容上来看《标准》比《规范》所要控制的污染物多得多，部分指标也严格些。

2.5.5　污染物限量、取样测量方式的区别

两个标准控制的污染物限量不可能相同。《规范》将民用建筑工程分为两类：住宅、学校教室、老年建筑、幼儿园等作为Ⅰ类，饭店宾馆、商店、候车室、办公楼等公共场所列为Ⅱ类，对Ⅰ类控制严格，表现为对需要进行保护的弱势群体、重要场所加以保护；考虑到公共场所的一些特性，对Ⅱ类建筑控制水平相对较宽。《标准》对建筑物未进行分类。表 2-4 为室内空气质量标准与民用建筑工程规范标准限量对照表。

表 2-4　室内空气质量标准与民用建筑工程规范标准限量对照表

污　染　物	《规范》		《标准》
	Ⅰ类民用建筑工程	Ⅱ类民用建筑工程	
氡/(Bq/m^3)	≤200	≤400	400(平均值)活动水平
游离甲醛/(mg/m^3)	≤0.08	≤0.12	0.10(1h 均值)
苯/(mg/m^3)	≤0.09	≤0.09	0.11(1h 均值)
氨/(mg/m^3)	≤0.2	≤0.5	0.2(1h 均值)
TVOC/(mg/m^3)	≤0.5	≤0.6	0.6(1h 均值)

两个标准的取样条件要求有所不同。例如，关于室内氡浓度的取样测量要求，《标准》分为两种情况：筛选法采样与累积法采样。采样时门窗要先关闭 12h，采样至少 45min。“当采用筛选法采样达不到本标准要求时，必须采用累积法采样（按年平均、日平均、8h 平均值）的要求采样”。《规范》要求的是：采用集中空调的建筑物，要在空调正常运行条件下取样测量；对于靠自然通风的建筑物，4 项化学污染物取样前要关闭门窗 1h，氡取样前要关闭门窗 24h。

2.5.6 污染物分析方法的区别

《标准》均可选用已有的国家标准方法。而《规范》在选用分析方法时从民用建筑工程的实际情况出发，采取适当选用方式。例如：空气中甲醛分析方法中，《规范》仅推荐选用酚试剂分光光度法。同时考虑到工程检测的时效性，允许使用现场测量方法，但为了准确反映甲醛污染物水平，对测试仪器的精确度做出了一定的要求。《标准》对 TVOC 的分析要求采用先进的（也是昂贵的）气相色谱—质谱方法，而《规范》考虑到工程检测单位的经济技术能力，采取“适用原则”，可选用毛细管气相色谱方法。再如，《标准》对氡的检测方法可以选用 4 种国标方法中的任何一种，而《规范》考虑到工程检测的时效性，只对测量方法的技术方面提出了要求，而未指明任何具体方法。这主要是从工程检测的实际情况出发，有些标准方法并不适合民用建筑工程检测的实际情况。

2.5.7 三位一体的控制体系

《标准》与《规范》、《有害物质限量》10 项标准在室内环境污染控制方面形成三位一体，构成比较完整的室内空气质量控制体系，从过程控制至目标控制、从工程控制至使用过程中的控制，来保障室内环境，减少污染物对人体健康的影响。

2.6 《公共场所集中空调通风系统卫生管理办法》解析

目前城市公共场所越来越多地采用了全封闭集中式中央空调通风系统来营造舒适的人工环境。但是由于集中空调通风系统本身设计、安装、运行管理等环节可能不尽合理，室内环境中甲醛、VOCs、PM_{10}、军团菌等污染物超标现象日益严重，尤其是人体受到病原微生物污染而可能引发呼吸道传染病传播。特别是 SARS 疫情发生、传播和流行，使空调通风系统存在的卫生问题尤其突出。研究资料表明，空调通风系统由于本身设施缺陷、长期运行、维护和清洁不当等原因，已经成为公共场所室内空气污染的主要来源。为了加强公共场所集中空调通风系统卫生管理，切实有效地预防空气传播性疾病在公共场所的传播，改善和提高公共场所卫生质量，保障公众健康，根据《中华人民共和国传染病防治法》和《公共场所卫生管理条例》和《突发公共卫生事件应急条例》等法律法规，2006 年 2 月 10 日卫生部颁布了《公共场所集中空调通风系统卫生管理办法》，本办法自 2006 年 3 月 1 日起实施，卫生部 2003 年 8 月 19 日颁布的《公共场所集中空调通风系统卫生规范》同时废止。

2.6.1 《公共场所集中空调通风系统卫生管理办法》起草背景

集中空调通风系统对改善公共场所空气环境舒适度具有积极意义，但由于空调通风系统本身设计、安装、运行管理等各环节存在的不合理因素，可能产生和加重空气污染物的形成和扩散，造成空气质量下降，尤其是易受到病原微生物污染而引发呼吸道传染病传播。研究资料表明，空调通风系统由于长期运行、清洁不当等原因，已经成为公共场所室内空气污染的主要来源之一。室内空气污染来自于空调通风系统的约占 50%。2004 年卫生部组织的全国公共场所空调通风系统抽检表明，我国的公共场所空调通风系统存在较为严重的生物性污染和颗粒物污染。在对全国 30 个省、自治区、直辖市的 937 家宾馆饭店、大型商场、超市的空调系统卫生抽检结果进行分析，属于严重污染的集中空调通风系统有 441 家，占抽检总数的 47.1%，中等污染 438 家，占抽检总数 46.7%，合格的只有 58 家，占抽检总数的 6.2%。

2006 年国家卫生监督抽检结果显示，42.2% 的集中空调通风系统消毒设施达不到卫生要求，风管断面和送风口细菌总数超标率达到 15.5% 和 36.9%。1976 年美国费城由于空调系统污染造成“军团病”爆发流行，221 人感染，34 人死亡，死亡率 15%。2005 年 10 月加拿大赛文奥克斯老人护理院爆发的“军团病”，有 135 人感染疾病，其中 23 人死亡。全球范围内有记载的“军团病”爆发流行约 50 起，死亡率 5% ~30%，其中 70% 是由于空调系统造成的。在我国自 1982 年在南京首次证实军团菌病病例以来，已有多起军团菌病暴发流行及散发病例报道。目前，除西藏自治区外所有的省、市、自治区（包括台湾省）均有军团菌病报道。1985 ~2005 年，国内正式报道 13 起不同规模的流行，其中 10 起由嗜肺军团菌引起，1 起由米克戴德军团菌引起，1 起由博杰曼军团菌引起，1 起未进行鉴定。在北京、上海的公共场所空调系统冷却水检测中检出了军团菌，检出率为 50% ~70%。2003 年 5 月香港“淘大花园”由于“空气通道效应”（与空调系统相似）造成 321 人感染“非典”；同年我国部分爆发流行“非典”的城市，绝大部分建筑物因空调通风系统可能传播“非典”病毒而停止运行使用。调查表明：由中央空调、冷却水塔、热水沐浴器等系统中军团菌繁殖、传播是引起军团菌引起感染、暴发的主要原因，空调系统传播传染病的危险性已经得到政府有关部门的高度关注。

2.6.2 《公共场所集中空调通风系统卫生管理办法》解析

1. 制定依据

制定依据：一是《中华人民共和国传染病防治法》第五十三条第六款，县级以上人民政府卫生行政部门“对公共场所和有关单位的卫生条件和传染病预防、控制措施进行监督检查”；二是《公共场所卫生管理条例》第三条，公共场所的空气、微小气候（湿度、温度、风速）应符合国家卫生标准和要求；三是依据《突发公共卫生事件应急条例》有关预防、及时控制和消除突发公共卫生事件的规定。

2. 适用范围

我国使用集中空调通风系统的主要为公共场所、办公场所及有特殊要求的工作场所。近几年，有些公寓也安装了集中空调通风系统。目前法律法规只规定了对公共场所进行卫生管理，因此《办法》适用范围规定为公共场所集中空调通风系统的卫生管理，其他场所空调通风系统的卫生管理可参照本办法执行。

3. 卫生要求

集中空调通风系统是个整体，由很多设备和部件组成。不是所有的集中空调通风系统的部件和设备都存在卫生问题，因此，《办法》只对影响公共场所卫生质量的集中空调通风系统设施和运行管理提出了卫生要求。《办法》规定，公共场所经营者应做好集中空调通风系统的卫生管理工作，建立健全集中空调通风系统的卫生管理制度，保证经营的公共场所集中空调通风系统符合《公共场所集中空调通风系统卫生规范》和有关卫生标准的要求；集中空调通风系统应当具备应急关闭回风和新风的装置、控制空调系统分区域运行的装置、空气净化消毒装置、供风管系统清洗、消毒用的可开闭窗口；集中空调通风系统吸取的新风直接来自室外，新风口远离污染源；送风口和回风口设置防鼠装置，空调机房内应保持清洁、干燥。

4. 卫生管理

考虑到卫生管理的目的是保证公共场所应具有的卫生质量和预防空气传播性疾病的传播，《办法》将卫生管理分为日常卫生管理和空气传播性疾病在本地区爆发流行期间的卫生管理。日常卫生管理，主要从管理制度，日常维护、维修，制定预案，卫生学评价和定期清洗等方面做了要求。空气传播性疾病在本地区爆发流行期间的卫生管理是在日常卫生管理基础上的卫生管理，比日常卫生管理更严格：一是启动应急预案；二是对有关设备或部件的清洗频次增加到每周一次，并要求进行消毒；三是关闭不符合要求的空调通风系统；四是当公共场所发现有传染病病例和疑似病例时，应及时关闭所涉及区域的空调通风系统，并对其进行消毒处理。卫生学评价和定期清洗是空调通风系统卫生管理的重要部分，是确保空调通风系统符合卫生要求的根本措施。

《办法》从规范卫生学评价和定期清洗工作行为的角度规定，新改扩和已投入运行的空调通风系统应当进行卫生学评价，卫生学评价应按照《公共场所集中空调通风系统卫生学评价规范》的要求进行；集中空调通风系统应当进行定期清洗，开展集中空调通风系统清洗的专业机构应当具有专业技术人员、设备、技术力量，并符合《公共场所集中空调通风系统清洗规范》的要求。上述两个规范已由卫生部发布，前者对卫生学评价的目的、依据、内容与方法、结论和建议、报告及评价机构进行了规定；后者对清洗方法、过程、效果及安全措施、专业清洗机构和专用清洗设备提出了要求。

5. 卫生监督

《办法》明确监督主体为县级以上卫生行政部门，监督对象为所辖区内的公共场所经营者、卫生学评价机构和专业清洗机构。《办法》规定了对各监督对象的具体监督内容，即监督公共场所经营者执行《办法》情况；监督卫生学评价机构执行《公共场所集中空调通风系统卫生学评价规范》情况；监督专业清洗机构执行《公共场所集中空调通风系统清洗规范》情况。监督措施，对不符合规定的集中空调通风系统，应责令改进，必要时可暂停运行，考虑到公共场所的公众性，《办法》还规定，可以予以公示。

6. 处罚

《办法》未另行规定处罚。对违反本办法的公共场所经营者、卫生学评价机构和清洁（洗）消毒机构，依据《中华人民共和国传染病防治法》和《公共场所卫生管理条例》的规定进行处罚。

2.6.3 “一个《办法》、三个《规范》”配套实施

近年来，预防控制 SARS、流感、流脑、H1N1 等空气传播性疾病的爆发流行及降低如军团病、结核病、过敏性肺炎等疾病可能爆发流行的危险性的任务十分艰巨，公共场所空调通风系统又是可能成为空气传播传染病的一种渠道，急需加强卫生监督和管理。卫生部根据《公共场所集中空调通风系统卫生管理办法》又分别制定了《公共场所集中空调通风系统卫生规范》、《公共场所集中空调通风系统卫生学评价规范》和《公共场所集中空调通风系统清洗规范》，于 2006 年 2 月 16 日颁布，2006 年 3 月 1 日起与新颁布的《公共场所集中空调通风系统卫生管理办法》同时实施，形成“一个办法、三个规范”的配套公共场所卫生规

范体系。

《办法》和三个《规范》的实施，将有利于规范公共场所集中空调通风系统的卫生管理工作，进一步加强空调通风系统卫生管理执法力度，明确公共场所经营者的责任和卫生监督管理措施，可在很大程度上预防和控制经空气传播的传染病，维护人民群众的健康权益。

2.6.4 《公共场所集中空调通风系统卫生规范》简介

《公共场所集中空调通风系统卫生规范》共分 6 章，分别为总则、范围、术语与定义、卫生指标、卫生检验和实施日期，规定了公共场所集中空调通风系统的卫生要求和检验方法，对集中空调通风系统新风量、送风、风管内表面和空气净化消毒装置的卫生要求做了详细规定。规范中规定了集中空调通风系统新风量、冷却水和冷凝水不得检出嗜肺军团菌、空调送风污染物（PM_{10}、细菌总数、真菌总数和致病微生物）限值、风管内表面污染物（积尘量、致病微生物、细菌总数、真菌总数）限值；空气净化消毒装置的卫生安全性和性能要求。该规范列有 9 个附录，对集中空调通风系统冷却水、冷凝水及其形成的沉积物、软泥等样品中嗜肺军团菌检验方法、新风量检测方法——风管法、可吸入颗粒物（PM_{10}）浓度检测方法、空气净化消毒装置阻力检验方法、风管内表面微生物检验方法等做了详细说明。

2.6.5 《公共场所集中空调通风系统卫生学评价规范》简介

《公共场所集中空调通风系统卫生学评价规范》共分 8 章，分别为总则、范围、术语与定义、集中空调通风系统预防性卫生学评价、集中空调通风系统经常性卫生学评价、评价报告、卫生学评价机构和实施日期。该规范的核心部分为第 4 章和第 5 章，规定了预防性卫生学评价和经常性卫生学评价的评价目的、依据、评价内容与方法、评价结论和建议。

该《评价规范》规定了新建、改建、扩建和已投入运行的公共场所集中空调通风系统预防空气传播性疾病卫生学评价工作，对集中空调通风系统预防性卫生学评价和经常性卫生学评价的目的、依据、内容和评价方法分别做了明确规定。卫生学评价结束时应编制评价报告。评价报告是卫生学评价工作的总结性文件，应在基本情况分析、现场调查、卫生检测和评价分析的基础上，全面、真实地反映卫生学评价的全部工作，文字要求简洁、准确。评价报告应包括项目的基本情况、评价依据、评价内容和方法、评价结论和建议。《评价规范》的附录给出了集中空调通风系统卫生学评价报告（格式）和集中空调通风系统卫生学评价机构的技术要求。

2.6.6 《公共场所集中空调通风系统清洗规范》简介

《公共场所集中空调通风系统清洗规范》共分 6 章，分别为总则、范围、术语与定义、技术要求、清洗标志和实施日期。该规范的核心部分为第 4 章，规定了清洗方法的要求、清洗过程的要求、清洗效果及安全措施的要求、专业清洗机构的要求和专用清洗设备的要求。

2.6.7 《办法》和三个《规范》修订与展望

“一个办法、三个规范”的出台，充实了我国暖通空调规范标准在卫生要求方面的内容，对于空调系统的安全运行十分重要。

1）按照修订的《公共场所卫生管理条例》，进一步完善公共场所集中空调通风系统卫生管理措施。

2）总结和推广试点地区卫生管理经验，进一步规范集中空调通风系统卫生学评价和专业清洗工作。

3）进一步加强宣传、教育和培训工作，提高公共场所经营者的卫生责任意识和公众的健康保护意识。

4）开展多部门合作，从源头控制公共场所集中空调通风系统污染。

2.7 《绿色建筑评价标准》（GB/T 50378—2006）解析

由中华人民共和国住房和城乡建设部及国家质检总局联合发布的《绿色建筑评价标准》（GB/T 50378—2006）从2006年6月1日起实施，这是继2006年3月1日《住宅建筑规范》、《住宅性能评定技术标准》两部国家标准实施后，又一部我国首次发布的有关绿色建筑的国家标准，也是第一次多目标、多层次，对绿色建筑进行综合评价的推荐性国家标准。2007年11月，由建设部组织的绿色建筑评价标识工作正式启动，该评价标识工作依据《绿色建筑评价标准》和《绿色建筑评价技术细则》（试行），填补了中国绿色建筑评价工作的空白，使中国告别了以国外标准来评价国内建筑的历史，对推动我国绿色生态建筑的研究和设计，规范绿色生态建筑的健康发展将会产生积极的影响。

2.7.1 《标准》编制原则

1）借鉴国际先进经验，结合我国国情。

2）重点突出“四节一保”的要求。

3）体现过程控制。

4）定量和定性相结合。

5）系统性与灵活性相结合。

2.7.2 《标准》简介

《标准》用于评价住宅建筑和办公建筑、商场、宾馆等公共建筑。

《标准》的评价指标体系包括以下六大指标：①节地与室外环境；②节能与能源利用；③节水与水资源利用；④节材与材料资源利用；⑤室内环境质量；⑥运营管理（住宅建筑）、全生命周期综合性能（公共建筑）。

各大指标中的具体指标分为控制项、一般项和优选项三类。其中，控制项为评为绿色建筑的必备条款；优选项主要指实现难度较大、指标要求较高的项目。对同一对象，可根据需要和可能分别提出对应于控制项、一般项和优选项的指标要求。

绿色建筑的必备条件为全部满足《标准》第4章住宅建筑或第5章公共建筑中控制项要求。按满足一般项和优选项的程度，绿色建筑划分为三个等级。

对住宅建筑，原则上以住区为对象，也可以单栋住宅为对象进行评价。对公共建筑，以单体建筑为对象进行评价。对住宅建筑或公共建筑的评价，在其投入使用一年后进行。

2.7.3　标准的特点

《绿色建筑评价标准》是我国第一部从住宅和公共建筑全寿命周期出发，多目标、多层次，对绿色建筑进行综合性评价的推荐性国家标准。

1. 绿色建筑的定义

《标准》中，绿色建筑的定义为在建筑的全寿命周期内，最大限度地节约资源（节能、节地、节水、节材）、保护环境和减少污染，为人们提供健康、适用和高效的使用空间，与自然和谐共生的建筑。

所谓“绿色建筑”的“绿色”，并不是指一般意义的立体绿化、屋顶花园，而是代表一种概念或象征，指建筑对环境无害，能充分利用环境自然资源，并且在不破坏环境基本生态平衡条件下建造的一种建筑，又可称为可持续发展建筑、生态建筑、回归大自然建筑、节能环保建筑等。

绿色建筑的基本内涵可归纳为：减轻建筑对环境的负荷，即节约能源及资源。提供安全、健康、舒适性良好的生活空间。与自然环境亲和，做到人及建筑与环境的和谐共处、永续发展。绿色建筑的室内布局十分合理，尽量减少使用合成材料，充分利用阳光，节省能源，为居住者创造一种接近自然的感觉。以人、建筑和自然环境的协调发展为目标，在利用天然条件和人工手段创造良好、健康的居住环境的同时，尽可能地控制和减少对自然环境的使用和破坏，充分体现向大自然的索取和回报之间的平衡。

2. 绿色建筑基本特征

绿色建筑基本特征包括以下几个方面：

（1）节约能源　充分利用太阳能，采用节能的建筑围护结构以及采暖和空调，减少采暖和空调的使用。根据自然通风的原理设置风冷系统，使建筑能够有效地利用夏季的主导风向。建筑采用适应当地气候条件的平面形式及总体布局。

（2）节约资源　在建筑设计、建造和建筑材料的选择中，均考虑资源的合理使用和处置。要减少资源的使用，力求使资源可再生利用。节约水资源，包括绿化的节约用水。

（3）回归自然　绿色建筑外部要强调与周边环境相融合，和谐一致、动静互补，做到保护自然生态环境。

（4）舒适和健康的生活环境　建筑内部不使用对人体有害的建筑材料和装修材料。室内空气清新，温、湿度适当，使居住者感觉良好，身心健康。

绿色建筑的建造特点包括：对建筑的地理条件有明确的要求，土壤中不存在有毒、有害物质，地温适宜，地下水纯净，地磁适中。绿色建筑应尽量采用天然材料。建筑中采用的木材、树皮、竹材、石块、石灰、油漆等，要经过检验处理，确保对人体无害。绿色建筑还要根据地理条件，设置太阳能采暖、热水、发电及风力发电装置，以充分利用环境提供的天然可再生能源。随着全球气候的变暖，世界各国对建筑节能的关注程度正日益增加。人们越来越认识到，建筑使用能源所产生的 CO_2 是造成气候变暖的主要来源。节能建筑成为建筑发展的必然趋势，绿色建筑也应运而生。

3. 绿色建筑评价体系

从2006年6月~2008年6月，国家相继发布了《绿色建筑评价标准》、《绿色建筑评价技术细则》（试行）、《绿色建筑评价标识管理办法》、《绿色建筑评价技术细则补充说明》

（规划设计部分）等相关法规及操作性文件。由此，形成了一套完整的、具有法律地位的、可操作性强的绿色建筑评价体系。

该评价体系借鉴国际上成熟的绿色建筑评价体系的经验，针对我国的资源、环境、经济、社会情况，强调遵循节能、节地、节水、节材与保护环境（四节一环保）协调统一的原则，是一个适合我国国情具有中国特色的绿色建筑评价指标体系。该体系的建立使绿色建筑具有一个统一的、权威的评价标准，对积极引导、大力发展绿色建筑，促进新型建筑的建设具有十分重要的意义。

该《标准》的制定，结束了我国依赖国外标准进行绿色建筑评价的历史；澄清了被商家过度炒作而变得模糊不清的绿色建筑概念，给真正的绿色建筑一个权威的评价标准；规范了绿色建筑标识的使用，今后商家不可随意使用类似“绿色建筑”的标识，只有通过了绿色建筑评价的建筑，才称得上是“绿色建筑”。

绿色建筑评价指标体系由节地与室外环境、节能与能源利用、节水与水资源利用、节材与材料资源利用、室内环境质量和运营管理六类指标组成。每类指标包括控制项、一般项与优选项。控制项与现行的国家标准、规范、地方法规的要求相一致，是必须要遵守和达到的。控制项具有一票否决权，满足控制项的要求是绿色建筑的必备条件。一般项是引导性的选项，一般项基本上都是不需增加较多投资就可以实现的。优选项是综合性强、实现起来难度相对较大、需要适当增加一定投入才可实现的选项。对申请进行绿色建筑等级评定的建筑物，在满足《标准》中所有控制项要求的前提下，按满足一般项和优选项的程度，从低至高划分为三个星级并按不同星级颁发评价标识（标识包括证书和标志）。

《绿色建筑评价标准》是对建筑全寿命周期的综合考评。考评的内容不仅限于在规划设计阶段反映在设计文件中所应用的成熟、适用、先进的节约资源与环保技术情况；也考评在施工阶段通过采取有效的措施，把施工活动对环境的危害降到最低的情况；还考评在运营阶段通过精心的管理，充分利用已配套的生态技术、设备，为人们提供健康、舒适、低耗、无害的生活环境的效果，以及在建筑到达寿命期需拆除时，其废弃物产生量是否最少且对环境的不良影响和危害是否最低。

《绿色建筑评价标准》是对“四节一环保”效果的多目标考评。强调绿色建筑在满足建筑使用功能的同时，兼顾节能、节地、节水、节材与保护环境等各项指标的平衡，不推崇为追求单一指标的效应而牺牲其他指标。

《绿色建筑评价标准》坚持因地制宜的原则，强调参评建筑可根据项目所在地区经济、社会、自然、环境资源状况，选择适合建筑本身的一般项、优选项及星级标准。《标准》规定，当标准中某选项不适用于建筑所在地区、气候与建筑类型等条件时，该条文可不参与评价，这时，参评的总项数会相应减少，星级评价时对项数的要求可按原比例调整。

《绿色建筑评价标准》与当前的经济发展水平相适应，与当前所具有的“四节一环保”技术水平相适应。坚持“适用”和“高效率”的原则，强调绿色建筑建设中应遵循“少花钱多办事”的理念，《绿色建筑评价标准》不推崇采用高新技术、高造价堆砌的办法实现绿色建筑。

2.7.4　绿色建筑的室内环境质量

在绿色建筑的室内环境质量控制项中，对中央空调通风系统进行了规定，要求温度、湿度、风速等参数满足设计要求；围护结构内部或表面无冷凝现象；为保证新风量质量规定了新风采气口的设置能保证所吸入的空气为室外新鲜空气。空调系统的过滤器、风机盘管和风道等定期清洗或更换。

标准规定了室内空气中污染物浓度满足《民用建筑室内环境污染控制规范》（GB 50325—2001）的规定要求。建筑外窗的隔声性能、室内采光、室内照明质量达到相应的标准要求。

在一般项中，要求：单独处理的新风直接入室，避免二次污染；合理进行建筑平面布局和空间功能安排，减少相邻空间的噪声干扰以及外界噪声对室内的影响；室内背景噪声满足《民用建筑隔声设计规范》（GBJ 118—1988）中室内允许噪声标准一级要求；宾馆类建筑围护结构构件空气隔声性能（R_w）满足《民用建筑隔声设计规范》（GBJ 118—1988）二级要求；建筑设计和构造设计有采取诱导气流、促进自然通风的措施；建筑 75% 以上的空间可根据需要实现自然采光；建筑入口和主要活动空间有无障碍设计。

在优选项中，中央空调的建筑采用经济有效的空气净化技术和系统；采用可调节遮阳，调控夏季太阳辐射；设置室内空气质量监测系统，保证健康舒适的室内环境；建筑 75% 以上的空间可实现自然通风。

2.8 《建筑环境设计-室内空气质量-人居环境室内空气质量的表述方法》（ISO/DIS 16814）标准解析

国际标准化组织 TC205 技术委员会编制的《建筑环境设计-室内空气质量-人居环境室内空气质量的表述方法》（ISO/DIS 16814）（Building environment design-Indoor air quality-Methods of expressing the quality of indoor air for human occupancy）已完成了公众评论阶段，不久将予以颁布。

2.8.1 ISO/DIS 16814 标准主要内容

ISO/DIS 16814 标准是用于建筑、供热、通风和空调系统设计的国际标准系列之一，这一系列国际标准详细说明了针对新建及改建的建筑和系统室内可接受环境制定的设计标准方法。室内环境包括热环境、声环境、光环境以及室内空气质量（IAQ）。

该标准涵盖了 IAQ 几种表述方法，并将取得良好室内空气质量的目标融入到整个设计过程中，认可采用相关的地方性法规政策。但标准中不指定具体的方法，而只是引用了现有的标准和指南作为参考。参考方法可用于确定通风量和其他设计要素。这些方法有一个共同点，即都是以人体健康和舒适性要求为基准，在现有的室内状态下，将室内空气污染物控制在不会危害人体健康而且不会影响大多数人的舒适感作为目标。

ISO/DIS 16814 标准共有 7 章，分别为：①范围；②标准化参考文献；③术语；④表述室内空气质量的方法；⑤依据；⑥设计程序；⑦设计主要参数和假设条件。

ISO/DIS 16814 标准有 7 个附录，分别为：A 室内污染的来源和控制手段；B 室内空气质量表述方法；C 世界卫生组织空气质量指南；D 建筑材料的挥发物；E 空气净化设备；F 暖通空调设备视为污染源，G 通风有效性。

2.8.2 ISO/DIS 16814 标准适用范围

该标准制定的目的是详细说明适宜于人居室内空气质量的表述方法，依据用户提出的要求、制约条件和期望，确定可接受的 IAQ。该标准需要控制的污染物除了人体生物性释放物（通常作为 IAQ 和通风要考虑的基本因素），还有建筑本身散发的污染源，依据污染源种类不同可以分为：①可挥发性有机物（VOCs）和其他有机物，如甲醛；②环境烟草烟雾（ETS）；③氡；④其他无机气体，如臭氧、一氧化碳和氮氧化物；⑤活性粒子（包括病毒、细菌和真菌孢子）；⑥非活性生物污染物（如螨虫、真菌粒子及其代谢物）；⑦无生命粒子（如灰尘和纤维）。

其中 CO_2 是作为计算通风量的一个指标列出，不是说 CO_2 会危害到人体健康，而是该标准主要考虑以人为对象的所在室内环境，适用于新建建筑物及其系统、既有建筑物及其系统改造的设计，机械通风与自然通风相结合的建筑物，商业建筑和公共建筑（包括住宅楼）。

该标准的制定，希望能通过有依据的合理的步骤来提高设计质量且为今后的检测与评价积累经验，以便能更容易地处理今后设计中遇到的问题。

2.8.3 ISO/DIS 16814 标准室内空气质量的表述方法

本标准认为 IAQ 应该满足室内人员的要求，室内人员对 IAQ 有两个要求：一是应尽可能降低吸入的空气对人体健康造成的负面作用；二是室内空气应使人感到舒适，可以接受。这两个要求应能同时满足。对于这两个要求，对 IAQ 的表述有两种相应的方法，第三种方法是基于通风量的间接表述，标准对这三种方法进行如下归纳。现有的各种规范或标准都是依据其中的一种或几种方法来规定的。

1. 基于健康状况的表述

空气中的污染物会对人体健康造成负面影响，为了减少对人身危害，规定了某些化学物质的最大允许浓度以及相应的作用时间。在该标准的附录 C 中列出了推荐的室内外空气中含一般污染物的浓度上限值。对于某些污染物，可以估算出对应于某一浓度值的危害程度。

2. 基于感受到空气质量的表述

人们对空气污染物的感受差异会很大，对不舒适感亦然。有时非常敏感，很难达到满意，而有时则不十分敏感，很容易满意。对于个体的差别，感受到的 IAQ 可以通过感受到的不可接受空气质量人数百分比（不满意率）来描述。如果不满意人数少，IAQ 就高；不满意率高，IAQ 就低。

3. 基于通风量的表述

对 IAQ 的间接表述首先是要确定满足人员健康要求和感受到空气质量要求的最小通风量，用实际风量与规定最小风量的大小关系来描述 IAQ。

污染源及其控制方法列在该标准的附录 A 中，IAQ 的表述方法详见该标准的附录 B。

建筑物所在地的室外空气质量对通风量影响很大，如果当地建筑物周围空气符合要求，就可用作室内通风源，在某些情况下通风入口位置的选取也可以优化通风空气质量。室外典型空气污染物包括 CO、CO_2、NO_2、SO_2、花粉和颗粒物，均需要测试。

2.8.4　设计约定

该标准要求对有通风或空调设施建筑物的设计必须提供约定条件下的 IAQ。设计人员应将各种约定条件和所做的假设记录在案并予归档，其中包括系统设计所要满足的 IAQ 要求。某项工程设计过程是否符合规范要求，必须按照设计要求进行检验。

1. 建筑材料和建筑结构对 IAQ 的影响

建筑材料和建筑结构的完好性会有益于室内空气质量，有些材料可以在特定条件下吸收空气污染物，并在适当情况下再释放出来。

由于装饰材料自身对 IAQ 的负面影响，建筑物一般都需要保持较高的清洁程度，可以通过定期适当的清洁措施去除污染物以提高 IAQ。

2. 建筑通风对 IAQ 的影响

通风及其适用的形式是实现良好 IAQ 的最有效手段。一般有自然通风、机械通风和混合通风三种。

3. 建筑室内用途对 IAQ 的影响

建筑用途和人员类型，建筑物内污染物浓度直接受建筑物内活动性质的影响。

2.8.5　IAQ 目标值的评价

应该说依据现行标准实现 IAQ 目标值不成问题，下一个问题是如何评价 IAQ 的目标值。

1. IAQ 的目标值

由于该标准提出 IAQ 的主要设计依据是：①健康（包括可确认疾病和不确定的综合症症状）；②舒适（感受到的 IAQ 或可接受程度）；③人员活动（学习、工作、体力活动等）。

2. IAQ 目标污染物的评价

健康风险中大多空气污染指标和标准与室外环境和工业场所有关。在该标准中附录 C 给出了室内空气质量的单个目标污染物控制指导浓度。由于附录 C 中给出的值是依据吸入单一空气传播化学物质作用制定的，不考虑累积、增效或不相容作用（除 SO_2 与固体颗粒物的化合作用）或除吸入途径外的其他作用。由于每种化学物质的来源途径不同，在各作用效应中不能互相比较。世界卫生组织标准对每种化学物质都给出了典型来源（或主要来源）、空气中的散发量、已确认的主要浓度值、作用途径、代谢过程，以证实或怀疑对健康的作用和估计危害健康程度。

3. IAQ 的可接受性确认

尽管建筑病综合症的出现不能完全归因于室内空气污染，但降低污染物浓度确实是减少危害性的重要手段，因此关注点应放在整个设计与建设过程中不引入其他危险因素（如高温、高湿、微生物污染或人员难以控制的室内环境）。

2.8.6　结语

ISO/DIS 16814 标准即将颁布，将会对我国产生较大的影响。设计人员可以依据标准所选的方法来获得良好的室内空气质量，除了进行通风外，还要考虑污染以及源头控制，特别是暖通空调系统的污染，该标准还专门将它作为一个附录进行讨论。如果有特定的污染源存在时，可以考虑采用空气净化或局部排风的方法进行控制。设计者还可以设定不同的 IAQ

目标级别来选择对策。因此依据该标准是可以保证室内污染物浓度达到可接受水平。

但是除了降低污染物浓度，还需要强调尽量减少用户对 IAQ 的不良抱怨。所以设计者要全面充分考虑各种因素。因为 IAQ 与其他因素共同作用会引起室内人员的抱怨。人们的反应来源于 IAQ 的本身以及与 IAQ 完全无关的某些问题。SBS 就是一个典型，造成 SBS 的原因非常多，在关注 IAQ 和通风量（换气次数）的同时，还与环境中其他很多因素有关，特别是高温、高湿以及微生物污染，几乎可以肯定的是，SBS 并不是单因素作用的结果，对不同建筑物都会有各种因素起作用。这也是在该标准制定过程中遇到的最大技术难题。

该标准即将颁布，并不等于解决了所有的 IAQ 问题，而只是提供室内可接受环境的设计的一个标准方法。设计人员必须从初步方案、详细规划到建筑设计，全面考虑施工、安装、维护和运行等方面的一系列措施。单靠设计前期污染源控制或设计后期通风控制都无济于事，这是全过程控制的概念。

最后 IAQ 还应与能耗结合考虑。能源危机作为世界危机的一部分，并不仅指能量来源的危机，还附带有由于 CO_2 排放和全球变暖等许多涵盖的问题。必须重视环境保护和节能，这将会提高寿命周期费用，这是在我国实现良好 IAQ 必须要考虑的问题。

第3章　室内环境预测与评价方法及应用

3.1　室内环境预测与评价

室内空气品质预测与评价是根据建筑工程、室内装饰装修工程设计方案，在工程建设前，运用科学的方法，分析、预测该工程建成或完工后存在的影响室内环境空气品质的因素和危害程度，并根据室内环境空气品质产生的化学性和物理性影响变化情况，提出科学、合理、可行的改进技术、净化或治理方案、对策、措施，根据装饰材料的有害气体特性参数，为该工程项目改善设计方案和项目建筑材料选择，提供参考和依据。

由于室内环境的社会效应，健康效应与人们息息相关，使得室内环境预测极具社会意义和实用价值。通过对IAQ研究，推动绿色建筑材料、绿色装修装饰材料工业化生产及应用，而成为环境可持续发展不可缺少的一部分，并将深深地影响着未来的人类健康与社会结构。正是这些重要影响因素，推动人们开展室内空气品质预测与评价研究。人们根据预测技术在环境保护与评价取得的有益成果和丰富经验，将其应用到室内空气品质的预测与评价实践中。人们通过不同预测和评价方法，来预先分析判断在室内空气品质的形成过程中，室内建筑材料、装饰装修的行为过程。以建筑材料、装饰装修材料为载体、以影响室内环境的主要因素为评价影响因子，对室内空气品质的目标所产生的后果，利用预先评价方法判断即将形成的室内空气品质对健康、舒适性的影响，从而提醒人们通过不同手段对室内空气进行有效调控。

室内空气品质预测是建立在了解室内空气品质影响因子、变化规律、主客观评价方法的基础上，运用过去和现在掌握的有关知识，对拟建建筑物中的室内空气品质状况及其影响进行推测。室内空气品质预测属于主观判断，预测结果的准确性取决于评价方法的可靠性、预测模型的合理性、预测条件与实际条件的吻合程度等因素。只是目前，在室内空气品质预测与评价的实际应用成果报道较少，尤其是室内空气品质预测技术、理论模型和方案仍需要深入研究。

3.1.1　室内空气品质预测与评价定义

室内空气品质预测与评价是建立在了解室内空气品质影响因子、变化规律、主客观评价方法的基础上，运用过去和现在掌握的有关知识，对拟建建筑物中的室内空气品质状况及其影响进行推测，并为室内空气品质的改进，提供有益参考数据和实施方案的一门新学科。

3.1.2　室内空气品质预测与评价意义

通过对室内空气品质的预测与评价，可有效促进、改善室内空气品质，达到控制室内空气品质的最终目的，因此，具有重要的意义，具体表现在以下几个方面：

预测与评价过程将室内空气品质视为过程的产物，各种与室内空气品质有关的因素都随时随地地影响着室内空气品质，空气品质也不再是特定建筑物内的“静态”参数，而是“实时”的动态变量。

1. 室内空气品质预测是控制策略的重要转变

室内空气品质预测与评价，是为了有效地改善和提高室内空气品质，最终实现健康、舒适的室内环境，有效促进建筑工程在形成过程中过程控制，以获得理想的结果。

2. 改变了 HVAC（暖通空调）在室内空气品质控制中的角色

室内空气品质预测与评价，从根本上改变了暖通设施，从被动的通风控制（终点控制）变为主动的室内空气品质调节功能控制手段，从总体上指导室内空气品质的控制过程。

3. 室内空气品质预测是改善室内空气品质的动力

室内空气品质预测与评价，可以预知即将建成的建筑物内室内空气品质状况，提醒建筑物的设计、施工、运行和管理等有关人员，关注自己的行为过程及所产生的后果，从而自觉地采取过程控制措施，规范自己的行为，以获得预计建筑室内环境满意的结果。

3.2　室内空气品质的常用预测与评价模型

室内空气品质预测与评价，可分为两大类：单项指标预测与评价模型和综合指标预测与评价模型。

3.2.1　单项指标预测与评价模型

单项指标预测与评价模型是利用选择具有代表性的污染物作为评价指标，来预测和评价室内空气品质的方法。

1. 标志性污染物预测与评价模型

人们根据室内环境影响因素与对人体健康的影响关系，选择具有典型意义的标志性污染物来预测和评价室内空气品质。通常选用 CO_2、CO、甲醛、可吸入颗粒物、NO_X、SO_2、细菌总数，加上温度、相对湿度、风速、照度以及噪声共 12 个指标中单项或多项指标来定量地反映室内环境质量。

如在公共场所室内空气中，CO_2 是人体最主要生物散发物，其发生量由人数及其活动量所决定，因此可选择 CO_2 浓度作为室内空气品质及其污染程度的评价指标，也可反映室内通风情况的评价指标。目前许多国家均以 $1964mg/m^3$ CO_2 浓度作为检查室内空气品质状况的指标。美国 NIOSH 最近则考虑将 CO_2 浓度指标标准降至 $1571mg/m^3$。日本也设立了相应的评价方法，表 3-1 是日本室内空气中 CO_2 浓度评价标准。

表 3-1　日本室内空气中 CO_2 含量的评价标准

体积分数(%)	清洁程度	体积分数(%)	清洁程度
0.07	良	0.2～0.5	不良
0.07～0.1	可	0.5 以上	最不良
0.1～0.2	尚可	1.0 以上	危险

2. 重点污染物预测与评价模型

选择室内空气中重点污染物来作为室内空气品质预测与评价模型，是常用的方法和措施。

如公共场所，当确定根据控制目标对人体健康的影响因素，作为预测与评价模型时，常选择生物性污染物作为预测与评价指标，如粉尘颗粒物（PM_{10}甚至 $PM_{2.5}$）、细菌总数、军团菌、甲醛、VOCs 等重点污染物，来预测公共场所中生物性污染的程度，以提高对生物性污染的预防和控制。

3. 民用工程建筑主要污染物预测与评价模型

由于建筑工程材料、装饰装修工程中，引起室内空气品质恶化的首要因素是甲醛及 VOCs 污染物。选择甲醛及 VOCs 污染物为室内空气品质单项指标，来预测和评价民用工程建筑因装饰装修活动对室内空气品质的指标污染物，具有针对性和普遍意义。

4. 城市环境下室内空气品质的指标污染物预测与评价模型

在城市环境下，由于机动车尾气污染量的不断增加，颗粒物的指标污染物从 TSP 到 PM_{10}甚至到 $PM_{2.5}$，因为小粒径颗粒物浓度的增大和对人体危害的增强，室内空气品质的评价指标之一的颗粒物呈现出粒径变小的趋势，现在国外一些专家已经提出，将超细微粒作为室内空气品质评价的又一项新指标。

3.2.2 综合指标预测与评价模型

综合指标预测与评价模型是以多个目标、多个影响因子为指标的预测模型。由于指标增多，预测模型变得十分复杂，运算方式非常繁杂，通常借助于数理统计模型来计算，预测室内空气品质。目前，常用的室内空气品质预测方法可以分为五个主要类型：

1. 统计推断法

统计推断法是在掌握大量历史和现时数据资料的基础上，运用统计数学方法进行处理，从而揭示出这些数据资料所反映的环境质量变异的内在客观规律，并据此对未来的环境质量状况进行预测。主要方法有指数平滑法、趋势外推法、生长曲线法、灰色预测法等。

2. 模式预测法

模式预测法是从机理上对环境质量和它的影响因子之间的因果关系进行定量分析，通过演绎推理获得其内在规律，然后对未来环境质量的改变进行预测。主要方法有计算流体力学方法、多区域方法等。

3. 类比分析法

类比分析法的要点是把正在发展中的事物与历史上曾发生过的相似事件做类比分析，寻找出环境质量变异的规律性信息，从而对未来环境质量的改变进行预测。

4. 专家系统法

专家系统法是用环境评价专家的知识经验判断结合系统分析、层次分析技术的应用，得出众多专家对环境质量未来变化所做的估计综合分析，从而对环境质量改变做出预测。主要方法有专家个人意见法、组织专家会议法、头脑风暴法、特尔斐法。

5. 物理模拟预测法

物理模拟预测法采用与原型相似的实物模型来进行模拟预测室内空气品质的变化。主要方法有人工环境舱法等。

3.3 室内环境预评价的方法和指标

室内空气品质评价是认识室内环境的一种科学方法，是随着人们对室内环境重要性认识的不断加深所提出的新概念。它反映在实际具体的建筑室内环境中，室内环境诸要素对人群的工作、生活适宜程度，满足大多数人群对室内环境的满意度，已经不是简单以限量值来判断合格不合格。室内空气品质评价分为现状评价和影响评价两类，影响评价是指对拟建项目的评价。

通过设置限量值或限量范围，利用单一测量手段，简单地判断室内空气品质是否合格，这种方法难以解决目前存在的问题。室内环境的实际评价是建立在建筑技术、环境监测、建筑设备工程、医学与健康、环境心理学、居住心理学等多学科的综合研究模式和科学的方法，通过这些科学模式和方法，掌握室内环境的真实的信息，形成具有实效性、公正性、权威性和可比性室内环境状况的真实评价结果。尽管目前国内对室内空气品质评价方法尚未建立统一标准。但国内外已经开始形成比较室内空气品质综合和单项评价方法和评价指标。

3.3.1 当量评价指标（EEI）

当量评价指标（EEI），是评价室内环境的综合指标。它综合了室内环境的影响因素，包含 IAQ 指标的室内环境诸因素而形成的综合指标 EEI，以此来作为评价 IAQ 的综合指标，具有综合性更强、更具合理性等特点。

最佳的室内环境并非是由一个环境参数和某个确定的设计或控制点决定的。举例来说，最狭义的 IAQ 意味着房间空间空气免受烟、灰尘和化学物质污染的程度。稍为广义地说，它包括空气温度、湿度和空气流速，而热环境一词还需包括视觉因素，如亮度、色彩、空间感。另一方面，允许水平的 IAQ 还取决于暴露时间的久暂，个人生理条件及经济观点。从实用的观点来看，最佳的环境决定于 IAQ 推荐值或允许范围的客观标准加上居住者的期望或者说主观看法，下限称之为节能允许值或推荐值，上限是 IAQ 所能达到的极限。

3.3.2 主观与客观相结合的综合评价方法

这一预测评价过程主要有三条路径，即客观评价、主观评价和个人背景资料。

客观评价就是直接用室内污染物指标来评价室内空气品质的方法。选择具有代表性的污染物作为评价指标，来全面、公正地反映室内空气品质的状况。通常选用二氧化碳、一氧化碳、甲醛、可吸入性微粒（IP）、氮氧化物、二氧化硫、室内细菌总数，加上温度、相对湿度、风速、照度以及噪声共 12 个指标来定量地反映室内环境质量。这些指标可以根据具体对象适当增减。客观评价中需要测定背景指标，是为了排除热环境、视觉环境、听觉环境以及人体工效活动环境因子的干扰。

主观评价主要是通过对室内人员的问询得到的，即利用人体的感觉器官对环境进行描述和评价。一是表达对环境因素的感觉，二是表达环境对健康的影响，并用国际通用的调查表方法来规范主观评价，以提取最大的信息量，强化评价数据的可靠性。主观评价主要归纳为四个方面，人对环境的评价表现为在室者和来访者对室内空气不接受率，以及对不佳空气的感受程度，环境对人的影响表现为在室者出现的症状及其程度。背景调查中一部分是排他性调查，另一部分是个人资料调查，主要用以排除非室内空气品质因素所引起的干扰，避免影响评价结果，有助于做出正确判断。最后综合三个途径的资料，通过统计分析来评价室内空气品质和等级，根据要求，提出仲裁、咨询或整改对策。

3.3.3　模糊综合预测与评价

室内空气品质目前就是一个模糊概念，至今尚无一个统一的、权威性的定义。就是对需要评判的同类性质的不同对象做出符合人体大脑思维的一种比较判断的方法，综合考虑影响对象总体性能的各个指标，通过引入隶属函数同时考虑影响对象总体性能的各个指标及各个指标在影响对象中的重要程度，经过模糊变换得到每一个被评判对象的优劣程度。由于该方法考虑到室内空气品质等级的分级界限的内在模糊性，评价结果可显示出对不同等级的隶属程度，故应该更符合人们的思维习惯，这是现有的指数评价方法所不能及的。该方法的关键是建立 IAQ 等级评价的模糊数学模型，确定各类健康影响因素对可能出现的评判结果的隶属度。

3.3.4　CFD 预测与评价法

近 20 年来，CFD（Computational Fluid Dynamics）技术已被应用于建筑通风空调设计领域。该方法利用室内空气流动的质量、动量和能量守恒原理，采用合适的湍流模型，给出适当的边界条件和初始条件，用 CFD 的方法求出室内各点的气流速度、温度和相对湿度；并根据室内各点的发热量及壁面处的边界条件，考虑墙面间的相互辐射及空气间的对流换热，得到室内各点的辐射温度，结合人体的衣着和活动量，利用 Fanger 等人的研究成果，求得室内各点的热舒适指标 PMV（Predicted Mean Vote）。同时利用室内空气的流动形式和扩散特性，得到室内各点的空气年龄，从而判断送风到达室内各点的时间长短，评估室内空气的新鲜度。

3.3.5　“通风效率”和“换气效率”评价法

这两个指标是从发挥通风空调设备和系统的效应，进行有效通风，提高室内空气品质出发提出来的。利用室外新风稀释与排除室内有害气体或气味，是保证室内空气品质的基本措施，并认为有效通风是提高室内空气品质的关键。近年来国外学者对通风评价方法进行了大量的研究，提出了通风系统的评价指标：

换气效率，定义为室内空气的实际滞留时间与理论上的最短滞留时间的比值。它是衡量换气效果优劣的一个指标，与气流组织分布有关。

通风效率，定义为排风口处污染物浓度与室内污染物平均浓度之比。它表示室内有害物被排除的速度的快慢程度。

3.3.6　空气耗氧量 COD（Chemical Oxygen Demand）评价法

空气耗氧量是通过反应方法测定室内挥发性有机化合物 VOC 被氧化的空气耗氧量，表征室内 VOC 的总浓度。其原理是基于空气污染物中的有机物可被重铬酸钾—硫酸液完全氧化，根据有机物被氧化时消耗的氧气量推算出空气的耗氧量。国内在 1989 年人防工程平时使用环境卫生标准中，采用了空气耗氧量作为地下旅馆、影剧院、舞厅、餐厅的环境卫生标准的一个指标。标准于 1998 年被国家技术监督局和卫生部颁布为国家标准。

COD 与室内空气品质的其他指标如二氧化碳、一氧化碳、空气负离子、甲醛浓度、微生物等有显著的相关性，说明它是综合性较强的室内空气污染指示指标。

3.4 装饰装修工程室内空气品质预测与评价法应用

由于室内装饰装修而引起室内空气污染，为了减小这类污染，实行装饰装修工程前的空气质量预评价，具有积极的社会意义和实用价值。

3.4.1 预评价基本要素

根据室内装饰装修工程的设计方案，以建筑装饰材料有害气体释放量和建筑装饰材料使用量等数据，运用科学的评价方法，分析、预测该工程完成后产生的化学性和物理性影响变化的情况，存在危害室内环境空气质量的因素和程度；可以预测室内装饰装修工程竣工后的室内空气质量并预先评价出室内装饰装修工程对室内空气质量的影响，提出科学、合理、可行的技术措施和装饰材料有害气体的特性参数，作为该工程改善设计方案和选用建筑装饰材料的主要依据。预评价是保证建筑装饰工程完成后具有良好的室内环境质量的一个重要步骤，是一门由多学科组成的实用技术。

3.4.2 监测与分析

民用建筑工程装饰装修后，影响室内空气质量的主要因素一般包括如下三个方面：

1. 建筑装饰材料中有害物质监测

对设计方案中拟使用的建筑装饰材料进行分析，以确定该方案中可能存在的有害物质种类、主要污染物含量或散发量；再根据装饰装修设计中拟使用的各种建筑装饰材料的使用量，确定在评价方法所适用的环境条件下的室内空气中有害物质含量。其“使用量”是指暴露在室内环境中的建筑装饰材料面积。

2. 通风与有害物质的散发

根据民用建筑室内设计方案中建筑物的通风方式与门窗等自然散发的开口进行统计分析；对室内空气质量中的通风概况进行预测，修正室内空气预测模型，对影响气体散发的通风、散发口等主要因素进行数值分析。

3. 建筑物本底浓度的测量

在进行室内空气品质预评价前，对建筑污染物本底浓度进行测量，确定预评价模型的本底值。

3.4.3 室内空气品质预评价程序

室内空气质量预评价程序主要包括：工程分析、物料计算、建筑材料有害气体释放量的测定、有害气体的定量计算、对策措施、评价结论。如果业主已确定了建筑装饰材料，还应进行建筑装饰材料的测试与评价。

1. 室内空气中主要污染物分析

室内环境空气质量预评价的主要依据是室内装饰装修工程设计方案。因此，做好工程分析是保证评价结果科学、合理的基础。在工程分析中，根据工程设计方案，分析工程的室内微小气候条件、主要危害因素，确定主要污染物，合理划分评价单元。

（1）室内微环境分析　室内微环境包括温度、相对湿度、气流风速等。它们除了直接作用于机体外，还作用于人体周围的生活环境，影响室内环境空气质量。因此，进行建筑物的室内微小气候条件分析，是保证良好的室内环境空气质量的重要一环。因此必须对室内环境中温度、湿度条件进行评价。民用建筑工程因通风不畅且无空气净化装置很容易造成室内环境空气污染，因此，必须对室内通风系统进行评价。

（2）主要危害因素分析　通常，造成室内空气污染的因素包括室外大气污染、建筑材料释放出的有害气体、室内装饰材料释放出的有害气体、室内设备释放出的有害气体、人体释放出的有害气体及人为活动释放出的有害气体。

1）室外大气污染因素：室外大气环境对室内空气质量具有很大的影响，室外大气中污染物可通过门窗开启、自然通风、空调换气、围护体渗透等方式进入室内，成为室内空气污染一部分。特别是我国大中城市室外空气质量较差，大气污染物浓度高，是引起室内空气污染的因素之一。

2）建筑材料因素：随着室内化学建筑材料的大量使用，它们在室内环境中不断挥发并释放到室内空气中形成室内空气污染。必须对室内主要建筑材料甲醛释放量、VOCs、氨等污染物进行统计分析。

3）室内设备因素：室内的设备在使用时释放出各种有害气体直接进入室内空气中形成污染。如燃烧器具在使用时能够产生二氧化硫、氮氧化物、一氧化碳等有害气，复印机、传真机等在使用时能够产生臭氧等有害气体造成室内空气污染。对能够引起室内空气污染的这些室内设备进行统计分析，研究其有害物质释放量。

4）室内装饰材料因素：在建筑物本身不形成室内空气污染的情况下，人造板材、家具、涂料、胶粘剂等不断向室内空气中散发甲醛、VOCs 是造成室内环境空气污染的主要因素。因此，依据工程装饰设计方案，确定使用各种装饰材料的种类，统计分析有害物质释放量，即可确定该工程中的主要危害因素。

一般民用建筑工程，造成室内空气污染的因素是室内装饰材料中释放出的有害气体。因此，可根据建筑材料、室内装饰材料有害物质散发量的测试数据进行统计分析，得到装饰装修后有害物质种类、散发量和散发特征。

2. 被测室内空气中主要污染物的定量计算

由于甲醛是室内环境的首要污染物，人们对人造板材甲醛释放特性进行了深入研究，其他室内装饰装修材料及这些材料中 VOCs 的散发量和散发特征，尚有待研究。因此，预评价计算大多还局限于室内空气甲醛污染量的预测和计算。

（1）建筑材料使用量的定量计算　依据室内装饰装修工程设计方案，确定使用建筑装饰装修材料的种类，由测定的装饰装修材料的有害气体释放量，再根据工程物料计算得出的材料使用量，计算出某一具体室内环境中有害气体的浓度，与标准浓度值比较，即可得到计算结果 K'。

（2）有害气体总量控制的定量计算　当室内装饰装修工程设计方案确定所使用的装饰装修材料的种类和各种装饰装修材料散发量后，进行某一具体室内环境中有害气体的总量控制计算。总量控制计算即是依据工程设计方案计算出有害气体最高容许释放量，利用最优化理论进行线形约束方程计算（也可将各种性能与价格因素一同进行优化计算），其结果即是该评价单元中应使用的各种材料的有害气体释放量。其次，根据计算出的各种材料的有害气体的释放量确定使用品种，再根据工程物料计算得出的建筑装饰装修材料使用量计算出某一具体室内环境中有害气体的浓度，与标准浓度值比较，即可得到计算结果 K'。计算表达式如下：

$$K' = \frac{1}{C_S}\sum_{i=1}^{n}(E_iA_i\beta_i)/(VN)$$

式中 C_S——室内空气中有害气体的标准浓度值（mg/m^3）；

E_i——单元内第 i 种建筑装饰材料的有害气体释放量[$mg/(m^2 \cdot h)$]；

A_i——单元内第 i 种建筑装饰材料的使用面积（m^2）；

β_i——单元内第 i 种建筑装饰材料的工艺系数；

V——单元内部容积（m^3）；

N——单元与外部环境的空气交换率（h^{-1}）。

（3）定量计算的评价结果　当 $K' \leqslant 1$ 时，表明该种建筑装饰材料选择合理，能够保证使用后室内环境中有害气体浓度符合标准要求；当 $K' > 1$ 时，表明该种建筑装饰材料选择不合理，不能够保证使用后室内环境中有良好的空气质量。

3.5　室内品质预测与评价在净化与治理中的作用

3.5.1　为净化与治理提供参考信息

通过室内环境预评价中对室内环境中的主要污染物及污染物的散发量，为室内暖通空调、新风量、回风质量、自然通风及自然通风量的调整，提供了重要参考信息。

室内空气品质的影响因素主要有：暖通空调（HVAC）系统设计或运行不当；各类污染源产生的污染物作用。因此，通过预评价，人们可以对室内环境中的暖通空调运行参数进行调节，提高新风量，采取对新风机组、回风等部位进行净化处理措施；通过对室内装饰装修材料有害物质的预评价，人们可以调整装饰设计方案，减小人造材料的使用量，从而降低室内空气中主要污染物散发量，改善室内空气质量。

3.5.2　为净化与治理方法提供解决方案

人们通过预评价，可以得到影响室内环境的主要因素，采取有效措施，改善影响室内空气质量。当选用人造板材的散发量或工程中使用较大时，可以采取提高板材使用等级、对人造板材进行饰面处理、涂敷人造板材甲醛清除剂等有效措施，降低人造板材甲醛释放，减小对室内空气中甲醛污染。

民用建筑室内装饰装修工程，通过室内环境预评价，人们可以及时调整装饰装修工程设计、调整通风及自然通风参数，采用净化措施等不同方式，解决由于装饰装修材料有害物质对室内环境的污染，是一种积极有效的方法，应该大力推广。

第4章 室内环境污染分析

室内空气的污染既有来自室外的污染源，又有室内的污染源。民用建筑室内环境污染主要与室内装饰装修材料散发量、室内通风与净化设施、室内办公电器、家具、家用电器、室内生物体的活动等因素密切相关。品类繁多的建筑材料，家庭烹饪、取暖、吸烟等人类活动，各种家用、日用化学品等都可能会释放或散发出有害物质造成污染。对现有民用建筑的居室环境，为了节能而加强密闭性，减少通风换气量或换气次数，使得室内污染更为严重。随着室内空气中的各种污染物浓度不断增加和聚积，室内人群接触有害化学物质的机会和剂量超过正常情况，严重影响室内人群的身体健康和生活质量。

4.1 室内空气污染物质的种类

4.1.1 按室内空气污染物质的性质分类

室内空气中污染物质的种类很多，按照污染物质的性质可以划分为以下几类：

1. 挥发性有机污染物

挥发性有机污染物主要包括从建筑材料、日用化学品、厨房等地方释放或排放出来的有机污染物质。挥发性有机化合物，如甲醛、苯、甲苯、二甲苯、苯并［a］芘等在内的有机化合物，室内环境中已检测出数百种挥发性有机化合物（VOCs）。

2. 无机化合物

无机化合物主要包括氨（NH_3）、碳氧化物（CO、CO_2）、氮氧化物（NOx）、硫氧化物（SOx）、臭氧（O_3）等。

3. 放射性污染物质

放射性污染物质主要是从房屋地基、砖瓦、水泥、混凝土、石材中释放出来的氡（Rn）及其衰变子体。

4. 物理污染物质

物理污染物质包括可吸入颗粒物（PM_{10}），家用电器、照明设备产生的电磁辐射，以及室内温度、湿度、新风量、风速等物理性能指标。

5. 生物污染物质

生物污染物质主要是细菌、真菌、病毒等微生物，在室内的地毯、家具、窗帘、卧具以及阴暗潮湿的角落处快速繁殖生长。此外，室内花粉过敏也可属于生物污染。

4.1.2 按照污染物质的性状分类

按照污染物质的性状，可将室内空气污染物分为两类：

1. 悬浮颗粒污染物

悬浮颗粒污染物包括悬浮粒子和微生物，主要指空气动力当量直径小于10μm的粒子，包括人为活动产生的尘埃、细菌、花粉和烟雾等。

2. 有害气体污染物

有害气体污染物指室内气态污染物质，主要有甲醛、VOCs、CO_2、SO_2、NO、O_3、NH_3、Rn 等。

4.2　室内空气污染来源

4.2.1　室内空气中的污染来源

（1）建筑材料　包括砖瓦、水泥、混凝土、石材等基本建筑材料，人造板材、涂料、油漆、胶粘剂等装饰装修材料。

（2）家具和化学品　家具以及清洁剂、除臭剂、杀虫剂、化妆品等家用化学品。

（3）办公用品、电器设备　现代办公用品如复印机、空调、家电产生的臭氧、电磁辐射等污染。

（4）室外来源　包括工业废气、汽车尾气、光化学作用、植物、环境微生物、房基地、人为带入室内的污染物等。

（5）生物体的活动　室内人员、动物、细菌体等生命活动所产生的污染物。

4.2.2　室内空气污染的主要相关因素

要正确认识室内空气污染问题，首先必须深入地了解污染源和污染物。目前，建筑及装饰材料、通风空调系统、办公设备和家用电器等已成为人们公认的室内空气质量最重要的隐形杀手，而由建筑装饰材料所造成的污染近年来已位居危害之首，由这些污染源所产生的污染物种类也日趋复杂化和多样化。可以得出结论：对民用建筑工程来说，室内装饰材料对室内空气的污染是最为重要的来源之一。

由于室内空气污染物的来源非常广泛，而且一种污染物也可能有多种来源，同一种污染源也可能产生多种污染物质；同一污染源在不同的温度、湿度条件下，其挥发量又不相同。构成了装饰污染物对室内空气污染的复杂性。由于装饰装修材料所引起的室内空气污染是室内空气污染的主要因素之一，所以，系统地分析装饰装修材料所产生空气污染物质的种类和来源，对于准确掌握各种污染物质及其形成原因、更有效地控制室内空气污染是十分必要的。

4.2.3　室内环境污染的主要特征

早在20世纪80年代，美国环境保护署（EPA）在总暴露量评价方法学研究（TEAM）中提供了一个全面评价室内和室外暴露对人体总暴露贡献的模型。这个研究得到了一个令人吃惊的结论：对于挥发性有机化合物来说，通常情况下，室内污染源对人体总暴露的贡献远远高于室外工业污染源。警示人们提高对室内环境污染的重视和关切。室内环境污染与全社会、全年龄组的所有人群形成多种交互式影响关系，并构成一种社会效应。

多年来，根据颁发的室内空气质量监测与控制标准，对各种民用建筑工程及室内装饰装修材料有害物质进行大量监测，通过大量数据、论文、研究报告，对现有室内环境质量进行了统计和分析，研究表明，室内环境污染的特征是：

1）甲醛、VOCs是室内环境中的首要污染物，它们主要来自于室内装饰装修材料散发。

2）对于民用建筑室内空气质量，主要问题是通风、换气不足，导致污染物在室内富集所致。

3）而对公共场所来说，新风量低、缺少净化措施，是这些场所主要污染物超过国家标准规定的限量范围的重要因素。

由于室内环境涉及所有的社会体系和人群，在构成环境条件的所有产品及其生产体系之间，形成了一定的社会效应，出现了交互式的影响关系。

4.3　建筑装饰装修材料中有害物质散发引发室内空气污染

人类的居住环境实际就是由建筑材料所围成的与室外环境隔开的室内小环境，在这个小环境中，各种建筑装饰装修用化学材料释放或散发出的有害物质对室内环境质量有很大影响。

4.3.1　装饰装修材料散发的有害物质引起室内空气污染的特点

对民用建筑工程来说室内空气污染的污染物种类繁多、来源复杂，装饰装修工艺、程度不同，因此，由于装饰材料引起的室内空气污染具有以下的特点：

（1）人为环境影响　室内装饰装修所引起的空气污染是人为因素造成的、在室内环境中产生的，不是自然现象，受社会条件包括社会文明程度、经济发展水平、产品生产技术水平、民族风俗习惯等诸多因素影响。

（2）影响范围大　装饰装修材料引起室内空气污染不同于特定的工矿企业的环境污染，涉及的人群基数很大，几乎包括了所有年龄组。

（3）接触时间长　人们在室内的时间超过全天的80%，长期持续地暴露在受污染室内空气环境中，对人体作用时间很长。

（4）多种污染物的协同作用　由于装饰材料散发的各种污染物同时作用于人体，它们都可发生复杂的化学作用或协同作用。

（5）污染物浓度的累积作用　就某一种污染物来说，其单一物质的浓度也许不会太高，但它们对人体的危害是多种低浓度污染物协同、长时间累积作用的结果。

（6）污染物危害大　由城市布局、居住环境、民用建筑设计缺陷、建筑节能方式以及人们生活习性等多种因素构成了民用建筑工程的自然通风不畅，在密封程度较高、通风换气不足的室内空间中，室内空气中的污染物不能通过室内外空气流通得到稀释，增大室内污染物对人体健康的危害。

（7）缺乏室内环境净化方面法律法规监管　室内环境污染净化措施缺失，缺少相应的强制性的国家法律和法规的约束。

（8）缺乏环境净化消费观念　人们对自身健康的关注，仍然停留在被动预防水平上，有些甚至停留在治病保健康的初级观念上，在主观意识上还没有认识到环境净化的必要性。从国家标准体系到公共场所业主、直至普通市民，还没有建立室内环境净化消费观念。

（9）健康危害复杂、机理尚不十分清楚　在室内空气污染中，多种低浓度污染物的长期影响对人体作用机理及其阈值剂量尚不完全清楚，个体差异性也较大，需要继续做长期的、大量的深入研究。

4.3.2 装饰装修用人造板材中有害物质监测与分析

近年来，笔者对民用建筑工程用人造板材中有害物质进行了大量监测与分析。分别对2005与2008年度民用工程建筑用人造板材中游离甲醛释放量及游离甲醛含量按材料进行分类和统计。

2005年170批种类人造板材送样品检测中，共有50批次胶合板、83批次细木工板、19批次饰面板、11批次中密度纤维板、7批次强化复合地板。2008年对室内装饰装修用203批人造板材进行检测，其中包括122批细木工板、22批胶合板、21批饰面板、17批纤维板、13批复合地板、8批刨花板。检测依据《室内装饰装修材料人造板及其制品中甲醛释放限量》（GB 18580—2001）、《人造板及饰面人造板理化性能试验方法》（GB/T 17657—1999）干燥器法、气候箱法和穿孔法，测定游离甲醛释放量和游离甲醛含量列于表4-1。

表4-1 2005与2008年度人造板材游离甲醛释放量/含量检测数据对照统计表

年度	材料	检测数量	数量/E1类不合格比例（%）	数量/E2类不合格比例（%）	总合格率（%）	不合格率（%）
2005	细木工板	83	39/47.0	29/34.9	81.9	18.1
	胶合板	50	25/50.0	12/24.0	74.0	26.0
	饰面板	19	10/52.6	7/36.8	89.4	10.6
	纤维板	11	5/45.5	6/54.5	100	0
	复合地板	7	2/28.6	3/42.8	71.4	28.6
2008	细木工板	122	44/36.4	78/9.0	81.2	18.8
	胶合板	22	10/40.0	12/8.3	77.3	22.7
	饰面板	21	10/50.0	11/9.0	71.4	28.6
	纤维板	17	7/42.9	10/30.0	64.7	35.3
	复合地板	13	4/30.8	/	69.2	30.8

数据分析：2005年内，民用建筑装饰装修工程用170批次送检人造板材样本中，细木工板合格率81.9%、不合格率18.1；胶合板合格率74.0%、不合格率26.0%；饰面胶合板合格率89.6%、不合格率10.6%；中密度纤维板合格率100%；强化复合地板合格率71.4%、不合格率28.6%。

2008年内，民用建筑工程所用总计203批人造板材样本中，细木工板合格率为81.2%，不合格率为18.8，与2005年基本相同；胶合板合格率为77.3%，不合格率为22.7%，合格率比2005年提高了4%；饰面板合格率为71.4%，不合格率为28.6%，合格率比2005年下降了18%；纤维板合格率为64.7%、不合格率为35.3%，比2005年下降了35.3%；复合地板合格率从2005年的71.4%下降到69.2%。

统计数据表明：2008年与2005年相比，除胶合板合格率上升了4%以外，其他所有人造板材中合格率全部下降。特别是，在被检测样品 E_1、E_2 类2008年不合格率与2005年相比呈上升势态，说明装饰装修工程中人造板材游离甲醛有害物质没有得到根本好转，游离甲醛等有害物质含量呈上升趋势。

统计数据还说明：近年来，人造板材在生产过程中，在游离甲醛单一质量指标上，成总体下降趋势，并未出现如部分厂家、媒体宣传的或人们期待的 E_0 级产品大量出现，与此相反的是，这几年来，符合 E_0（≤0.5mg/L 游离甲醛释放量）的人造板材在检测总数中的比例成逐年下降趋势，也许，这正是民用建筑室内空气中甲醛污染物不断上升的一个主要因素之一。

4.3.3 室内装饰装修材料中甲醛、VOCs 散发特征

室内空气中甲醛、VOCs 等污染物，主要是由各类装饰装修材料，如各种人造板材、壁纸、化纤地毯、泡沫塑料、油漆和涂料、各种家俱、室内办公和生活用电器、吸烟以及人体、动物的生物代谢等产生。然而研究表明：室内装饰装修用人造板材是室内甲醛、VOCs 污染的首要贡献者。因此，加强对人造板材甲醛散发特征的研究，从控制各种人造板材的产品质量入手，在室内装饰装修工程中，强化对各种人造板材的质量监测、质量认证，从装饰装修材料和工艺过程控制入手，是控制室内环境中甲醛污染的主要步骤和有效方法。

甲醛在工业上的用途主要是作为合成人造板材胶粘剂，是合成脲醛树脂、三聚氰胺甲醛树脂、酚醛树脂的重要原料。由于甲醛的化学反应强，价格低廉，以其制造的人造板材物理性能优越，而广泛用于人造板材工业生产，已有大约100年历史。因此，凡是使用这些胶粘剂的合成材料，总会不同程度释放甲醛。

目前，在民用建筑工程中使用的人造板材主要包括胶合板、细木工板、中密度纤维板、切片板、强化复合地板和刨花板等品种。这些人造板材在生产和使用中，使用了由甲醛等原料合成的胶粘剂，游离甲醛在使用过程中不断向环境中散发。研究表明，释放出的甲醛主要来源包括：人造板材合成树脂中残留的未参与反应的游离甲醛会逐渐向周围环境释放，已参与反应、但形成不稳定化合物中的甲醛在热压或受热过程中又会释放出来；在树脂合成时，吸附在聚合物胶体粒子周围已质子化的甲醛分子，在电解质的作用下会释放出来。而人造板材中甲醛的释放期一般为3~15年。实际上，在整个人造板材使用寿命周期内，甲醛会随着室内湿度、湿度的变化，不停地向室内空气中散发。

因为人造板材广泛用于室内装饰装修、家具制造、地面铺设材料、建筑结构材料，在室内相对窄小的空间中，游离甲醛随时间、温湿度条件的变化，从人造板材内部合成树脂中游离出来，沿着板材接缝和边缘，向室内空气中散发，导致室内空气污染，成为室内甲醛污染的主要污染源；如果室内装饰装修中使用劣质或不合格的板材、装修工艺不规范，等于制造了小小的甲醛“毒气室”。此外，某些化纤地毯、塑料地板砖、墙布、墙纸、泡沫隔热材料、油漆和涂料等也含有一定量的甲醛，它们也会向室内散发。而各种材料同时散发出甲醛，形成聚集效应，危害人体健康。

4.3.4 室内装饰装修材料有害物质散发量的主要影响因素

室内环境中装饰装修材料中的甲醛、TVOC 等有害物质散发水平，与如下条件相关：

1）各种装饰装修材料，特别是人造板材、地毯、涂料等中有害物质散发量、装修度或使用量、装饰装修工艺质量。

2）室内通风条件，如通风量、通风方式。

3）室内温度、湿度。

4）室内家具、办公用品、家用电器。

5）室内人员数量及人体正常生理活动、非正常活动（如吸烟、使用日用化学品等）。

6）室外大气污染、城市交通沿线机动车尾气、工业废气排放、生活污水、生活垃圾等。

研究表明，在室内环境条件下，随着室内气温的升高、通风量的减小、装修度的提高，污染物浓度超标现象越严重，人们对室内空气质量下降感受越强，引起的人体不良反应越明显，对人体的危害越严重。

4.4 装饰装修引起民用住宅室内环境污染的新特点

对装饰装修后民用住宅室内环境现状进行调查、检测和数据分析，可以让人们了解到室内环境污染的普遍性，可以客观和真实地反映出人们所处的室内环境现状。

在2005~2006年间，笔者随机对某市98户民用住宅室内空气中的甲醛和84户室内空气中的TVOC进行取样和分析测试，对检测数据进行统计分析和客观评价。统计数据分别列于表4-2和表4-3。

统计中按不同季节（主要按检测时室内温度条件）分别测量不同生活区域，如室内主卧室、次卧室、客厅等主要生活区域中的甲醛、TVOC含量值，并分别按照合格值（甲醛≤0.08mg/m^3，TVOC≤0.5mg/m^3）统计其相应合格量及其超标1倍、2倍及2倍以上的百分率，现场记录室内装修概况。

表4-2　98户某市民用住宅室内环境中甲醛测量数据统计表

季节＼甲醛测量值	测量位置	总数	甲醛测量值/(mg/m^3)			
			合格	0.09~0.18	0.18~0.24	≥0.24
冬季	主卧室	35	11	18	4	2
	次卧室	35	13	15	4	2
	客厅	35	17	12	5	1
	小计	105	41	45	13	5
	百分率(%)	/	39	43	13	5
春秋季节	主卧室	41	13	20	6	2
	次卧室	41	11	21	7	2
	客厅	41	19	16	3	3
	小计	123	43	57	16	7
	百分率(%)	/	35	46	13	6
夏季	主卧室	22	3	12	5	2
	次卧室	22	5	11	3	3
	客厅	22	11	7	3	1
	小计	66	19	30	11	6
	百分率(%)	/	29	46	16	9

表4-3　84户南京市民用住宅室内空气中TVOC测量数据统计表

季节 \ TVOC测量值	测量位置	测量总数	TVOC测量值/(mg/m³)	
			合格	≥0.5
冬季	主卧室	16	12	4
	次卧室	16	13	3
	客厅	16	15	1
	小计	48	40	8
	百分率(%)	/	83	17
春秋季节	主卧室	24	15	9
	次卧室	24	14	10
	客厅	24	16	8
	小计	72	45	37
	百分率(%)	/	63	37
夏季	主卧室	44	27	17
	次卧室	44	25	19
	客厅	44	27	17
	小计	132	79	53
	百分率(%)	/	60	40

从表4-2数据分析来看：在98户民用住宅共计294个检测样本中，室内空气中65%甲醛超标，14%超标2倍，6%超标3倍以上。在冬季：室内空气中，61%甲醛超标，13%超标2倍，4.7%超标2倍以上；在春秋季节：室内空气中，65%甲醛超标，13%超标2倍，6%超标2倍以上；而夏季时，室内空气中，71%甲醛超标，17%超标2倍，9%超标2倍以上。

从表4-3数据分析来看：在84户进行的TVOC检测数据中，室内空气中33%TVOC超标。其中，在冬季，室内空气中17%TVOC超标；在春秋季节，室内空气中37%TVOC超标；而在夏季，室内空气中40%TVOC超标。

统计结果分析表明：以主卧室、次卧室为代表的主要室内装修部位，随着这些部位装修度的提高及室内家具量的增多，特别是人造板材使用量的提高，室内空气中甲醛、TVOC含量超标越严重；随着室内基础温度的提高，甲醛及TVOC含量值随之增大，超标量也随之增大；室内空气气密性越高、通风效率越低，室内空气中甲醛、TVOC含量超标越严重。这些都说明室内空气中污染物的富集效应与通风效率关系密切。

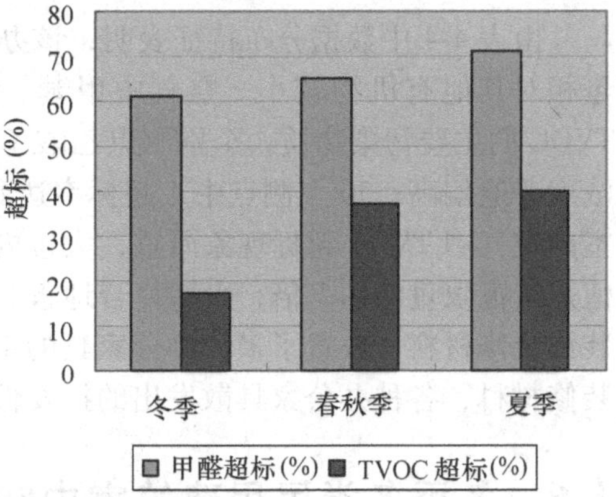

图4-1　甲醛及TVOC含量在季节随温度变化散发的统计规律

从图4-1可见：在冬季-春秋季-夏季三组不同峰值中，随着室内温度的升高，住宅内装饰装修材料中甲醛及TVOC释放速率相对加快，室内空气中甲醛及 TVOC 散发量显著升高，甲醛及 TVOC 超标现象越严重。监测数据还表明：甲醛污染物含量普遍较高，说明室内空气中甲醛污染比较严重，65%的检测样本超标，检测数据呈非正态分布，超标两倍及两倍以上的比例较大。而 TVOC 污染情况也不容乐观，监测样本中 37%住宅室内空气中 TVOC 超标。

4.5 大型公共建筑室内装饰装修对室内空气质量的影响

在对各种大型公共建筑的室内环境监测分析中发现：由于大型公共建筑工程及室内装修的复杂性、室内空气污染来源的广泛性，以及多数业主对室内环境保护认识不足，被测污染物水平超标现象比较严重，对集中空调机组、排风系统等通风设施使用维护不当，以及空气净化措施落后，造成公共场所室内空气污染比较严重。

笔者在室内环境日常检测工作中发现：城市中的各类高档装修的办公楼、商场、超市、娱乐场所等公共场所室内空气污染状况严重。与全国公开发表的论文及报道相似的是，这些公共场所室内环境中甲醛、TVOC、细菌、霉菌、PM_{10}是室内空气污染的主要污染物。而这些建筑物内空气中甲醛、TVOC 主要来源于建筑工程材料和室内装饰装修材料、油漆、涂料、办公用品、生活用品等。比较突出的现象是：高层建筑污染现象相对更为严重。这些高层建筑密封程度高，室内装修复杂，办公家具繁多、人员密度大，中央空调等通风换气设施不完善、空气净化方式落后，致使室内污染物不断聚集而难以及时排到室外，造成室内空气质量的恶化。多数高层建筑物内，人们的感观评价与检测数据比较吻合，主体和客观上都说明了这些建筑物内室内环境污染比较严重。

典型案例分析：某新建的高层办公大楼，建筑面积 5 万多 m^2，共 30 层，并建有地下停车场。2007 年 10 月对该办公楼现场样品采集、实验室样品分析。经测定，该办公楼 50 个样品 TVOC 测量值分布特征见表 4-4。

表 4-4 某办公大楼室内 TVOC 测量值分布特征统计表

TVOC 含量范围/(mg/m^3)	≤0.6	0.6～2.0	2.0～5.0	5.0～10.0	10.0～20.0
检测点数量	4	4	16	17	9
测量值分布百分率(%)	8	8	32	34	18

由表 4-4 中数据分布特征表明，该办公楼室内空气 TVOC 含量有以下特点：空气中苯含量相对其他有机物较小；空气中甲苯、乙苯、对间二甲苯含量较高，是这些有机物构成 TVOC 的主要污染物质；个别测点乙酸丁酯含量较高；地面使用了地毯的室内空气中 TVOC 浓度普遍偏高；50 个测点中，超标率达到 92%。从该大楼室内环境检测数据分析来看，其室内空气中 TVOC 超标现象严重，大楼内精装修区域 TVOC 浓度比简装修区域高，最高超标值是规范限量的 4.5 倍；采用复合地板、人造板材、地毯、壁纸、乳胶漆、复合吊顶材料等装饰装修材料、放置了多种办公家具的室内空气中 TVOC 污染越加严重。正是这些室内装饰装修材料、各种办公家具散发出的挥发性有机污染物直接构成 TVOC 中主要成分。

4.6 冬季各类民用建筑室内空气质量的新特点

在室内环境污染研究中，对冬季民用建筑室内环境污染的研究、监测与分析的论文及报道较少。而冬季室内密封程度高、室内采暖方式多、人员密集，室内空气污染不容乐观。在“江苏省冬季建筑装饰环保万里行”公益活动，依据《民用建筑工程室内环境污染控制规范》（GB 50325—2001（2006版））规定的要求，对全省13个省辖市共1135处民用建筑工程、建筑装饰工程5675个样本室内环境中的游离甲醛、氡、氨、苯、TVOC五个检测项目，进行了取样、检测分析，监测统计数据见表4-5。

表4-5 江苏省13个省辖市冬季室内环境监测数据统计表

编号	城 市	检测样本			不合格样本数		样本超标率(%)		
		总数	Ⅰ类	Ⅱ类	Ⅰ类	Ⅱ类	Ⅰ类	Ⅱ类	总超标率
1	南 京	95	50	45	8	0	8.4	0	8.4
2	镇 江	90	20	70	4	4	20	5.7	8.9
3	无 锡	30	10	20	0	0	0	0	0
4	常 州	100	60	40	1	0	1.7	0	1.0
5	苏 州	105	85	20	3	0	3.5	0	2.9
6	扬 州	90	30	60	0	3	0	5.0	3.3
7	连云港	75	50	25	1	0	2.0	0	1.3
8	徐 州	100	60	40	1	2	1.7	5	3.0
9	宿 迁	90	30	60	2	0	6.7	0	2.2
10	淮 安	90	40	50	3	3	7.5	6	6.7
11	盐 城	80	30	50	0	2	0	4	2.5
12	泰 州	100	40	60	0	0	0	0	0
13	南 通	90	20	70	0	0	0	0	0

检测数据统计分析表明：江苏省氡、氨、苯合格率为100%；甲醛合格率为98.5%；TVOC合格率为98.3%。其中23个Ⅰ类建筑工程、14个Ⅱ类处室内空气质量有不合格项，样本总超标率为8.4%。甲醛、TVOC是冬季室内空气中的主要污染物。

污染物超标的主要原因是：江苏省大部分民用建筑内，在冬季由于室内外温差较大、建筑物的高气密性和低换气量，使室内装饰装修材料散发的甲醛、TVOC等污染物，在室内聚集产生叠加效应。

第5章 室内环境污染在线监测与控制

5.1 室内环境污染在线监测

民用建筑室内环境污染在线监测与控制主要是利用室内环境污染物的在线快速检测技术，使人们随时全面掌握室内环境污染现状，及时采取有效措施，控制和减少室内环境污染，保护人体健康。

室内空气中有害物质监测方法有多种，如化学分析法、分光光度法、电化学法、气相色谱法、液相色谱法、导热法、红外吸收法、接触燃烧法、荧光法、极谱法、半导体型气体传感器检测法、光纤法等。这些方法中大部分需经取样、样品前处理、样品分析、数据统计与结果计算等多个流程，利用各种分析检测仪器和设备，在实验室条件下才能完成对室内环境中的污染物的定性和定量分析。分析过程复杂、分析流程长、耗时久。有些分析方法所需仪器昂贵、体积大、操作过程复杂，多数不适合用于室内环境中常见污染物的快速和在线实时监测。

随着现代材料科技和电子技术的迅速发展，传感技术已成为一个独立的、新兴的高科技领域。传感器的高度自动化、微型化与集成化，减少了使用环境和操作技能的要求，特别是便携式、在线式、集成化的监测方法，尤其适合于室内环境在线监测的需求。近几年来，多种能满足室内空气中主要污染物检测的传感器得到了长足发展，它们将成为室内环境在线监测中的主要方式和手段。

5.1.1 室内空气中污染物气体传感器

气体传感器作为传感技术的一个重要分支，从本质上讲，是一种将某种气体体积分数转化成对应可测电信号的转换器。气体传感器是通过不同气体敏感元件对气体样品输入信息，如力学量、热学量、磁学量、辐射量、化学量或生物量等不同输入信息进行调理，包括滤除杂质和干扰气体、干燥或制冷处理、样品抽吸，甚至对样品进行生物化学变换和处理，使这些输入信息通过传感器变换成可测输出电信息，由电参数值随感受气体浓度、气体种类变化而变化的敏感元件，达到对室内空气中污染物进行快速测量。

起初的气体传感器主要用于易燃易爆和毒性气体的监测，防止火灾及使人体中毒等恶性事件的发生。近年来，随着科技的发展，以气敏元件组成的气体传感器与大规模集成电路、计算机等结合起来，将输入信息为化学量的传感器信息转换成电信息，通过大规模集成电路、计算机转换成操作与控制信息，可以达到对室内空气中各种污染物包括进行定性、定量监测，同时实现温度、湿度和粉尘颗粒等物理量进行在线监测，实现对室内环境中有害物质的在线监测。由于人们生活水平的不断提高，室内环境对人体健康的影响越来越引起人们的重视。在一些重要的室内环境中，已经实现通过各种气体传感器为探测器，中央控制计算机为控制器，通风与净化装置实施净化的网络化的室内空气质量自动监测和控制系统。通过气体传感器实时监测室内空气质量，当室内空气中某些污染超标时，通过计算机控制中央空调通风系统、家用空调器、空气净化器，及时开启和调节净化装置，实现在线监测与控制室内空气质量。

气体的在线控制，依赖于气体传感器。检测气体的关键部件是气体传感器。根据其气敏特性，气体传感器大体上可以分为六大类：

（1）半导体气体传感器　半导体气体传感器利用半导体材料表面吸附、脱附气体分子而引起半导体电导率的变化来检测气体。半导体气体传感器以其寿命长、探测范围广、反应灵敏、成本低廉而得到迅猛发展，目前已成为世界上产量最大、应用最广的传感器之一。这些金属氧化物，包括如 SnO_2、ZnO、Fe_2O_3、TiO_2、WO_3 等。半导体气体传感器是利用气体与半导体接触引起半导体性质发生变化而测量气体的。复合金属氧化物用来提高半导体气敏材料性能，主要为钙钛型（ABO_3）和 K_2NiF_4 型（A_2BO_4）两种结构。半导体复合金属氧化物气敏元件对部分有机气体有很高的灵敏度。

（2）电学气体传感器　利用材料的电学参量随气体浓度的变化而改变的特性制作的气体传感器为电学类气体传感器。这类气体传感器又可分为电阻式和非电阻式两大类，其中电阻式气体传感器主要有接触燃烧式、热导式、半导体气体传感器等，而非电阻式气体传感器则通常是利用材料的电流或电压随气体含量变化的特点而制成的传感器，主要包括 MOS 二极管式、结型二极管式和场效应管式等。电学类气体检测仪主要用于检测环境中毒性气体如 CO、CO_2、H_2、O_3、SO_2 等气体。

（3）光学类气体传感器　利用气体的光学特性来检测气体成分和浓度的传感器为光学类气体传感器。根据具体的光学原理可分为红外吸收式、可见光吸收光度式、光干涉式、化学发光式和试纸光电光度式、光离子化式等的气体传感器。

红外吸收式气体分析仪是利用气体的特征红外吸收光谱鉴别气体和分析其浓度的。其基本原理是：不同气体的特征红外吸收光谱不同，在一定浓度范围内，每种气体的红外吸光度值与气体的浓度呈线性关系。当被测气体通过受特征波长光照射的气室时，被测组分吸收特征波长的光，透射光强度与入射光强度、吸光组分浓度之间的关系遵守比尔定律。红外光谱法是最精确的检测气体的方法。它具有高抗振能力和抗污染能力，与计算机系统相连，灵敏度高、误报率低，也不消耗气体。

光离子化气体检测仪的工作原理是：在一定能量的光照射下，气体分子吸收光子产生电离，这种光电离形成的离子数与气体分子的浓度有关，通过测定离子流可以得到气体分子浓度。采用光离子化（PID）技术，监测各种挥发性有机物（VOCs）、毒气，如异丁烯，苯、甲醇和二氧化硫、一氧化碳等，有各种便携式、佩带式、固定式有毒、有害、易燃气体监测仪器。光离子化检测器可以快速检测电离势低于灯丝能级的各种低浓度的挥发性有机物。

（4）有机半导体气体传感器　目前有机高分子半导体气体敏感材料有酞菁、卟啉、卟吩和它们的衍生物、络合物等，以及聚吡咯、蒽、二萘嵌苯、β-胡萝卜素等。有机高分子气体传感器，特别是利用分子印迹技术，对特定分子具有高灵敏度，高选择性，结构简单，可在常温条件下使用。近年来，国外在高分子气敏材料的研究和开发上有了很大的进展，高分子气敏材料由于具有易操作性、工艺简单、常温选择性好、价格低廉、易与微结构传感器和声表面波器件相结合，这类电化学类气体传感器可应用于甲烷、甲苯、氨气、CO、甲醛、

VOCs的在线检测，在室内环境中有毒气体在线检测等领域具有重要作用。

（5）纳米材料气体传感器　以纳米材料制作的传感器在对气体的识别功能和将这种识别功能转换成电信号或光信号的传感功能方面为人们提供了高效感知和高效识别。人们通过纳米材料传感器的表面物理和化学过程达到对气体的识别，有效提高灵敏度，降低工作温度，提高元件对不同气体响应的选择性。

（6）表面声波气体传感器　表面声波气体传感器的发展历史很短，可谓是后起之秀。目前研究该类气体传感器大多采用有机膜作气敏材料，主要有聚异丁烯、氟多元醇等，被用来检测苯乙烯和甲苯等有机蒸气；酞菁类聚合物薄被用来检测 CO、NO_2、SO_2、NH_3 等气体。尽管该类气体传感器实用化方面还存在许多有待解决的难题，但它符合信号系统数字化、集成化、精度的方向，因此受到许多国家的高度重视。

5.1.2　气体传感器的发展方向

气体传感器的发展方向主要包括：开发新型气体敏感材料和新型气体传感器。人们利用不同的掺杂方式来进一步提高已开发的气敏材料的敏感特性，提高选择性。特别是充分利用纳米、薄膜等新材料，大大改善气敏材料性能。利用纳米气体传感器的比表面积大，提高检测灵敏度，降低使用温度，易于器件集成化，便于使用。具有适应性强、灵敏度高、选择性好、响应快速的高效气体传感器，满足不同领域的在线监测，在室内环境中具有广泛应用前景。

5.1.3　室内空气中常见污染气体传感器

室内环境检测中常见的气体传感器包括：

1）检测二氧化碳、一氧化二氮、氮氧化物、硫氧化物、氯化氢、氨腈酸等无机气体传感器。

2）检测甲烷、丙烷、丁烷、乙烯、氟利昂、甲醛、VOCs、苯、二甲苯等有机气体传感器。

3）检测氨气、硫化氢和其他臭味气体传感器。

4）检测大气或室内环境中细粒子化学组分的传感器。

5）检测室内空气粉尘颗粒物的传感器。

1. 甲醛气体传感器

甲醛是室内空气的主要污染物之一，而甲醛监测的方法有很多种，用于空气中甲醛监测的仪器和装置也有许多种不同的类型。目前，在所有检测空气中甲醛气体方法中，最为快速和直接的方法就是传感器法。

用于检测甲醛的传感器有电化学传感器、光学传感器和光生化传感器等。由于这些传感器在测量原理、仪器结构、测量范围、分辨率、选择性等方面各不同。表5-1列举了常用甲醛检测仪及其主要性能指标。

常见的甲醛快速测定仪大多使用各类气体传感器，且原理主要是基于电化学原理。如美国INTERSCAN公司的4160型甲醛测定仪、英国PPM-400型手持式现场甲醛测定仪和日本COSMOS公司的XP-308和XP-308II型甲醛测定仪。

表 5-1　常用甲醛检测仪及其主要性能指标

型　号	生 产 商	检测范围/(mg/m^3)	分辨率/(mg/m^3)	其　他
4160 型	美国 INTERSCAN 公司	4160 型　0~24.53 4160-1 型　0~245.3 4160-2 型　0~2.453 4160-10-9 型　0~24.53	0.012 0.12 1.2 1.2×10^{-3}	采样方式：泵吸式；响应时间：60s 电源需求电压：12VAC/DC 尺寸：225mm×102mm×178mm 重量：2kg
PPM-400 型	英国 PPM 公司	0~12.27 带有温度、湿度补偿	0.012	尺寸：150mm×80mm×34mm 电源：9V 电池（不需要经常充电） 重量：750g
FP-30/FP-40	日本理研公司	0~0.49(TABNo.008) 0~1.2(TABNo.009)		检测时间；30min(1800s) 15min(900s)
Z-300（ES-300、F300L Z-300XP）	美国 ESC 公司	0~36.81	0.012	响应时间：<60s 尺寸：120mm×63mm×38mm 重量：170g
HCHO sensor	英国 dart 传感器公司	0~6.13 （测量下限：0.037mg/m^3）	优于 0.025	温度范围：-20 ~50℃ 响应时间：50s 尺寸：40mm×35mm×9.5mm 可根据客户要求订做
CH_2O/C-10 CH_2O/S-10	瑞士 Membrapor	0~12.27	0.061	响应时间：<50s 工作寿命：空气中 2 年 偏置电压：无需 采样方式：微型气泵自动吸引式
XP-308Ⅱ 便携式	日本 COSMOS 公司	0~3.68	最小分辨率：0.012	电源：2 号干电池 6 节或直流电源电池；电池使用寿命：约可测量 100 次 过滤器寿命：约可测量 100 次 使用温度：0~40℃ 尺寸：86mm×175mm×140mm；重量：约 2.5kg

（1）日本 XP-308 型甲醛测定仪　其测量原理是空气中的甲醛透过涂有贵金属触媒烧制的聚四氟乙烯膜时，在适当的敏感电极电位下发生氧化反应（如图 5-1 所示）：

工作电极：$HCHO + H_2O \rightarrow CO_2 + 4H^+ + 4e$

对电极：$O_2 + 4H^+ + 4e \rightarrow 2H_2O$

总反应：$HCHO + O_2 \rightarrow CO_2 + H_2O$

产生与空气中甲醛浓度成正比的扩散电流，这一电流转化为电压值并送给仪表读数或记录仪记录。此电流可表示为

$$i_d = \frac{nFADC}{\delta}$$

式中　i_d——极限扩散电流（μA）；

n——每摩尔反应物的电子数；

F——法拉第常数，96500 库仑；

A——平面电极的面积（cm^2）；

D——气体扩散常数，代表扩散介质中气体渗透率因素和溶解度因素的乘积；

C——甲醛气体浓度（mol/cm^3）；

δ——扩散长度（cm）。

控制电位电解型气体传感器使用的电极一般为气体扩散电极。气体扩散电极是基于使气体扩散进入含有催化剂的膜，与电解质在三相界面间产生氧化还原电化学反应。此仪器检测范围为：0～4.02mg/m³，分辨率 0.0134mg/m³，90% 响应时间≥5min，检测误差 10%。

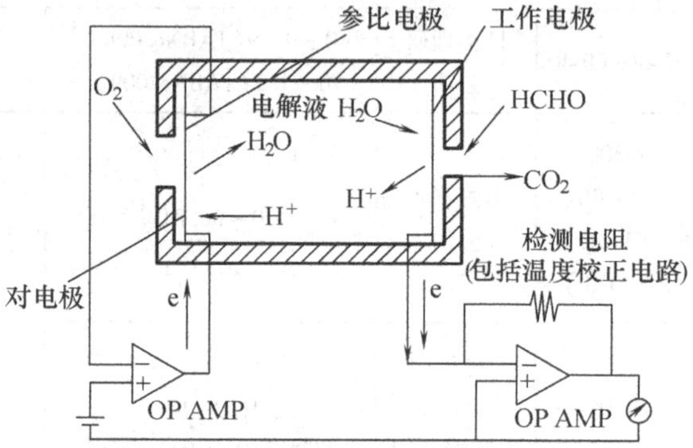

图 5-1　日本 XP-308 型甲醛测定仪工作原理图示

（2）美国 INTERSCAN 公司的 4160 型系列数字便携式甲醛分析仪　这种甲醛分析仪属于电压型传感器，其优点有：①其电解质是不活动的类似于闪光灯中的电解质，不需考虑电池损坏或酸对仪器的损坏，但需要定期添加蒸馏水。②游离的电解质减少将清除传感器的噪声干扰，特别是低浓度测量需高放大倍数时。③与三电极式传感器需要空气来操作不同，INTERSCAN 传感器有一个密封的储气室，使传感器寿命更长，消除了参比电极的影响，并可用于厌氧环境。④INTERSCAN 传感器灵敏度大，比扩散型传感器大 50～200 倍，可以测量非常低浓度的甲醛，适用于室内环境中甲醛的快速测量和在线检测。

（3）英国的 PPM-400 型手持式现场甲醛测定仪　其原理是利用由两个贵金属电极和合适的电解质溶液组成的电化学燃料电池。当空气通过采样系统被抽入燃料电池时，产生与甲醛浓度成正比的小电压。微型计算机控制下的精确放大器放大、将测量电压转换并显示出甲醛的浓度值。响应时间一般需 7～11s。其测量范围：0.012～12.27mg/m³；分辨率：0.012mg/m³。

2. VOCs 气体传感器

采用 VOCs 测定仪现场快速测定，是瞬时测量方法，可进行连续监测。样品的采集、分析、测定都在现场进行，分析速度快，测定结果直接读数。目前的便携式 VOCs 测定仪普遍使用光离子化检测器（PID）。如 PGM 系列（美国 RAE 公司）、PC-5000Ex、3000Ex 型（英国）等。只有极个别的采用其他类型的检测器，如 XP-339V 型（日本）热线性半导体传感器。采用 PID 的便携式 VOCs 快速测定仪原理相同，仪器性能指标的差异不大，基本功能类似。常用 VOCs 测定仪技术性能指标列表于 5-2。

光离子化检测器（PID：Photo-Ionization Deteetor）是用一只 10.6eV 光子能量的紫外灯作光源，高能量的紫外辐射可使空气中几乎所有的有机物电离。当电离电位（I_P）小于紫外灯能量的化合物气体或蒸气通过离子化腔时，PID 的紫外光源就会将该化合物击碎成可被检测到正负离子（该过程即离子化）。检测器测量离子化后的气体电荷并将其转化为电流信号，然后电流被放大并转化为浓度值，计算出有机物在空气中的含量。

表5-2 常用VOCs测定仪技术性能指标

型号	生产商	检测范围/(mg/m^3)	分辨率/(mg/m^3)	其他
PGM-7600型	美国RAE公司	0~10000 检测下限:100$\mu g/m^3$	±2ppm 或读数10%	PID传感器,采样方式：内置泵进样 响应时间:3s,工作温度-10~40℃ 湿度:0~95%(无冷凝),可连续工作10h
PGM-76IC型	美国RAE公司	0~4000 检测下限:100$\mu g/m^3$	±2ppm 或读数10%	PID传感器,采样方式：内置泵进样 响应时间：3s,工作温度-10~40℃ 湿度0~95%(无冷凝),可连续工作10h
PGM-7240	美国RAE公司	0~200 检测下限:1.0$\mu g/m^3$	±2ppm 或读数10%	PID传感器,采样方式：内置泵进样 响应时间：3s,工作温度-10~40℃ 湿度0~95%(无冷凝),可连续工作10h
PGM-30	美国RAE公司	0~200 检测下限:100$\mu g/m^3$		PID传感器,采样方式：扩散式进样 响应时间：3s,工作温度-10~40℃ 湿度0~95%(无冷凝),可连续工作10h
PC-5000Ex	英国PC公司	0~10000 检出下限1.0$\mu g/m^3$	精度读数±5%	PID传感器,采样方式：内置泵进样 响应时间：3s,工作温度-20~60℃ 湿度0~99%(无冷凝),可连续工作16h
VX500	美国	稀释管量程可扩展到10000 检测下限:100$\mu g/m^3$		PID传感器,采样方式：内置泵进样 响应时间：3s,工作温度10~40℃ 湿度0~99%(无冷凝),可连续工作16h
XP-339V	日本	0~100 检测下限:1.0$\mu g/m^3$		热线性半导体传感器,采样方式：内置泵进样,响应时间：3s,工作温度10~40℃ 湿度0~99%(无冷凝),可连续工作8h

PID的工作原理是，PID的关键部件是一个能发出特定波长的紫外光光源，将该紫外光束射入一个测试腔，当被测有机挥发性气体由泵抽入该测试腔时，受到紫外光的轰击而发生电离，分裂成带正负电性的两个基团。在测试腔的出口处，装有一对施加了适当工作电压的电极，受到电极电压的吸引，带电基团分别趋向相应电极而形成正比于VOCs浓度的电流，测量该电流大小，来确定VOCs浓度。分裂的基团经过电极后又重新复合，被排出测试腔。

可以被PID检测的挥发性有机化合物包括：饱和烃及不饱和烃、胺类、卤代烃类、硫代烃类、醇类、脂类、肼类等有机物。除了有机物，PID还可以测量一些不含碳的无机气体，如氨气、砷化氢、硒化氢、溴和碘类化合物等。

3. 粉尘颗粒物测量方法

气溶胶（Aerosol）由颗粒和悬浮有颗粒物的气体组成，如粉尘、熏烟、烟、雾等。粉尘是指悬浮于空气中的固体微粒。大气气溶胶颗粒的空气动力学直径范围在0.01~100μm之间。大于或等于100μm、10μm、2.5μm的大气颗粒物分别称为TSP（总悬浮颗粒物）、PM_{10}（可吸入颗粒物）和$PM_{2.5}$（细颗粒）。空气动力直径指密度为1g/cm^3且和颗粒具有相同沉降速度的球体直径。

常用的粉尘颗粒物测量方法较多，表5-3是常用粉尘浓度测量方法比较。

表5-3　常用粉尘浓度测量方法比较

检测方法	检测原理	测量方式	灵敏度/(mg/m^3)	特点	应用
滤膜称量法	重力	人工、捕集、周期	与天平有关	原理简单，数据可靠，操作较复杂	基本方法，膜捕集后可进行其他分析
光散射法	光学	自动、在线、连续	0.01	结果与颗粒物粒径颜色成分有关、须标定	大气颗粒物、粉尘浓度的自动检测
β射线吸收法	光学	自动、在线、连续	0.01	结果与颗粒物粒径颜色成分无关	大气颗粒物、粉尘浓度的自动检测
压电晶体法	力学	自动、在线、连续	0.005	结果与颗粒物粒径颜色成分无关，晶体须清洗	大气颗粒物、粉尘浓度的自动检测
微量振荡天平法	力学	自动、在线、连续	0.0001	结果与颗粒物粒径颜色成分无关，受湿度影响大	大气颗粒物、粉尘浓度的自动检测
电荷法	电学	自动、在线、连续	0.002	结果与颗粒物粒径颜色成分有关、须标定	主要用于烟尘浓度的检测

扩散式采样（滤膜称量法）原理：利用固定或佩戴式采样盒收集空气中的粉尘，由采样后滤膜的增量计算出空气中粉尘的浓度。主要应用于职业卫生、劳动安全中粉尘检测。优点：原理、操作简单；缺点：一次性使用受环境因素干扰大、效率低、不能进行连续监测。

泵取式采样（滤膜称量法）原理：在设定流量的采样泵前端安装已知质量的滤膜采集空气中的粉尘，由采样后滤膜的增量计算出空气中粉尘的浓度。测量系统主要由空气采样泵、采样滤膜及安装附件、分离装置（呼吸性粉尘）、分析天平构成。表5-4是美国NIOSH粉尘颗粒测量方法。

表5-4　美国NIOSH粉尘颗粒测量方法

采样对象	NIOSH方法	采样流量/(L/min)	采样体积(L)		样品采样介质
			最小	最大	
矽尘、开矿	7603	1.70或2.2	300	1000	旋风分离器及PVC滤膜
玻璃质纤维	7400	0.5~16	400	可变	滤膜匣
石棉	7400/7402	0.5~16	400	可变	滤膜匣

采样称量法特点，优点：原理简单、操作直观；可进行长时间连续采样，用以计算TWA值；更换不同的介质和附件进行总尘和呼吸性粉尘的采样。缺点：辅助用品多、耗材量大、效率低、不能进行连续监测。

计数法—撞击式采样工作原理：利用物体重力具有的惯性原理，通过真空泵工作产生强大负压，使得吸进的空气可以有足够的力量将气溶胶撞击到采样平皿表面，达到捕获气溶胶的目的，之后利用显微镜计数，以计算浓度。

级联式采样法工作原理：没有被采集到的更小的微粒在负压作用下随着空气气流沿隔层的边缘带入下一层筛孔层，依此类推直到最后一层。这种方法主要应用于：职业病危害的研究、净化室效率研究、食品加工业环境中粉尘颗粒物的检测等。卫生部《公共场所集中空调通风系统卫生规范》中要求采用六级筛孔空气撞击法进行空调通风系统中微生物采集。

撞击法采样的特点：①国际公认的最佳的空气微生物（颗粒物）捕捉方法；②可以产生强大负压捕捉微生物（颗粒物）粒子；③可以分别得到不同粒径的颗粒物（级联式）；④操作污染性小。

数字直读——光学测定法：Beer-Lambert 消光法和光散射法原理：当光束通过含尘空气时会发生吸收和散射，光在原来传播方向上的光强会有一定程度的衰减（消光）。通过对比测量消光值，计算出空气中的含尘量。这种测量方法的优点是测量速度快、重复性好，适用于在线测量；其缺点是不适用于粉尘浓度较低的情况。

光散射法原理：根据球状颗物的散射理论，当光束照到被认为是球体的颗粒时，会产生光的散射及吸收现象。对于某个颗粒来说，如不存在多次散射，则散射光与颗粒大小浓度有关。通过测量散射光强度，经过转换求得粉尘质量浓度。

光散射法的特点：①使用简便、检测快速；②可进行粉尘浓度的连续监测；③现场直接读取浓度数值（实时浓度、TWA、STEL）；④耗材少，维护成本低。

光散射法应用领域：公共场所环境质量评测、空调送风系统评价、室内空气质量研究、工作场所巡检、个人呼吸区域监测、职业安全环境监测、职业病防治研究等。卫生部《公共场所集中空调通风系统卫生规范》中要求采用便携式 PM_{10} 直读仪进行空调送风系统中可吸入颗粒物浓度测定。这种方法，可应用于室内环境中可吸入颗粒物浓度在线和快速测定。

5.1.4　室内环境污染在线检测新技术

随着自动化及信息技术的迅速发展，在室内环境中主要污染的监测也由以人工采样和实验室分析为主，向自动化、智能化和网络化为主的监测方向发展；由较窄领域监测向全方位领域监测的方向发展。监测仪器逐步向高质量、多功能、集成化、自动化、系统化和智能化的方面发展。由于室内空气质量对人体的重要性，使全社会需要大量的精确、使用方便、操作简单的空气中颗粒物监测仪器、监控设备，人们努力重点发展用于在线监测污染源，及时掌握室内环境质量，包括测量相关参数：流量、含湿量、温度等，实现室内环境污染的监测和监控一体化的室内环境污染物控制系统，特别是适用于细微颗粒物（PM_{10}、$PM_{2.5}$）的监测仪器。目前，比较突出的监测仪器是电子鼻。

电子鼻是随着仿生学技术、传感器和计算机技术而发展起来的一种新型室内环境污染物智能检测技术。目前，在很多领域仍然应用人或动物的嗅觉对气味进行分辨、识别或评价，如利用人的嗅觉评价食品（如咖啡、白酒等的质量）、利用狗的嗅觉检测毒品和爆炸物等。动物的嗅觉具有灵敏度高、容错性强等优点，而且具有训练、学习功能。但是，动物，特别是人的嗅觉系统有一定的主观性，长期在一个室内环境中待久了，嗅觉系统容易疲劳。如果利用一个模拟嗅觉分辨机理的设备，并能克服单个传感器的缺点，既能检测特定的气体，又能评价混合气体或挥发性化学物质，再加上它不会疲劳，可以给出客观的数据或结论，将会在室内环境领域中部分或完全替代人或动物的嗅觉和主观评价的不足，在室内环境监测中将大有用武之地。虽然生物学家至今尚未完全理解嗅觉感受和气味辨别所涉及的生物化学机理，但是相关技术的发展使得通过电子方法模拟动物的鼻子成为可能。在此过程中，人们主要是模仿生物嗅觉系统的两个基本特征：①对多种气体和气味敏感；②通过必要的处理，能够识别所闻到的气体或气味，电子鼻就应运而生了。

人们为了准确而及时地掌握室内环境中主要污染物及其污染量，如甲醛、VOCs 等污染物，运用便携式电子鼻对室内环境中的甲醛、VOCs 气体进行定性识别和定量检测，采用传感器阵列、电子调理电路以及单片机，结合模式识别能力较高的模糊神经元网络，可实现甲醛 VOCs 气体的现场快速和在线检测，这项技术的应用，将在室内环境中发展成为一项具有广阔应用前景的新技术。

5.2　室内环境污染综合控制与对策

民用建筑工程室内环境污染控制是一个系统工程，建筑与室内环境是人工环境的一个最为重要的组成部分，在这个系统中涉及整个建筑工程勘察设计、建筑材料、装饰装修材料、建筑施工、建筑周围环境、建筑通风与室内功能区分、人群活动等相关因素。如何实现对室内环境的有效控制，建立一个对人体健康、舒适、节能、自然的室内环境功能体系，需要对室内环境进行综合控制，对室内环境中各种污染物及引起污染的相关因素，进行科学控制，以达到控制建筑工程室内环境质量的目的。

5.2.1　建立和健全室内环境污染控制标准与监测体系

目前，在室内环境空气质量管理方面，我国涉及室内空气质量的标准主要为《室内空气质量标准》（GB/T 18883—2002）和《民用建筑工程室内环境污染物控制规范》（GB 50325—2010）以及《室内装饰装修材料有害物质限量》10 项强制性国家标准。这一系列规范和标准的出台，为室内空气质量的评价提供了科学依据，对控制室内空气污染，切实提高室内空气质量，提供了技术平台。

《室内空气质量标准》将影响人体健康的 19 个指标全部纳入监测范围，是我国首部针对室内空气中存在的与人体健康有密切关系的有害物质而制定的标准，在室内空气质量控制方面具有前瞻性的控制标准，力求实现人居环境的有效的、多参数全面控制；而《民用建筑工程室内环境污染物控制规范》从影响民用建筑室内环境质量的外在因素和人为因素两个基本面出发，实现控制建筑工程材料、装饰装修材料、装饰装修过程中施工工艺等，对不同民用建筑进行分类和等级材料许可使用控制，并对在民用建筑工程室内环境中最易引起污染的 5 个参数，设定最低限量值，对工程建设单位（勘察设计单位、施工单位）具有法定约束作用。

上述两个国家标准的区别在于侧重点、限量值等不同，相对于《民用建筑工程室内环境污染物控制规范》，《室内空气质量标准》范围更加全面，强调污染浓度的长期性；但这两部标准在取样方法、抽样方法分析方法存在许多不足，控制指标和限量值与《民用建筑工程室内环境污染物控制规范》不能相互有效衔接，有待进一步研究改进。《室内空气质量标准》涉及环保、卫生、建筑和轻工、装饰等不同部门和行业，这些部门及行业都有各自执法领地，一旦发生室内环境污染事故，要求司法部门介入并强制执行的具体实施主体不明朗。《民用建筑工程室内环境污染物控制规范》中突出的问题是：标准适用范围、工程类别划分、分析方法等方面存在缺陷，需要进一步补充和完善。为了能够使室内空气质量的管理规范化、系统化，应有针对性地制定地方标准，在现有室内空气质量标准的基础上，根据不同地区室内环境污染的特点，加快制定有关室内空气质量及其相关产品的监督及评价规范。

5.2.2　控制室内污染源

控制室内污染源是改善室内空气环境质量最根本最有效的途径。而要有效地控制室内污染源，关键在于从建筑设计开始，工程勘探、建筑施工到建筑装饰装修、室内人居环境的功能实现的整个全过程中。在整个过程中，利用生态学进行建筑设计、科学的建筑建造与施工、绿色装饰装修设计和施工的管理，以及对装修材料质量的控制。

1. 生态学理念的环境过程控制观

生态学将室内环境看成是整个生态链中的一个有机的组成环节。建筑与室内环境设计在某种程度上可以看成是对人的行为的规划，建筑与室内环境是人工环境的一个最为重要的组成部分，各个相对独立的人工环境构成了一级级的人工生态系统。根据生态有机关联性原理，虽然室内空间环境属于最后的系统层次，但室内对所有这些人工系统和其他非人工系统都会有不同程度的影响。这就要求在进行室内环境设计时，始终考虑它对于整个生态系统的影响，如：尽可能地节约自然资源，尽可能地少用或不用含有害物质的材料，尽可能少地向自然排放有害气体及其他有害物质。

从生存安全、环境安全和材料安全这三个方面出发，提倡节约的室内环境设计思想，注重安全的室内环境设计思想。环境安全是指室内外空间中的环境因素对生活在此环境因素中的人的相关安全性的影响，这个影响主要是健康和舒适性两个方面。健康和舒适性是由室内外环境因素所决定的，它包含有室内外空气质量、室内采光、通风、噪声控制以及室内温度、湿度等多个方面的内容。

2. 环境功能材料是实现生态室内环境质量的载体

生态环境材料是指那些具有良好的使用性能和优良的环境协调性的材料。优良的环境协调性是指资源、能源消耗少，环境污染小，再生循环利用率高。生态环境材料是人类主动考虑材料对生态环境的影响而开发的材料，是充分考虑人类、社会、自然三者相互关系的前提下提出的新概念，这一概念符合人与自然和谐发展的基本要求，是建筑及装饰装修材料产业可持续发展的必由之路。而生态环境是室内环境设计理念实现的载体，所以材料安全也就成为了室内环境设计安全思想的重要组成部分。

3. 追求高效利用环境和资源

所谓高效，是指尽可能最大限度地利用资源和能源，特别是不可再生的资源和能源；或者最低限度地使用资源和能源，并利用现代技术使之产生最大效能。高效节能的目的是减少对资源的需求，减小环境的负荷。建筑业、室内装饰业以及与其相关的其他产业消耗了大量的能源和资源。而提倡“高效”正是要杜绝粗放、浪费的模式，以最低的能源、资源成本去获取最高的效益。提倡用耐久、低蓄能、隔热的建筑材料，以低能耗维持室内环境的舒适性；采用被动式方法为建筑提供制冷、供热、通风和照明。采用高效的材料与采光设施，运用建筑的自身循环与生态效应达到高效节能。

首先，要将自然、科学、环保的生态观的建设理念落实在整个建筑和装修设计过程中，要坚持“实用、环保、节约”的原则，尽可能利用自然条件，提升建筑物的自然通风能力，克服“讲排场、重装修、轻实用”的错误倾向；尽量少用不必要的人造装饰装修材料，既节约资源、降低成本，又减少污染危害，一举多得。

4. 以人为本的室内环境建筑体系

所谓“以人为本”主要是指在室内环境中人性化设计和服务的一面。“人”是这个社会的主体，“为人服务，这正是建筑功能社会化的基石”。其具体表现为：以“人体工程学”为基础的科学的室内环境设计与建造，实现不同人群、保护社会弱势群体为主体的功能建筑；以满足人们对视觉愉悦性要求和改善室内空气质量、湿度和温度等物理环境的绿色室内环境的需求，以及使用高效节能的方法充分利用自然照明与室内光环境的多元化建设。从设计与建设的全过程，注意处理好人与自然的关系，来创造适合人类生存的生态环境。

5. 人与自然和谐共生的室内环境建设思想

尊重自然是生态化建筑思想的根本，是一种环境共生意识的体现。它首先要求人们调整自己的心态，正确认识到自己是环境中的一部分，正确处理人与环境的关系，给予自然环境更多的关心、尊重和维护。人类生态环境的发展目标是实现人与自然的和谐，其中包含人与人和谐、人与自然和谐、自然系统和谐三方面内容，通过改善人与自然的关系，就会为人类的生存发展创造一个清净、和谐、丰富的自然环境，只有这样才能使人类发展变成稳步健康的可持续发展，实现人与自然的和谐相处，共生共存。

6. 绿色环境材料的认证与绿色住宅建筑的实施

绿色建材较为确切的名称应该是生态建材；也包括健康材料、环保建材等，我国通常称之为绿色建材。绿色建材的概念是在 1988 年第一届国际材料科学研究会议上提出的，1992 年国际学术界明确提出绿色建材的定义：“绿色建材是指在原料采取、产品制造、使用或者再循环以及废料处理等环节中对地球负荷最小和有利于人类健康的材料。”绿色建材的基本特征包括：

1）其生产原料尽可能少用天然资源，大量使用尾矿、废渣、垃圾等工业废弃物。

2）采用低能耗制造工艺和无污染环境的生产技术。

3）在产品配制或生产过程中，不得使用甲醛、卤化物溶剂或芳香族碳氢化合物；产品中不得含有汞及其化合物；不得用铅、镉、铬等重金属及其化合物的颜料和添加剂。

4）产品的设计是以改善生产环境、提高生活质量为宗旨，即产品不能损害人体健康，而应有益于人体健康。产品具有多功能化，如抗菌、灭菌、防霉、除臭、隔热、阻燃、防火、调温、调湿、消磁、防射线、抗静电、解除异味等。

5）产品可循环或回收再利用，无污染环境的废弃物。

绿色建筑是以绿色建筑材料、绿色装饰装修材料为主体的，以节约能源、有效利用资源的方式来建造低环境负荷下安全、健康、高效、舒适的各种民用建筑和室内环境空间，是人、环境与建筑共生共容、永续发展的新建筑模式，实现对外部的生态环境保护，对大自然最低的干扰；加强对室内环境保护，增进居住人的健康。

装饰装修材料的绿色认证是促进绿色环境材料的生产、推进绿色建筑材料的实施、推动建筑节能模式创新的一种途径。“绿色装饰材料”不能单纯指装饰材料中有害物质含量或释放量低于国家颁布的《室内装饰装修材料有害物质限量》10 项标准，而是要在其设计、生产、使用、回收等全过程中，满足生态材料的建筑装饰装修材料。对单一指标如室内的装饰装修材料有害物质含量低于国家标准的装饰材料一般也称其为“绿色装饰材料”，这是一种错误的认识。例如：人造板中有害物质“游离甲醛”国家标准规定指标的 $E1 \leq 1.5mg/L$，如果人造板中甲醛的指标含量低于这个限量值，这种板材就可以称为“绿色人造板”，这样的标准或产品，与绿色生态环境材料的要求相比还很低。

由于，我国装饰材料生产技术相对于许多发达国家来说还很落后，绿色装饰材料认证的方式、方法、限量指标、评价标准还不完善，已经不能适应市场发展的需求，应该大力推动绿色装饰装修材料标准的制定、修改、完善和颁发，才能有效规范装饰装修材料的市场行为，促进装饰装修材料的推广和应用，有效控制室内环境中有害物质，保护人们的身体健康，促进装饰装修材料行业健康、快速发展，才能推动绿色住宅建筑的实施。

7. 科学而严谨的建筑施工管理

在严格执行建筑工程质量检测和产品入场验收标准的前提下，要加强建筑施工、装修施工过程的科学化管理。在民用建筑工程建设中，必须严格执行建筑材料、装修材料选择、材料进场、施工检验、工程施工过程及成品验收时室内环境质量的污染物控制种类、限量、取样方法、检测标准，加强监督和组织管理，从源头上，严格控制引起室内空气污染的相关因素，把好质量关。在这些过程中要按照国家相关规范规定的要求，进行抽样和检测；对质量达不到建筑标准分类要求的产品，坚决不能使用。工程竣工后进行验收时，要依照国家相关规定，监测各种装修污染物的浓度指标，达不到规范规定的有害物质限量要求的，不得予以验收。加强地区建筑装修污染控制方法的立法与实施，控制区域性室内环境污染，实现民用建筑室内环境污染的科学而有效的控制。

8. 大力推广全装修住宅

随着我国和谐社会的历史脚步，人民生活水平的不断提高，重视居住环境，重视“居者有好屋”，重视环境保护，重视发展节能省地型住宅和构建和谐人居环境，实现住宅建设的可持续发展，已逐步深入人心并渐渐地成为全社会的共识。目前，我国城镇居民每年住宅装修年平均增长速度达到20%左右，其中新建住宅占绝大多数。这么大的工程量靠小型的装饰公司或“马路游击队”来完成，从部品、材料的采购、施工组织管理等都很难形成规模化，这种离散化的生产模式势必会增加建造成本、材料浪费、生活环境干扰、耗费大量的时间和精力等，而且住宅质量的责任主体混乱，不利于消费者的权益保护。因此，推广全装修住宅成为装饰装修行业发展的必然。

推广全装修住宅，是落实节约型社会理念的重要步骤。大力推广全装修住宅，以把节约能源、资源作为优化结构的重要目标，逐步构建节约型的民用建筑产业结构和消费结构，走节约型发展道路，加快建设节约型社会；加快全装修住宅建设，是住宅建设领域贯彻落实以人为本，全面、协调、可持续的科学发展观的重大举措；是走资源节约型城镇化发展道路的必然选择；是当前住宅建设的总体指导思想。

全装修住宅在节能、节地、节水、节材方面是建筑技术的发展和生产方式的转变关键步骤，将全装修住宅开发与节约并举，把节约放在首位，在全装修住宅的规划、设计、建造、使用、维护全寿命过程中，能有效减少能源、土地、水和材料等资源的消耗，充分节约资源与循环利用，以较少的资源消耗创造合理的住宅功能和较大居住舒适度。改变我国的传统住宅以现场砌筑、湿作业为主生产方式和建设粗放型的发展模式，适应建设资源节约型社会的客观要求。

大力推广全装修住宅，实施建筑通用部品体系，实施装饰装修材料向环境功能材料方向转变的一个重要步骤，通过对通用部品体系绿色环境认证，可以有效促进装饰装修材料行业向工厂化、集成化、低污染、高效能的大生产化方向发展，减少现场湿作业工作量，走工厂化生产现场组装、集成化安装方式，实现由施工现场到工厂的转变，提高工程施工精确度，缩短建设周期。树立住宅完整产品概念，推行住宅一体化设计、建造、施工，提高住宅的环境功能水平和舒适度。

推广全装修住宅，可有效促进建筑技术的发展和生产方式的转变。全装修住宅建筑对建筑装修施工技术、装备技术和管理技术提出了更高要求。可有效促进建筑装修业加快技术开发，增加工程施工现场的机械化、自动化机具的质量和数量，加强现代化管理意识，提高技术装备水平和管理的重要手段。

推广全装修住宅，有利于规范住宅装修行为和提高住宅装修集约化水平，有利于加快推进住宅产业化进程，从而引导、促进住宅建设的持续、健康发展；推广全装修住宅，有利于更切实地保障住宅质量安全和使用寿命，从而进一步改善和提高我国人居环境的水平。

9. 生态化、高效化的室内空气净化方法

面对环境、健康和能源等方面日益严格的要求，环境的恶化、污染物和污染量的日益增多和增大，用传统环境净化理论和方法，难以满足绿色化学和社会的需求。室内环境是由人、建筑、环境中各种材料与各种环境因素构成的相对复杂的体系，在现阶段，室内环境的污染不可避免，只是室内环境污染物种类、污染物含量的相对多与少。目前的各种净化技术和设备虽然在某些污染物的去除上取得了满意的效果，但由于室内环境污染物来源广、种类多、低含量的特点来说，各种净化技术又存在各自的局限性。发展高效、生态型的空气净化方法，是解决现阶段室内环境污染的有效手段。

在环境污染治理研究中，尤其是解决日益严峻环境污染和室内空气中有机污染物污染研究的课题中，生态净化法是一个极具有挑战和发展前景的研究方向。人们利用生态净化法在室内环境污染物净化应用领域深入研究，开创了生态酶的净化方法、在材料制作、污染物净化模拟和对室内环境中甲醛、VOCs 等主要污染控制方面的研究取得长足进步，开辟了生态净化法的发展新篇章。通过利用生态净化法的绿色化学特性，实现安全、生态化的环境中高效净化机制，与现有环境净化方法相比，具有突出的生态效应。其绿色生态特殊功能，具有非常广泛的研究开发和发展前景。

10. 倡导和建立良好的生活习惯

良好的生活习惯能提供良好的室内环境，从而为人们的健康和生活提供保障。良好的生活习惯主要有：室内通风换气。国内外的调查和试验均已表明，加强通风换气是改善室内空气品质简单而又有效的方法。无论是机械通风还是自然通风都可以改善室内空气质量，绝大多数污染物、有害气体都可以通过通风换气降低浓度。尤其是新装修的房子，尽可能将门窗、家具门、抽屉全部拉开通风，以创造条件便于有害物质尽快挥发，待油漆、涂料充分干透后，再搬进新房，晾晒时间越长，通风换气越彻底，室内污染物浓度降低越多，发生“居室装修综合症”的几率也就越低；改掉不健康的生活习惯，如吸烟、高温烹调都是造成室内空气质量下降的重要原因。因此，要少吸烟或不吸烟，少食煎炸食品，这样可以大大降低污染浓度，保持居室空气清洁。同时经常清扫房间，晾晒衣服、被褥，以消除霉菌、细菌、病毒的污染。

11. 生活环境的绿化与生态环境建设

室内环境与室外环境是统一的整体。因此，应加强推行室内养花种草，促进室内外环境的改善。当室内环境中的污染物浓度高于室外时，室内污染物就向外扩散。室外绿化好的居民区，绿色植物对扩散到室外大气中的污染物具有吸附吸收和净化作用，促进了室内污染物向外转移、扩散，加快室内环境中污染物浓度降低。多数植物的气场有利于人体健康。这些植物包括仙人掌、君子兰、晚香玉、水仙等。在品种繁多的居室花草中，净化空气的常用植物有：吊兰、虎皮兰、肾蕨、贯众、月季、玫瑰、紫薇、丁香、玉兰、桂花植物，它们对净化室内外环境中气体污染物、粉尘颗粒物都有一定的辅助作用。但任何事物都有两面性，室内摆放的花卉植物不宜过多；不宜种植释放不良气味的花卉植物；不宜种植接触后引起病症的花卉植物；不能种植可能使人致癌的“危险植物”。

12. 加强室内环境与健康学科的研究和科研资助力度

为了掌握我国室内环境污染现状，遏制室内空气污染的进一步加重的趋势。我国各级政府和科研机构加大了室内空气污染相关研究的力度。室内环境与健康作为一门独立的学科起源于20世纪后半叶。在我国也只是从20世纪后20年开始重视和深入研究。当初围绕室内空气污染，人们主要关心的热点问题：一是室内空气污染物：主要是化学性室内空气污染物，例如一氧化碳、二氧化氮、臭氧、甲醛、挥发性有机化合物、氡气、环境烟草烟雾等；二是室内污染相关疾病：煤气中毒、不良建筑物综合症（气道和皮肤刺激症等）、肿瘤和肺癌、呼吸系统慢性炎症、肺通气功能障碍等；三是控制与治理措施：主要集中在绿色建材开发、建筑物设计、集中式空调的新风调控等。但是从20世纪到现在还没有彻底解决的室内环境与健康问题还包括下述五方面的问题，可以预测，在今后相当长的一段时间内，这些问题可能还在我国的室内环境中存在，并不断危害居民的身体健康。

（1）不良建筑物综合症　主要表现为眼、鼻、咽刺激症，离开室内症状减轻或消失。我国新建筑居民患病率已从20世纪80年代的50%～70%降低到目前的10%～30%。

（2）呼吸系统慢性炎症　主要表现为易患感冒、肺炎等呼吸道疾病等。家用电器、办公用品及家庭燃煤是主要的原因。

（3）肿瘤和癌症　例如肺癌、鼻咽癌、白血病，主要的空气污染物是多环芳烃、氡和甲醛等。

（4）军团菌病　为军团菌引起的疾病，主要表现为发热、全身不适，严重者可因肺炎而致死。

（5）舒适与工效　不良的室内空气质量可以导致人体舒适度下降，工作效率低下。

进入21世纪后，本学科的研究热点正在发生一些重要的改变，新出现的热点主要包括：

（1）室内污染相关疾病　呼吸道传染性疾病和致病微生物颗粒的危害，例如SARS、最近的H1N1流行性感冒、禽流感、过敏症和哮喘、纳米颗粒物的生物危害，并开始研究生物反恐的问题。

（2）室内空气污染物　气溶胶和颗粒物（特别是新型的病毒性颗粒物、细菌和纳米颗粒物）、室内过敏原和过敏体质激发原（例如湿迹和霉斑、邻苯二甲酸酯、甲醛、螨虫、宠物代谢产物）、可能出现的生物恐怖威胁（例如人造病毒和炭疽杆菌）等。

（3）控制与治理措施　研制有效的各种室内空气的净化装置，开始研制病毒颗粒物的灭活装置、开发防霉抗菌的建筑材料以及不利于霉菌生长的建筑设计等。

我国室内空气污染控制的研究方面，从政府职能管理、标准制定以及质量监督等手段、技术都需要以室内空气污染研究作为基础，而我国相关领域的基础研究还比较薄弱，需要加大基础研究的投资支持力度，更快将科研成果转化为具体的管理指南，为管理工作的切实开展提供有力的支持。因此，我国各级政府及科研机构，还应对室内环境与健康领域加大投入力度，开展国际与国内的广泛合作，及时交流与总结研究成果，推动研究向深层次发展。

5.2.3 室内环境污染控制及展望

室内环境污染的防治关系到各个方面，如室外大气环境，室内建筑材料，装饰材料，建筑通风与空调方式，人为因素的影响，是一个涉及广泛而复杂的课题。国外虽有研究，但是国外的一些气候特征、建筑物结构、建筑物通风方式及居民生活习惯等与我国有所不同。在我国倡导绿色、环保、健康的民用建筑时，如何有效控制室内环境质量，营造一个健康、舒适、和谐的人居环境，使人们在学习、工作、劳动的同时，同时享受温馨、和谐的环境，打造一个健康的生活环境，回归自然，是人类的追求、时代的呼唤。

第 6 章　室内环境污染物与净化原理

6.1　室内环境污染的分类

随着我国室内环境污染日益恶化，室内空气中的污染物类型由“煤烟型”、“光化学烟雾型”污染，正转为“室内空气污染”为标志的第三污染时期。室内空气污染的污染物种类、水平、接触方式与对人体作用时间等主要因素均发生了深刻的变化。通过研究室内环境中污染物及其对人体健康效应关系，评估室内空气污染物水平，健全室内环境卫生标准，研究各种净化措施和方法，去除室内环境中危害人体健康的各种污染物，保护人民健康。

室内环境污染物的分类从不同角度有不同的分类方法。从室内环境污染净化与治理技术、污染物质性状的角度来分类，可将室内环境中污染物分为三大类：粉尘颗粒物为主的污染物、以气态化学物质为主的污染物、以微生物为主的细菌、病毒、霉菌、孢子等微生物污染物。同时涉及的方法有相关粉尘颗粒物为主的室内空气物理净化法、气态化学物质的室内空气净化法、微生物污染的空气净化法。

6.1.1　粉尘颗粒物为主的污染物

室内空气中的颗粒物作为重要的污染物，它被人体吸入后，沉积在人体呼吸系统内，从而对人体健康造成危害。粉尘颗粒物主要由灰尘、烟、皮屑及短纤维等构成。室内颗粒物对人体的危害效果取决于以下几点：颗粒物的物理化学特性、颗粒物的数目多少、颗粒物的直径以及沉积的部位。颗粒物的直径是其最为重要的特性之一，而室内颗粒物的直径分布一般约在 0.01 ~ 100μm 之间。由于它们颗粒小、比表面积大，细菌、病毒、尘螨等微生物都附着在悬浮颗粒上，空气中对人体有毒有害的物质，如多环芳烃、各种胺类、酚类、烷类、醛类和重金属元素等化学物质达几十余种，人体吸入这样的颗粒，易引发过敏反应，如眼、鼻、喉等不适，咳嗽、打喷嚏及呼吸困难，一定粒径的颗粒可通过呼吸系统进入人体的循环系统，并在人体内沉积，可导致各种慢性疾病并诱发情绪紊乱；而吸附在颗粒物上的各种化学污染物，经肺部吸入，继而进入血液系统引起人体病变。

就颗粒物对人体健康的影响而言，20 世纪 90 年代以前，通常研究所关注的是粒径为 10μm 左右的颗粒物（PM_{10}），即可吸入颗粒物。但近年来，随着室内环境中颗粒物在大小与化学成分的变化，以及它们对人体健康危害的研究深入，室内环境中来自吸烟、烹调油烟、计算机打印机、复印机以及来自室外大气颗粒物污染、城市机动车尾气等是构成现代城市室内环境颗粒物主要污染源。

1. 室内空气中粉尘颗粒物对人体健康效应

在空气污染对人体健康的效应，尤其是死亡率影响因素的研究，早在 20 世纪五六十年代就有报道。当时的研究多半是散在的、描述性的，很少获得剂量—反应关系。20 世纪 90 年代初，沈阳和北京用时间序列法定量分析了空气污染对死亡率的急性影响。研究表明，大气中总悬浮颗粒物（TSP）浓度每升高 100μg/m^3 时，人群总死亡率、慢性阻塞性肺疾病（COPD）、肺心病、心血管病死亡率分别增加 11%、29%、19%、11%。有学者用生态学研究方法分析了长期暴露于大气污染物中对人群死亡率的慢性影响。发现高、中、低污染区人群其总死亡率、COPD 死亡率、脑血管疾病死亡率、心血管疾病死亡率、恶性肿瘤发病率均有显著性差别。学者在研究中发现 $PM_{2.5}$与死亡率相关度大于 PM_{10}，$PM_{2.5\sim10}$，表明 $PM_{2.5}$对人体的危害更大。在欧洲 8 个城市 PM_{10}对呼吸系统急性危害的研究中发现，PM_{10}与哮喘、COPD 和所有呼吸系统疾病相关。

临床学研究发现：室内环境中的这些颗粒物粒径在人体致病过程中起着重要作用。可吸入颗粒物是呼吸道疾病的危险因素，其细小可以深入肺部并存留在肺泡壁，不易被机体清除。表 6-1 给出了颗粒物的粒径和深入呼吸系统的关系。

表 6-1　颗粒物的粒径和深入呼吸系统的关系

粒径/μm	达到部位	粒径/μm	达到部位
30	达到背部气管，未达到分支部分以上	0.3	在肺泡囊中大部分沉着（65% 再呼出）
10	达到分支末端细支气管	0.1	在肺泡囊中大部分沉着（65% 再呼出）
3	达到肺泡道		
1	达到肺泡道和肺泡囊中大部分沉着（2.6% 再呼出）	0.03	达到肺泡道和肺泡囊中大部分沉着（34% 再呼出）

美国哈佛大学公共卫生学院在检测了各种空气污染物之后，发现直径小于 10μm 的细微颗粒物与心血管疾病的发生及死亡的增加有关，可能是引起冠心病、心肌梗死、高血压和中风（卒中）的重要因素。而近些年来发现非吸烟妇女和儿童的 COPD 的发病率与被动吸附及室内因烹调油烟有密切关系。烹调油烟雾是非吸烟女性过敏性鼻炎和其他呼吸系统症状的危险因素，并对肺功能有影响。这些微小颗粒物通过肺吸入人体后，可以深入人体肺泡，以撞击或扩散方式沉积在肺泡表面和肺间质，不易被排出体外。特别是颗粒物越小，其总表面积越大，细颗粒物能吸附更多的毒性物质，如多环芳烃是重要的致癌物质，它们会增加肺泡巨噬细胞的清除负担，可能导致不能被清除的颗粒物增多，刺激肺上皮细胞释放更多的炎性介质，加重炎症损伤，严重时产生癌变。一项来自美国 21 个城市的研究发现：大城市空气中，直径小于 10μm 颗粒物的浓度通常为 4～20mg/m^3，浓度每增加 10mg/m^3，发生心血管疾病的危险将增加 24%，死亡率增加 1 倍以上。德国的研究人员调查了两个德国城市的 3399 位居民。结果发现：居住在交通要道 150m 之内的居民与远离交通要道的居民相比，冠心病的发生率增加了 1.85 倍。

2. 室内空气中粉尘颗粒物产生原因

室内空气中粉尘颗粒物主要来自：

（1）由吸烟产生的香烟烟雾　流行病学研究显示：室内环境中因吸烟产生的香烟烟雾中小粒径颗粒物最多，其 0.5～10μm 粒径范围内数量绝对值占 30% 以上。烟草燃烧时释放的烟雾中细微颗粒物由于其巨大的表面积，吸附大量对人体有害化学物质，包括一氧化碳和尼古丁等生物碱，以及胺类、酚类、烷类、醛类和重金属元素等化学物质达十余种。这些化合物一齐被吸附人体肺中，从而产生多种危害。

（2）由室外大气引入室内的颗粒物　我国城市长期处于建筑高峰期，由建筑工程、城市清扫、风沙扬尘等产生粉尘颗粒物污染是室内粉尘的重要来源。而机动车尾气占据颗粒物大气污染中10%以上，但其产生的粒径在2～5μm内的颗粒物占据60%以上。实际测量室外扬尘发现：上午10：00在公交车站路边采集扬尘，采样高度为170cm，在279个/min颗粒物中，扬尘中的颗粒物粒径呈现较均匀分布，且各种粒径范围内的颗粒物数量大致相当；在住宅小区：上午10：00在生活小区湖边采集空气样本，采样高度为170cm处，粒径范围在0.5～10μm的可吸入颗粒物绝对值为399个/min，占据颗粒物总数的97.08%。

（3）由办公用品产生的可吸入颗粒物　在由Dr Congrong He等人组成的研究小组撰写的“Particle Emission Characteristics of Office Printers”报告中，他们在一栋6层的办公大楼中测试了包括佳能（CANON）、惠普（HP）、理光（RICOH）、东芝（TOSHIBA）等著名品牌62个型号打印机的颗粒排放污染情况，结果显示有多达21台产品存在颗粒污染，13台打印机存在严重的颗粒污染。最高的颗粒排放量达1.6×10^{11}/min，堪比香烟（1.91×10^{11}/min）的排放量。报告还称，在一个封闭式的办公空间内，空气中的微粒程度在打印机工作时比不工作时要高5倍。

激光打印机、激光传真机、激光一体机、各种复印机等设备运行时会产生臭氧、粉尘颗粒及电磁辐射。英国过敏症基金会的研究人员最近发表的一份研究报告也指出，办公室中的激光打印机、复印机等输出设备工作时，在高压静电场作用下，在激光头扫描硒鼓表面的高压电荷会电离空气中的氧气生成臭氧，同时产生苯并［a］芘、二甲基亚硝胺以及苯、甲苯、苯乙烯等苯系物排放到室内空间中，这些有机气体都是致病、致畸、致癌的三致物质。墨粉中含有微量硝基芘，硝基芘有改变染色体正常结构的能力，因而会导致肿瘤的发生。墨粉是将炭黑分散在烃溶剂中，而含有10～20个碳原子的脂肪烃有助于肿瘤的生长。由于所用烃类的沸点较低而易挥发，通风不良会对长期接触者产生危害。

打印机在工作中由墨粉加热后形成一种颗粒非常小的粉末状物质排放到室内空气中，它们漂浮在空气中，被人体呼吸带入肺中，可刺激呼吸道，引起鼻炎、咽炎、支气管炎等上呼吸道炎症，危险的可能会引发各类癌症和心血管疾病；粉尘还可刺激皮肤，引起皮肤干燥、毛囊炎、脓皮病等疾病。

办公设备产生的臭氧，由于光化学作用，当其浓度达到一定程度时，可使人的呼吸道上皮细胞脂质氧化产生四烯酸增多，可能引起上呼吸道的炎症病变，长期接触一定浓度的臭氧还可能造成上呼吸道感染。据测试，在距复印机0.5m的地方，臭氧浓度达$0.12mg/m^3$，当臭氧浓度在$2mg/m^3$时，短时间接触即可出现呼吸道刺激症状、咳嗽、头疼。而国家标准规定的臭氧浓度限量为$0.1mg/m^3$。

复印纸尤其是高档复印纸都含有酚醛树脂化合物，这种化合物具有相当强的毒性，长期接触会导致中毒反应，如皮肤发红、周身发痒、嗓子肿疼等症状。

（4）由烹调油烟产生油烟雾　烹调油烟主要是食用油和食品加热过程中产生的油烟雾。通常，当食用油被加热250℃以上时，油中的一些物质就会发生氧化、水解、聚合、裂解等一系列的化学反应而构成烹调油烟。烹调油烟为食用油及食品在高温下的挥发物及其冷凝物的气溶胶水汽，是一组带有一些刺激性气味的混合性污染物。从形态上看，烹调油烟包括可吸入颗粒PM_{10}和$PM_{2.5}$、气态污染物两类。测量数据表明，在面积$8m^2$的普通家庭厨房，将购置于市场的菜子色拉油倒入铁锅内，电炉加热至200～220℃，于油面上方50cm的距离处采集油烟气，在这种烹调油烟雾中，可以采集到428个/min雾粒，其中粒径范围0.5～10μm的油烟雾，占其总数的82.90%以上。

由于受高温加热，这些油烟雾中含有多种挥发性有机化合物，在厨房油烟气中检测到的成分主要有烯烃、醛、脂肪酸、酮、杂环化合物等 300 多种。实验证明，温度在 270 ~ 280℃时的油烟有致突变作用。煎炸食品过程中产生的油烟，含有高浓度的氮氧化物和苯并［a］芘。苯并［a］芘对人体有较强的致癌作用。尤其是菜籽油、豆油、胡麻油、葵花油、花生油等，在加热到 250℃左右时产生的油烟能通过人体的呼吸作用被吸入肺内，可导致细胞染色体的损伤而发生肺癌。

人体吸入烹调油烟本身对呼吸道和肺泡造成损害的同时，释放一定量的氧化物，使机体抗氧化能力减弱，产生脂质过氧化的作用，会对人体产生过氧化损伤，降低人体免疫功能，因而对健康造成不利影响。油烟气被人体吸入后使呼吸道黏膜损伤。油烟还刺激人们的眼睛，可以诱发心血管疾病。有关资料显示，在致肺癌因素中，烹调油烟是仅次于“深度吸烟”烟雾到达呼吸道深部的危险因素。流行病学研究提示，厨房烟气中含有对人体危害最大的粒径小于 10μm 的飘尘（可吸入颗粒 PM_{10} 和 $PM_{2.5}$），飘尘经过呼吸道沉积于肺泡，如果飘尘污染物被溶解，就会直接侵入血液，引起中毒，而未被溶解的飘尘污染物则有可能被细胞所吸引，侵入肺组织或淋巴结，引起尘肺。有研究报道：烹调油烟可能与女性肺癌危险性升高有关；厨房烹调油烟可能是肺鳞癌和肺腺癌的共同危险因素。

6.1.2　气态化学物质为主的污染物

随着建筑材料及装饰材料、油料涂料及各种家具、壁纸、复合地板等大量采用，室内气态化学污染物成为室内空气中的主要污染物。室内环境中气态污染物主要分为三大类，即化学性污染物、放射性污染物和生物性污染物。下面对室内几种常见气态污染物的人体健康效应进行综述。

室内环境中化学性污染物主要包括一些挥发性和半挥发性有机物，如甲醛、苯系物、氨气等，通常用挥发性有机物（volatile organic compounds，VOC）、总挥发性有机化合物（total volatile organic compounds，TVOC）表示。据检测数据表明：现阶段我国城市室内空气中甲醛和 VOCs 是室内空气的主要污染物。

（1）室内空气中甲醛的来源　甲醛的化学反应强烈，价格低廉，故广泛用于工业生产，已有大约 100 年历史。甲醛在工业上的用途主要是作为生产树脂的重要原料，例如脲醛树脂、三聚氰胺甲醛树脂、酚醛树脂等，这些树脂主要用作胶粘剂。因此，凡是大量使用胶粘剂的环节，总会有甲醛释放。室内装修材料中的胶合板、细木工板、中密度纤维板和刨花板等木制人造板材在生产和使用中由于使用了胶粘剂，因而含有甲醛。人造板材中甲醛的释放期一般为 3 ~ 15 年，人造板材使用的胶粘剂多为脲醛树脂，其主要原料是甲醛、尿素、苯酚和其他辅料。释放甲醛的大致原因有：

1）树脂合成时，残留在人造板材中的未参与反应的游离甲醛会逐渐向周围环境释放。

2）树脂合成时，已参与反应生成不稳定基团的甲醛，在热压过程中又会释放出来。

3）在树脂合成时，吸附在胶体粒子周围已质子化的甲醛分子，在电解质的作用下会释放出来，对室内空气造成污染。

4）含有甲醛成分并有可能向外界散发的其他各类装修材料还有壁纸、化纤地毯、泡沫塑料、油漆和涂料等。

研究表明，人造板材产生是甲醛污染物的主要来源之一。人造板材主要产品有胶合板、刨花板、密度板、纤维板、细木工板、切片板、强化复合地板等，它们被广泛用于室内装饰装修、家具制造、地面铺设材料、建筑结构材料等。在室内相对窄小的空间中，人造板材脲醛树脂中的游离甲醛释放量，随室内温、湿度变化而变化，其中一些未反应的甲醛将导致较高水平的游离甲醛释放，是室内甲醛污染的主要污染源；用人造板制造家具，或由于使用不合格的板材，在粘接贴面时使用劣质胶粘剂，制造工艺不规范，都是甲醛释放的主要源头；此外，化纤地毯、塑料地板、墙布、墙纸、油漆、涂料等也含有一定量的甲醛，它们有可能向室内散发甲醛。而由脲醛树脂制成的脲-甲醛泡沫树脂隔热材料（UFFI）因具有良好的保温性能而被广泛用作填充材料，也是散发甲醛的重要来源之一。

（2）室内空气中 VOCs 主要来源　室内空气中 VOCs 种类繁多，芬兰学者 Edwards 等 2001 年在对赫尔辛基居室和工作场所的有机污染物调查中共检测到了 323 种挥发性有机化合物，我国科研工作者在对装修 3 年以内的居室的空气监测中也检出 VOCs 共计 256 种，这些化合物大致可分为九大类即：芳香烃、饱和脂肪烃、不饱和脂肪烃 P 环烷烃、萜烯类、脂肪醇类、醛/酮类、脂肪酸类、酯类和卤代烃类。

室内 VOCs 的污染源主要有三大类：

1）室内建筑装饰装修材料、家具或其他物品。

2）人类自身及与日常活动相关的污染源，如烹饪，吸烟，使用复印机、涂改液、喷涂清洁剂、杀虫剂等。

3）室外污染源的扩散，如工业废气、机动车尾气和光化学烟雾等。

研究发现，室内空气中 VOCs 中的主要污染物，在装修后室内空气中检出率最高的是苯、甲苯、二甲苯等苯系物和乙酸乙酯、乙酸丁酯等低分子酯类以及环已酮、戊醛、丁醛等低分子醛酮类和蒎烯类。这些 VOCs 的污染呈现多元化、交叉化的特点，多自于装修材料的释放，而且 VOCs 的浓度随着装修时间的延长逐渐呈下降趋势。而室内空气中的卤代烃中氯仿和三氯乙烯的检出率也较高，这些卤代烃与装修时间之间无明显相关性，这可能与被普遍用来做含氯水消毒剂和衣物干洗剂的散发相关。

6.1.3　室内空气中重要化学污染物对人体的健康效应

1. 甲醛（formaldehyde）对人体的危害及健康效应

甲醛对人体的危害，主要包括刺激性、致病性、致畸性、致基因突变性。使人体产生包括嗅觉异常、刺激、过敏、肝功能异常、免疫功能异常，影响人体的呼吸系统、血液系统、免疫系统、生殖系统、中枢神经系统，还可损伤细胞内的遗传物质，是可疑致癌物。其中最敏感的是嗅觉和刺激，经鼻吸入的甲醛 93% 滞留在鼻腔组织中，高浓度吸入时会出现呼吸道严重的刺激和水肿、呼吸道阻力增高、呼吸频率下降、眼刺激、头眩晕。反复吸入小剂量甲醛可诱发过敏反应，出现哮喘。皮肤直接接触甲醛可引起过敏性皮炎、色斑、皮肤坏死。甲醛是蛋白质凝固剂，与人体蛋白质反应生成氮亚甲基化合物而改变蛋白质的性质，引起慢性中毒、病变和过敏反应。用各种哺乳动物细胞体外检测，结果证明甲醛具有诱发哺乳动物细胞基因突变的作用，并且对 DNA 有损伤作用，产生 DNA 断裂和 DNA 蛋白质交联，抑制 DNA 的合成。实验动物高浓度吸入可引起鼻腔鳞状细胞癌。人群流行病学调查表明，接触甲醛患鼻、咽和口腔癌的危险性升高。甲醛被世界卫生组织（WHO）确定为致癌物。甲醛也是变态反应源，有研究表明：暴露于 70 ~ 140μg/m^3 甲醛浓度水平下的儿童哮喘发病率明显增高。

甲醛对人体健康的危害主要有三种作用机理：刺激作用、致敏作用和致突变作用。

（1）刺激作用　甲醛的刺激作用是通过神经末梢上镶嵌的辣椒素受体介导而产生的。刺激作用有两个重要的病理表现：中枢神经系统的刺激感受、局部组织的神经源性炎症。甲醛暴露与人体刺激作用的剂量效应关系见表6-2。刺激作用是室内装修后甲醛污染最常见的后果，也是不良建筑物综合症的主要症候群。

表 6-2　甲醛暴露与人体刺激作用的剂量效应关系

甲醛浓度水平/(mg/m^3)		效　应	甲醛浓度水平/(mg/m^3)		效　应
范围	中位数		范围	中位数	
0.06～1.2	0.1	嗅阈	5.0～6.2	5.6	流泪(30min 暴露)
0.01～1.9	0.5	眼刺激阈	12～25	17.8	强烈流泪(1h 暴露)
0.1～3.1	0.6	咽刺激阈	37～60	37.5	危及生命：水肿、炎症、肺炎
2.5～3.7	3.1	眼刺激感	60～125	125	死亡

（2）致敏作用　甲醛是一种半抗原，与体内蛋白质大分子结合之后可以导致人体发生Ⅰ型超敏反应。

甲醛的致敏作用是一种值得严重关注的病理反应。虽然这种作用只发生在少数过敏体质的个体上，但是其危害非常严重。皮肤直接接触甲醛可以引起过敏性皮炎、色斑、皮肤坏死。甲醛还可以诱发支气管哮喘，有时甚至可以致人死亡。有关调查还表明，这种作用还可能与过敏性体质孕妇的流产有关。

（3）致突变作用　过去的传统观念认为：甲醛只是在高浓度时才是一种毒性物质，“非工业性室内环境甲醛浓度水平还不至于导致人体的肿瘤和癌症”。实验动物在实验室高浓度慢性吸入的情况下，可以引起鼻咽肿瘤。但现在有人发现，一定浓度水平的甲醛可以导致DNA的断裂，而更高浓度水平的甲醛可以使DNA形成加合物，具有较强的致突变能力。

2. TVOC 对人体的危害及健康效应

TVOC是指可以在空气中挥发的有机化合物的总量，是指室温下饱和蒸气压超过了133.32Pa的有机物，其沸点在50～250℃之间，在常温下可通过蒸发以气态形式存在于空气中。TVOC分为八类：烷类、芳烃类、烯类、卤烃类、酯类、醛类、酮类及其他，包括甲醛、苯系物和氨气等。它们多数都在微量和限量水平，容易被忽视。TVOC的毒性、刺激性和特殊的气味，会影响皮肤和黏膜，可对人体产生急性损害。其中有些化合物具有基因毒性，可以引起致突变性作用和致癌作用。TVOC能引起机体免疫水平失调，影响中枢神经系统功能，出现头晕、头痛、嗜睡、无力、胸闷等症状；还可能影响消化系统，出现食欲不振、恶心等，严重时可损伤肝脏和造血系统、出现变态反应等。TVOC广泛存在于建筑涂料及胶粘剂中，在施工过程中可大量挥发，在使用过程中则缓慢释放，是室内挥发性有机物的主要来源。目前已在室内空气中发现500多种挥发性有机物，尽管多数物质浓度可能不高，但其联合作用不可忽视。

对TVOC健康效应的研究还远不及甲醛清楚，原因是：①TVOC并非单一的化合物，各化合物之间的协同作用（相加、相乘、拮抗和独立作用）关系较难了解；②各国各地不同时间、地点所测的TVOC的组分也不尽相同。这些问题给TVOC健康效应的研究带来了一系列的困难。

丹麦学者 Lars Molhav 等根据他们所进行的控制暴露人体试验结果和各国的流行病学研究资料，暂定出的 TVOC 剂量反应关系总结表，见表 6-3。

表 6-3 TVOC 暴露与健康效应的剂量反应关系

TVOC/(mg/m^3)	健康效应	暴露范围分类
0.2	无刺激、无不适	舒适范围
0.2~3.0	与其他因素联合作用时，可以出现刺激和不适	多因协同作用范围
3.0~25	刺激和不适；与其他因素联合作用时，可能有头痛	不舒适范围
>25	除头痛外，可能出现其他的神经毒性作用	中毒范围

TVOC 确定的和怀疑的危害主要包括五个方面：

1）嗅味不舒适（确定的）。

2）感觉性刺激（确定的）。

3）局部组织炎症反应（怀疑的）。

4）过敏反应（怀疑的）。

5）神经毒性作用（怀疑的）。

3. 苯系物对人体的危害及健康效应

苯系物主要包括苯（benzene）、甲苯（toluene）、二甲苯（xylene）、苯乙烯（styrene）等。主要来源于油漆、各种油漆涂料的添加剂和稀释剂、各种胶粘剂、防水材料等。一些低档和假冒的涂料是室内装饰引起空气中苯含量超标的重要原因。家具和地毯也是室内苯系物的重要来源之一。苯化合物已经被世界卫生组织确定为强致癌物，可引起白血病。实验表明，苯能与 DNA 形成加合物，能抑制细胞增殖与分化，能诱导细胞中微核和染色体畸变率增高。苯对皮肤、眼睛和上呼吸道有刺激作用，皮肤可因脱脂而变干燥、脱屑，有的出现过敏症。长期吸入苯能导致再生障碍性贫血；苯还可导致胎儿的先天性缺陷。苯的替代物甲苯、二甲苯的毒性较苯小，但其中仍含有苯残留。人在短时间内吸入高浓度的甲苯、二甲苯时，可出现中枢神经系统麻醉作用，轻者会头晕、头痛、恶心、胸闷、乏力、意识模糊，严重者可致昏迷以致呼吸、循环系统衰竭而死亡。长期接触低浓度的甲苯、二甲苯会引起慢性中毒，可出现头痛、失眠、精神萎靡、记忆力减退等神经衰弱症候群。

4. 甲苯二异氰酸酯（toluene diisoeynate）对人体的危害及健康效应

甲苯二异氰酸酯为无色至浅黄色透明液体，有强烈的刺激气味，挥发性大，主要用于生产聚氨酯树脂和聚氨酯泡沫塑料，如含有聚氨酯泡沫塑料的家具、聚氨酯的墙面绝缘材料、聚氨酯密封膏、聚氨酯防水材料等。对皮肤、眼睛、黏膜有强烈刺激性，尤其对呼吸道的刺激更加剧烈，能引起哮喘性支气管炎和支气管哮喘。主要表现在眼睛流泪、瘙痒、皮肤炎症、眼结膜充血、视力模糊、咽喉干燥、加剧咳嗽、胸闷、呼吸困难、不能平卧，甚至出现肺水肿、昏迷。长期低剂量接触甲苯二异氰酸酯可引起肺功能下降。

5. 氨（ammonia）对人体的危害及健康效应

室内氨气主要来源于建筑混凝土防冻剂和涂料添加剂，也有来自室内装饰材料如家具外表面的增白剂等，有些木制板材使用的胶粘剂中的尿素本身也含有氨。氨气对接触的组织有腐蚀和刺激作用，可以吸收组织中的水分，使组织蛋白变性，并使组织脂肪皂化，破坏细胞膜结构，可麻痹呼吸道纤毛和损害黏膜上皮组织，使病原微生物易于侵入，减弱人体对疾病的抵抗力。氨气被吸入肺后容易通过肺泡进入血液，与血红蛋白结合，破坏运氧功能，短期内吸入大量氨气后可出现流泪、咽痛、声音嘶哑、咳嗽、痰可带血丝、胸闷、呼吸困难，可伴有头晕、头痛、恶心、呕吐、乏力等，严重者可发生肺水肿、成人呼吸窘迫综合症，同时可能发生呼吸道刺激症状。

6. 放射性污染物氡对人体的危害及健康效应

室内装饰带来的放射性污染物主要指元素氡（radon）及其子体，主要来源于装饰用石材及建筑材料本身。氡（222Rn、220Rn、219Rn）是由其母元素镭（226Ra、224Ra、223Ra）衰变而来的，可继续衰变为钋（218Po、214Po）直至变为铅核素（214Pb、206Pb），后者称为氡的子体。

氡是世界卫生组织（WHO）公布的19种主要致癌物质之一，是目前仅次于香烟引起人类肺癌的第二大元凶。环境中的氡及其子体对于人体健康的影响以低剂量长期作用为主。氡及其子体90%以上吸附于空气中的气溶胶粒子，随呼吸进入体内。动物实验表明，氡的生物学效应主要表现为引起呼吸道肿瘤、甚至会导致其他癌症（如白血病）的发生、肺纤维化、肺气肿和人的寿命减少。室内空气中的氡及其子体被吸入人体后（氡在脂肪中有较高的溶解度），它会聚集在脂肪较多的器官中，并衰变产生氡子体，对人体造成危害。氡及其短寿命子体衰变释放出的射线能对支气管上皮组织产生辐射危害损伤。破坏体内脱氧核糖核酸（DNA）的分子结构，影响细胞的再生过程，从而引发一系列癌症病变及血液疾病。流行病学研究显示低剂量的放射性污染物氡长期作用是人群肺癌发生的危险因素之一，有研究揭示室内环境中氡浓度升高与肺癌的高发有密切关系。同时，有研究表明室内氡浓度与白血病的发病率也存在一定的相关性。

在高浓度氡的影响下，人体表现出血细胞（红、白细胞）总数升高、血压下降和血管扩张等反应。同时，人若吸入氡气后，氡及其子体产物沉积在呼吸道和肺部，并发射出α、β粒子或γ射线，其中危害最大的是α粒子内照射对呼吸器官的损伤。能击飞体内脱氧核糖核酸（DNA）分子的某些原子的外围电子，产生“原发电离”。而击飞的电子多数具有较高的能量，又能引起“次级电离”。这一系列的电离轻则造成DNA分子结构的改组，产生基因突变；重则造成染色体的断裂，引起染色体结构的畸变（其诱发的稳定性染色体畸变主要是缺失和易位），影响细胞的再生过程，从而引发一系列癌症病变及血液疾病。氡和氡子体之间是母体与子体的关系，不是互相独立的，它们之间的平衡关系主要取决于它们所在空间的通风状况，在稳定通风条件下平衡关系是稳定的，它们对人体健康的危害主要是氡子体。氡能导致肺癌已经得到广泛的认可。氡子体所致肺癌组织类型具有特殊性，有助于病因的判断与危险性评价。一般居民肺癌发生后，主要是鳞癌，其次是腺癌，最后才是小细胞癌。

美国环境保护局（EPA）估计，每年因居室氡暴露而死亡的人数有7000~30000例，国际癌症研究机构（IARC）将氡及其子体列为人类的无阈值致癌因子。据估计，在全世界不吸烟的人群中，约有20%的肺癌来自氡的照射。瑞典每年约有1100人死于因氡导致的肺癌，此值占瑞典肺癌总死亡人数的30%；英国患白血病的人中，12%是由于吸入氡引发的；因氡而死亡的人数，美国每年约1.5万~4万人、英国约1万人，俄国和中国约5万人。

7. 生物污染物对人体的危害及健康效应

室内空气中的生物污染物是影响室内空气质量的一个重要因素，室内空气中的生物性污染物主要是间接性的，如地毯、软垫家具的使用，装修形成的卫生死角，空调等因素造成生物性污染物的孳生。微生物：包括霉菌、细菌、病毒、尘螨、花粉等，来自受感染的人体、动物身上和空调系统等温暖潮湿环境，是流感、过敏症、流行性脑炎、鼻炎、支气管炎、肺炎、哮喘等呼吸道疾病的元凶。

这些生物污染因子中有一些细菌和病毒是人类呼吸道传染病的病原体，有些真菌（包括真菌孢子）、花粉和生物体有机成分则能够引起人的过敏反应。可以引起人的过敏及呼吸道疾病等健康损害的室内空气生物污染因子主要有以下几种：

（1）真菌　真菌是一种能够在温暖和潮湿环境中迅速繁殖的微生物，能产生刺激性物质和毒性物质（真菌毒素）。可引起恶心、呕吐、哮喘、痢疾等症状和疾病。

（2）尘螨　尘螨是最常见的空气微小生物之一，它是引起过敏性疾病的罪魁祸首之一。

（3）军团菌　目前已知军团菌是一类细菌，军团菌可寄生于天然淡水、人工管道水、空调冷凝水中，也可在土壤中生存。研究表明，军团菌可在自来水中存活约1年，在河水中存活约3个月。军团病的潜伏期在2～20d不等。主要症状表现为发热，伴有寒战、肌痛、头痛、咳嗽、胸痛、呼吸困难，病死率高达15%～20%，与一般肺炎不易鉴别。

（4）动物皮屑及具生物活性的物质　如毛、唾液、尿液等可能污染空气并引起以变态反应为主的健康危害。人们对装饰装修带来的室内空气中化学性污染物关注较多，而对另一种严重影响室内环境的污染——生物污染并没有给予足够的重视。迄今为止，已知的能引起呼吸道病毒感染的病毒就有200种之多。加拿大的一项调查表明，室内空气质量问题，有21%是微生物污染造成的。

6.1.4 新型室内空气污染物及其生态和环境健康效应

由于现代生产生活方式发生了巨大变化，出现了多种新型材料，产生了许多新型微生物，构成了影响人类健康的新型污染源。这些新型污染物以各种途径进入到全球范围内（包括室内环境）的各种环境介质如土壤、水体、大气中，正在危害或者潜在危害着整个与人类相关的生态系统和各类生物。

1. 新型生物污染物

（1）新型微生物引起的人体疾病　2003年发生由SARS冠状病毒引发的非典型肺炎后，2009年由H1N1病毒引发的全球性人体流感暴发。这些呼吸道传染病，都是由新型病毒通过空气或气溶胶传播，暴发大范围广泛性流行，成为全球性的新型生物污染物。

（2）新型纳米颗粒引起的过敏症和哮喘病症　新型人造纳米颗粒物引起的室内空气污染，对部分人群产生呼吸系统过敏症和哮喘。它们通过不同途径以气溶胶形式散发到室内空气中，成为室内空气中的新型污染物。

（3）新型过敏源和过敏体质激发源　室内过敏源和过敏体质激发源，例如湿迹、霉斑、邻苯二甲酸酯、甲醛、螨虫、宠物代谢产物等污染物成为室内空气中新型过敏源和过敏体质激发源。

（4）新型人造病毒和炭疽杆菌等生物污染物　由于人为因素甚至是生物恐怖活动，采用新型人造病毒和炭疽杆菌，特别是新型的病毒性颗粒物、细菌散发到室内空气中，形成生物危害和生物恐怖威胁，严重影响到人们的身体健康，成为新的室内空气污染物。

2. 新型室内空气污染物

目前，人们关注较多的新型污染物主要有全氟有机化合物、人用与兽用药物、饮用水消毒副产物、遮光剂/滤紫外线剂、人造纳米材料、汽油添加剂、溴化阻燃剂等。这些新型环境污染和生态毒性效应已成为全球所面临的重大环境问题和研究前沿。

（1）全氟有机化合物　全氟有机化合物于1951年首次合成，典型化合物如全氟辛烷磺酸（PFOS）和全氟辛酸（PFOA）及其盐类。由于它们大量用于化工、纺织、涂料、皮革、合成洗涤剂、炊具制造、纸制食品包装材料等诸多领域，而这些生产和产品消费领域与人们日常生活息息相关，对人类健康构成重要影响。动物实验表明，全氟有机化合物暴露可能与乳腺、睾丸、胰和肝肿瘤有关。研究表明，全氟有机化合物对哺乳动物和两栖动物具有生殖、发育和神经毒性等多种毒性效应，对职业性暴露人群存在潜在致癌性。PFOA能够诱发啮齿类动物能量代谢紊乱、诱导过氧化物酶体过度增殖，产生肾脏毒性，还可对免疫系统产生抑制作用，干扰线粒体代谢，导致肝细胞损伤。

（2）人用与兽用药物　近年来，随着药物用量不断提高以及药物化合物残留量检测技术的不断改进，环境中尤其是水体中的人用和兽用药物越来越多地被检测出来。经过生物体内长期富集后的高浓度残留药物，产生了新型毒性胁迫作用，进而对人体健康构成不良影响。

全世界注册用于人用药的活性化合物已超过3000种，而兽用药物包括抗菌药、抗寄生虫药、激素及其他促生长添加剂等药物。这些常用药物主要是抗生素类、镇痛消炎类、神经系统类、降血脂类、β一受体阻断类、激素类等。这些药物以原型化合物或代谢产物的形式通过不同途径进入生态环境，如通过人体涉及的城市生活废水、地下水进入江海湖泊，直至对地下水和饮用水造成污染。

药物是针对人和动物特定的代谢途径和分子通路发挥活性作用而被设计出来的，在其发挥药效作用的同时，也会对人和动物产生一定的副作用。环境中的非靶标生物若具有与靶标生物相同的药物制剂活性作用器官、组织、细胞和活性分子，药物制剂进入环境后就会对这些生物产生毒性效应；若药物制剂对靶标生物的作用靶点与对其他生物的靶点不同，则可能通过其他途径对生物产生负面效应。

如合成雌激素17α-乙炔基雌二醇（EE_2）为例，它是一种广泛用于口服避孕药的持久性生物相似物，环境中低水平EE_2，能诱发鱼类的雌激素效应，改变正常鱼类的表型发育，降低生殖成功率。这种长期低剂量效应，产生的生物毒害效应，可改变生物种群，使某些种群数量减少甚至濒临灭绝，形成生物灾害。

（3）饮用水氯化消毒副产物　饮用水氯化消毒副产物卤化物（DBPs），特别是氯化消毒副产物（CDBPs）对人体健康的影响，是近年来极受关注的研究领域。目前已检测到的CDBPs多达数百种，包括三卤甲烷（THMs）、卤乙酸（HAAs）、卤氧化物、卤代乙腈、卤代呋喃酮（其代表为3-氯-4-二氯甲基、5-羟基-2（5氢）一呋喃酮，简称MX）等，其中THMs和HAAs两者可占全部CDBPs的80%以上。

研究表明，THMs主要是通过非遗传毒性作用诱导动物产生肿瘤，饮用水中THMs的浓度与膀胱癌、结肠癌、直肠癌存在相关性，而乳腺癌和脑癌与DBPs暴露有关，DBPs还可导致出生体重低、自然流产、子宫发育迟缓等潜在的生殖和发育方面的负面影响。

尽管人们采用臭氧消毒、二氧化氯或氯胺消毒、臭氧和紫外线联用消毒方法来代替含氯消毒剂，但这些新的消毒方法又产生了一些新的溴化和碘化 DBPs，如溴硝基甲烷、溴化 MX、碘代-三氯甲烷、碘酸、亚硝基二甲胺（NDMA）等。这些溴化 DBPs 比其氯化同系物的细胞毒性、遗传毒性更强。流行病学调查结果也发现溴化 DBPs 暴露可能导致不同于氯化 DBPs 引起的生殖发育异常和癌变。因而，针对饮用水消毒过程中新生成的污染物，建立快速灵敏的检测技术并开展人体健康风险评估应是今后研究的重点方向。

（4）遮光剂/滤紫外线剂　遮光剂/滤紫外线剂主要用于洗、护理用品中，大多为亲脂化合物。这类物质由于使用广泛，除通过皮肤和呼吸途径造成人体接触外，还可以通过洗澡、洗涤衣物、游泳等各种方式大量进入水生环境中，由于这些化合物具有内分泌干扰活性和发育毒性，对环境和人体健康也存在一定的损害风险。

（5）人工合成纳米材料　由于大气颗粒物中 $<100nm$ 的超细颗粒物在人体肺组织中的沉积效率很高，因而具有特殊生物毒性作用。因此人造纳米材料生物安全性问题已引起世界范围的广泛关注。研究表明，单层碳纳米管和石英能诱导 II 型肺泡细胞系释放促炎症介质，导致巨噬细胞迁移，增强炎性细胞在碳纳米颗粒沉积处聚集，能造成肉芽瘤、纤维化以及增强炎症反应，而且还发现碳纳米管有聚集形成大的且不可吸收的纳米团的趋势。研究表明，细微颗粒对肺的毒性主要是由于沉积的颗粒与近侧肺泡区的上皮细胞作用所致，除了与吸入剂量有关外，还与颗粒的表面积和大小有关。

纳米材料由于其表面特性而吸附大气、水和土壤等环境中的污染物，如空气中 NO_X、SO_2 等有毒气体，铜、铅、汞、镉等有毒重金属以及多环芳烃、农药等环境毒性较大的和难降解有机物，另外还可吸附环境中的微生物、蛋白质、核苷酸等生物活性物质。它们在环境中长时间的迁移和转化过程中，表面吸附的各种无机和有机分子可以发生复杂的化学反应，形成新的污染物，纳米材料的自组装也可生成新的化合物，导致其毒性作用发生较大的改变。一些纳米材料还有具有特殊的催化特性、超强的韧性与强度，难以通过传统的化学和生物方法进行降解，因此对纳米材料的环境安全相关性研究就显得非常的必要和紧迫。

（6）汽油添加剂　甲基叔丁基醚（MTBE）作为一种新型的无铅汽油添加剂。由于 MTBE 不仅可以增加汽油的辛烷值，提高燃烧效率，减少 CO 和其他一些有害物质如臭氧、苯、丁二烯的排放，还可代替四乙基铅作抗爆剂，因而其使用量和需求量不断增长。MTBE 是一种具有特殊气味的可燃性液体，吸入少量就会引起鼻咽部炎症，即使在浓度很低时也会导致水体发生恶臭。动物实验表明，MTBE 能诱发动物的睾丸肿瘤、肾肿瘤、子宫瘤等，对动物肝脏、肾脏及免疫功能有一定的损害作用，还能影响中枢神经系统。MTBE 对人体的毒性作用，现已被列为可疑致癌物。研究表明，MTBE 在地下水系统中需 10 年时间才可降解到不威胁人类健康的水平。

随着机动车数量的不断增加，城市大气中 MTBE 散发量不断增大。由于 MTBE 有较强的水溶性，易渗入土壤、地表水和地下水，严重威胁饮用水源。人们已经在岩床处的深井中发现 MTBE 的污染。而由于 MTBE 结构和性质的特殊性，MTBE 很难降解，在地下水中有较长的半衰期。

（7）溴化阻燃剂　各种产品通过添加阻燃型化合物可以降低火灾发生的频率和危害程度。目前常用的是多溴二苯醚（PBDEs）类阻燃剂。PBDEs 具有半挥发性，当 PBDEs 添加到各种制品中后通过各种途径挥发出来，扩散到周围空气中进入到环境体系中，可长距离迁移，是一类较晚列入持久性有机污染物（POPs）行列的物质。目前，几乎在所有环境介质和包括人类在内的许多生物体中均已检测出PBDEs，而已成为一类全球性的污染物。

PBDEs脂溶性很高，化学性质稳定，可以随着食物链富集和放大，使处于食物链顶端的生物受到毒害，最后导致对人体健康的危胁。PBDEs的毒作用主要于脂肪组织、神经系统、甲状腺和生殖发育系统等，此外，还具有致畸、致癌和致突变作用。PBDEs对环境污染和人体健康的危害日益受到广泛的关注。

6.1.5　室内环境研究新领域

自2000年以来，环境学科的研究热点正在发生一些重要的改变，新出现的热点主要包括：

1. 呼吸道传染性疾病和致病微生物颗粒的危害与控制

2003年我国发生由SARS冠状病毒引发的非典型肺炎，2009年全球性的H1N1流感暴发，这些新型传染性疾病在室内环境中传播途径、传染载体和防控将成为本学科的一个非常重要的热点课题。

2. 室内新型污染物控制与改善的关键技术研究

室内空气污染相关疾病的控制技术：以室内空气为传染媒介的各种呼吸道传染病的控制技术：例如SARS、流感（包括禽流感、H1N1）、军团病毒、过敏症和哮喘、纳米颗粒物的生物危害的控制技术研究。

室内空气中气溶胶和颗粒物污染物的控制，特别是新型的病毒性颗粒物、细菌和纳米颗粒物、室内过敏源和过敏体质激发源等的控制技术研究。

3. 室内环境中已经开展的研究领域但尚未解决的污染控制技术研究

在传统研究的同时，不良建筑物综合症及相关的呼吸系统慢性炎症、肿瘤和癌症例如肺癌、鼻咽癌、白血病，主要的空气污染物是多环芳烃、氡和甲醛等。中央空调通风系统的军团菌等相关病症的起因、防控方法和措施等都成为研究的重要内容。

6.2　物理净化法原理及其应用

物理净化法包括物理吸附与物理机械过滤净化两种方式。

吸附净化法是利用固体或液体吸附剂处理气体混合物，使其中所含的一种或数种组分吸附于吸附剂中，从而达到分离和净化的目的。吸附剂一般为多孔性吸附固体材料。

机械过滤净化法就是采用机械过滤材料在空气循环系统中的拦截等物理过程，捕集空气中悬浮颗粒物或更小的微粒、微小纤维的方式，从而提高空气品质的一种物理净化方式。

由于新型吸附性材料、过滤材料的发展，以物理净化法为基础的空气净化技术也发生了深刻的变化，其基础技术和净化方式正朝复合净化技术的方向发展。

6.2.1　物理吸附净化法

作为一种基础的化工单元操作过程，利用各种多孔性固体吸附剂处理气体混合物，使其中所含的一种或数种组分吸附于固体表面上，从而达到分离的目的。

物理吸附法广泛用于基本有机化工、石油化工等生产部门，也是气态污染净化的基本手段之一。广泛应用于传统的化工尾气处理、冶炼与燃烧烟气净化等方面。由于物理吸附法净化效率高，设备简单，操作方便，在室内环境污染净化领域，人们利用各种吸附性材料，可有效去除室内空气中低浓度的甲醛、苯系物、H_2S、SO_2、氡气和 VOCs 等气态污染物。

1. 物理吸附基本原理

吸附是一种固体表面现象。固体表面的分子与固体内的分子所处的键合度不同，造成固体表面力不饱和，属于动力学不平衡态状态，对表面附近的气体（或液体）分子有吸力，即吸附作用。气体在固体表面上的吸附过程分为物理吸附和化学吸附。

通常气体在固体表面与固体物质不发生显著的化学反应，而是以物理吸附为主的过程，称为物理吸附，如用活性炭颗粒吸附空气中甲醛、苯等气体污染物。吸附过程中伴有显著化学反应的吸附过程称为化学吸附，例如：用有机胺负载于活性炭颗粒表面吸附空气中甲醛，甲醛便与活性炭颗粒表面的有机胺进行化学反应，生成新的化合物。再如用负载有酸的活性炭吸附空气中 NH_3，因为吸附过程中空气中的 NH_3 与酸发生化学反应生成铵盐，这些过程都是化学吸附。

2. 物理吸附动力学

物理吸附因分子间的范德华力引起，而过程进展的程度则取决于气体平衡。当气相中被吸附气体的分压大于固体吸附剂内这种气体的分压时，便发生吸附作用；而当吸附剂内外这种气体分压趋近平衡时，过程的推动力减小了，因此吸附速度很慢，表观上表现为不再吸附有害气体，实质上是固体吸附剂内外被吸附物分子趋于平衡的过程，表现为吸附剂吸附饱和。

物理吸附可以是单层吸附，也可以是多层吸附。物理吸附的特征是：

1）吸附质与吸附剂间不发生化学反应。

2）对气体没有选择性，可吸附一切气体。

3）吸附过程极快，参与吸附的各相间常常瞬间达到平衡。

4）吸附过程为低放热反应过程，放热量与相应气体的液化热相近，因此物理吸附可看成是气体组分在固体表面上的凝聚。

5）吸附剂与吸附质间的吸附力不强，当气相中吸附分压降低或温度升高时，被吸附气体很容易从固体表面逸出，而不改变气体原来的性状。

在室内环境污染控制和净化工艺中，由于室内环境空气中气态污染物的浓度一般很低，而去除率要求很高，单纯的物理吸收难以满足净化的要求，因而大量采用化学吸附与物理吸附的混合净化方法。

3. 吸附剂的选择方法与要求

在环境净化中如何选择、使用和评价吸附剂，是净化吸附操作中首先要解决的问题。对于吸附剂的一般要求是：

（1）吸附容量大　较大的比表面积，吸附剂的比表面积是吸附剂最基础的性能之一。

（2）吸附便利　具有高度疏松的结构，便于气体扩散、表现为空气流经吸附时，将有较小的阻力，符合空气净化动力学的要求。

（3）选择性好　对不同的吸附质具有选择性吸附作用，只从气流中分离出欲去除的物质。

（4）加工性好　足够的力学强度和均匀的尺寸或构造。

（5）再生性好　通过简便的处理方式，可使用吸附剂重新获得吸附能力，获得再生。

（6）经济性好　成本低廉，来源广泛。

完全满足上述要求的吸附剂是难得选到的，只能根据实际情况有所侧重地加以选择。

4. 环境净化中常用的吸附剂

（1）活性炭　活性炭是许多具有吸附性能的碳基物质的总称。几乎所有的含碳物质如煤、木材、锯木、骨头、椰子壳、果核和核桃等，在600℃左右进行碳化，所得组分再用水蒸气、热空气、或氯化锌、氯化镁、氯化钙和硫酸作活化处理即可制得。其中最好的原料是椰子壳，其次是核桃壳等水果核。

（2）竹炭　竹炭是竹材受热分解而得到的主要固体产物。具有发达的微观孔道，力学强度较高，吸附性能良好，是一种新型环境功能材料，自20世纪90年代以来在室内环境净化领域，竹材炭化的研究和应用成为可再生生物资源热解的一个研究热点。竹炭的炭化温度不同，炭化产物及组分也不同，因而在应用过程中的吸附性能也有所不同。精炼温度和炭化时间是决定竹炭品质的工艺技术指标。它对于竹炭的化学结构、微观结构、孔隙性质以及包括导电性在内的性能起着非常关键的影响因素。

（3）活性碳纤维　活性碳纤维是以木质素、纤维素、酚醛纤维、聚丙烯纤维、沥青纤维等有机纤维为原料，经适当的前处理后，在活化炭化炉中于800℃以上的高温下经炭化、活化工序而制得的具有发达微孔结构的高吸附性炭材料。

活性碳纤维是20世纪60～70年代发展起来的一种新型高效碳吸附剂，以其吸附速度快、吸附容量大、透气性良好，空气阻力小，形态多样等优越性能而得到广泛应用，成为环境功能材料研究热点领域，已广泛应用于化工、环保、催化、医药、电子工业、食品卫生等领域，在废气治理、空气净化、废水治理、水质处理、资源再生利用等领域有良好的应用前景，被人们誉为21世纪最先进的环境净化材料之一。

（4）碳纳米管　碳纳米管是1991年日本NEC公司的Iijima首先发现。它是由碳原子形成的石墨片层卷成的无缝、中空的管体。一般可分为单壁碳纳米管（Single-wall carbon nanotube）和多壁碳纳米管（Multi-wall carbon nanotube）。碳纳米管的管壁是一种类似于石墨片的碳六边形网状中空管状结构。单壁碳纳米管比较细，其直径大多在数纳米左右，但多数集中分布在0.8～2nm附近；多壁碳纳米管层数从2～50层不等，层间距为0.34～0.01nm，与石墨层间距（0.34nm）相当。直径多在4nm以上，有的相当粗，甚至达到数十纳米。碳纳米管的长度可达几微米，长的甚至达到数毫米，其长度和直径之比一般都在1000以上，实际上可忽略两端的影响，被认为是典型的一维物质。

吸附是吸附质在固体吸附剂表面发生的行为，其发生过程与吸附剂固体表面特征密切相关。与传统多孔炭的孔径体系成孔过程和最终的孔隙结构难于控制不同，碳纳米管可形成完全规整的孔隙结构。尤其是单壁碳纳米管，由单层圆柱形石墨层构成，其直径大小的分布范围小，缺陷少，具有较高的均一性，更具有规整的一维纳米级孔隙。

碳纳米管除了具有较大的比表面积外，还具有相当高的比表面能，从而也赋予其一些特殊的物理、化学性质。由于碳纳米管具有高比表面积、高比表面能、高反应活性的特点，因而吸附性能优异。作为新一代化学吸附剂，碳纳米管的研究在全球范围内受到了广泛的重视。在实际应用中则有望为能源和环境净化及可持续发展提供解决途径，产生巨大的经济和社会效益。

活性碳、竹炭、活性碳纤维、碳纳米管都属于多孔炭材料，由于多孔炭材料的制备技术日新月异，制备的炭材料结构可控。从孔径的大小来看，可以得到具有微孔、中孔、大孔的孔隙结构，从孔径的空间分布来看，可以得到具有规则和无规则的孔隙结构。这些独特的结构赋予了多孔炭材料优良的性能，当它们用来净化室内空气中各种污染物时，可以充分利用它们的吸附和载体特性，从多方位、不同的应用领域、不同净化方式来控制室内空气污染，以为室内环境污染控制带来更多新技术、新方法。

（5）活性氧化铝　活性氧化铝是指氧化铝水合物及其热分解产物衍生的产品，是将氢氧化铝，拟薄水铝石等氧化铝水合物与不同添加剂混合后，控制不同焙烧温度而制得的，在煅烧的过程中，由于氢氧化铝或拟薄水铝石在煅烧过程中发生了一些化学变化：

$$Al_2O_3 \cdot nH_2O \rightarrow Al_2O_3 + nH_2O$$

这些化学变化可以使氧化铝在煅烧过程中产生许多孔洞，这些孔洞在宏观上表现出很大的比表面积，通过化学法制备的活性铝胶可以达到600m^2/g的比表面积。

氧化铝产品大致可以分为三大类：①氧化铝水合物，包括三水铝石、拜耳石、诺耳石、一水软铝石等；②过渡相氧化铝，包括 γ-Al_2O_3、η-Al_2O_3、κ-Al_2O_3、χ-Al_2O_3、θ-Al_2O_3、ρ-Al_2O_3 等；③稳定相氧化铝 α-Al_2O_3。前两类氧化铝经高温烧结后，最终均可以转变为稳定的 α-Al_2O_3，而且过程是不可逆的。

活性氧化铝具有如下特点：比表面积较大，有多种孔隙结构及孔径分布。基于以上特点，活性氧化铝成为室内环境污染净化中的重要吸附性材料，作为吸附剂、催化剂、催化剂载体等有着广泛的用途。

（6）沸石分子筛　分子筛是人工合成的泡沸石，是硅铝酸盐的晶体。分子筛经加热失去结晶水，晶体内形成大量的孔道和孔穴，比表面积较大，其孔径大小与气体分子直径相近，且非常均匀，它能把小于孔径的分子吸进孔穴内，把大于孔径的分子挡在孔穴外，此外，分子筛晶体内部的笼内充填着阳离子，并且部分硅（铝）氧四面体的骨架氧带有负电荷，因此，在这些离子周围形成了强大的电场，产生了强大的静电引力。这些特性使沸石分子筛具有良好的吸附性能，它可以根据分子的大小把各种气体组分分离。正是由于分子筛具有以上性能，它在室内环境净化中也具有广泛的应用。

（7）膨润土　膨润土是一种以蒙脱石为主要矿物成分的粘土矿物，具有优良的吸附性能和离子交换性能，并且具有来源丰富、价格低廉等特点，广泛用于石油钻井、建材、化工等诸多领域。粉末状膨润土颗粒细微，比表面积大，吸附性及离子交换性能高。采用造粒技术制成的颗粒状吸附剂，这种吸附剂具有一定强度、大小和比表面积，其吸附工艺比较简单，且消耗能源少，易于重复使用。通过改性还可大大增强其对气态污染物的吸附容量和吸附选择性，在室内空气污染物吸附净化中更具有实际的应用价值。

（8）硅藻土　硅藻土是海洋或湖泊中生长的硅藻类残骸，在水底经自然作用逐渐形成的一种非金属矿物，其80%～90%，甚至90%以上的化学成分是非晶质 SiO_2，还有少量的 Al_2O_3、Fe_2O_3、CaO、Mg 等。由于其具有空隙率高、比表面大、比重小、耐磨、耐酸、吸附性强、热导性低、隔热阻燃、保温隔音等优良特性，被广泛地应用于饮食、建材、化工、能源、水处理等行业中。通过造粒形成的硅藻土吸附剂具有比表面积大、吸附性能强、化学稳定性好等优异的理化性质，是一种优良的吸附剂。

（9）凹凸棒　凹凸棒（Attapulgite，ATP）又称坡缕石（Palygrosbite）或坡缕缟石。在

矿物学上属于海泡石族，其化学式为：$Mg_5(H_2O)_4[Si_4O_{10}]_2(OH)_2$。是一种具有独特性能的层链状分子结构的含水富镁铝硅酸盐矿物。

在凹凸棒晶体中，一部分 Si^{4+} 被 Mg^{2+} 和 Al^{3+} 所替代且缺少正电荷，表现出一定的电负性，它具有独特的链式结构，表现出不同寻常的吸附性能，使其具有许多特殊的物化及工艺性能，以凹凸棒石黏土作为原料，经改性和活化处理后，具有阳离子可交换性、吸水性、吸附脱色性、大的比表面积（$9.6 \sim 36.0m^2/g$）以及胶质性和膨胀性等，使之在石油、化工、建材、造纸、医药、农业等方面得到了广泛的应用。

人们以凹凸棒颗粒吸附过滤剂，进行负载化，制备功能性吸附颗粒。这些凹凸棒颗粒表面粗糙坚硬、比表面积大、孔隙率高、吸附性能好、过滤截污能力强、使用寿命长、易于脱附，不含对人体有害的物质，生产工艺简单，成本低廉，易于推广使用。以凹凸棒石造粒制作的吸附剂、过滤剂、净化剂，用于室内环境污染物的净化，实践中取得了较好的效果，可以充分发挥其生态、环保和经济的特性。

5. 影响吸附剂对气体吸附的因素

在气体吸附过程中，影响吸附剂对气体吸附的因素主要有如下：

（1）吸附剂的性质　孔隙率、孔径和粒度等影响比表面积，从而影响吸附效果。

实践证明，被吸附气体的总量，随吸附剂表面积的增加而增加，同等体积（或质量）的吸附剂吸附的气体量越大，证明该吸附剂的比表面积越大。吸附剂比表面积大小与它的孔隙率、孔径、颗粒度等因素有关。确定吸附剂吸附能力的一个重要概念是“有效表面积”，即吸附质分子能进入的表面。根据微孔尺寸分布数据，主要起吸附作用的是直径与被吸附分子大小相等的微孔。通常假设，由于位阻效应，一个分子不易渗入比某一最小直径还要小的微孔，这个最小直径即所谓临界直径，它代表了吸附质的特性且与吸附质分子的直径有关。因此，吸附剂的有效表面只存在于吸附分子能够进入的微孔中。

（2）吸附质的性质　除吸附分子的临界直径外，吸附质的相对分子量、沸点及饱和性等影响吸附量。

当用同一种活性炭作吸附剂时，对于结构类似的有机物，其相对分子质量越大、沸点越高，则被吸附得越多。对结构和相对分子质量都相近的有机物，不饱和性越大，则越易被吸附。

（3）吸附剂的活性　吸附剂的活性是吸附剂能力的标志，常以吸附剂上已吸附质的量与所用吸附剂量之比的百分数来表示，其物理意义是单位吸附剂所能吸附的吸附质量。吸附剂的静活性和动活性，静活性是指一定温度下，与气体中被吸附物（吸附质）的初始浓度达到平衡时单位吸附剂上可能吸附的最大吸附量。亦即在一定温度下，吸附达到饱和时，单位质量（或体积）吸附剂所能吸附吸附质的量。动活性是吸附过程还没有达到平衡时单位质量（或体积）吸附剂吸附吸附质的量。气体通过吸附剂床层时，床层中吸附剂逐渐趋于饱和。一般认为，当流出气体中发现有吸附质，吸附器中的吸附层已失效，这时单位质量（或体积）吸附剂所吸附的吸附质量称为动活性。

（4）接触时间　在进行吸附操作时，应保证吸附质与吸附剂有一定的接触时间，以便充分利用吸附剂的吸附能力。

（5）吸附操作条件的影响　吸附是一种放热过程，因此操作时首先要考虑温度的影响。对于化学吸附，由于提高温度会加速化学反应的速率，因而希望适当提高系统的温度，以增大吸附速率和吸附量。吸附操作中气流的速率对气体吸附影响也很大。气流速率要保持适中，若速率太大，不仅增大了压力损失，而且会使气体分子与吸附剂接触时间过短，不利于气体的吸附，从而降低了吸附效率。气体流速过低，又会使设备增大。因此，吸附器的气流速率要控制在一定的范围之内。

6.2.2　机械过滤净化法

机械过滤净化法是采用过滤材料在空气循环系统中的截留效应、惯性效应、重力作用、扩散效应、静电效应等捕集空气中悬浮颗粒物或更小的微粒、微小纤维，是提高空气品质的一种物理净化方式。

在对室内空气中净化中，机械过滤净化器的净化效率主要取决于过滤材料的性质。滤料选择的基本要求是：净化效率高、抗菌性能好、无二次污染、过滤器寿命长、容尘量大、过滤阻力小和经济性好。

随着材料科学的高速发展，传统的机械过滤净化方式得到长足进步，产品过滤选择性、净化效率得到提升，促进了空气净化器在室内环境净化中的应用，从单纯的机械过滤净化法向多种功能过滤和净化多种污染物的方向发展，在满足对室内空气中粉尘、颗粒物的过滤的同时，还能高效去除空气中其他污染物。

1. 空气过滤器性能划分

依据《一般通风用空气过滤器性能试验方法》（GB 12218—1989）和《空气过滤器》（GB/T 14295—1993）把过滤器分为五类，见表 6-4。

表 6-4　我国空气过滤器性能分类

类　别	性 能 类 别	粒径/μm	计数效率(%)	额定风量下的初阻力/Pa
Ⅰ	粗效过滤器	≥5.0	$E<40$	≤50
Ⅱ	粗效过滤器	≥5.0	$80>E\geq40$	≤50
Ⅲ	中效过滤器	≥1.0	$70>E\geq20$	≤80
Ⅳ	高中过滤器	≥1.0	$99>E\geq70$	≤100
Ⅴ	亚高过滤器	≥0.5	$99.9>E\geq95$	≤120

2. 除尘方式与分类

传统的除尘技术包括机械除尘、静电除尘、袋式除尘、湿式除尘和空气过滤等，除尘器可分为四类：

（1）机械除尘器类—包括重力沉降室、惯性除尘器和旋风除尘器等。

（2）过滤式除尘器类—包括袋式除尘器类和颗粒层除尘器等。

（3）湿式除尘器类—包括喷淋塔、泡沫除尘器、冲击式除尘器、自激式除尘器和卧式旋风水膜除尘器等。

（4）电除尘器类—可根据电荷和分离区的空间布置不同分为单区电除尘器和双区电除尘器。

3. 过滤器结构与分类

按过滤器的结构来划分，室内过滤器可分为四类：

（1）板式过滤器　板式过滤器的滤料过滤面积大，阻力小。滤料装在薄钢板制成的框体内且垂直于主气流方向，故其滤速等于风速。框架采用铝合金或优质木板，重量轻，结构简单，更换方便，进出风面有金属网保护层。另外，无隔板过滤器是近年来发达国家的流行产品，主要应用于对室内洁净度有较高要求的通风空调系统。无隔板过滤器具有滤料选择面广、有效面积大、阻力低、寿命长、体积小以及结构紧凑等特点。随着国家标准《采暖通风与空气调节设计规范》的制定，对各类场合下环境空气污染物提出了限值要求，相信无隔板空气过滤器将会得到广泛的应用。

（2）袋式过滤器　袋式过滤器的滤料呈袋式装入框架内，用圆钢支撑体将滤袋隔开，含尘空气可均匀进入滤袋。其一端是全封闭式，与之相对的一端用顶部平板或框架密封住。这样能增加过滤有效面积且减少了过滤风速和压力损失。框架采用镀锌钢板，结构简单，过滤面积大，密封性可靠，滤袋更换方便，可重复清洗使用。其特点是阻力小，尘埃容积大，是减轻高效空气过滤器前端尘埃负荷的有力保护，能延长高效空气过滤器的使用寿命。

（3）折褶形过滤器　折褶形过滤器的滤料采用人字型或平面型结构，这种结构有利于增大气流与滤料接触面积，以增加有效过滤面积和降低过滤风速。滤料装在两排圆钢支撑体内，这两排圆钢支撑组成间隔，使间隔牢固不变。外框采用铝合金或镀锌钢板金属材料，可用来支撑滤料。折褶形过滤器具有有效过滤面积大、允许通过的风量大、结构紧凑、强度高、初阻力低、容尘量高。适于在常温中使用，同时可满足大风量过滤设计要求。

（4）卷绕式过滤器　卷绕式过滤器是使用滚筒状滤料并能自动卷绕清灰的空气过滤器。滤材间有一定的间隙，即使在捕集了大量的尘粒后，过滤器气流仍很通畅。其最大的特点是它的智慧型滤料更换控制系统，通过压差来控制滤料的更换，在滤料进出风面设置压差开关，并设定滤料的终阻力，具有通风除尘能力优良、阻力低、强度高、化学性能稳定、耐一定高温的性能特点，卷绕式过滤器的结构形式多呈密度梯度排列组合。

4. 室内空气净化用除尘装置的选择

工业生产中除尘器的选择较为复杂，应从含尘气体的种类、粉尘的种类、除尘器的效率、压力损失、废气排放标准、除尘器的投资、运行费用与维护管理、安装位置、收集粉尘的处理及设备使用寿命、噪声、振动等多种因素来综合考虑。根据使用场所和使用目的，公共场所室内空气净化着重考虑以下几个方面：过滤方式、除尘与过滤效率、风阻与压力损失、使用、更换、维护是否便利，经济性，有无二次污染等。特别是中央空调通风系统中，一般采用相对风阻较小、使用维护方便，经济实用型的过滤除尘器。在根据粉尘特性选择除尘装置的同时，必须要有好的捕捉方式，才能达到最佳的除尘效果，从而保证有效地提高室内空气质量。

大部分现有中央空调系统一般常用粗、中效过滤材料过滤器来净化空气中的粉尘颗粒物。对一般办公场所、家庭等使用空间相对较小的室内环境，选择具有除尘部件的净化器，特别是选择 HEPA 等高效微粒过滤器的净化器，其对粉尘颗粒物的净化效率效果基本能够满足室内粉尘颗粒物的净化要求。

5. 机械过滤净化法的发展方向

从过滤材料和过滤方式上看，高水平的空气过滤材料主要包括以下几方面的性能：①过滤效率高；②气流阻力小；③力学强度大；④均匀性好；⑤满足防水、防火、耐霉等特殊要求。在世界范围内，玻璃纤维空气过滤材料仍然在高效空气过滤市场上占据着主导地位。综合分析当前世界上先进的玻璃纤维过滤材料，大都具备以下几个特点：

1）在世界范围内，玻璃纤维过滤材料在高效空气过滤材料中仍占据主导地位，但膜及静电增强介质已在某些方面取代了它。有人认为，当膜在低气流阻力下的过滤性能得以改善后，膜将会取代玻璃纤维过滤材料，向膜净化材料方向发展。

2）耐高温过滤材料的发展将会加快。玻璃纤维复合无机膜的过滤材料、金属纤维和陶瓷纤维过滤材料已获得应用，新型的金属和陶瓷烧结过滤材料也取得了很大进展。

3）世界范围内的防恐要求，以空气为媒介爆发传播病源，如SARS、禽流感、H1N1等突发性公共卫生事件的发生也给各国敲响了警钟，各国纷纷研究开发新型宽谱防护过滤材料，以确保对各种气溶胶（特别是生物气溶胶）的有效防护。

6. 新型空气净化器

由于现代室内空气污染向化学、生物污染方向变化，人们的生活方式、室内装饰污染、家用电器、办公电器等多种污染源都向室内空气中散发出对人体有毒有害的各种化合物，空气中含有烟雾、霉菌，孢子、细菌、纤维、尘粒等混合污染物，从而促进了空气净化器的发展使用。而普通空气净化器无法除去室内有机污染物，从而使空气净化器的过滤材料向超细化、多功能化方向发展，其中有几种代表性的新技术具有突破性进展：

（1）超低阻高效过滤器　SARS事件后，研究人员研制出一种超低阻高效过滤器，实现了效率阻力的完美统一，这种过滤器的超低阻特性，使得现有空调系统，包括低静压风机盘管都可以带动；它的一次通过滤菌效率比已知的紫外照射或光催化等方式要高出很多；实现了滤尘效率更高、更为经济的过滤器和使用方法。

（2）膜过滤器　与传统纤维过滤不同，膜过滤以表面过滤为机理，过滤过程只发生在膜的表面，聚集在膜表面的粉尘颗粒很容易被清除，每次反吹后压降能恢复到初始状态，所以使用寿命较长。在过滤的开始阶段，过滤阻力主要集中在膜的表面部分，因此膜的微观结构对过滤阻力有非常重要的影响，膜的选择对于过滤效率非常重要。膜过滤技术具有很高的收尘能力，因此在空气过滤领域具有重要意义。

（3）生态净化过滤器　利用仿生酶催化技术，在高吸附性、高比表面的ACF材料表面负载生态催化剂、杀菌剂，制作成具有低风阻、高效过滤器，适用于各种通风系统的室内空气环境净化领域，在实现了高效去除空气中粉尘颗粒物的同时，可以高效去除通风系统空气中的多种气态有机、无机污染物。同时可以有效杀灭过滤器内的生物污染物。在包括中央空调、家用空调、室内空气净化器等领域得到了广泛应用。

（4）纳米光催化功能化过滤材料　以纳米光催化技术及其与负离子技术相结合对空气过滤材料进行功能化整合，在过滤材料表面负载光催化剂，在激发光的光催化作用下，可有效分解空气中的有机污染物。

这些新方法、新材料、新技术的应用，突破了传统的机械过滤净化方式，在室内环境净化领域具有极其重要的推动作用和社会、经济价值。

6.3　化学净化法原理及其应用

化学净化法是通过氧化还原、催化氧化、加成、取代、离子交换等各种化学反应来去除室内空气中各种污染物的净化方法。

本章节重点讨论利用氧化剂和催化氧化法净化空气中污染物的方法和原理。光催化氧化法作为一个重要章节，将在“6.5 光催化原理及其应用”章节中进行讨论。利用加成、取代反应去除空气中有机污染物将在“6.4 生物净化原理及其应用”章节中进行讨论。

氧化还原净化法是采用氧化剂或还原剂与室内空气中污染物进行氧化还原反应，使空气中有害物质通过氧化还原反应生成对人体无毒的物质，从而达到去除室内空气中污染的一种方法。利用氧化剂或还原剂去除室内空气中污染物的方法中，比较典型的方法是臭氧氧化法、二氧化氯氧化法。

1. 臭氧氧化法

臭氧（O_3）氧化技术是既古老又崭新的技术，1840 年德国化学家发明了这一技术，1856 年被用于水处理消毒行业。臭氧作为一种强氧化剂，高浓度臭氧可作为消毒剂，进行室内空气、饮用水等的消毒；臭氧可与有机化合物分子发生氧化反应，将有机物逐步氧化分解。臭氧在饮用水净化、废水污染物和空气净化过程中，利用其强氧化作用，可除臭、脱色、杀菌和去除有机物，被广泛用于水处理、空气净化、食品加工、医疗、医药、水产养殖等领域。

臭氧可通过高压放电、电晕放电、电化学、光化学、原子辐射等方法制备，其原理是利用高压或化学反应，使空气中的部分氧气分解后聚合为臭氧，它是氧的同素异体。

（1）臭氧灭菌　利用臭氧的强氧化作用来灭菌，是灭菌消毒的一种主要方法之一。其灭菌消毒过程经历复杂的生物氧化反应，臭氧灭菌有以下 3 种形式：

1）臭氧能氧化分解细菌内部葡萄糖所需的酶，使细菌死亡。

2）直接与细菌、病毒作用，破坏它们的细胞器和 DNA、RNA，使细菌的新陈代谢受到破坏，导致细菌死亡。

3）透过细胞膜组织，侵入细胞内，作用于外膜的脂蛋白和内部的脂多糖，使细菌发生通透性畸变而溶解死亡。

臭氧灭菌的优点：臭氧灭菌为溶菌级方法，杀菌彻底，无残留，杀菌广谱，可杀灭细菌繁殖体和芽孢、病毒、真菌等，并可破坏肉毒杆菌毒素。人们利用臭氧灭菌的优点，在室内环境中、中央空调通风系统风道中进行灭菌消毒，以去除室内环境中病菌、细菌、霉菌等污染物。

臭氧具有杀菌、消毒、除臭、分解有机物的能力。但研究表明，室内空气中高浓度的臭氧对人体有害。这是由于臭氧具有很强的氧化性，它可使人的呼吸道上皮细胞脂质过氧化过程中产生四烯酸量增多，进而引起上呼吸道的炎性病变。研究表明，接触者在含有 0.18mg/m^3 的 O_3 环境中 2h 后，肺活量（VC）、用力肺活量（FVC）和第一秒用力呼气量（FEV_t）均显著下降。当 O_3 浓度为 0.3mg/m^3 时，80% 以上的人感到眼和鼻黏膜刺激，100% 人群出现头痛和胸部不适。这是由于 O_3 能引起上呼吸道炎症、损伤末端细支气管的上皮纤毛，从而削弱了上呼吸道的防御功能，因此，长期接触一定浓度的 O_3 还易于引发上呼吸道感染。

我国《室内空气质量标准》（GB/T 18883—2002）中将 1h 臭氧含量均值 $\leq$0.16mg/m^3 作为限量标准。在室内环境中如何利用臭氧净化法去除污染物，是人们关注的议题。

（2）低浓度臭氧净化室内空气中污染物　资料报道：有人利用低浓度臭氧降低了香烟

烟气中有害物质，也有人利用臭氧净化室内空气中的SO_2、NO_X和挥发性酚的浓度；对室内环境中甲醛的臭氧去除效果，各种文献均有报导，但测量结果各不相同。

1）紫外灯照射产生低浓度臭氧氧化甲醛。人们选择在1.15m×1.33m×0.66m密闭超净工作台内，采用低浓度臭氧对空气中甲醛进行了净化实验。试验过程中由30W紫外灯开灯5min后，测得的臭氧浓度为0.05～0.075mg/m³，甲醛测量值扣减自然衰减值，甲醛实验组去除率为53.74%，对照组自然衰减率为12.00%，甲醛实际净化率为41.74%。

在这个实验中，甲醛降解可能与两种因素有关：一，可能是在紫外灯照射下，由紫外线的分解而去除了一部分甲醛；其二，由紫外灯照射下，产生的低浓度臭氧的氧化作用，去除了另一部分甲醛。这两种因素共同作用下，获得了41.74%的甲醛降解率。

2）臭氧发生器净化室内空气中甲醛。有人采用不同型号的氧发生器进行室内空气中甲醛净化试验：他们选取3间面积21.2m²，高2.8m的房间，2间作为试验室，1间作为对照室，室内均为乳胶漆内墙、瓷砖地面。为模拟普通居室条件，在各室内放置了2400mm×1200mm×18mm的细木工板3块。甲醛、苯使用分析纯试剂，分别在试验室及对照室内按0.4mg/m³均匀喷洒，喷洒后自然挥发0.5h，然后开启臭氧发生器，测量不同时段室内空气中甲醛和苯的浓度，计算出不同时段甲醛和苯的净化率。数据绘制的曲线如图6-1和图6-2所示。

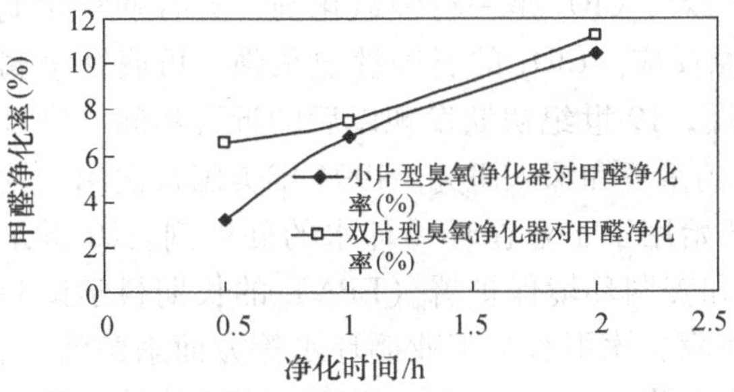

图6-1　不同臭氧净化器对甲醛净化率测量曲线

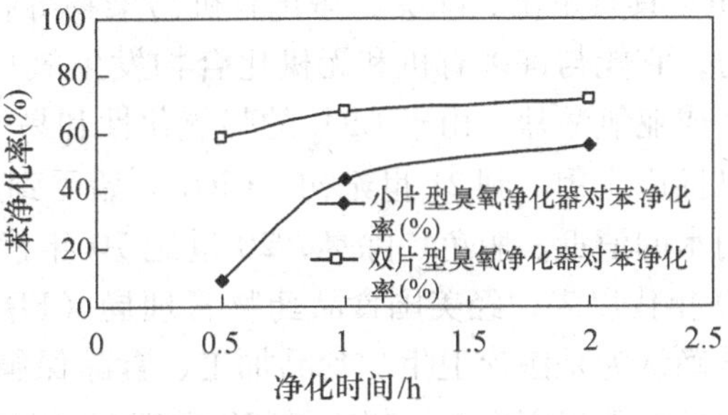

图6-2　臭氧净化器对苯净化率测量曲线

从图6-1和图6-2中可以看出，臭氧净化器对空气中苯具有较高净化率；而对甲醛的净化率较低。这与许多实际净化测量的报导相一致。与这一试验一样，不少研究报告都得出相同的报道：臭氧对甲醛的净化率不高。

更进一步的研究得出了与上述结论不同的结果：在上述试验中，试验者并没有考虑到O_3氧化苯时新产生和细木工板不断新散发出的甲醛。而这两个重要因素，是直接导致实际测量的甲醛含量升高的真正的和主要原因。

3）臭氧氧化有机物及其产物对室内环境中的甲醛的影响。为什么在单一的甲醛净化试验中，臭氧对甲醛的净化率要比有其他有机物存在时高呢？

人们通过不同的测量方法，证实了O_3氧化分解其他有机物分子时，有机物被逐步分解成小分子，在这些小分子中含有甲醛。表6-5是研究人员检测有种有机物氧化时产生甲醛浓度的最大值。

表 6-5　几种有机物臭氧氧化产生甲醛浓度的最大值

有机物种类	产生甲醛浓度的最大值/(mg/L)		
	O_3	O_3/·OH	·OH
	单独氧化	混合氧化	单独氧化
反木烯二酸	0.62	0.07	0
丙烯酸	3.26	2.99	1.02
氯苯	0.98	0.34	未检测
壬基酚	0.12	0.35	未检测
水杨酸	未检测	0.19	0.26

由此可以说明：O_3 氧化甲醛时，检测方法只是检测到"甲醛表观的净化率"。因为，当有其他有机物同时存在时，O_3 氧化过程中常见的副产物为环氧化物、过氧有机物和醛类，使体系中的甲醛含有值增大，而使甲醛由 O_3 氧化分解的总体含量值的减少量较小，甚至保持不变，因而表现出甲醛的净化率不高的表面现象。

2. 二氧化氯氧化法

ClO_2 是一种黄绿色的气体，有类似氯的气味，易溶于水形成黄绿色溶液，空气中的 ClO_2 具有杀菌、除臭、净化有机污染物等特殊功效。ClO_2 是一种强氧化剂，具有强氧化能力，它能与许多有机和无机化合物发生氧化还原反应。ClO_2 的腐蚀性也很强，可腐蚀金属生成亚氯酸盐。由于 ClO_2 的强氧化性和易燃易爆，19 世纪初期发现以后的近百年间一直难以推广应用。到 21 世纪初，ClO_2 开始受到广泛的重视和深入研究。1994 年美国首次用于饮用水的消毒、脱色、除臭，20 世纪 70 年代初开始用于工业循环冷却水的处理剂。20 世纪 80 年代以来，经美国食品药物管理局（FDA）和美国环境保护署（EPA）的长期科学试验被确认为是医疗卫生、食品加工、食品保鲜、环境、饮用水和工业循环水等方面杀菌消毒、除臭的理想消毒剂，ClO_2 在 20 世纪 80 年代也是被世界卫生组织（WHO）所确认的一种安全高效广谱强力杀菌剂。我国现已批准 ClO_2 作为消毒剂，可应用于食品、饮料加工设备、管道、餐具及饮用水处理等方面的消毒、杀菌。

随着稳定性 ClO_2 的研制成功，人们利用气体的高活性，进行杀菌、消毒、除臭等特殊功效，广泛应用于饮水处理、空气净化和食品防腐等方面。人们还利用缓慢释放出的 ClO_2 气体来消除室内空气的臭味，还可对空气进行杀菌、消毒。因此用它既可以起到清新空气的作用，又可起到预防疾病的目的，从而被广泛应用于公共场所。近年来，新研究出可通过固体吸附剂缓慢释放的低浓度 ClO_2 气体对空气进行杀菌消毒的方法，同时可以有效地除去空气中的臭味、异味。由于低浓度的 ClO_2 对人体的毒性作用较低，而被开发成为一种新型的室内空气净化清新剂。利用 ClO_2 长时间、连续缓慢释放的特性来净化室内环境污染，已经成为一个热门研究课题。

（1）缓释性 ClO_2 制备原理　有关 ClO_2 制备方法的研究一直很活跃，目前仅成型的就有十多种，概括起来主要分为三大类，还原法、氧化和电解法。其中，甲醇还原法自 1985 年在美国投产后，由于具有一次投资少、操作工艺简单、生产效率高、运行成本低和产品纯净等优点，得到了广泛的推广和应用，成为目前 ClO_2 主要的工业化生产方法。但就室内环境净化应用来说，缓释性 ClO_2 更具有实际应用价值。

在制备缓释性 ClO_2 方面，起初日本人利用树脂、硬脂酸、聚丙烯酸和骨胶作载体吸收水溶液中的 ClO_2 后形成的含 ClO_2 凝固体，将其存放在各种场合中，可缓慢放出 ClO_2，用于除臭、杀菌、消毒和防腐，同时达到净化室内空气的作用，使用期可达 6～8 个月。这些以 ClO_2 作为空气清新剂的共同特点是将稳定化了的 ClO_2 水溶液吸附在固体中来形成稳定的 ClO_2 释放源。由于必须事先制备 ClO_2 水溶液，而高浓度的 ClO_2 易爆炸、刺激性强且对人体有害，因此制备时需特殊装置，从而造成了 ClO_2 利用率低、污染大的特点。为了避免这些缺陷，人们研究出直接利用固体试剂与载体混合，加水后直接反应即可制成 ClO_2，这样可直接在室温下缓慢地产生 ClO_2 气体，用来制备出反应型空气清新剂。

ClO_2 制备原理如下反应方程式：

$$2KClO_3 + Na_2SO_3 + H_2SO_4 = 2ClO_2 + K_2SO_4 + Na_2SO_4 + H_2O$$

在上述反应中，人们通过控制反应体系中的酸的使用量，使反应平缓地进行，以达到缓慢释放出 ClO_2 气体，持续净化室内空气中的污染物的目的。

现有的缓释性 ClO_2 主要有两种形态，分为液态制剂和固态制剂。液态制剂也称为稳定性 ClO_2 溶液。

（2）缓释性 ClO_2 空气净化　由于 ClO_2 具有杀菌、除臭、净化有机污染物等功效，并具有适用面广、使用剂量低、反应快、效果好、持续时间长，且低浓度的 ClO_2 对人体无毒、副作用，无致畸、致癌性，对环境不产生有害影响等优点，已被世界卫生组织（WHO）列为 A1 级安全高效的绿色消毒剂，从而成为漂白粉、液氯、二氯异氰尿酸钠等氯制剂的理想换代产品。

1）缓释性 ClO_2 对细菌的杀灭效果　ClO_2 能破坏病毒衣壳上的蛋白质中的酪氨酸，从而抑制了病毒的特异性吸附，阻止了对宿主细胞的感染。ClO_2 能杀死细菌及其他微生物也是因为它能快速地控制微生物蛋白质的合成，与微生物蛋白质中的氨基酸发生反应，使其分解，从而导致细胞死亡。已知在众多的氨基酸中，某些氨基酸很容易被 ClO_2 所氧化，最典型的是芳香族氨基酸和含硫氨基酸，反应能力最强的是酪氨酸、色氨酸、半胱氨酸、蛋氨酸。

ClO_2 对病毒、细菌具有强的杀灭作用，但它对动植物机体却不产生毒效。原因在于细菌的细胞结构与高等动植物截然不同。细菌是原核细胞生物，而动物及人类是真核细胞生物。原核生物细胞中绝大多数酶系统分布于细胞膜近表面，易受到攻击；而真核生物细胞的酶系统深入到细胞里面，不易受到低浓度 ClO_2 的攻击，不会对其造成伤害。所以低浓度 ClO_2 对动植物和人类机体无毒害作用。

ClO_2 杀菌能力强于多种杀菌剂，能有效地杀死病毒、细菌、原生生物、真菌、芽孢等，相同条件下其杀菌消毒能力为氯气的 2.63 倍，对细菌和病毒的杀灭迅速高效。表 6-6 是 ClO_2 对空气中大肠杆菌、金黄色葡萄球菌的杀菌效果。

稳定性 ClO_2 的氧化性是氯气的 27 倍。其杀菌具有高效、广谱、快速、无毒害、用量少以及持续时间长等优点。表 6-7 是缓释性 ClO_2 对空气中自然菌的杀灭效果。

稳定性 ClO_2 还对乙肝病毒、大肠杆菌、结核杆菌、伤寒杆菌、疱疹病毒、噬菌体等杀灭率几乎达 100%。因此，稳定性 ClO_2 广泛应用于水源杀菌、餐具消毒及作为各种食品、果蔬、肉鱼的消毒剂。还可利用稳定性缓释性 ClO_2 自身缓慢释放出来的 ClO_2 消毒杀菌。

表 6-6　空气中 ClO_2 对大肠杆菌、金黄色葡萄球菌的杀灭效果

细　菌	ClO_2 浓度/(mg/L)	不同作用时间(min)的平均杀菌率(%)			
		2	7	12	30
大肠杆菌、金黄色葡萄球菌	20	46.13	59.97	77.98	85.91
	50	50.87	88.38	92.29	100.00
	20	23.89	51.49	63.95	78.39
	50	50.41	86.80	99.95	100.00

表 6-7　缓释性 ClO_2 对空气中自然菌杀灭效果

试验序号	作用时间/min	空气中细菌总数/(cfu/m^3)		灭菌率(%)
		消毒前	消毒后	
1	60	1802	0	100
2	60	1696	0	100
3	60	1724	0	100

2）缓释性 ClO_2 净化空气中甲醛。在缓释性 ClO_2 净化空气中甲醛的研究中，有人利用缓释性 ClO_2 在 $28m^3$ 的房间中对气态甲醛进行净化试验。通过测定不同的 ClO_2 释放量和甲醛含量，来考察缓释性 ClO_2 净化室内空气中甲醛时，其散发量与室内空气中甲醛浓度和湿度之间的关系。图 6-3 是不同 ClO_2 散发量净化室内空气中甲醛的曲线。

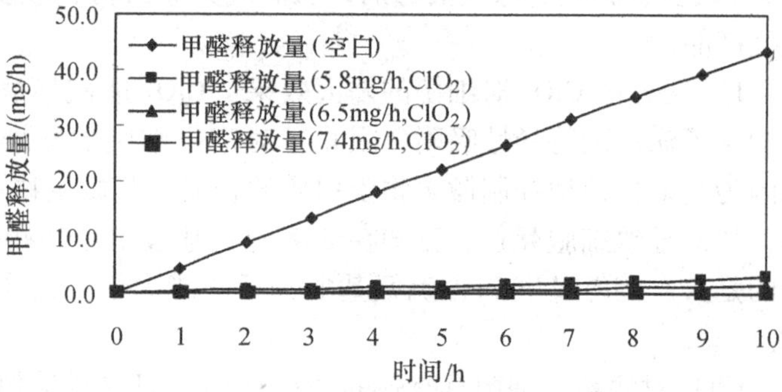

图 6-3　不同 ClO_2 散发量净化室内空气中甲醛的曲线

在图 6-3 中，对照空白组的室内空气中甲醛量仍以每小时增加 4.360mg 的速度直线上升；当室内放置释放速率为 5.8mg/h 的 ClO_2 释放盒时，室内甲醛残留量的增长速度大幅下降，以每小时增加 0.283mg 的速度直线上升；当室内放置释放速率为 6.5mg/h 的 ClO_2 释放盒时，室内甲醛残留量的增长速度非常低，仅以每小时增加 0.157mg 的速度缓慢上升，但室内仍可检测到低含量的甲醛；只有当室内放置释放速率为 7.4mg/h 的 ClO_2 释放盒时，仪器检测室内甲醛残留量为零，表明甲醛被完全消除。

实验表明，在室内环境中，适当的 ClO_2 释放量可以有效净化室内空气中的甲醛，其净化甲醛的能力与 ClO_2 释放量成正比关系。正是由于 ClO_2 具有高效杀灭细菌和净化空气中有机污染物的能力，人们常将释放 ClO_2 的装置安装在中央空调的新风段和回风段中，通过控制 ClO_2 的释放量，以对中央空调通风系统和管道进行杀菌消毒处理，可以取得良好的净化效果。

3. 催化法净化室内空气中污染物

催化氧化技术是利用含有催化剂的净化材料，将空气中有害物质催化氧化成对人体无毒

的物质。常用的催化氧化剂有二氧化锰、氧化铜和贵金属铂组成的催化剂，这些催化剂具有去除空气中污染物、抗菌等净化能力，其中应用最早的为霍加拉特催化剂（金属氧化物催化剂），属于负载型金属氧化物催化剂。

（1）霍加拉特（Hopcalite）催化剂　霍加拉特催化剂是 1919 年由美国约翰·霍普金斯（John Hopkins）大学和加利福尼亚（California）大学共同发明的，并由此而命名，是由活性 MnO_2 和 CuO 按一定比例制成的颗粒状催化剂。研制它的目的是消除战争中所产生的 CO，保护士兵的安全。现在已广泛应用于化工、矿山、煤矿、冶金、消防的滤毒罐、防毒面具、公共场合使用的逃生面具、炮兵部队使用的氧化罐等。由于其在常温下，可催化氧化室内环境中的多种污染物而被应用于净化环境中。

霍加拉特（Hopcalite）催化剂依据其组成可以分为二元和四元，二元一般由 CuO、MnO_2 组成；四元由 CuO、MnO_2、Co_2O_3、Ag_2O 组成。经过八十多年的发展，Hopcalite 催化剂的组成已经发生了很大的变化，一是在锰和铜的比例上；二是掺杂元素也发生了变化，不只是掺杂 Co、Ag，也通过掺杂如 Ni、Ce、La 等来提高混合金属氧化物的稳定性。

（2）霍加拉特催化剂氧化有机污染物的机理

霍加拉特催化剂不但对 CO 有高的催化活性，对 VOCs 也有很好的催化氧化分解效果。目前，大部分研究工作在应用霍加拉特催化剂进行催化燃烧以去除 VOCs。

例如，在霍加拉特催化剂对甲苯的催化氧化过程中，发生了催化氧化反应，其历程如图 6-4 所示。

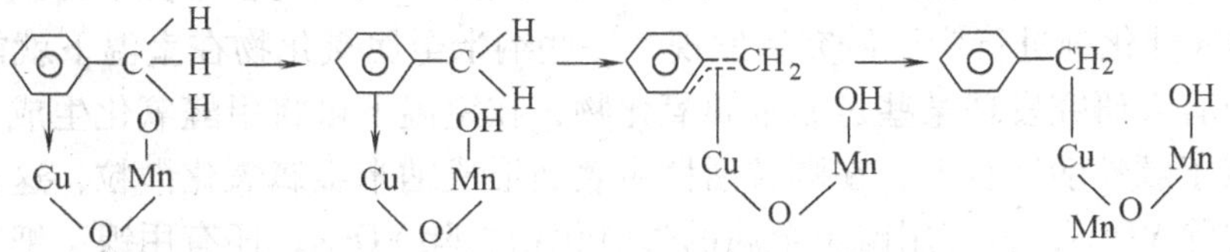

图 6-4　霍加拉特催化剂氧化甲苯反应历程

在图 6-4 中，Cu^{1+} 为苯环的吸附中心，吸附甲苯分子；而 Mn^{4+} 为侧链的脱氢中心，二者协同完成首步脱氢作用的“氧化链”。当甲苯的 α-H 脱除后形成的苄基自由基，可能以 π-烯丙基形式吸在 Cu^{1+} 中心上，并继而完成后续氧化链的步骤，如通过 π-烯丙基向 σ-烯丙基的转化，进一步脱氢和深度氧化，最终将甲苯氧化成二氧化碳。

（3）霍加拉特（Hopcalite）催化剂在室内环境净化中的应用　在室内环境净化中，人们利用霍加拉特催化剂的催化氧化和吸附性能，去除空气中多种有机污染物，这些方法中比较典型的有：

1）日本触媒株式会社发明的“除臭剂及其制法以及除臭方法”（专利技术 WO96/22827；CN1145592A），以活性炭为载体，负载具有催化氧化功能的金属催化剂，通过金属催化剂如：氧化铜、氧化锰、氧化镍等的催化功能，可以应用于室内空气中除臭、净化空气中的污染物，常用于制作空气净化器产品中。

2）日本日晖通用株式会社发明的“霍加拉特”金属氧化物催化剂（专利 JP69254/98；CN1214963），以（60% MnO_2 + 40% CuO）为主体，加入少量的 Ag、NiO、Co_2O_3。该催化剂早年用于 CO 的选择氧化催化反应，后来用于催化汽车尾气完全燃烧。因其可去除空气中臭味含硫气态有机物和甲醛，并有较高的灭菌效率，而被用于去除室内空气中的污染物。

国内空调器生产厂家将其引进后，加装在空调器中，作为除臭、杀菌、净化功能部件，用来净化空气中污染物。表6-8是厂家将这种催化剂用于家用空调中时催化剂的部分净化功能测试数据。

表6-8　低温低吸附除臭催化剂的净化功能测试数据

臭　源	去除率(%)	菌　种	灭菌率(%)
甲醛	≥60	大肠杆菌	99.98
甲(乙)硫醇	≥98	金黄色葡萄球	99.98
测试方法	臭味气体的检验方法：在30L密封试验箱中，以100×10^{-6}臭源，用60mm×60mm的催化剂滤网，循环送风30min后检测臭气的残留量		

但该产品在使用时，存在严重缺陷：金属氧化物催化剂遇空气中水分后，形成强氧化性的腐蚀性液体，腐蚀空调器内的铝、铜等金属材料，降低了空调器的使用寿命。生产商尽管采取了防腐处理，但最终产品也只通过了400h的RN9.0级中性氯化钠防腐盐雾测试。说明这种防腐处理，只能起延缓腐蚀的作用。

4. 纳米金属氧化物催化剂

人们在研究光催化降解室内环境中VOCs时发现：光催化氧化分解VOCs的动力学过程需经过许多中间步骤，容易生成其他毒性比原有化合物更强的中间产物，特别是在室内环境中，这些光催化中间产物可能产生更严重的污染。因此，人们对在常温下可以催化氧化室内空气中的VOCs催化剂进行广泛研究后发现，一些纳米金属氧化物在室温下就能氧化某些有机物。例如，有人研究发现某些过渡金属氧化物，在室温下可将甲醛氧化生成CO_2。他们用高锰酸钾负载于颗粒活性炭上，在颗粒活性炭表面形成纳米金属氧化微粒，这种材料在室温条件下，可去除VOCs，也有用碱土金属的过氧化物去除VOCs，还有用镍、钯和铝的氧化物薄膜来分解甲醛。最新研究发现，在这些众多的过渡金属氧化物中，金属锰的氧化物对VOCs的去除效果最好。

实验表明，锰系列氧化物对有机反应的氧化、脱氢和脱羧反应均有催化作用。其催化活性排序为：$MnO_2 > MnO_{1.5} > MnO_1$，而$MnO_2$以$\gamma$-$MnO_2$活性最高。于是，有人将锰氧化物与活性炭粉末用树脂粘合剂混和后附在玻璃纤维中，将这种纤维夹在人造板材材料中，再压制成人造板材，以起到去除人造板材中游离甲醛的作用。七个多月的实验表明，这种材料能有效地抑制室内空气中甲醛的增加。

（1）ACF-MnO_2复合催化剂静态氧化甲苯　有人用$KMnO_4$和$NH_3\cdot H_2O$为原料合成纳米MnO_2，经浸渍、高温焙烧处理将纳米MnO_2颗粒负载于聚丙烯腈基（PAN）活性炭纤维表面，获得ACF-MnO_2材料。这种以活性炭纤维良好的吸附性能与纳米MnO_2的催化氧化性能有机地结合起来，大大增强了ACF-MnO_2材料对低浓度有机污染物的净化能力。图6-5是ACF-MnO_2静态氧化甲苯后生成的二氧化碳随时间变化的曲线。

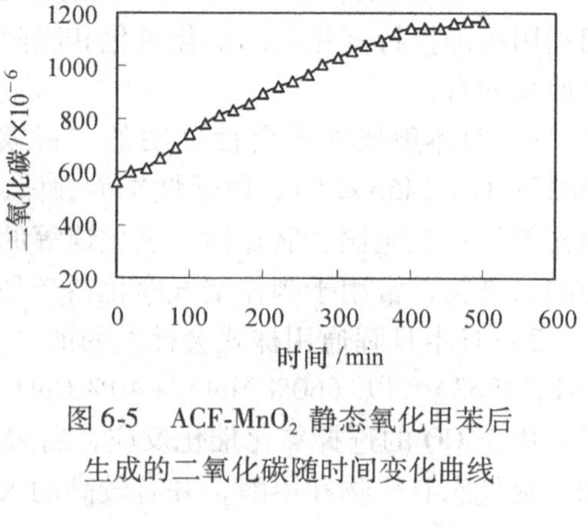

图6-5　ACF-MnO_2静态氧化甲苯后生成的二氧化碳随时间变化曲线

由图 6-5 中可看出，反应时间 $t=0$ 时的 CO_2 含量（体积分数）即为实验时环境空气中的背景浓度，随着反应时间的增加，反应器中 CO_2 的含量逐渐增加；当反应时间达到 400min 时，气相中 CO_2 的含量（体积分数）达到最大值 1100×10^{-6}，再延长反应时间，CO_2 含量基本维持不变。表明此时是 ACF-MnO_2 静态氧化甲苯的最大静态催化氧化值。

（2）ACF-MnO_2 复合催化剂动态氧化甲苯　在动态穿透试验中，甲苯气体通过反应器内 ACF 的吸附或者吸附/氧化分解作用后，其出口含量迅速被降低到甲苯原始含量的一半左右。图 6-6 表明，在穿透实验开始后的前 400min 内，两种材料对甲苯气体具有相同的净化效果。随着实验继续进行，ACF 对甲苯的吸附能力逐渐接近饱和状态，其出口气体含量明显高于 ACF-MnO_2 材料的甲苯出口含量。因此，MnO_2 对甲苯的氧化能力与 ACF 对甲苯的吸附能力结合以后，形成的 ACF-MnO_2 材料具有更长的净化甲苯的能力和使用寿命。

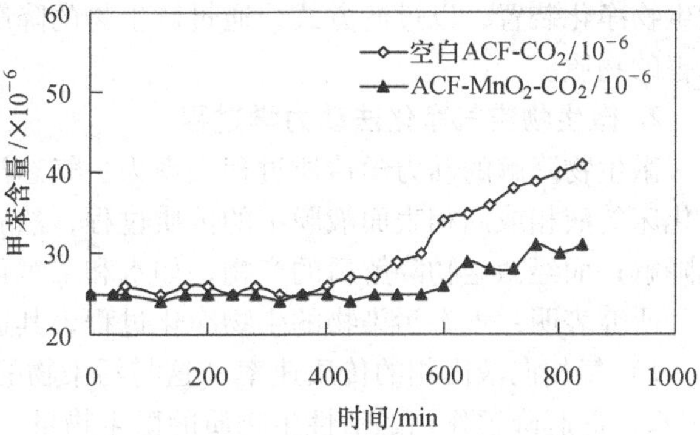

图 6-6　ACF-MnO_2 动态氧化甲苯对照试验

试验结果表明，ACF-MnO_2 材料在室温下可以将甲苯氧化为 CO_2，并且对高浓度的甲苯气体具备很强的抗穿透能力。这种新型复合材料对于室内空气中甲苯的净化具有很好的借鉴意义。

6.4　微生物、植物及其活性提取物净化原理及其应用

6.4.1　微生物空气净化法

微生物空气净化法就是利用微生物在适宜的环境条件下，利用废气或空气中的有机污染物作为碳源和能源，维持其生命活动，并将有机物氧化分解为 CO_2、H_2O 和细胞基质的物质过程。微生物净化法作为一种新型的气态污染物的净化工艺在国外已得到越来越广泛的研究与应用，在德国、荷兰、美国及日本等国的脱臭及近几年的有机废气的净化实践中已有许多成功地采用微生物法。近年来国内也开展了一些这方面的实验研究，并且已有生物脱臭装置投入应用。与传统的物理化学净化方法相比，生物法具有投资运行费用低、较少二次污染等优点。根据已有的文献报道，生物法在处理低浓度生物可降解性好的气态污染物时更显其经济性。

微生物净化法从 20 世纪 40～50 年代开始就在德国和美国开发成功。日本也在 1970 年左右开始进行土壤脱臭法和活性污泥脱臭法的研究，并已开发出各种装置，得到实际应用。该方法是由微生物将有机溶剂分解，因耗能非常低，运转费也很便宜而受到人们的重视。特别是在欧洲，以德国为中心进行技术开发，应用实例逐渐增多。其缺点是对各种有机溶剂具有选择性，因此使其应用领域受到限制。目前，已应用于废水处理厂、工业废气、涂料、饲料加工厂等场合，进行硫化物、低分子醛类、挥发有机化合物等的脱臭、去除工艺中。

1. 微生物空气净化法基本原理

微生物净化气态污染物就是利用微生物的生命活动将环境中对人体和环境有毒有害的有机或无机污染物转化为二氧化碳、水和细胞物质等；如硝化细菌可以将氨气转化为硝酸盐，硫化细菌可以将含硫的物质转化为硫酸盐。人们利用各种微生物经驯化培养后，制备成各种微生物净化装置，以过滤方式，通过微生物的降解功能将臭气废气中的各种有害成分转化为无害的物质。

2. 微生物空气净化法动力学过程

微生物降解的动力学传质过程表现为：气态污染物首先经过由气相转移到净化床，通过净化床的液相或固相表面液膜中的传质过程，然后才能在净化床液相或固相表面被微生物吸收降解；而经微生物降解后的产物，如水和二氧化碳再从净化床排出。形成整个净化过程。

研究表明：气态污染物的生物净化过程，其速度取决于：

1）气相向液固相的传质速率（这与污染物的理化性质和反应器的结构等因素有关）。

2）能起降解作用的活性生物质的微生物量。

3）微生物降解速率（与污染物的种类、生物生长的环境条件、抑制作用等有关）。

通过设计不同的微生物净化反应器，选择适合的菌种、设置适合于这些微生物菌种生长的条件，和相关操作条件，可以获得对相应有机污染的良好净化效果。

3. 影响微生物净化法降解有机污染物的主要因素

（1）起降解作用的微生物种类　用于污染气体处理的主要是一些化能型微生物，包括自养菌和异养菌。自养菌适于进行无机物的转化，主要是采用硝化和反硝化等方式来转化硫化氢及氨等，如氧化亚铁硫杆菌。异养菌则是通过对有机物的氧化来获得营养物质和能量，适用于进行有机污染物的转化，在适宜的生长条件下，这些微生物能较快地将气体污染物降解。微生物降解或转化气体污染物有2种作用方式：第一，通过微生物分泌胞外酶降解；第二，污染物被微生物吸收到细胞内后，由胞内酶降解。其生化途径主要有卡尔文循环、还原三羧酸循环、乙酰辅酶A和甘氨酸途径等4种。

（2）VOCs的性质　一般而言，不同微生物对同一有机物有不同的降解能力；而同一种微生物对不同有机物的降解能力也不相同。一般而言，微生物对于甲苯、二甲苯、甲醇、乙醇、丁醇、四氢呋喃、甲醛、乙醛、丁酸、三甲胺等的降解最为容易，净化效率也较高；对于苯、苯乙烯、丙酮、乙酸乙酯、苯酚、二甲基硫、噻吩、甲基硫醇、二硫化碳、酰胺类、吡啶、乙腈、异腈类、氯酚等的降解相对较为容易，可获得理想的净化效率；而对于甲烷、戊烷、环己烷、乙醚、二氯甲烷及1，1，1-三氯甲烷等物质，微生物对其降解性较差，则不宜采用微生物法。目前，该技术的发展趋势就是对于特定的污染物，筛选和驯化出高效的降解菌种，从而提高净化效率，减小设备体积。

（3）环境因素的影响　既要根据所处理气体的特性选择合适的微生物群落，同时又要为微生物提供相应的生长条件，必须进行环境控制以保证微生物能正常生长。影响微生物生长和转化的条件有：①氧气供应（微生物生长所需或为污染气体的降解提供电子受体）；②适宜的温湿度；③酸碱度；④营养物质（碳、氮、磷等）；⑤降解物的堆积以及多种基质共存时的相互作用等。其中湿度对系统的运行影响较大，除直接影响微生物的物理和化学特性外，也影响基质许多参数值，如溶解氧、pH值、有效养分、负压以及气体的传输阻力等。所以过滤器入口处的空气需要经过加湿调节（湿度 $>95\%$），否则过滤器运行一段时间后会逐渐干燥。采用对入口处空气和过滤器表面加湿，或者是直接对 BAF 基质加湿都可达到调节湿度的目的。

温度对微生物净化器内的传质和生物降解过程都有着重要的作用。微生物净化有机化合物的过程取决于一些嗜中温性菌及部分嗜高温性菌的生命活动，温度升高有利于生物的降解代谢过程，但会影响污染物的气液分配系数，还会加速水分的蒸发。

水分是微生物生存必不可少的，由于循环液的不断补充，使微生物获得充分繁殖，才能维持净化效率。

微生物的活动都有其最佳的 pH 值范围，净化装置内的 pH 值的变化会影响微生物的活动。微生物净化床的 pH 值通常为 7 ~ 8，即细菌和放线菌的最适范围。但在进行含硫、氮及氯成份化合物的代谢时往往会产生酸性中间产物，因此维持相应的 pH 条件，使微生物获得较高的生存活性。

尽管在净化过程中微生物会消耗掉有机污染物作为其生长的碳源，同时循环利用细胞死亡和消解的大部分营养物质，但总有一部分通过各种途径而流失。所以与其他的微生物代谢作用一样，生物降解气态有机物时也需要补充氮、磷、硫及微量元素等营养。

6.4.2　植物活性物质的空气净化法

植物多酚（Plant polyphenol）又名植物单宁（Vegetable tannin），为植物体内的复杂酚类次生代谢物，具有多元酚结构，主要存在于植物的皮、根、叶、果中，在植物中的含量仅次于纤维素、半纤维素和木质素。人类对植物多酚的利用先于认识。随着人们对植物多酚与蛋白质、生物碱、酶、金属离子的反应活性及抗氧化、捕捉自由基、衍生化反应等一系列化学性质的逐渐深入认识，国内外越来越多的学者开始涉足与植物多酚相关的研究，其应用领域也在不断地扩展，涉及了天然产物、生物化学、医药、食品、饲料、日用化学品、油、色素、胶粘剂和树脂等多种学科领域。20 世纪 50 年代后，到 20 世纪末，植物多酚的生理活性及其应用主要集中在多酚结构与性能的关系上，国外以多酚为反应材料在成膜机理方面有深入的研究，并应用到绿色涂料、非涂料和制备离子选择电极方面等。20 世纪 80 年代后期开始，国内外从环境功能材料相关的多个领域、多种角度对植物多酚开展了基础和应用研究。

随着植物多酚化学的发展，加之近年来由于“回归自然”理念的兴起，人们逐渐认识到，植物多酚同生物碱、皂、萜和黄酮类一样，也是一类具有独特生物化学活性的天然产物。植物多酚成为很多领域科学家共同关心的研究热点。由于植物多酚的多元酚结构赋予了它一系列独特的化学性质，这种特殊结构被用来净化室内空气中的污染物，则是近年来的新发现。室内环境对人体的重要性，已经引起全社会的广泛关注，因此，加强对植物多酚在环境净化的研究和运用，对于室内环境污染控制与治理领域具有特别重要的现实意义。

1. 植物多酚的分类、组成与结构

植物多酚是植物的次生代谢产物，广泛存在于树木、蔬菜、水果、茶叶和中草药中，植物多酚资源丰富，是产量仅次于纤维素、木质素、半纤维素的林副产品。由于植物多酚类化合物总数达数千种以上，其化学结构复杂，化学性质活泼，在生物界起着重要的链节关系。人们根据其独特的化学和生物活性，把植物多酚类化合物分为黄烷醇、黄烷双醇、类黄酮和酚酸 4 类物质。植物多酚也可分为聚桔酸酯类（水解类）和聚黄烷醇类（缩合类）二大类。

2. 植物多酚的主要来源

植物多酚类化合物主要的来源是：森林副产物；茶属植物的株系及其杂交体；草本及植物性药材和水果、蔬菜等。

森林副产物包括但不限于：落叶松、桉树、毛杨梅、黑荆树、山槐、槲树（皮）、黄华柳（絮）、漆树（心材）、柳杉（皮）、红根根皮、橡碗、刺梨、板栗（叶）、黄栌（叶）、栓皮栎（叶）、化香果等。

茶属植物的株系及其杂交体中的植物多酚类化合物可来源但不限于：绿茶（如龙井、碧螺春等）、乌龙茶、青茶、白茶、红茶、黑茶等。

草本及植物性药材和水果、蔬菜中的植物多酚类化合物具有更为广泛的来源。

3. 常见的植物多酚类物质及其性质

（1）茶多酚　茶多酚又名茶单宁、茶鞣质，是茶叶的主要成分，在茶叶中的含量一般为20%～30%，简称TP。茶多酚对茶叶品质的影响非常显著，是茶叶生物化学研究最为广泛深入的一类化学物质。茶多酚是一种褐色至淡黄色的无定型粉末。易溶于水、甲醇、乙醇、乙酸乙酯和丙酮，不溶于氯仿及苯等有机溶剂。

按照化学结构的不同可以将茶多酚分为儿茶素类（黄烷醇类）、黄酮及黄酮醇类、花素和花青素类、聚合酚及缩酚酸等4类。其中，儿茶素类（称为黄烷醇类）化合物是茶多酚的主体成分，含量约占60%～80%。儿茶素类化合物大量存在于茶树新梢，占茶叶干重的12%～24%。

（2）葡萄多酚　葡萄多酚类物质是葡萄重要的次生代谢产物，主要存在于葡萄籽与葡萄皮中。葡萄多酚能溶于水，易溶于甲醇、乙醇等有机溶剂。这类多酚物质的主要成分包括表儿茶酸等酚酸类、黄烷醇类、花色苷类、黄酮醇类和缩聚单宁等物质组成，其中含量最高的为原花色苷，可达80%～85%。由于不同品种葡萄的多酚各种成分含量不同，使葡萄品种间存在颜色差异。有资料表明，红葡萄的果皮中，多酚含量达25%～50%，种子中则达55%～70%。因此目前研究使用的葡萄多酚多由葡萄籽中提取。

（3）苹果多酚　苹果多酚是苹果中具有苯环并结合有多个羟基化学结构物质的总称。它是苹果中最主要的功效成分之一。苹果多酚为棕红色粉末，其20%的水溶液呈红褐色，产品略带苹果风味，稍有苦味，易溶于水和乙醇。苹果中多酚的主要成分因品种及成熟度的不同而有所不同。成熟苹果的主要多酚类为儿茶素、原花青素及绿原酸类物质，而从未熟苹果提取的苹果多酚中除含有上述物质外，还含有较多的二羟查耳酮、黄酮醇类化合物。

6.4.3　植物多酚的空气净化机理

植物多酚的多元酚结构赋予了它与蛋白质多糖、生物碱、微生物、酶、金属离子的反应活性以及抗氧化、捕捉自由基、衍生化反应等一系列化学反应特性。

通过运用分子学对植物多酚的反应机理分析，我们发现，在室内环境净化过程中，有五大类七种类型的重要的化学反应，它们是：

1. 酸碱反应

植物多酚中含有多种生物碱，它可以与硫化氢、氢氰酸根离子、氨等进行酸碱中和分子反应。

2. 路易斯酸碱反应

从有机化学角度出发，能吸收电子云的分子或原子团称为路易斯酸，在有机硫的化合物中，硫原子的外层有空轨道，可以接受外来的电子云，因此可称这类有机硫的化合物为路易斯酸。相反，能提供电子云的分子或原子团称为路易斯碱。一般带负电荷的原子团、含氮的有机物属于路易斯碱。两者可以发生酸碱中和反应。

3. 氧化还原反应

植物多酚分子结构中具有多个反应活性基团和活性部位，其中酚羟基是最具特征性的活性基团，大量酚羟基的存在，使其显示出很强的酚的特性，可以与室内环境中含有还原性基团的有机污染物，甲醛、苯系物等室内装饰材料散发的有机污染物；室内臭味气体物质如：硫醇、甲硫醚等有机硫、硫化氢、有机胺、烯烃类臭味气体物质发生氧化还原反应加以去除。

4. 分子复合反应

植物多酚与污染物分子发生与蛋白质结合非常相似的分子复合反应，植物多酚的可极化基团与环境污染物中的可极化区域相接触，形成氢键-疏水键共同作用下的分子复合反应。例如，植物多酚与空气中烟雾气体中生物碱进行的分子复合反应，极化的多酚分子与空气中极化的生物碱，以极性互补的方式复合，形成植物多酚与空气中生物碱之间的交联，从而达到净化空气中烟雾中的生物碱。

5. 催化氧化反应

如硫化氢，在一般情况下不能与空气中的氧进行反应，但在植物多酚分子的催化作用下，可以与空气中的氧发生反应，从而去除硫化氢。

6. 高表面能分解反应

从热力学的角度来讨论。经过雾化的液滴，当直径在 0.04mm 时，液滴的表面能已达到一些有机化合物键能的 1/3 和 1/2，在这种情况下，足以破坏有机分子中的键，使它们不稳定、易分解。

7. 分子间包夹

植物多酚具有多活性反应点，可以形成对污染物分子的多点反应，形成类似于分子包夹结构，也起到了去除污染物分子的作用。

植物多酚化合物与甲醛的交联反应是其两类重要化学反应之一。

6.5　光催化法原理及其应用

第一个发现光催化活性的是 Fujishima 和 K. Honda，他们在 1972 年《自然》杂志上发表了利用 TiO_2 催化法使水分解生成氢气和氧气的论文，被称之为“本多藤鸣效果”的光催化现象，只是这种获取能源的方法，不论在经济上还是在反应速度上都难以得到实际应用。但在利用这种发现来解决环境问题方面却取得巨大成功，并由此开辟了光催化材料的新历程。1996 年日本发生 O-157 大肠杆菌感染事件，有力地促进了抗菌材料的应用研究，在日本，用加入抗菌材料生产的塑料家用电器所占的比例正大幅度上升。近来，随着对纳米二氧化钛材料的不断深入研究，发现纳米二氧化钛光催化剂比现有的各种抗菌材料具有更优异的综合性能。研究表明：在光照条件下，TiO_2 等半导体光催化剂能将环境污染物分解、矿化、并具有抗菌、杀菌和除臭等功能。最近研究发现 TiO_2 微粒表面经紫外光照射后其表面具有亲水性特性及自清洁功能，又为其应用研究开辟了新的领域。在日本以纳米二氧化钛光催化剂材料的应用研究而产生的社会作用被称之为“光清洁革命”。由此形成以光催化材料为产业链的相关产业群，以 TiO_2 为代表的光催化半导体材料已成为环境工程材料的重要分枝。

我国作为钛矿藏资源富产国，进行以二氧化钛为主的光催化环境材料的开发具有重要的社会意义和经济价值。专家预测：未来十年，国内抗菌材料的应用将进入高速发展期，所形成的产业和经济效益将是巨大的。随着我国室内装饰装修高潮的来临，纳米光催化空气净化技术在去除室内空气污染方面也取得了一定进展。

1. 纳米光催化反应基本原理

光催化（photocatalysis）是指光催化剂在吸收某些特定波长的入射光后对物质吸附在催化剂表面的物质所发生的光化学变化。光催化是纳米半导体的独特性能之一。半导体纳米材料在光的照射下通过把光能转化为化学能，促进了有机物的合成或使有机物降解。光催化涉及催化剂表面发生的光化反应，根据引起激发过程的不同，光催化可分为两大类：一类为反应分子首先发生光激发而后再与基态的催化剂作用，称为催化光反应（catalyzed photoreaction）；另一类则是催化剂首先发生光激发再与基态的吸附分子相互作用，称为敏化光反应（sensitized photoreaction）。

目前光催化术语在被广泛使用，但是这并不意味着光在催化反应中起催化作用，而是作为反应物并在反应过程中消耗。真正的催化剂为纳米半导体。大多数情况下，多相光催化指的是半导体光催化（semiconductor photocatalysis）或半导体敏化光催化（semiconductor-sensitized photocatalysis）。

2. 纳米 TiO_2 光催化反应机理

从纳米 TiO_2 光催化反应产生的活性基团反应能来分析：活性羟基基团具有 402.8MJ/mol 的反应能。其能量比有机物中多种化学键的键能大得多，表 6-9 列举了常用有机物中各种化学键键能。

表 6-9　有机物中各种化学键键能

化学键	键能/(MJ/mol)	化学键	键能/(MJ/mol)
C—C	83	C—O	84
C—H	99	O—H	111
C—N	73	N—H	93

由表 6-9 可知，光催化反应的活性基团产生的化学能可有效地断裂 C—C、C—H、C—N、C—O、O—H、N—H 等键合而成的化合物的化学键，分解各种有机分子。

从 TiO_2 的光催化反应机理来分析：为提高光催化活性，必须采用粒径小的纳米光催化剂；因为表面原子增多，光吸收效率会大大提高，表面光生载流子的浓度增大；另一方面，纳米 TiO_2 的比表面积增大，其对氧气或水分子的吸附能力增强，由此产生的含氧活性粒子增多，提高了反应效率，同时由于纳米 TiO_2 的氧化还原电位发生变化，由光激发而产生的价带空穴具有更正的电位，导带电子具有更负的电位，因而，氧化-还原反应的能力增强。

最近，Schwitzgebel 等研究证实，不仅空穴，电子也是 TiO_2 光催化氧化-还原反应的基本角色。光生电子通过与分子氧反应形成超氧基，在与有机物进行反应时，有机物被空穴或超氧基氧化后，再与分子氧反应形成超氧基，相对不活泼的超氧基与有机过氧基合并，生成不稳定的有机四氧基，最终分解成水和二氧化碳。

光催化反应，通过空气或水分子，产生活性粒子，进行氧化-还原反应。特别是在空气中大量的氧分子存在，所以光催化空气净化，具有更高的效率。

3. 纳米光催化剂的制备方法

纳米材料的粒径尺寸一般在 1 ~ 100nm，与其他材料相比在性能上有一些显著的特点，如纳米粒子粒径越小，其吸收和散射紫外线的能力越强；由于纳米粒子的表面效应，其表面积大，表面活性中心多，吸附能力强，其催化性能更优异。目前，制备纳米光催化剂的方法很多，根据制备方法一般分为物理方法和化学方法；也可根据物料体系的状态分为固相法、气相法和液相法三种。

（1）固相法　主要是通过机械力的作用对固体材料进行粉碎制备粉体的方法。该法是传统的粉化工艺，具有成本低、产量大、制备工艺简单等优点。但同时也有所制备的纳米材料颗粒分布不均匀、所得粉末不够细、杂质易于混入、粒子易于氧化、难以制备多相复合材料等缺点。

（2）气相法　物理气相沉积法（PVD）主要是一种利用电弧、高频或等离子体等在高温下，将原料加热，使之气化或形成等离子体，由气态原子或分子成核并长大成适当粒径粒子的方法。该法制备的粉体粒径分布较均匀、纯度较高，但其成本非常昂贵。该法同时可适用于单一氧化物、复合氧化物、碳化物以及金属粉的制备。化学气相沉积法（CVD）利用挥发性金属化合物的蒸气通过化学反应生成所需化合物，该法制备的纳米 TiO_2 粒度细，化学活性高，粒子呈球形，单分散性好，可见光透过性好，吸收屏蔽紫外线能力强。该过程易于放大，可实现连续化生产，但一次性投资大，同时需要解决粉体的收集和存放问题。主要应用有：

1）$TiCl_4$ 气相水解法。该法最早由德国的迪高沙（Degussa）公司开发，并成功实现商业化。美国卡伯特公司、日本德山曹达公司也采用此工艺生产超细 TiO_2 粉体。这种方法是以 $TiCl_4$ 气体导入高温氢氧焰中（700 ~ 1000℃）进行高温水解来制备纳米 TiO_2。

2）$TiCl_4$ 气相氧化法。该法是以 $TiCl_4$ 为原料，氧气为氧源，氮气为载气，在高温条件下（900 ~ 1400℃），$TiCl_4$ 和氧气之间发生均相反应，生成 TiO_2 前躯体，并通过成核生长为 TiO_2 粒子：此工艺原料易得，过程自动化程度高，制得的 TiO_2 质量好，但易生成腐蚀性大的副产品，并且反应需要极高的温度，对设备要求高，目前还未得到大面积的推广。日本的川崎钢铁公司、夏普公司和华东理工大学等对此工艺进行了大量的研究并取得了一定的进展。

3）液相法。该法主要是通过溶液之间的反应，将金属离子均匀沉淀或结晶出来，然后将沉淀结晶物脱水或热分解而得到纳米粒子。这种方法是在原料溶液中添加适当的沉淀剂，使得原料液中的阳离子形成各种形式的沉淀物，然后再经过滤、洗涤、干燥，或加热分解等工艺过程制得纳米粉体的一种方法。常用的是溶胶-凝胶法，溶胶-凝胶法（Sol-gel）是 20 世纪 30 年代发展起来的，以醇钛盐为原料，在无机醇介质中水解缩聚，经溶胶-凝胶过程得到凝胶。凝胶在真空状态下低温干燥，可得到疏松的干凝胶。干凝胶经高温煅烧处理，制得超

细 TiO_2 颗粒。用此法合成纳米光催化剂，具有反应温度低、设备简单、工艺可控可调、过程重复性好等特点，与沉淀法相比，沉淀物不需过滤洗涤、不产生大量废液；在凝胶的生成同时，凝胶中颗粒间结构的固定化，还可有效抑制颗粒的生长和凝聚过程，所形成的纳米粉体催化剂粒度细且单分散性好。可以用不同的热处理温度，分别得到锐钛矿和金红石型的球型纳米二氧化钛粉末。该法得到的粉末均匀，分散性好，纯度高，煅烧温度低，反应易控制。此外通过晶型控制、掺杂等手段可以控制溶胶组分，用于制备光催化复合薄膜和光催化涂敷材料，是提高光催化性能的最佳和最基本方法。

4. 纳米光催化剂的固定方法

纳米光催化粉体固定到载体上的方法对其催化性能也有大的影响。常用的载体有金属载体，如镍片、铝片、钛片、铜片和不锈钢片等一些耐腐蚀的材料，主要用于电助光催化反应。

无机硅质材料，包括富含硅的玻璃类、陶瓷类、硅质类载体材料。其中普通玻璃片、环、珠、弹簧、纤维、二氧化硅片、硅片、光纤等。而陶瓷类，如瓷珠、瓷砖、蜂窝陶瓷等，具有价廉、稳定且坚固耐用的特点。还可与建筑材料类结合，包括水泥、珍珠岩、高岭土等，稳定性强，可以粘结光催化剂于表面。而与高比表面载体如分子筛、活性炭、无纺布、纸等结合，形成负载光催化剂的新材料。

纳米光催化剂的固定方法有粉体烧结法、溶胶-凝胶法、偶联法、掺杂法、水解沉淀法、电泳沉积法、分子吸附沉积法、离子溅射法等常用固定方法。

5. 光催化材料的分类

光催化剂材料可分为如下几个类型

（1）纳米金属氧化物　如 TiO_2、Fe_2O_3、MoO_3、Al_2O_3、WO_3、V_2O_3、Tb_2O_3、SnO、CuO、NiO、ZnO 等。

（2）表面耦合型纳米半导体光催化剂　例如 CdS-TiO_2、CdS-SnO、CdS-ZnO、CdSe-TiO_2、SnO-TiO_2 等。

（3）掺杂型纳米光催化材料　在纳米半导体金属氧化物光催化剂相体中掺杂 Pt、Pd、Au、Ag、Nb、Rb、Rh、Pu 等贵金属及 Cu、Zn、Fe 等金属。

（4）表面负载贵金属的纳米光催化材料　如在纳米氧化物 TiO_2、Fe_2O_3、Al_2O_3、WO_3、V_2O_3、SnO、CuO、NiO、ZnO 等表面负载贵金属。

（5）担载型光催化剂　在吸附性载体（如氧化硅、氧化铝、沸石、活性炭）表面负载 TiO_2、ZnO 等光催化剂。

（6）金属半导体表面配位衍生物　金属半导体表面配位衍生物如（TiO_2-CoTSP）四磺酸钛花青合钴；TiO_2-含邻苯二酚、TiO_2-邻苯二甲酸表面配位物。

（7）钙钛矿型氧化物结构的光催化剂　如 $SrTiO_3$、$BaTiO_3$、$LaFeO_3$ 等构成的光催化剂。

（8）染料敏化光催化剂　在 TiO_2、WO_3、MoO_3、CdS-TiO_2、CdSe-TiO_2 表面用染料敏化半导体光催化剂：如赤鲜红 B、曙红、酞花青、叶绿素腐殖酸、钌吡啶类络合物敏化后的纳米光催化剂。

6.6　生态净化法及其应用

在自然界的发展和生命进化中，动植物为了生存、繁衍和进化，充分利用了生物体中各种酶的高效催化、激素的精密调控等无数绝妙的生物机能。实质上，通过各种酶和激素的生物化学变化，在生物体内形成了一个完整的绿色化学生命活动过程。

酶是一类生物催化剂，是具有催化功能的蛋白质。它有着所有催化剂的共性：如少量酶的存在即可大大加速反应速度；有时也参与反应，但反应前后本身无变化，形成生物化学反应的轮回。酶的自身特性包括：催化效率高、反应专一性、反应条件温和。有些酶（如脱氢酶）需要辅酶或辅基，有奇特的酶活性调节能力。只是，由于天然酶人工提取后价格昂贵，使用时间短，保存和反应条件比较苛刻等难题，不能大范围利用。

6.6.1　酶及模拟酶的生态催化效应

面对21世纪社会发展对环境、健康和能源等方面日益严格的要求，环境的恶化、污染物和污染量的日益增多和增大，用传统环境净化理论和方法，难以满足绿色社会的需求，而这种前所未有的挑战为模拟酶学科提供了一个绝好的发展机遇，使得酶和模拟酶学科的研究成为21世纪最为前沿和非常活跃的一个领域。

从生物无机化学的角度来看，人体新陈代谢过程就是许许多多种酶发生催化反应的过程，在人体内有1000多种酶，每一种酶控制着一种化学反应，每一种酶都有特定的活性部位和生物功能。在大分子生物体系中，具有多种不同的酶，例如：血红蛋白、肌红蛋白、细胞色素P450单加氧酶、过氧化氢酶、过氧化物酶和细胞色素C以及一氧化氮合成酶等。

在环境污染治理研究中，尤其是解决日益严峻的环境污染和室内空气中有机污染物污染研究的课题中，模拟酶催化是一个极具有挑战和发展前景的研究方向。人们利用金属酞菁衍生物模拟酶与生物体内金属卟啉一样具有优良的生态催化性能，开创了金属酞菁模拟酶在环境污染控制方面的发展新篇章。通过利用金属酞菁模拟酶的绿色化学特性，实现通过化学技术和方法，减少直至消除环境污染物对人类健康、社会安全、生态环境有害的生产和生活方式，及在绿色化学生产过程中不产生有毒有害的副产物，是完全可能的。

6.6.2　模拟酶的基本定义

诺贝尔奖获得者Cram、Pederson与Lehn相互发展了对方的理论，提出了主-客体化学和超分子化学，奠定了模拟酶的重要理论基础。由于天然酶的种类繁多，模拟的途径、方法、原理和目的不同，对模拟酶至今仍没有一个公认的定义。

一般来说：模拟酶（Mimicenzyme）是根据酶的作用原理来模拟酶的活性中心和催化机制，用化学方法制成高效、高选择性、结构较简单、稳定性较高的新型催化剂。这类催化剂就是要吸收酶中起主导作用的因素，利用有机化学、生物化学等方法设计和合成一些较天然酶简单的非蛋白质分子或蛋白质分子，以这些分子作为模型来模拟酶对其作用物的结合和催化过程。这类化合物中具有与自然酶相同或相似的生物活性，如活性中心结构、疏水微环境、与作用物的多种非共价键相互作用及其协同效应等。通过对自然酶的研究和模拟来设计、合成出既能表现生物酶的优异功能又比生物酶简单、稳定得多的非蛋白质分子或分子集合体，以达到利用模拟酶对环境作用物的识别、结合及催化作用，开发具有绿色化学特点的一些新合成反应或方法，承担传统化学所不能或难以完成的目标，以实现普通化学反应的高效性和选择性。

6.6.3 模拟酶的分类

模拟酶种类繁多，根据不同的分类标准而有多种分类方式。根据 Kriby 分类法，模拟酶可以分为：

（1）单纯酶模型（Enzyme-based mimies） 即以化学方法通过天然酶活性的模拟来重建和改造酶活性。

（2）机理酶模型（Mechanism-based mimies） 即通过对酶作用机制诸如识别、结合和过渡态稳定化的认识，来指导酶模型的设计和合成。

（3）单纯合成的拟酶化合物 即一些化学合成的具有酶样催化活性的简单分子。

目前，已知的酶有1000多种，其中1/3以上含有金属离子。大多数情况下金属离子是金属酶的活性中心，它是进行电子转移、键合外来分子和进行催化反应的部位。其成键方式、配位环境和空间结构与配位化合物极为类似。通过对配体的设计和剪裁可合成出与天然酶活性中心结构相似的配合物，用以模拟酶的结构和功能，对生态循环中的中间过程进行模拟。

6.6.4 金属酞菁衍生物的应用

人们利用金属酞菁衍生物可以催化氧化反应、还原反应、羰基化反应、分解反应、脱卤反应、脱羧反应、聚合反应和傅克反应等多种类型的反应，用于净化室内环境中的有机污染物。并利用模拟酶键合具有多重性能的取代基团，发挥其具有催化净化的多重功效，如不仅具有催化降解有机和无机污染物，还可以同时具有杀菌、抗菌、防霉等功能的模拟酶。

6.7 室内环境污染综合治理

环境是人类进行生产和生活的主要场所，是以人类社会为主体的外部世界的总体；它包括自然环境和社会环境。自然环境的组成要素有大气环境、水环境、土壤环境，另外还有一个生态环境。前三者是物化环境，而生态环境是协调生物界与物化环境的一个统一体系，互相影响、渗透、平衡发展。

作为人类活动的重要领域，室内环境质量对人们的健康影响具有重要的现实意义。因为现代人有80%以上的时间在室内活动。广义室内环境包括家庭居室、工作场所、公共场所和所有交通工具；从建筑工程室内环境污染控制的角度看，建筑技术的发展及节能的要求，建筑物的气密性能大大提高，室内自然换气量严重减少。与此对应的另一面，人们在有限的室内空间中停留的时间却日益增加，人们接触各种物理、化学、生物的有害物质的持久性和累积效应，影响到室内环境质量和人体健康；建筑材料、装修材料、家具及施工过程中大量的化学材料、办公设备和家用电器等的使用，导致了严重的室内化学物质污染，对人们的身体舒适、生命健康及工作效率产生了很多不利影响，如何提高室内空气质量已成为当今国际环境与健康相关领域研究的热门课题。

6.7.1 健康建筑新理念

根据世界卫生组织（WHO）的定义，所谓健康就是“在身体上、精神上、社会上完全处于良好的状态，而不是单纯的指疾病或体弱。”据此定义，“健康建筑”就是指“有利于使室内人员在身体上、精神上、社会上完全处于良好状态的建筑。”因此，健康住宅的标准主要包括：

1）会引起过敏的化学物质的浓度很低。

2）为满足第一点的要求，尽可能不使用易发散化学物质的胶合板，墙体装修材料等。

3）设有换气性能良好的换气设备，能将室内污染物质排至室外，特别是对高气密性、高隔热性来说，必须采取具有风管的中央换气系统，进行定时换气。

4）在厨房炊具或吸烟处要设局部排气设备。

5）起居室、卧室、厨房、走廊、浴室等要全年保持在17～27℃之间。

6）室内的湿度全年保持在40%～70%之间。

7）二氧化碳要保持低于百万分之1000含量的水平上。

8）悬浮粉尘浓度要低于0.15mg/m^2。

9）噪声要小于50分贝。

10）一天的日照确保在3h以上。

11）要有足够的照明设备。

12）住宅具有足够的抗自然灾害的能力。

13）具有足够的人均建筑面积，并确保私密性。

14）住宅要便于护理老龄者和残疾人。

15）因建筑材料中含有有害挥发性有机物质，所有住宅竣工后要隔一段时间再入住，在此期间要进行换气。

在健康住宅定义中，以满足住宅基本要求为基础，突出健康要素，以人类居住健康的可持续发展的理念，满足居住者生理、心理和社会上的多层次的需求，为居住者营造一处健康、安全、舒适和环保的高品质住宅和社区。因此，健康住宅可以直接释义为：一种体现在住宅和居住环境两方面，不仅包括与居住相关联的物理量值，诸如温度、湿度、通风换气、噪声、光和空气质量等；还包括主观性心理因素值：诸如平面空间布局、私密保护、视野景观、感官色彩、材料选择等的理念，突出回归自然，关注健康，关注社会，预防并消除因住宅而引发的疾病，营造健康的环境。

6.7.2 舒适和健康民用建筑的设计与施工

ISO/DIS 16814《建筑环境设计-室内空气质量-人居环境室内空气质量的表述方法》标准中详细说明了针对新建及改建的建筑和系统室内可接受环境制定的设计标准方法。室内环境包括热环境、声环境、光环境以及室内空气质量（IAQ）。在其设计、施工的过程中都是以人体健康和舒适性要求为基准，在现有的室内状态下，以将室内空气污染物控制在不会危害人体健康而且不会影响大多数人的舒适感作为目标。该标准是用于建筑、供热、通风和空调系统设计的国际标准系列之一。这一国际标准对我国民用建筑室内环境污染控制具有重要的意义。

如何在民用建筑设计和施工的全过程中，以健康和舒适的人居环境为导向，不但要考虑建筑本身散发的污染源，还要考虑人体生物性释放物、室内功能性释放物（办公、家居），作为IAQ和通风要考虑的基本因素，如室内外污染物散发量、能耗、地方设计规范、最小通风量等因素，针对室内环境中可能的污染物进行全面考虑，这些室内环境污染物包括：

1）可挥发性有机物（VOCs）和其他有机物，如甲醛。

2）环境烟草烟雾（ETS）。

3）氡。

4）其他无机气体，如臭氧、一氧化碳和氮氧化合物。

5）活性粒子（包括病毒、细菌和真菌孢子）。

6）非活性生物污染物（如螨虫、真菌粒子及其代谢物）。

7）无生命粒子（如灰尘和纤维）。

为了获得良好的IAQ，必须对暖通空调（HVAC）设施进行正确地设计、安装和运行，这是获得IAQ的基本保障。目标建筑物在设计建筑物时（包括配套设施），设计者和用户都要认识到建筑物中的IAQ是多种因素综合作用的结果，从人群的健康与舒适性角度进行规划，不仅仅是通风量，还应从建筑物、自然条件、室内环境以及室内人员的相关主要参数出发，综合考虑污染源及散发量，来选择减少污染物的方法，如选择进风空气过滤器，对回风进行净化或不作回风等控制手段，保证在系统运行时的所有情况下均能达到净化设计的要求。基于舒适考虑的设定温度，还必须充分注意微生物在建筑内部或通风系统滋生繁殖的可能性，因此同时应考虑对微生物的净化措施。

6.7.3　室内空气质量监管体系与措施

在室内环境质量体系中，对民用建筑工程、室内装饰装修工程进行全程、全方位的监督与管理，是室内空气质量监督的重要内容和基本保证。因此，建立和健全与室内环境密切相关的监督和管理措施，通过制定国家标准的方式，促进全社会依照国家标准进行民用建筑的设计、各种建筑材料生产、民用建筑工程施工、验收。

6.7.4　科学合理的空气流通与交换方式

室内环境污染的一个重要特征是：室内空气流通效率低，使空气中有害物质得不到及时稀释而累积。有效的通风是减小室内空气污染的重要手段。

通过机械通风能够提高室内换气量、改善室内空气温湿度、降低室内含尘量等，因此通过对机械通风系统进行改造，采用新型空气净化技术可以有效地净化空气中的甲醛及TVOC、病毒、细菌等主要污染物。使传统的机械通风方法，在城市大气污染严重时也能使室内空气质量达到规定的要求。

对采用中央空调通风系统的民用建筑来说，除了保证民用建筑通风系统符合规范规定的要求，进行日常使用和维护外，还要根据不同民用建筑室内环境污染的各自特点，采用新型净化技术对现行中央空调系统设备进行技术更新改造，分别在中央空调机组的新风机组、送风管道、主回风管道以及送风口、回风口中加装空气净化单元，可以有效净化室内空气中的各种污染物，特别是加强回风净化。

6.7.5　环境功能材料的利用与开发

营造生态环境和健康居室的主要手段之一，是大力开发新型的生态健康环境功能材料。所谓环境功能材料是指那些具有良好使用性能或功能，并对资源和能源消耗少，对生态与环境污染小，再生利用率高或可降解循环利用，在制备、使用、废弃直到再生循环利用的整个过程中都与环境协调共存的一大类材料。环境材料不仅包括直接具有净化环境、修复等功能的高新技术材料，也包括现用量大面广的传统材料及其产品，通过改造使其“环境化”。近几年来，众多的科学工作者在环境材料研究和开发方面，诸如净化环境、防止污染、替代有害物质、减少废弃物、材料的资源化、利用自然能源等方面作了大量的研究工作，并已取得重要的进展，但与健康舒适的人居环境要求相比，仍存在较大差距，还需广大科技工作者的共同努力。

6.7.6　空气净化与治理技术的综合运用

由于现有的室内空气净化技术的局限性、使用方式、人为因素和室内通风不畅等各种因素，现有的室内空气质量仍然非常严峻，因此必须对室内空气污染进行综合治理，利用有效措施来减轻室内空气的污染，提高室内空气质量，满足人们对民用建筑节能、健康、舒适的人居环境的需求。

单一的净化方法往往存在某些不足，采用多种净化材料或净化方法组合，是满足健康与舒适民用工程建筑室内环境净化的重要方式。首先，采用合理的净化方式，对室内环境中的空气质量进行有效控制；在建筑工程和装饰材料中采用全过程的环境材料和环境施工方式，确保民用建筑基本的室内空气环境质量；对易于散发有毒有害气体的建筑材料、装饰装修材料进行污染物净化与封闭处理，是减小建筑与装饰装修材料对室内空气污染的有效措施之一。

6.7.7　健康的室内环境生活方式

舒适与健康的室内环境，还应建立在健康的生活方式之上。因此，在生活方式上，人们应该尽量克服下面这些不良使用习惯，首先要避免室内吸烟、避免使用带有挥发性有机化合物的日用化学品；使用电脑、打印机、复印机等办公用品时，尽量采用抽风机或排风机或空气净化器，尽量回归到自然和健康的生活方式之中。

第7章　中央空调通风系统和家用空调污染与控制

随着我国社会经济的长足发展，新建、扩建和改建了大量酒店、商场、医院、学校、写字楼等大型建筑。这些大型建筑基本上都采用中央空调技术来营造舒适的人工环境。根据我国现行的暖通空调设计规范，从建筑节能及设备条件出发，为提高能耗的效率，建筑物的密封性大大增强，引入的新风量比例也较以前降低，室内通风成为建筑物内部的空气循环，因此室内空气中污染物形成累积效应，引起室内空气质量下降。另一方面，在现代室内装饰装修时，大量使用化学复合材料，尤其是装饰装修材料、人造板材及其家具、复合吊顶材料、涂料等，在室内长期散发大量对人体有毒有害的污染物，更加剧室内空气质量的恶化。

在强调以人为本的今天，只有创造健康舒适的室内环境，实现建筑节能与环保的协调统一，才能实现建筑环境技术可持续发展。因此对中央空调通风系统的空气质量及其影响因素进行分析，研究开发新型适合于中央空调通风系统中的净化装置，就显得十分的迫切和重要。

7.1　中央空调通风系统空气质量现状与危害

7.1.1　中央空调通风系统空气现状

人们在享受现代技术带来的室内温度、湿度舒适性的同时，中央空调所带来的室内空气质量恶化，对人体健康的负面影响已成为人们日益关心的问题。长期生活、工作在中央空调的人工环境中，人群中会出现疲劳、头昏、鼻塞、口干、胸闷、精神不佳等各种病症。国外大量的流行病学研究资料表明，作为室内空气主要污染物之一的细颗粒物浓度的上升与呼吸系统疾病、心血管系统疾病的发病率和死亡率密切相关。美国研究人员分析了1000多幢建筑物中室内空气的污染问题，发现50%以上是由建筑物空调系统过滤效果差造成的；加拿大环卫组织研究发现：人类68%的疾病是由于室内空气污染造成的，而且发病率逐年上升。我国卫生部2004年2月至4月组织开展全国公共场所集中空调通风系统卫生状况的监督检查，抽检结果令人吃惊：全国共抽检了60多个城市具备集中空调设施的937家公共场所，包括宾馆饭店、大型商场、超市，检测样品5600件。其中属于严重污染的集中空调通风系统有441家，占抽检总数的47.1%，中等污染438家，占抽检总数46.7%，合格的58家，占抽检总数的6.2%。这些卫生不达标的集中空调由于长期得不到及时、充分的清洗，系统中积存的尘土和不断繁殖的微生物数量大大超过国家标准，其中尤以“军团菌”的含量最高。

在2003年8～10月间对北京市5家五星级宾馆的集中空调通风系统进行现场采样、检测和录像。结果5家宾馆的7个系统中，有6个系统积尘量属严重污染，1个系统属中等污染；积尘中细菌总数有4个系统属中等污染，霉菌总数有5个系统属中等污染；录像资料显示管道内污染有霉斑、施工垃圾，积尘较厚。在随机抽取绍兴市10家三星级以上大酒店、商场、大型超市的集中空调通风系统进行积尘量、积尘中细菌总数、真菌总数微生物污染检测与分析。结果：70% 的集中空调通风系统为中等污染，30% 为严重污染。北京市卫生局也于 2004 年分三次对北京 80 家左右的公共场所的中央空调卫生状况进行抽查，检查结果 90% 属于严重污染。

7.1.2 中央空调通风系统污染物的来源及对人体健康的影响

中央空调通风系统的空气主要污染物按其来源可以分为以下三类：

（1）微生物性污染 微生物污染物主要包括细菌、真菌、病毒、代谢毒素，与这些生物体、毒素相关的颗粒，以及其他动植物颗粒等，它们以气溶胶形式存在或沉积于中央空调通风系统中的过滤器、管道、换热器、冷盘管、加湿器以及冷却塔、凝结水盘部件表面，成为大型建筑室内空气重要的微生物污染源。由于这些部件中微生物滋生、繁殖而引起中央空调通风系统相关的病症大致可分为三大类：急性传染病（如军团菌病、SARS、H1N1）、过敏性疾病（包括过敏性肺炎、加湿器热病等）、病态建筑综合症。在 2003 年 SARS 肆虐后，中央空调通风系统可能造成的微生物污染、传播更受到人们的普遍关注。

（2）化学污染物 由于大型建筑室内环境复杂性、多样性，室内各种有机、无机化合物带来了空气污染，这些污染物主要来源于：

1）室内装饰装修材料及家具散发的 VOCs 的污染：这是造成室内空气污染的主要因素，油漆、人造复合板材、泡沫填料、内墙涂料、塑料贴面材料等化学合成材料，它们散发出甲醛、可挥发性有机污染物等对人体有毒有害物质。

2）来自室外的污染物：室外空气污染物通过门窗引入或通风换气等途径直接进入建筑内而引起室内污染。在人群密集、交通繁忙的城市市区，机动车尾气是室内 VOCs 的主要来源之一。室外大气中粉尘、汽车排放尾气和各种工业排放废气中的 NO_X、CO_2、SO_2、烟雾及可吸入颗粒物等都有可能成为室内污染的来源。

3）燃烧产物造成的室内空气污染：燃烧做饭和吸烟是室内污染的又一主要污染源，厨房中的油烟和香烟中的烟雾成分极其复杂，目前已分析出 300 多种不同物质，它们在空气中以气态、气溶胶态存在，其中气态物质占 90%，许多物质对人体具有致癌性。

4）人体、动物新陈代谢造成的室内空气污染：人体自身的新陈代谢及各种生活废弃物的挥发成分也是造成室内空气污染的一个原因。人在室内活动，除人体本身通过呼吸道、皮肤、汗腺可排出大量污染物外，还有其他日常生活中各种化学用品，如化妆品、洗涤剂、灭虫剂等也会造成空气污染。

5）各种办公用品释放出的污染：打字机、复印机等办公用品在使用时会产生的 VOCs、臭氧、粉尘颗粒物，这是现代办公用品带来的新型污染。

（3）放射性污染物 大型建筑室内空气中放射性污染物主要来自建筑主体材料，例如含有放射性水泥、沙石、粉煤灰、矿渣等墙体材料；地下土壤、装修石材、墙地砖等材料释放到室内空气中的放射性物质——氡气，也会造成室内空气污染。

多年进行室内环境检测工作的研究分析表明：我国现阶段，室内主要空气污染物是甲醛、VOCs、细菌、病毒、粉尘颗粒物、NO_X、SO_2、CO_2 等。其中：在以中央空调通风系统为主的公共场所中，引起室内空气污染的主要污染物是微生物、病毒、甲醛、VOCs、粉尘颗粒物等。

7.1.3 影响中央空调通风系统空气质量的主要因素

1. 中央空调通风系统设备的内在影响因素

（1）中央空调通风管道　中央空调通风管道中的微风速使得一些污染物容易积聚在其中，特别是在弯头、接口处。由于中央空调管道中的适宜温度、湿度条件和聚集的尘埃，为微生物的孳生或繁殖提供了良好的条件。一些微生物如细菌、病毒、螨虫、真菌和昆虫。当空调系统启动时，由于受到送风压及震动，管道中的灰尘和微生物以气溶胶的形式被通风气流携带到空调房间里，从而造成室内空气中微生物污染。

（2）加湿器　加湿器的作用是增加空气中的湿度，以提高上呼吸道的舒适性。但同时加湿器中的水也是细菌、病毒等微生物繁殖的重要场所。

（3）凝水盘　中央空调的风机盘管中的凝水盘，是微生物能够大量繁殖的场所。当中央空调启动时，细菌、霉菌等微生物以及微生物繁殖时生成的气体与空气中的水滴一起分散成气溶胶，随送风气流进入空调房间，造成室内空气的微生物污染。

（4）冷却塔　冷却塔也是中央空调系统内部微生物生长繁殖的重要场所。冷却塔中的循环水在循环过程中，会夹带起生长在冷却塔构件表面的微生物，形成微生物气溶胶。微生物气溶胶通过空调机入口、门窗和通风管道进入室内。

（5）过滤器和回风过滤器　目前中央空调普遍使用粗效过滤器，它们最多只能过滤掉空气中40%的可吸入颗粒物、粗纤维，大部分的可吸入颗粒物会进入中央空调系统。一方面，这些可吸入颗粒物有可能成为病毒的滋生、繁殖的载体，使病毒在空调系统内流动传播，从而产生交叉感染。另一方面，颗粒小的可吸入颗粒物相互联结成大灰尘，积累在通风管系统的底部和拐角，它们增加了通风阻力，也增加了能源消耗。

（6）其他装置　中央空调通风系统中的冷凝器表面、帆布接头和法兰连接处等在空调运行过程中也容易积尘、发霉，这些部位也是给空调通风系统带来污染的重要场所。

2. 中央空调通风系统设备的外在影响因素

（1）人体感观传统观念的束缚　舒适型空调系统在设计时要求室内温度、湿度等参数同时满足设计规范，基本没有考虑细菌、病毒等微生物、粉尘颗粒物，尤其是近年来甲醛、VOCs等装修污染物的净化问题，使得人们利用空调系统在控制室内污染，确保室内环境健康方面认识不足。当经济发展到一定程度时，人们才开始意识到室内环境品质对健康的重要影响，但这种影响是一种持续的、被动的。

（2）空调系统自身设计不足　在新风量引入、送风、回风气流组织及其设计与使用环境条件不相符，没有充分考虑到新风及回风中污染物的净化，突显出现代空调系统由单一舒适型向健康舒适型转变的重要性和迫切性。

（3）新风质量不高　新风是保证室内空气品质良好的必要条件，它包括新风的“质”和“量”两个方面。在传统空调的新风设计中，都只考虑了室内人员引起的污染，而忽视了室内污染物引起的污染。事实上，新风量应该由室内人员和室内污染物来共同确定。

美国ASHARE标准62-1989R中认为：室内最小新风量 = 人数 × R_p + 地板面积 × R_b，

其中 R_p——每人最小新风量指标（$R_p = 10.8/m^3(h \cdot p)$）；

R_b——每平方米地板所需的最小新风量指标（$R_b = 1.26m^3/(h \cdot m^2)$）。

由于室内人员数量、各种装饰材料对室内空气中污染物的散发量的变化，这给传统观念带来了挑战和革新。再加上引入新风质量的差别，有些地区室外的空气质量比室内的空气还要差，同时新风过滤器的效率不高，新风中进入室内的有机化学物质得不到有效的去除。这些都影响了新风的质量。

（4）送风系统污染　人们在对空气处理机和空调系统的研究中发现：几乎所有的通风系统组成构件都是污染源和臭味源。其中包括过滤器、盘管、热回收器、风机和消声器，各组成构件的恶化作用并不相同，其中最严重是过滤器（纤维型），污染的主要原因是油、尘等污染了表面，从而引起微生物、细菌的繁殖而导致污染；有的构件可能在生产过程中就被灰尘或油污染了。再加上通风设备在设计时，对气流组织、通风量、温度与湿度调节功能、送风与回风组织设计能力不足，也导致了与实际使用环境的差距较大。

空调系统运行时，在通风系统各种部件中及风管内壁，由于使用维护措施不到位、未及时清洗，往往积累了一层薄薄的灰尘。灰尘是滋生各种微生物和细菌的主要土壤，同时还会增加风管系统的运行阻力，使系统风量下降，从而增加能耗，更对风机盘管等末端设备造成不同程度的污染和破坏，也降低了整套中央空调系统的运行寿命。

（5）冷却水、冷凝水系统污染　制冷系统的循环冷却水因为与大气直接相通，空气中的污染物如尘土、杂质、细菌、颗粒物等随时都有可能进入循环冷却水系统，而循环冷却水的温度和酸碱度 pH 值恰恰适合于大多数微生物的繁殖生长，且随着冷却水的不断循环蒸发，水中的营养源也随之增加，更促使微生物迅速地大量繁殖。冷却水系统中各种细菌、霉菌的繁衍滋生大多在冷却塔内进行，而高层建筑空调系统的冷却塔多置于群房之上，在冷却塔内滋生的各种细菌、霉菌以及可溶性固体在空气中形成的气溶胶，将会弥散于冷却塔周围大气之中，又通过新风或通过门窗进入室内，引起室内空气下降。

室内的空调箱和风机盘管中的换热器大多是在湿工况下工作的，换热器下面的集水盘，由于排水坡度不够，或排水管堵塞而积满了凝结水。在这种高湿环境下，进入空调箱和风机盘管的灰尘和微生物，粘附在换热器表面和集水盘中。当空调机组中止运行时，随着机组温度的逐渐回升，为微生物迅速地大量繁殖创造了良好的营养和温湿度条件。当机组再次启动时，微生物繁殖时生成的细菌、霉菌就会在空气中形成气溶胶，随送风进入空调室内，使室内空气品质恶化。

（6）室内空气中污染物量的增加　由于室内装修中大量化学合成材料替代了传统的材料，各种化学污染物的散发使室内环境质量下降而导致的健康问题愈日增多；室内人员聚集数量、人体代谢、室内使用的各种办公用品等因素，也都增加了室内空气的污染。

7.1.4　中央空调通风系统中的微生物污染

1. 中央空调通风系统中军团菌病污染

军团病已知的首次爆发是在 1976 年美国费城一次军人聚会上，221 人被感染，其中死亡 34 人。由于大多的死者都是军团成员，因此称为军团病或退伍军人症。次年从死者肺组织中分离出一种新的病原体，1978 年国际上正式将该病原体命名为嗜肺军团菌。该病的第二次大爆发是在 1985 年英国的斯塔福德医院。这次 101 个被感染者中有 28 人死亡。目前，在世界范围内，除西班牙、法国、英国、德国、瑞典、荷兰、意大利、葡萄牙等欧洲 31 个国家和美国外，澳大利亚、日本、加拿大、以色列等国均发现了军团菌病。

2000 年 4 月，澳大利亚墨尔本市发生了该国历史上最严重的一次军团菌病，游览新落成水族馆的人群中发生军团菌病爆发，报告有125例确诊军团菌病病例，76%的病例入院治疗，4人死亡，病死率为3.2%，其原因可能是水族馆空调冷却塔被军团菌污染。2000年6月，由于日本一公共浴室的水循环和过滤系统上的设计错误致浴水污染，从而导致日本发生了该国历史上最大的一次军团菌病爆发，共34人患病，3人死亡。同年，在以色列的一家骨髓移植单位爆发了一起由于医院供水系统污染导致的军团菌病，在使用相同骨髓移植手术设备的23例患者中，有4例接受造血干细胞移植的患者爆发由Lp3引起的院内军团菌病。2005年10月，加拿大安大略省发生了一起由于冷却塔水污染造成的军团菌病爆发，共135人患病，23人死亡。

中国自1982年在南京首次证实军团菌病病例以来，已有多起军团菌病爆发流行及散发病例报道。目前，除西藏自治区外所有的省、市、自治区（包括台湾省）均有军团菌病报道。1985～2005年，国内正式报道13起不同规模的流行，其中10起由嗜肺军团菌引起。1997年6月北京某写字楼员工爆发的一起由Lp9、Lp12引起的上感样军团菌病，上感罹患率为34.62%（108/312），经证实这是由空调系统冷凝水污染军团菌造成的，这是国内首次报道因中央空调系统污染所致的军团病爆发。1998年在四川一所学校的学生中爆发由Lp6引起的军团菌感染。2000年在北京郊区某新兵训练营地发生一起博杰曼军团菌病爆发，感染率为33.00%，患病率为8.87%，18例患者中，肺炎型2例，庞蒂亚克热型16例。2003年在北京市一家月饼生产公司发生的一起军团菌病爆发，共有76人发病，罹患率为13.3%（76/570）。2005年报道一起由热水淋浴系统污染引起的非肺炎型军团菌病爆发。

从上述已经发现的军团菌引起感染、爆发的病例分析：当公共场所中央空调或给水系统受到污染，形成气溶胶的病原体经空调系统冷凝器的蒸发气体或污染的淋浴喷头传播时，嗜肺军团菌则爆发流行。因此可以得出如下结论：由中央空调、冷却水塔、热水淋浴器等系统中军团菌繁殖传播是引起军团菌爆发的主要原因。

（1）军团菌对人体的危害　军团菌对人体的危害范围包括：①无症状血清变化；②自限性无肺炎的流感样病态，有时叫做庞提阿克热；③军团病为最严重和最常见到的肺炎类型；④局限性、罕见的软组织感染。

军团菌可经呼吸道侵入人体，也可从创面进入人体，人与人之间传播尚无充分证据。气溶胶中的军团菌被人体吸入后，可直接穿入呼吸性细支气管和肺泡，与吞噬细胞、中性粒细胞附着，并进入细胞进行繁衍，直到细胞破裂，产生一些淋巴与细胞毒性因子，引起肺损害。另外，军团菌还可直接产生释放各种毒素和酶，引起肺的持续性损害：外毒素可溶解细胞；内毒素如脂多糖（LPS）能阻止吞噬体与溶酶体的融合；毒素类物质可损害单核-巨噬细胞的杀菌功能；磷脂酶可抑制细胞内第二信使的形成，从而抑制吞噬细胞的活化。蛋白酶能影响吞噬细胞的活化和杀菌功能；蛋白酶能灭活白细胞介素-2和裂解人T细胞表面CD4，从而干扰T细胞的活化和功能的发挥。

据估计，在美国每年都有8000～18000人感染上军团病。军团病患者通常有发烧、畏寒及干咳或咳痰等表现。部分患者还有肌肉疼痛、头痛、疲劳、食欲不振及偶尔腹泻等症状。许多病例表明，出现症状需要5～6d的时间。

（2）军团菌的感染途径　军团菌病的感染途径包括：

1）社区获得性感染：是指在日常生活环境和公共场所中受到军团菌感染而致病，特别是某些自身免疫力低下的人群，受到军团菌感染而引发军团菌病。

2）旅游相关性感染：指患者患病前 10 天内离家至少一个晚上，可能是在宾馆、饭店、车船、营地等环境中获得感染。

3）医院获得性感染：是指有些病人由于其他疾病住院治疗期间受到军团菌感染而并发军团菌病。

4）其他获得性感染：某些特殊职业使得工作人员在作业中接触军团菌污染源的机会较高，而逐渐感染军团菌病。

（3）军团菌病的生存与繁殖特点　军团菌病的传播特点与军团菌的生存方式有很大关系，军团菌病常见的生存方式及传播载体有：

1）在天然水体中，军团菌是常见菌。由于军团菌的营养要求比较特殊，在水温较低、营养较贫乏的天然水体中，军团菌不易繁殖。但军团菌在其他人工水体（如温泉等）中的情况则较为复杂。如果供水温度较高，或者供水管道和蓄水池的管壁和池壁上形成积垢和生物膜，则会为军团菌的大量增殖提供适宜的环境和营养条件。与此类似的还有冷却塔的循环水和空调的冷凝水，由于水温较高，管道中容易藏污纳垢，且容易形成死水区，为军团菌提供了良好的栖息和繁殖环境。因此军团菌病的主要污染源是供水系统及冷却塔和空调系统。

2）气溶胶是军团菌传播、传染的重要载体。军团菌感染的主要途径是经呼吸道吸入被军团菌污染的气溶胶而感染。军团菌的菌体微小，人在正常呼吸时，会将空气中含有军团菌的气溶胶吸入呼吸道内，致使军团菌有机会侵染肺泡组织和巨噬细胞，引发炎症，导致军团菌病。

3）军团菌的另一个传播载体是原虫。人们已经发现军团菌在阿米巴等原虫细胞内的寄生增强了其在环境中的存活能力、传播能力和致病性。当大量军团菌从原虫细胞内释放出来时，会成为军团菌病严重爆发的潜在危险因素。

4）军团菌传播的其他途径　人工供水系统有时也能为军团杆菌的大量繁殖提供生存环境。经过一夜停止不用的水龙头及附近水管中的自来水是静止的，水中的残留微生物会大量繁殖，其中可能就有“军团菌”。这些系统包括淋浴器、矿泉池、喷泉以及空调设备的冷却水塔。人们通常是由于呼吸了被军团杆菌污染的水源散发的水雾而传染上军团病的。

2. 中央空调系统与传染性非典型肺炎（SARS）

2003 年 SARS 的流行期间，人们开始关注 SARS 病毒是否可以通过集中空调传播，虽然现在还不能确定，但不排除这一可能性。研究发现 SARS 病毒可以在空气中进行中短距离传播，至少可以在空气中传播 25.3m，空气污染物气溶胶颗粒是这种疾病传播的重要载体，病毒可在空调机内存活较长时间。一些流行病学调查结果显示，部分 SARS 病例无任何接触史，但都有去过公共场所的经历，因此不排除与集中空调通风系统污染有关。另外，世界卫生组织证实了香港淘大花园 SARS 爆发流行事件是典型的 SARS 病毒污水的液滴和飞沫通过送风管道系统传播的事例。由此可见集中空调通风系统内不洁的尘埃可能成为病毒、细菌的载体，将病原体通过集中空调系统播散到人们活动的室内场所，从而引发经空气传播的呼吸道传染病的流行或爆发。

3. 中央空调与流行性感冒

在中央空调的室内环境中易导致感冒等呼吸系统疾病，调查发现，在工作场所和居室使用空调的人群夏季感冒的发生率显著高于工作场所和居室不使用空调的人群（$P<0.01$）。使用中央空调时流感的高发期比不使用中央空调的季节显著提高。中央空调是否引起流行性

感冒虽然没有确凿的证据，但流感的经空气传播的特性说明流感爆发也可能与使用中央空调有关。

4. 中央空调与过敏症

过敏症包括过敏性鼻炎、哮喘、过敏性肺泡炎等。引起过敏症的过敏原包括细菌、真菌、尘螨等。在中央空调环境中各种办公场所，患过敏性鼻炎、皮炎的人员占很大比例。可能是由于在办公场所，人体、房间和空调机形成了一个封闭的系统，给尘螨提供了易于生存的环境，从而增加了人体与尘螨及其排泄物（变应原）的接触机会，从而引起过敏性鼻炎、皮炎等过敏性疾病。

5. 中央空调与不良建筑物综合症

目前环境流行病学研究已证实，空调通风系统的卫生状况、空气交换率和室内空气污染状况与不良建筑物综合症有密切关系，当患者离开不良建筑物后，症状可以得到改善甚至自动消失。与其相关的疾病还有建筑物相关病（BRI）、办公室病（OI）等。据报道，在一些发达国家，办公建筑物中的不良建筑物综合症的比例高达30%，这种现象普遍存在于写字楼、宾馆、商场等公共场所和住宅中。

7.2　中央空调通风系统污染控制方法

中央空调系统是由于室内空气、冷冻水、制冷剂和冷却水在各自的系统里不断循环流动，把制冷或加热能量通过送风系统连续不断地释放给室内空气。因此必须对中央空调所有接触到空气的循环系统采取相应的控制措施，以减少对室内空气的污染。

7.2.1　中央空调通风系统卫生监督与管理

建筑物的中央空调系统犹如人体的心肺系统，联结着身体的各个部位，主导着人体的新陈代谢，其一旦被感染，便有可能扩散到整体系统，直接危害建筑物内人们的健康和生命安全。建筑物空调通风系统可能造成的人体健康危害和疾病可达几十种，其中的粉尘颗粒物成为传播载体。国内各种传染性病症的爆发都与中央空调的使用不规范有关，它们已经成为人们工作生活中的健康隐患。

我国经济的快速发展，各种大型建筑、高层建筑物日益增多，中央空调的使用率也越来越高，但它们的通风系统大多长期得不到系统的清洗，成为长期积累下来的室内环境卫生死角。我国卫生部及相关部门于2006年发布《公共场所集中空调通风系统卫生管理办法》（简称《办法》）、《公共场所集中空调通风系统卫生规范》（简称《卫生规范》）、《公共场所集中空调通风系统卫生学评价规范》和《公共场所集中空调通风系统清洗规范》（简称《清洗规范》），这些《办法》及《规范》的颁布实施对改善空调通风系统起到了积极的意义。

其中，《办法》提出，公共场所集中空调通风系统应符合卫生规范和卫生标准对风管系统、风口和机房的卫生管理要求；对冷却塔、过滤器（网）、表冷器、加热（湿）器、冷凝水盘等的检查、清洗或更换要求；对新建、改建和扩建空调通风系统的具体实施要求。

《卫生规范》主要规定了公共场所集中空调系统的卫生要求和检验方法。并规定了新建、改建、扩建和已投入运行的公共场所集中空调通风系统预防空气传播性疾病的卫生学评价工作。《清洗规范》规定了集中空调通风系统各主要构成部分的清洗方法、清洗过程以及专业清洗机构、专用清洗设备的技术要求。

7.2.2　防止中央空调水系统污染的措施

（1）防止冷冻水系统污染的措施　对于用喷水室处理空气的开式冷冻水循环系统，因其易受污染，所以在设计、施工和运行管理中应注意采取以下措施：

1）用作热、湿交换的喷水室与冷冻水箱之间应采用重力回水方式，在空调箱中止运行期间，应使底池中的水全部返回冷冻水箱，以免细菌在底池内繁衍滋生，同时应在底池溢水管的溢水器上设置水封罩。水封罩四周必须浸没在喷水室底池的水面以下，以防喷水室内、外空气贯通，使未经过滤的空气进入空调箱内。

2）仅用于冬季加湿的喷水室，应经常更换底池存水，定期对底池清洗消毒，以免细菌和霉菌的滋生。

3）建立定期清洗、检查、检测水质的制度，及时向水中投放合适的杀虫剂和净化剂，以达到杀菌、阻垢和防腐蚀的目的。

（2）防止冷却水系统污染的措施　防止冷却水系统污染的措施在于对微生物的控制，阻止微生物大量繁殖所造成的危害是循环冷却水系统的关键。控制微生物污染的主要途径有：

1）在开式循环水池上部加盖，避免阳光照射。表面冷却器的冷凝水排出口，应设能自动防倒吸并在负压时能顺利排出冷凝水的装置。凝结水管不能直接与下水管道相接。

2）设置旁滤装置，使部分循环冷却水经旁滤池过滤，以除去水中的悬浮物以及藻类生物。

3）加强补充水处理，改善补充水的水质。

4）建立定期清洗、检查、检测制度，及时向水中投放杀虫剂，杀灭各种微生物。

7.2.3　减少中央空调通风系统污染的措施

1. 对新风的处理

应根据我国相关规范的要求，确定新风的引入和处理。对新风进行处理时，应尽量保持新风原有的品质。采用新风独立处理（或预处理），尽量减小系统对新风的污染。在设计空调系统时，尽量缩短新风的输送途径，最好使新风直接入室。

2. 回风口安装空气净化器或过滤器

粗效过滤网要定期用消毒液浸泡、清水刷洗，洗净、晾干后使用。每隔 2 个月清洗一次。对大型公共场所室内含尘量较大，而又需要大量回风的系统，宜采用粗效和中效两级过滤进行净化处理。

3. 送风口安装粗效过滤网

对于大面积送风、送风量分配要求不是十分严格的空调系统，可在阻力较小的送风口上安装粗效过滤网。风口上安装过滤网的支管取消调节阀。这样可以降低空调系统的造价，又可使送入室内的空气多经过一级净化过滤。由于空调系统在运行时，风管内壁往往积累了一层薄薄的灰尘，因此有必要在风管系统的干管上设置检查门。人员可以通过检查门，定期用移动式高效真空吸尘器对风管内壁进行清洁，以减少空调系统对室内空气的污染；也可以通过检查门往送风管中喷洒一些刺激气味低、对人体健康无害、对风管系统无腐蚀作用的杀菌剂来改善室内的卫生条件。

4. 排风系统的设置

排风系统是空调系统重要的组成部分，它对室内空气的换气次数影响很大。排风系统的设置应能够及时把室内污浊的空气排走，避免污浊程度较高的空气流向污浊程度低的地方。

5. 室内相对湿度的合理和科学调节

通风空调系统在施工过程中，应严格按照国家颁布的有关规范、规程施工，减少风管的阻力，降低风管的漏风率，来保证室内的换气次数，为室内温、湿度的调节提供更大的余地。有关科学研究揭示，当室内相对湿度高于60%时，对微生物的滋长有利。空气处于较小相对湿度时能够抑制细菌的生存、繁殖。因此，空调系统运行时，室内日平均相对湿度应调节到不大于60%。

6. 风管的清洗

空调系统风管内积聚灰尘不但会严重污染室内的空气，而且会增加风管系统阻力，使空调系统的风量下降。由于风管内空气的温度和湿度非常适宜某些细菌的生长和繁殖，因此空调风管系统本身就可能是一个污染源。风管系统的清洁维护是日常工作中最为重要的一个环节，不能只停留在过滤器的清洗或更换上。实践证明风管清洗不但可以提高室内空气的质量，而且可以确保空调系统的高效运行。

7.2.4 中央空调空气净化技术的研究与开发

1. 现有中央空调空气净化技术与应用现状

目前国内外室内空气污染净化技术主要分为三类：除尘技术、气体净化技术和杀菌消毒技术。室内空气除尘采用较多的是纤维过滤式除尘和静电式除尘。活性炭过滤法仍是主要的气体净化方式。杀菌消毒技术现在主要采用 O_3 和紫外线进行。近来纳米二氧化钛光催化技术也得到了长足发展。以纳米二氧化钛为氧化剂，在紫外光的照射下，激发空气中的氧及水分子，通过具有强氧化性的羟基自由基氧化分解室内空气中的各种有机污染物，具有良好的应用前景。但是随着人们对光催化技术研究的深入，发现纳米二氧化钛光催化反应器应用于室内空气中污染物的净化需要有高强度紫外光的照射，污染物浓度较低时尤其如此。而且，光催化氧化分解VOCs的动力学过程需经过许多中间步骤，容易生成其他毒性更强的中间产物。而对采用中央空调通风系统大风量、大流速的室内空气来说，其毒性更强的中间产物随着循环风带到室内各个部位，会带来更大的污染。目前尚有许多机理性的问题需要进一步的深入研究和探讨，可以推断纳米光催化技术在中央空调通风系统中短期内较难进入实际应用阶段。

2. 纳米生态酶中央空调空气净化装置的研究与应用

纳米生态酶空气净化技术经过多年的研究开发工作取得了重要进展。以表面具有纳米孔隙、具有多种活性基团的活性炭纤维与高分子纤维复合，负载模拟酶催化剂、纳米银杀菌剂后制作成超薄型、低风阻的空气净化材料，可针对室内空气污染的首要污染物——甲醛等有机污染物以及病毒、细菌、粉尘颗粒物、NO_X、SO_2、CO_2 等污染物进行净化处理。

根据中央空调通风系统造成空气污染的特点，可用纳米生态酶空气净化技术对现行中央空调系统设备进行技术改造，分别在中央空调机组的新风机组送风管道、主送风管道、主回风管道以及送风口、回风口中加装空气净化单元，利用纳米生态酶空气净化技术，能有效净化室内空气中的各种污染物。

（1）新风机组空气净化装置　新风机组是中央空调的重要部件，关系到引入新风的空气质量，现有新风机组内大部分采用纤维过滤网或活性炭过滤装置，其过滤能力、净化功能都受到一定限制。采用纳米生态酶空气净化技术，在新风机组纤维过滤网的后端加装由纳米生态酶空气净化材料制作的净化装置，可以确保新风机组引入的空气质量。图7-1中为新风机组空气净化装置结构示意图。

（2）送风、回风管道空气净化装置　在中央空调的送风、回风管道的侧端加装与主风道并联的空气净化装置，在主风道上安装截止阀，调节主风道通过的风量，使主风道通过的部分或全部空气，通过风量纳米生态酶空气净化装置，从而满足室内空气质量的要求。如图7-2为送风、回风管道空气净化装置结构示意图。

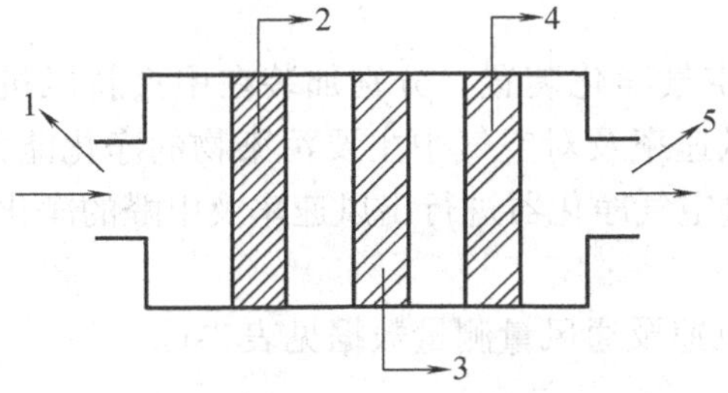

图7-1　新风机组结构示意图
1—新风进口　2—纤维过滤器
3—纳米生态酶空气净化装置
4—空气除湿装置　5—新风出口
其中：箭头所指方向为空气流通方向

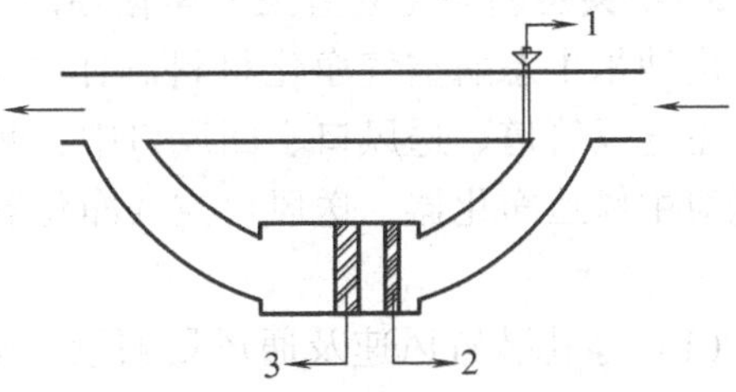

图7-2　送风、回风管道空气净化装置示意图
1—空气净化节流阀门　2—纤维过滤器
3—纳米生态酶空气净化装置
其中，箭头方向为空气流通方向

（3）送风口空气净化装置　作为中央空调的末端送风口，由于送进室内的空气是通过内部循环，为避免循环空气引入的新风、回风以及送风管道、加湿器、表冷器、帆布接着头和法兰内产生的各种污染引入室内，最有效的办法是对末端端口的空气进行净化处理，以确保送到室内的空气质量。在送风口的净化装置设计上考虑到如下因素：①对由于加装空气净化装置而引起的风压损失进行补偿，通常采用增大净化面积和折叠式固定床净化装置，以保证送风效率；②净化装置必须具有一定的容尘能力；③净化装置能够拆卸方便，便于清理和更换。图7-3为送风口空气净化装置示意图。

由于室内建筑装饰装修材料、办公用品、人体的新陈代谢等多种因素，容易引起交叉污染，因此有必要在回风口加装空气净化器以对由室内引回到回风管道的空气进行净化处理。与新风机组、主风道、送风口的空气净化装置相比，回风口的空气流速相对较低，这对净化装置的设计比较有利。采用平面或折叠型固定床净化装置，在低风速状态下、能获得较高的室内净化率，图7-4为回风口空气净化装置示意图。

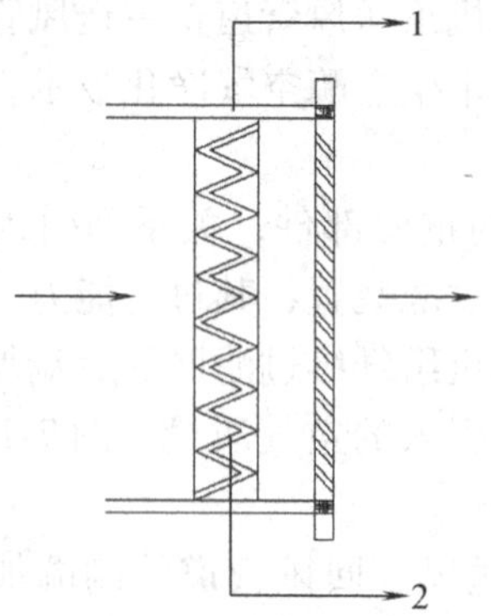

图 7-3　送风口空气净化装置示意图
1—送风口框架　2—纳米生态酶空气净化装置
图中箭头所指方向为空气流通方向

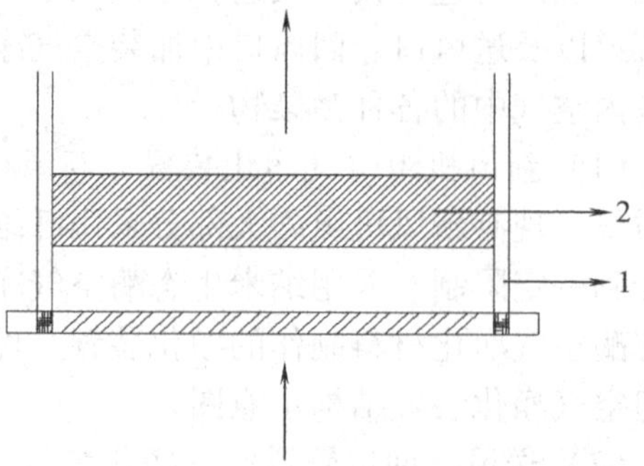

图 7-4　回风口空气净化装置示意图
1—回风口框架　2—纳米生态酶空气净化装置
图中箭头所指方向为空气流通方向

3. 中央空调净化装置空气净化性能测试

由纳米生态酶空气净化材料制作的中央空调空气净化装置，分别加装在中央新风机组内、主送风管道、送风口、回风口中，测量其出风速率及对空气中主要污染物的净化能力。分别对主风道净化器、送风口空气净化器、回风口空气净化器进行出风速率及甲醛的净化测试。

（1）净化装置风速及通风量测量　净化装置风速及通风量测量数据见表 7-1。

表 7-1　净化装置风速及通风量测量数据

净化装置 \ 风阻		平均风速/（m/s）	通风量/（m^3/h）
出风口	1. 平面型	3.5	378
	2. 折叠型	5.9	630
回风口	1. 平面型	1.4	151
	2. 折叠型	1.9	202

（2）净化装置对甲醛的净化测试　测试方法：将送风口空气净化装置放置于 30m^3 的实验室中，检测前将风口用塑料纸密封，发生一定浓度的甲醛后，开启风扇和净化装置，将净化装置调整开关调至高档，打开风口密封盖，测定净化室内甲醛的总衰减，计算 2h 甲醛的去除率。实际测定：2h 甲醛净化率为 92.7%、89.6%、93.4%；平均净化率为 91.9%。

（3）净化装置对自然菌的净化测试　测试方法：在 45m^3 实验室中，在室内无人的情况下，先用撞击式空气采样器采集空气中的自然菌。采样时，采样器置室内中央 1.0m 高处，每次采样量为 200L。然后开启净化装置，分别于 30min、60min、90min、120min 时用同样法分别采集空气中的自然菌。每次采集量为 200L。用同批次的培养基作为阴性对照，放于 37℃温箱中与测试样本一同培养 48h 后记录结果，测试数据见表 7-2。

表 7-2　净化装置对自然菌的净化数据

试验次数	净化前自然菌数/(cfu/m³)	不同作用时间(min)的自然菌消亡率(%)			
		30	60	90	120
1	280	71.4	82.1	82.1	89.2
2	500	68.0	74.0	76.0	78.0
3	770	75.3	75.3	90.9	92.2
平均	—	71.5	77.1	83.0	86.4

净化测试表明：纳米生态酶空气净化装置在中央空调通风系统中可以高效净化室内空气中的甲醛、VOCs、细菌、粉尘颗粒物等，是一种中央空调通风系统中的高效空气净化方法。

7.3 家用空调的污染与控制方法

家用空调在使用过程中，由于长期循环通风，室内空气中粉尘颗粒物、各种有机物、油污易在空调器室内机组的部件表面附着，从而成为各种微生物滋生、繁殖的场所，繁殖的病毒、细菌通过空调器的送风部件，在室内空气中以气溶胶的形成传播，污染了室内空气。再加上开启空调器时，一般关闭门窗，因此室内的各种污染物更易在空气中富集，对人体健康产生危害。

7.3.1 家用空调污染物及其对人体的危害

家用空调在使用一段时间后，过滤网和散热片上会积聚灰尘、油污及病菌、病毒、螨虫、霉菌等有害微生物。室内空气与潮湿的蒸发器表面接触后，再吹回室内。并且，由于安装空调的房间很少开窗换气，又给病毒、细菌和螨虫等微生物提供了滋生环境。当空调停机后，温度恢复到室温就会使螨虫、细菌繁殖、发生霉变，并产生异味，这样会直接影响到空调使用者的身体健康，引发呼吸道疾病、皮肤病等，导致空调综合症（俗称“空调病”）的发生，对人体的健康构成威胁，儿童、老人等人群更易患“空调病”。

7.3.2 家用空调的污染及其对策

1. 加强室内空气流通

在使用室内空调时，加强室内空气的对外流通，引入一定的室外新鲜空气，来稀释室内空气中的污染物，是减少室内空气中污染物对人体侵害的一种最直接和最有效方法。

2. 空调器内部构件的消毒与清洗

世界发达国家都有立法规定，空调每年必须进行定期清洗消毒，我国也制定了中央空调的污染控制标准和规范。而我国大多数家庭对空调器内散热片、过滤网等部位的清洗消毒尚未引起足够重视。调查表明，家用空调的健康使用情况让人担忧，有报告表明，家用空调散热片上的菌落数为 100～400cfu/cm²，超过国家制定的中央空调标准的 10000 倍。为此有关专家建议，空调在使用过程中应每两三个月清洗一次，这样能有效去除空调散热片内的病原体，从根本上切断空调的隐形污染源。

对空调的普通清洗只是清洗过滤网、外观件和外壳除尘。但在防尘网后的轴流风扇、滚筒、蒸发器等部位附着有很多病菌和螨虫，因此内部也应清洁，还要杀菌。所以普通清洗不能满足大家对室内环境健康的要求。在普通清洗的基础上还应包括对内部部件进行除污，杀菌，在保证空调使用性能的同时，保障其送风的洁净。

7.4　集中通风系统清洗方案的编制

7.4.1　集中通风系统清洗概述

在采暖通风与空调技术广泛应用于社会生产和居民生活各个领域的同时，暖通空调系统长期运行中不可避免会产生不良影响，甚至出现病态建筑综合症等系列严重问题，因此以清洁技术为核心的暖通空调系统与设备的运行管理与服务日益受到重视。2003 年的 SARS 病毒、“禽流感”、H1N1 病毒危机，在我国催生和促进了暖通空调系统清洁作为一个行业的存在和发展，而最重要的标志就是《空调通风系统清洗规范》（GB 19210—2003）的颁布实施；与此同时，国家颁布的相关法规和对建筑节能提出更高的要求，促进了暖通空调系统清洁技术、设备的迅速发展。在国外，20 世纪 70、80 年代就开始重视中央空调的风道清洗，很快就发展成为一个巨大的产业链，成立了国际通风卫生评议会（ICVH）、美国风道清洗协会（NADCA）、欧洲风道清洗协会（EVHA）、英国风道清洗协会（HVCA）、日本风管清洗协会（JADCA）等组织。

国内的空调清洗业虽然刚刚起步，存在不少问题，但庞大的市场使其成为一个有着良好发展前景的新兴产业。目前我国暖通空调系统清洁领域的关注重点主要集中在空调通风系统——风管清洗。事实上“风管清洗”不是仅清洗空调通风系统的风管，它包括了空气所流经通路上所有与通风管道相关的部件和设备，如风口、格栅、散流器、过滤器、空调箱、表冷器、加热加湿除湿器、冷凝水盘、风机、静压箱，包括弯头、三通、四通、导流叶片以及软管和阀门、风机盘管、末端等。

7.4.2　集中通风系统清洗的相关标准和法规

目前国外建筑通风空调系统的清洗消毒行业已进入规范运行阶段。1992 年美国国家通风管道清洗协会制定了第一个建筑供热通风空调系统清洗的行业标准。此后，日本、瑞典、英国等都相继制定了自己的建筑供热通风空调系统清洗的工业标准。2002 年美国国家通风管道清洗协会综合前述各国工业标准基础上制定了最新的建筑供热通风空调系统清洗工业标准——《暖通空调系统的评估、清洗和修复》（ACR2002），日本制定了《日本风道清洗协会的技术标准》。另外，1999 年 2 月，成立了有 12 个国家参加的国际通风卫生评议会，着手制定国际通用的风管清扫技术及评价标准。

风管清洗在集中通风系统清洗中显得尤为重要。近些年来，我国也陆续颁布了关于空调通风系统清洗工程的规范，主要设计标准和规范有：

1）《洁净厂房设计规范》（GB 50073—2001）。

2）《采暖通风与空气调节设计规范》（GB 50019—2003）。

3）《空调通风系统清洗规范》（GB 19210—2003）。

4）《空调通风系统运行管理规范》（GB 50365—2005）。

5）《人民防空地下室设计规范》（GB 50038—2005）。

6）《室内空气质量标准》（GB/T 18883—2003）。

7）《通风与空调施工及验收规范》（GB 50243—2002）。

8）《公共场所集中空调通风系统卫生管理办法》卫监督发［2006］53 号。

9）《公共场所集中空调通风系统卫生学评价规范》卫监督发［2006］58 号。

10）《公共场所集中空调通风系统清洗规范》卫监督发［2006］58 号。

11）《公共场所集中空调通风系统卫生规范》卫监督发［2006］58 号。

这些规范的颁布、实施意味着我们已经逐步意识到空调通风系统污染的严重性，由此而对之进行的管理正逐步走向规范，清洗市场也正逐步完善。

7.4.3　集中通风系统风管的清洗方法

集中通风系统风管清洗的主要方法有干式吹除法、干式擦拭法、潮湿或湿式清洗法、特殊清洗法和拆除更换法。

（1）干式吹除法　当风管内具有微量的干浮尘埃时，一般采用干式吹除法，即启动原系统通风机吹除浮尘。该方法简单易行，经济实惠，因而被普遍采用。但应对风管系统的含尘出风口进行妥善处理，防止尘埃无序飞扬，避免再次污染环境。

（2）干式擦拭法　当风管内具有少量的干浮尘埃时，可以采用干式擦拭法，即暂时拆开风管系统的弯头、风口和阀门等，使用干软纸或干粗无纺织布擦拭，去除浮尘。如有必要，再使用干式吹除法，以提高风管清洗效果。这种方法简单易行，也较经济实惠，被广泛采用。

（3）潮湿或湿式清洗法　当风管内具有水溶性固结尘埃依附管壁时，可以采用潮湿或湿式清洗法，即暂时拆开风管系统的弯头、风口和阀门等，使用潮湿软纸或粗纺织布，清除比较薄软的水溶性尘埃。当风管内水溶性固结尘埃过厚或过于坚硬，且现场条件允许时，可以采用湿式清洗法，用水冲洗固结尘埃。使用这种方法时，应特别注意防止水患发生和冲洗水的二次污染。如有必要，可再使用干式吹除法或干式擦拭法，以提高风管清洗效果。这种方法的清洗效果显著，也比较经济实惠，采用也较广泛。

（4）特殊清洗法　当风管内具有非水溶性固结尘埃、油污尘迹或含菌含毒尘迹时，应该选用特殊清洗法。依据非水溶性固结尘埃特点、油污尘迹状况或含菌含毒尘迹性质，匹配不同组分和浓度的清洗剂、除污剂或消毒剂，先使用上述制剂浸润处理，使非水溶性固结尘埃、油污尘迹或含菌含毒尘迹软化、灭菌或脱落，再使用上述制剂处理过的潮湿软纸或潮湿粗无纺织布来擦拭清除。当上述尘埃或尘迹比较顽固，现场条件又允许时，可以选用湿式特殊清洗法，即先使用上述制剂浸润软化处理，再使用上述制剂溶液反复冲洗。如有必要，可再使用普通潮湿或湿式清洗法，干式吹除法或干式擦拭法，以提高清洗效果。特殊清洗法技术复杂，实施费用比较高，通常在特定条件下使用。

对特殊清洗法应该强调四点：①必须明确被清洗物的特点、状况和性质，正确匹配不同组分和浓度的清洗剂、除污剂或消毒剂，制定特殊清洗法实施方案。②根据被清洗物的特点、状况和性质，做好劳动防护，保证人员安全。③文明施工，避免施工现场造成水患或再污染，严防造成二次污染。④加强特殊清洗法工程的完工检测和验收工作。

（5）拆除更换法　对于旧风管应该拆除更换。

1）当风管内积尘特别严重，特别是非水溶性顽固积尘或油污尘迹过多时，若对旧风管清洗所需费用约占拆除更换成新风管费用的2/3时，应该拆除更换这些风管。

2）当风管内含菌含毒尘迹比较多，清洗相当困难，且若对旧风管进行清洗所需费用约占拆除更换新风管费用的1/2时，应该拆除更换这些风管。

3）当旧风管年久失修和腐蚀污染严重时，若对旧风管进行清洗所需费用达到拆除更换新风管费用的1/2，且清洗过的旧风管仅能延续使用不足2年时，应该拆除更换这些风管。

表7-3 通风系统清洗方法汇总

清 洗 部 位	清 洗 方 法	清 洗 设 备	备 注
以各种形状风管为主的空调通风系统的各组成部件	机械清洗	负压吸尘设备、机械清洗设备（行走机器人）、手持式电动/气动清洗刷、鞭打设备、高压气枪水枪、空气压缩设备等	对不同情况的风管具有风速和负压要求，应满足部件清洗的特殊要求
盘管、格栅、风口、散流器、阀门、风机叶片、空调箱体、冷凝水盘、加湿设备、过滤网等其他部件	湿法清洗或多种方法相结合	高压清洗水枪或喷雾设备	不宜清洗多孔渗水部件，应符合排水和消毒要求
大尺寸风管、风口、格栅、散流器、空调箱体内壁、冷凝水盘、消声器	人工擦洗	毛刷或干净无纺布	根据实际情况可结合机械清洗法完成
多孔渗水部件、各种非金属风管、软管等	机械清洗	高压气枪、空压机、带高效过滤的负压吸尘设备	清洗时防止表面脱落的纤维等产生二次污染
电加热设备	湿法机械清洗（结合其他方法）	高压清洗水枪、烘干设备	需用清水冲洗掉表面的化学残留物并保持表面干爽等
产生油污较多的部分风管管段或其他附件	化学清洗 机械清洗	带喷化学药剂的机械清洗设备、电动气动清洗刷等	需用清水冲洗掉表面的化学残留物等
盘管	干冰清洗 化学清洗	专用干冰清洗设备、带喷化学药剂的机械清洗设备	清洗的同时使用高效固体杀菌片

7.4.4 集中通风系统清洗方案

1. 确定清洗组织机构

1）清洗公司派一名主管项目的工程总监担任本项目的主管，主要负责组织、协调人力资源及材料供应等相关事宜。

2）选派优秀项目经理：由具有多年空调通风系统清洗行业施工经验的工程师担任项目经理。

3）选派具有高度责任心，技术全面的复合型人才负责项目的管理工作，组建精干高效的项目经理部。

4）实行项目经理责任制，全面负责项目的指挥和调度。

2. 确定施工力量

1）选派专业水平高、责任心强的施工技术员担任项目的施工。

2）集中专业技术骨干，组织一支技术精良、能吃苦耐劳、服从指挥、综合素质高的专业职工队伍进场施工。

3）认真编制施工作业指导书，进行施工技术交底，提前做好技术准备工作。

3. 确定所需清洗材料、机具

1）由工程项目经理主管材料、机具的采购供应，落实好现场临时设施和临时用电、用水，组织好工具机具及材料的进场，落实材料物资供应。

2）合理配置施工技术装备，提高机械化施工水平。

4. 确定清洗工作流程

主要包括：施工前空调机组检查程序、新风机组本体清洗程序、通风管道清洗程序、清洗后检查程序等。

5. 确定清洗的技术要求

1）由项目部经理组织施工技术人员及项目施工人员。对项目提出工期、安全和质量要求，对施工现场等进行详细交底，使全体员工对整个项目有一个比较全面的了解，明确目标，以确保项目如期完成。

2）组织施工技术人员，尤其是各班组长熟悉、审查图纸内容，及时发现图纸中的问题，收集和整理与本项目施工有关的设计、施工及验收规范和技术标准。

3）做好图纸与风管实际情况对比审核并标出其中的不同之处。

4）编制材料计划，下达施工任务单，对重点项目关键部位施工，必须编制可行的施工方案及作业指导书，用于指导班组的具体施工，根据清洗方案进行施工。

6. 确定关键部件的清洗方案

1）风管清洗。采用专用机械清洗设备清除所有通风管道内的可视物。风管的清洗工作应该分段、分区域进行，在风管清洗工作段与非工作段之间、进行清洗的风管与其连通的室内区域之间应该采取有效隔离空气措施。在清洗过程中应采取有效措施，控制敏感的异味及尘土飞扬的情况，清洗过程中清除的污染物必须收集起来妥善处理。

必要时可在通风管道上开启清洗维修口，并安装可开闭的清洗维修门以供清洗机械进出，进行相应的清洗与检查工作。

2）部件清洗。采用专用工具、器械对部件进行清洗，确保清洗后的空调系统部件能满足其功能要求。部件可直接进行清洗或者拆卸后进行清洗，清洗工作开始前记录下部件的位置，清洗后的部件应恢复到原来所在的位置。可调节部件还应该恢复到原来的调节位置。

3）消毒处理。必要时对空调系统通风管道、设备、部件进行消毒处理。集中空调通风系统需要清洗并消毒时，应先进行系统或者部件的清洗，达到相应的卫生要求后再进行消毒处理。应该选择在保证消毒效果的前提下对风管及设备损害小的消毒剂，必要时消毒后应及时进行冲洗和通风，防止消毒液残留物对人体与设备造成有害影响。

4）污染物的控制。清洗过程中应采取风管内部保持负压，作业区隔离、覆盖、清除的污染物妥善收集等有效控制措施，防止集中空调通风系统内的污染物散布到非清洗工作区域。

7. 现场管理措施方案

1）提前1天进场进行准备工作，准备期内，组织好施工力量、材料、工机具的进场；落实好临时用电、用水；做好施工前的技术准备工作。

2）根据整个项目的施工进度计划，编制施工进度计划，并严格保证计划的实现，以确保工期的实现。

3）运用科学的管理方法，对整个项目的计划实施动态优化管理，强化组织协调，优化施工力量，随时掌握施工动态，对施工场地、材料、设备供应、施工力量进行综合平衡，确保安全、优质、按期完成施工任务。

4）实行流水施工组织方式，尽可能保证施工的连续性、均衡性。项目分风管清洗班、风口清洗、设备清洗班、电工班、空压机维护班等四个专业分别组织施工。在非承包商因素的前提下确保项目按期保质完工。

8. 其他

1）空气压缩机因体积、重量和负荷等原因，尽可能停放在地下室或空调机房内，且靠近配电室的地方。

2）临时用电：安装临时用电，在指定的接线点接取电源。

3）临时用水：主要为风口及机组或盘管翅片、叶轮的清洗用水。

7.4.5　清洗机器人系统清洗方案的确定

以中央空调风管清洗机器人为例，确定集中空调通风系统的清洗方案，其整个工作过程如下：

1）根据大楼的建筑图纸，会同客户详细制定清洗施工方案。

2）在适当部位开施工口，放入风管清洗机器人和封堵气囊，在两开孔位置的外侧用封堵气囊堵住管道两端。

3）利用清洗机器人上装有的视觉系统和CRT显示器对风管内部的污染情况进行评估，并拍摄记录下空调风管内的污染状况，如果需要取样，可同步进行。

4）选择适当的清洗臂和清洗毛刷，用清洗机器人对中央空调风管进行清洗。

5）同时用软管将集尘箱连接到其中一个施工孔，并启动工业吸尘器，使风管内产生负压气流，让灰尘与污染物被吸入集尘箱内。

6）清洗结束后，由清洗机器人进行第二次拍照记录，确认清洗质量。

7）当清洗质量被认可后，清理、移动清洗设备到下一段风管内进行清洗。

8）用相同材料重新封闭风管上次清洗时的两个开口。

9）清理修复破损的保温层。

10）清洁场地，以保证不影响下一步工作。

11）由有资质的检测机构按照相关国家标准检验清洗质量，并检测清洗后的空气质量。

12）根据施工详细记录整理出报告，并将其呈送给客户。

综合上述清洗方案，结合实际工作情况确定中央空调风管清洗机器人的总体方案，如图7-5所示。

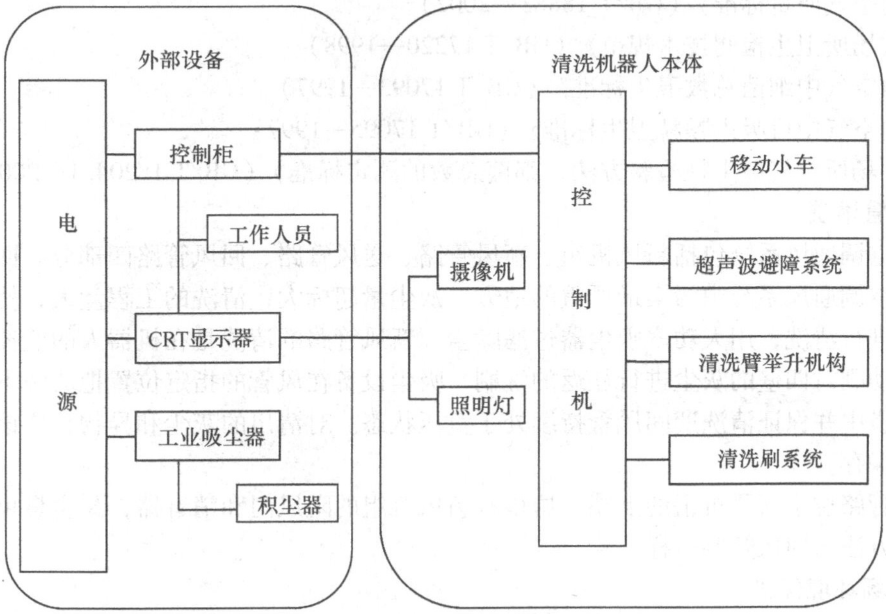

图 7-5　中央空调风管清洗机器人总体方案

7.5　集中通风系统清洗的具体操作程序和现场施工

7.5.1　集中通风系统清洗的具体操作程序

建筑空调通风系统根据使用场合不同，每隔一年或两年必须对空调系统内部进行清洁性检查，检查范围包括空气处理机组、管道系统部件与管道系统的典型区域，检查方法包括视觉检查和采样检查。根据检查结果决定建筑通风空调系统是否需要清洗。

当出现下列情况之一时，应对空调系统进行清洗消毒：一是冷凝水中检测出军团菌等致病微生物；二是空调送风系统中检出溶血性链球菌等致病微生物；三是空调系统污染程度较为严重，即管道积尘≥$20g/m^2$ 或检出致病微生物；四是省级以上卫生行政部门规定的其他情况。

集中通风系统清洗的现场施工具体操作程序，可以按照以下步骤进行：

1. 清洗作业前对空调通风系统进行检查

在清洗前根据国家检测标准，对空调系统进行检测，了解空调通风系统的设备概况、数量、风量等情况；检查风管的卫生情况，用检测设备对风管内部表面的污染物进行侦察及录像。对风管开孔检查，将机器人放入风管内，打开监控系统对风管内部情况进行检查并录像。对所获得的录像资料进行编号、记录。保存图片供检测及验收。

2. 室内空气品质测试

对室内空气中的颗粒物、细菌、微生物的测定和检验，要严格遵守各项相关国家标准。并把检测结果留存；清洗结束后，重新检测，并与清洗前的检测结果进行对比。相关的国家标准包括：

《室内空气质量标准》（GB/T 18883—2002）

《公共场所卫生检测技术规范》（GB/T 17220—1998）

《室内空气中细菌总数卫生标准》（GB/T 17093—1997）

《室内空气中可吸入颗粒卫生标准》（GB/T 17095—1997）

《公共场所空气微生物检验方法，细菌总数的测定标准》（GB/T 18204.1—2000）

3. 风管清洗

中央空调通风系统包括新风机组、新风管路、送风管路、回风管路四部分。回风管路是整个中央空调通风系统中污染最严重的地方，灰尘量超标大，清洗的工程量大，使用软轴驱动电动刷进行清洗，用大功率吸尘器过滤除尘。新风管路的清洗是在机器人的监控摄像机监控下，气动刷对四壁的灰尘进行往返的洗刷，吸尘设备在风管的指定位置把清洗下的灰尘吸入到集尘袋中并保证清洗期间风管持续处于负压状态。对清出的灰尘和异物，应该编号、登记，妥善保存。

新风管路位于新风机组的上端，这里有新风机组的阻风门和消音器，集尘量也很大；清洗的具体方法与回风管路一样。

4. 现场环境保护

施工现场环境的保护非常重要，注意吸尘器的安装到位，不允许有扬尘外泻。施工中需要设置警示标志和隔离带，对作业区内的办公用品、计算机、复印机和其他办公设备应用塑料薄膜进行保护性覆盖，并进行编号、登记。

5. 清出物的收集和保管

更换后的滤芯及灰尘等清除物要装入收集袋中并加以编号、记录，妥善保管在指定区域内，按国家有关规定进行集中处理，以防止二次污染。

6. 清洗设备的拆除和处理

清洗完成后，使用的清洗设备如清洗机器人、吸尘器、吸尘器软轴管、各种刷子等要认真清洗干净，处理结果也要随时记录在案。不允许将灰尘滞留在设备中带入下一个施工点。

7. 清洗效果的检查和验收

清洗结束后，采用清洗机器人的检测系统对风管内部清洗情况进行录像、编号、登记、存档。清洗质量必须达到国家标准《空调通风系统清洗规范》（GB 19210—2003）规定的要求。通知甲方人员到场按标准要求的目测法或称重法进行验收签字，确认清洗效果。

一般情况下，集中空调通风系统清洗可以按照以下的工艺流程来进行：

1）熟悉图纸，熟悉现场风管安装情况，编制清洗方案。

2）准备清洗口、清洗及杀菌品、机具。

3）现场勘查，选定最佳清洗口安装处。

4）对施工现场根据场合不同采取必要的环境控制措施，如管道保持负压、作业区隔离等。

5）开孔，进行清洗口编号，注明清洗口位置。

6）风管内壁清洗。

7）集尘器集尘。

8）风管内壁清洁度检查。

9）喷涂消毒剂。

10）覆盖面检查。
11）喷涂密封液。
12）覆盖面检查。
13）关闭清洗口，保温破损处及时修补。
14）清扫现场。
15）竣工验收。

中央空调风管清洗流程一般情况下可以简单用图 7-6 表示，其系统流程图如下：

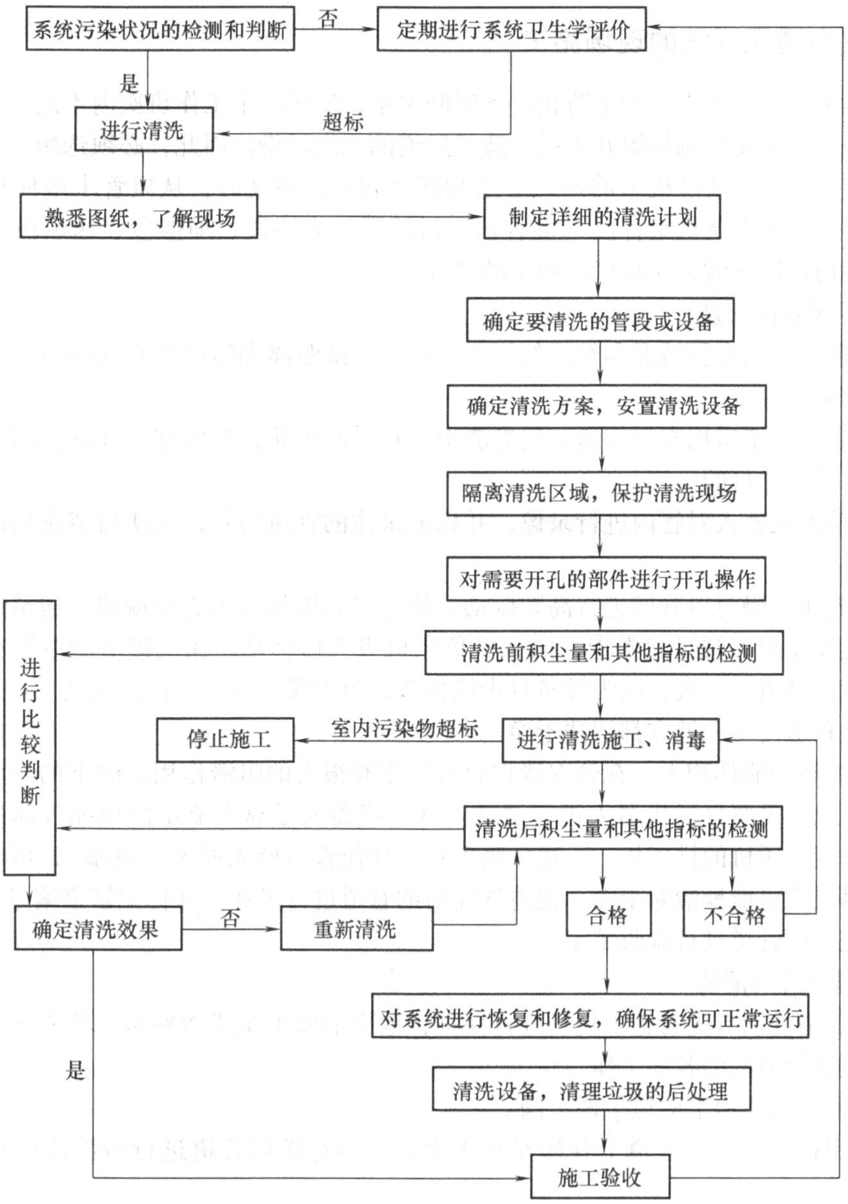

图 7-6　系统流程图

图 7-11 风机清洗前后对比

2. 过滤加湿处的节能判断

过滤器段，大量的污染物积聚会降低过滤器性能，增大送风阻力；增大换热热阻，降低传热系数，使冷媒或热媒携带的热量得不到充分利用，不仅降低了换热器的换热效率，也间接降低了冷/热水机组的运行效率，从而降低了 COP。

加湿器中的污染物与水蒸气结合，也会在加湿器上结垢，降低加湿器的使用寿命；严重的还会堵塞加湿器喷嘴，造成加湿不均，增加湿水量，影响到空气的加湿效果，甚至损坏设备。

3. 制冷机组的节能判断

制冷机组主要包括压缩机、蒸发器和冷凝器、膨胀阀、冷却塔、冷却水/冷冻水泵、输水管道等结构；它是空调系统的核心部分，它产生的冷/热量直接或通过冷/热媒输送到各个房间。所以制冷机组被污染会直接导致制冷制热能力下降，增加能耗。

压缩机的污染主要是指长期使用的磨损和润滑失效。磨损会使得压缩机内部结构表面粗糙，造成气体短路；润滑失效即是润滑油不足，会导致空气的渗入，降低压缩机的压缩性能，增加压缩机耗功，从而增加能耗；严重的还会使压缩机停机且损坏。

第8章 车内空气污染及其净化技术

在当今社会，汽车已经成为人们日常生活中不可缺少的重要交通工具。随着我国汽车工业的飞速发展，我国汽车保有量急剧增加。2008年汽车的保有量已突破6000万辆。2009年6月，我国月度汽车产量超过美国，成为汽车生产第一大国。2009年汽车产销量超过1300万辆，其中城市汽车保有量直线上升。

人们在谈论汽车给人类带来安全、环保、节能等一系列问题之后，汽车车内空气质量也成为人们日益关注的问题。随着汽车内部装饰越来越豪华，大量使用的高分子化学材料作内饰，导致汽车内空气污染严重。汽车普及后，人们在汽车内度过的时间越来越多，车内空气质量是影响汽车舒适性和驾乘人员身体健康的又一个重要因素，车内空气质量成为人们关注的又一热点话题。

8.1 车内空气污染监测与评价

车内空气质量定义为：车内的乘员中绝大多数人对车内空气表示满意，并且空气中没有已知污染物达到了可能对人体健康产生严重威胁的程度。

人们对车内的微环境的特殊性，车内空气质量的人为感觉、监测与评价，随着汽车现代化技术的进程，相信不远的将来，会逐步发展成为一门相对独立的学科。

8.1.1 车内空气污染研究现状

从20世纪80年代开始，许多国外的研究者就开始注意研究车内空气质量问题。1983年Tonkelaar报道了汽车内的污染水平和城镇道路与高速公路污染水平存在极大差异。1989年Hickman的文章指出，来自英国、欧洲和美国的资料显示，汽车乘员所受到的污染是骑自行车和行人的10倍；同年，Shikiya在研究美国加州南海岸汽车内污染时指出，慢速行驶、车辆拥挤、老旧车辆和使用加热器时，车内污染水平明显提高。1991年Chan C C等人的研究表明，车内一氧化碳和氮氧化物值超出了世界卫生组织推荐值的安全上限，一氧化碳值甚至超过了车外环境值的8倍。

1997年英国提供交通、噪声、环境信息的机构ETA，以“公路使用者暴露在污染中”为题发表的综述中报告，对城市行人、骑自行车的人、乘坐公共交通车的人、小轿车驾驶员和乘车者所接触污染物进行了对比，见表8-1。

表8-1 不同情况下对于有害气体的接受比例

污染物	行人、骑自行车的人	公交车使用者	小汽车使用者
挥发性有机物	2.0	3.0~4.0	4.0~6.0
一氧化碳	2.0~2.5	3.0~4.0	4.0~5.0
二氧化碳	1.5~2.0	2.0	3.0

这项测量表明，小汽车使用者接受挥发性有机物、一氧化碳、二氧化氮的比例均高于城市行人、骑自行车的人、乘坐公共交通车的人。英国空气质量总署也指出：最高的污染浓度和车内小环境有关，还取决于最邻近的车辆的排放；除了空气本底值的检测之外，建议加强对于汽车使用者所受污染的研究。1999 年美国的 ARB 和 SCAQMD 两个机构的研究结论是：车内的空气污染和有毒物质浓度比正常空气中高出 10 倍；2003 年美国环保局运输与空气质量评估与标准办公室在“汽车及其燃料对空气污染的控制”的长篇报告中，也叙述了汽车内污染的有关研究。2003 年 6 月加拿大渥太华 Carleton 大学报导了关于街道角落、汽内部、停车库顶部的微环境污染的研究。

我国对于汽车内空气污染造成的危害也时有报道，如 2003 年首例汽车消费者因车内空气污染而状告汽车经销商胜诉的民事案件。2003 年中科院环境技术研究中心广州分中心对 2000 辆车进行了为期 7 个月的车内空气质量检测后发现，92.5% 的车辆都存在车内空气主要污染物超标的问题。此后，国内北京、上海、广州、沈阳等大城市的汽车内空气质量检测工作也于当年启动。2004 年 4 月中国开展了首次“汽车内环境污染情况调查”，调查主要针对 2003 年 1 月 1 日至 2004 年 4 月 1 日之间购置的轿车和 7 座以下旅行车。调查的内容包括汽车内空气中的甲醛、苯、甲苯、二甲苯、TVOC（总挥发性有机物）、一氧化碳、二氧化碳、二氧化硫、氮氧化物的污染浓度。依据测试标准参照《室内空气质量标准》GB/T18883—2002 进行，到活动结束时，共有 1175 辆汽车接受了检测，涉及了市场上 91 款，38 个国内生产厂家和 6 个国际厂家的汽车产品，超过 93% 的车辆不符合国家规定的室内环保标准。其中甲苯、二甲苯、TVOC、苯、甲醛、二氧化碳、一氧化碳最高值分别超出标准值 80.2 倍、17.34 倍、17 倍、14.45 倍、6.56 倍、6.8 倍、3.14 倍。其中，高达 87.6% 的被调查新车车内甲醛、苯超标。

新车除以上污染外，其中甲醛及挥发性有机物污染较旧车严重，甲醛、VOCs 最为突出。特别是在车窗紧闭开空调时，驾乘人员感观刺激严重，会出现各种不适症状。调查证实，在用汽车车内存在大量的细菌、病毒以及胺、烟碱等有害物质。大量汽车内空气质量的检测和调查工作表明，车内空气污染十分严重，检测结果都令人担忧。

8.1.2 驾车综合症

根据国外一项研究测试发现，由于车内空气污染，大约有 65% 的驾驶者驾车时会出现头晕、困倦、咳嗽等现象，导致驾驶者感到压抑、烦躁、注意力无法集中的症状，这些症状后来被称为驾车综合症。由于车内污染的普遍性，由驾车综合症所引发的交通事故远比长时间疲劳驾驶、酒后驾驶引发的事故发生率要高得多。如果长期在这种受污染的车内空气环境中，容易使人引发支气管炎、鼻炎、肺炎等，甚至会导致肺癌等疾病，而这些污染对儿童和妇女的影响更大。目前，世界卫生组织已明确将车内空气污染与高血压、艾滋病等共同列为人类健康的 10 大威胁。

当前，随着我国的大城市进入汽车增长的高峰时期，城市中的有车族越来越多。对汽车的大量需求促进了近年来我国汽车工业的崛起，但对驾乘人员受车内空气污染引起驾车综合症的后果，还很少有研究和报导。目前，在我国车内污染防治的标准颁布之前，车内空气质量的标准主要是参考室内空气质量的标准。

8.1.3　车内空气品质评价的意义

对车内空气品质评价的意义在于：

1）掌握车内空气品质的状况和变化趋势，以便于展开车内污染的预测工作。

2）评价车内空气污染物对健康的影响及车内人员接受的程度，为制定空气品质评价标准提供依据。

3）弄清污染源与车内空气品质状况的关系，为系统地设计、卫生防疫、控制污染提供依据。

8.1.4　车内空气品质监测与评价方法

对于车内的微环境，由于环境条件如温度、湿度等条件、环境背景、车辆状况、使用年限等因素，使得对车内环境空气中污染物浓度的检测十分复杂，国际上的检测方法较多，检测方法不能统一，结果影响各异，反映了不同检测条件下取样检测的结果。由于车内空气污染物标准并不等同于室内空气质量标准，其制订工作存在较多的技术难题，至今国内外尚没有一部类似的标准。这些技术难题主要有测量方法的研究与制订、主要污染物的筛选、测量工况的确定及大量的测试等复杂程序。

1. 国内外车内空气品质监测与评价方法概述

到目前为止，国内外尚没有一部完善的车内空气评价标准，有不少国家环保机构与汽车制造公司协作制定了汽车车内环境的标准，使得车内各种有害气体的浓度与含量有了明确限制，使汽车制造业在生产制造时有章可循。目前，日本汽车工业协会标准、WHO 的《欧洲空气质量指引》、德国汽车工业联合会（VDA）标准、国际标准化组织 ISO 16000-26 标准等标准中制定了车内各种材料环境有害物质的检测方法和相关标准。

欧美国家：美国环保局要求汽车制造厂所使用的材料必须申报，并必须经过环保部门审查以确保对环境和人体危害程度达到最低点后才能使用，申报者一旦违反规定，将负担巨额的罚款，还要召回产品清理污染，主要负责人甚至会被判刑。

俄罗斯在 1999 年制定并实施了 P51206-98 号《车辆车内污染物评价标准及方法》的国家标准，以防止汽车驾驶室（车舱）的空气被污染。

德国汽车车内环境标准：由德国环保署与德国汽车制造学会联合制定了《德国汽车车内环境标准》相关规定包括：汽车本身、装在车内的塑料配件、地毯、车顶毡、沙发等需符合德国“蓝天使”环保标志的要求。车内装饰、坐套垫、胶粘剂等装饰材料含有的苯、甲醛、丙酮、二甲苯等必须低于“德国三级车内环保标准”，比如车内甲醛含量不能超过 $0.08mg/m^3$。还有要求汽车销售前还必须经过有毒空气释放期。

日韩等亚洲国家：韩国汽车通过高科技自动监测车内空气质量，高档车一般配备 AQS 空气质量传感器，一旦车外的空气质量超标，AQS 会自动切断风门，阻止废气流入车内；日本汽车厂商针对车内空气污染专门开发了系列附属产品，譬如包括带除菌功能的新型汽车空调等，同时出厂前，还有专人针对“车内味道”进行感官评价。

从 2008 年 3 月 1 日起，由国家环保总局发布的《车内挥发性有机物和醛酮类物质采样测定方法》正式实施。“采样测定方法”的主要控制对象是车辆在静止状态下由于车内构件材料和装饰材料造成的空气污染，规定了采样点设置、采样方法和设备等内容，对于车内环境污染的准确检测提供了依据。该方法的正式实施，对于防治车内空气污染，改善车内环境质量迈出了第一步。该采样测定方法中详细规定了采样技术要求、采样点设置、采样装置、样品采集程序、样品的运输和保存以及分析方法等。分析方法中分为挥发性有机组分测定方法和醛酮组分测定方法。该方法中规定：车内空气污染物中挥发性有机组分的测定采用热脱附/毛细管气相色谱/质谱联用法，车内空气污染物中醛酮组分的测定采用固相吸附/高效液相色谱法，这些方法都是经典的检测方法，可以进一步开展大批量的数据采集工作，为国家标准《车内空气污染物浓度限值及测量方法》确定限值提供技术支持。目前，标准编制组正在进行车内空气污染物浓度限值的制定工作，相信不久就可以看到我国《车内空气污染物浓度限值及测量方法》国家标准的出炉。该标准的制定工作意义重大，其不仅为检测车内空气污染物工作提供技术依据，还为解决我国车内环境空气污染问题，提高汽车制造技术水平，保护消费者的健康发挥重要作用。

2. 日本车内空气污染的检测方法与有害物质限量

日本是汽车生产大国和强国，对车内空气污染比较重视。日本厚生劳动省规定了 2007 年起新型轿车车内 VOC 浓度必须满足其指定的室内浓度指导值见表 8-2，并且制定了车内 VOC 的测试方法。

表 8-2 日本厚生省劳动省制定室内有害物质浓度指导值

物质名	室内浓度指导值/($\mu g/m^3$)	主要产生源
甲醛	100	胶合板、壁纸等的粘合剂
甲苯	260	装修材料、家具中的粘合剂、涂料
二甲苯	870	装修材料、家具中的粘合剂、涂料
乙烯苯	3800	胶合板、家具中的粘合剂、涂料
苯乙烯	220	隔热材料、浴室、叠心材料
邻苯二酸二丁酯	220	涂料、颜料、粘合剂
十四烷	330	炼油、涂料
邻苯二酸二乙基已基	120	壁纸、地面材料、电线外皮
乙醛	48	建筑材料、壁纸等的粘合剂

（1）检测车辆　使用经过工艺制造、总装、整车品质检查后，4 周以内（最好是 14 天以后到 28 天以内）的车辆或相当于此的车辆。

（2）测试方法　采用测试舱法，将汽车放入一定体积的测试舱内，收集测试舱内及车厢内的空气，按照一定程序进行样品取样后按表 8-3 中规定的预处理、密封放置模式和乘车模式条件进行测试。

（3）分析方法　依据日本厚生劳动省《室内空气中化学物质的采集方法和测定方法》。VOC 则采用吸附剂吸附、热脱附、气相色谱分析法进行定量测定。

（4）结果的处理　把相同条件下收集的各种物质浓度分析值的平均值作为测定值。甲醛车内浓度为密闭放置模式浓度，其他物质车内浓度为乘车模式浓度。因为甲醛指导值是基于甲醛短期暴露影响，其他 VOC 长期暴露影响的特点制定的。

该方法具有一定的先进性、连续性，分析方法都是经典的检测方法，对我国开展车内空气污染检测具有一定的借鉴作用。

表8-3　日本车内空气中有害物质测试方法

测定项目		测定模式		
		密闭放置		乘车
醛类	收集时间/min	30		15
	收集速度/(L/min)	0.4～1		
	收集量/L	≥12		
其他 VOC	收集时间/min	30		15
	收集速度/(L/min)	0.1～0.2(15min 收集 3L 时,需要 0.2L/min 以上		
	收集量/L	≥3		

8.2　车内空气污染的特点与来源

8.2.1　车内空气污染的特点

车内空气环境污染相对于室内空气环境污染来说，有其显著的特点，它们是：

1. 空间相对狭小，对健康影响更大

一般居室或办公场所的房间大多都有几十到几百立方米的空间，而一般小汽车的车内空间不到五立方米，中大型客车的车内空间也只有四、五十立方米左右，所以车内人均空间有时不足一立方米。在这样狭小的空间内人员密度高；车内可能释放有害气体的各种材料密集程度高；有害气体累积速度快、浓度高。因此，对人体健康的影响更大。

2. 通风方式与建筑室内环境区别较大

室内空间的通风是通过打开门窗利用自然风进行内外空气的交换，尽管车内窗户可以随时开启，但当条件变化如：风雨、夏冬季及市区道路或车内空气污染严重时，车窗户则不适易开启。

3. 外环境变化快

一般建筑物室外环境都有国家标准限定，所以一般室内空气环境的评价不考虑外环境的影响。而汽车的流动性很大，汽车外环境随着不同的时间、地点、区域、风速、季节等客观条件的不同而不断变化，如城市道路要比乡村道路的污染严重，同一路段车辆高峰期要比平时或深夜的污染严重。因此，在评价车内环境污染时必须考虑车外环境的影响，这也是最复杂、最难定量的评价因素。

4. 密封性更强

汽车的密封性比建筑物室内更强，尤其很多空调客车，出于安全和节能考虑，其车窗都是处于封闭状态，不能随时随意打开。因此，车内污染物的排出和车外污染物的进入都与一般室内空气有较大的差别。

5. 条件变化快、影响因素多

由于汽车的移动性，随着行驶状态的不同，车内的日照强度、温度等因素的变化也会对车内空气污染产生较大的影响。如在太阳的照射下，车内温度升高时会使车内材料中的有害气体加倍释放。

6. 人员流动性大

汽车作为人们日常出行的重要交通工具，比一般室内的人员流动性更大，尤其是公用客车的乘员不固定，有时在很短时间内会有很大的人流量，是给车内带来各种病毒、细菌、飞沫等污染物的重要途径。

正是由于汽车内部结构的复杂性，污染物的多变性和集中性，车内乘员的密集性和不稳定性，使得汽车车内污染比一般室内污染对人健康的影响更为严重和复杂。

8.2.2 车内空气环境主要污染物来源

车内空气中的污染物，主要分为两类：一种是车内各种材料、各种系统散发出的污染物；第二种是车辆在行驶过程中通过大气进入车内的污染物。由于车辆在行驶过程中，各种条件变化非常复杂，难以归纳，国内外进行研究的论文资料也非常有限。所以研究车内空气污染时，作为外部影响因素，只作定性分析。大部分的研究都是针对来自车内各种零部件、装饰材料和粘合剂中所含有害物质的释放。

1. 车内零部件及装饰材料散发的污染物

车内各种零部件、装饰材料、密封材料和粘合剂中所含有害物质不断地散发到车内空气中，如车上使用的座椅、海绵、塑料装饰件、橡胶密封件、复合装饰材料、保温材料、油漆涂料、粘合剂等，它们大都是化学合成材料，其中含有各种挥发性有机化合物。有些表面装饰部件，为追求更好的表面装饰效果、更柔软的材质，它们都是通过加入添加剂、辅助剂、有机溶剂等，使原材料改性才得以实现的。这些材料在使用过程中，会随时间和温度的变化，不断向车内释放甲醛、甲苯、苯、二甲苯等各种挥发性有机物。

地毯是汽车中一种主要的装饰材料，纯羊毛地毯的绸毛绒不仅可引起皮肤过敏，还会引发哮喘等疾病。另外，地毯的吸附能力很强，能吸附许多有害气体、灰尘和微生物，从而造成车内污染物的沉积。

汽车内饰都是通过胶粘剂胶合在车内，它们在使用时会不断挥发出苯、甲醛、二甲苯等有机溶剂；车内用的隔热保温材料通常是聚苯乙烯泡沫、聚氯乙烯泡沫塑料和聚乙烯泡沫塑料，这些材料在使用过程中会释放和分解出多种气态化合物，主要有甲醛、苯、氯乙烯、甲苯和醚类等物质，造成汽车车内空气污染。

此外，除了汽车车内材料外，车载燃油、润滑油、制冷剂的泄漏、蒸发和空调系统滋生霉菌、烟碱等也是汽车车内空气污染物的主要来源。

2. 车内空调通风系统

从车内通风模式来看，分为车内循环和车外循环两种模式。当室内道路空气质量较差时，采用车内循环模式；并应用于制冷或采暖时为节约能源或快速调节温度的情况。车外循环模式是用鼓风机将车外的空气引入车内，将车内污染空气稀释并排出车外，这是车辆在正常行驶状态下的常用模式。

当使用车内循环模式时，车内空气处于封闭的内循环，车内各种材料散发的有害物质、加上通风系统各部件积存下来的颗粒物、细菌、霉菌通过风机吹向车内，来形成车内空气内循环。在这种通风模式下长期乘坐，会出现各种人体不适状况，侵害人体健康。

由于车辆空调系统风机动力来源于汽车发动机，出于节能等因素，其功率一般较小，只能采用一般类似空调器过滤网进行过滤，难以通过高风阻机械过滤等过滤方式来过滤粉尘颗粒物，只有高级轿车才采用粉尘过滤器来净化空气中的粉尘颗粒物。不过，由于车内污染的严重现状及即将实行车内污染限制措施，各大汽车厂商在空调系统中安装空气净化装置已成趋势。

3. 车内司乘人员的新陈代谢

车内驾乘人员活动造成的空气污染，主要是人体新陈代谢过程中产生的代谢废弃物造成的。据报导，一个成年人每天通过呼吸道、皮肤、汗腺等器官排出的有毒物质就有几百种之多，人的呼出气中除主要物质二氧化碳外，还可能含有一氧化碳、氨、三氯甲烷等数十种有害气态物质，而人体通过皮肤这个最大器官排泄的废物多达271种，汗液计151种之多。此外，呼吸道传染病患者或带菌者通过说话、咳嗽、打喷嚏、吐痰等行为，可将其病原体随飞沫喷出，从而污染车内的空气，加上客车上乘员密集、空间狭小且流动性大，使得公共汽车、客车上以呼吸与接触性传染病毒最为严重。车内空气中纤维、毛发、头皮屑、角质屑等脱落物和皮脂腺的分泌物等，都可对空气造成污染。

4. 车内吸烟

车内吸烟产生的烟雾也是车内空气污染物的重要来源之一。香烟烟雾中的成分很复杂，目前已鉴定出烟雾中有数千种化学物质。在空气中以气态和气溶胶的状态存在，其中气态物质占总量的90%以上，很多是致癌、致畸、致突变的重要污染物，而车内各种装饰材料对有机污染物具有较高的吸附能力，香烟烟雾中的醛类、烷烃类、焦油、尼古丁等有机物被吸附后，长期向车内缓慢的散发，污染车内空气。

5. 车外空气污染物

研究表明，城市道路空气污染十分严重，开车时，如果车窗开启，大气污染物会通过汽车门窗或车上的一些孔隙直接进入到车内，造成车内空气污染。一般来说，前面车辆排放的废气对紧随其后的车辆的车内污染水平影响最大。在交通拥挤的道路上行车，即使关上窗户和通风系统，高浓度的尾气污染物也会通过车身孔隙扩散到车内，使车内人员长时间受到污染物的影响。除了周围车辆尾气的作用，当车辆破旧时，汽车自身尾气也会通过车底破损处进入车内，使车内污染物升高，严重时可导致车内人员中毒死亡。

8.2.3　车内空气中主要污染物分类

汽车车内空气污染物按其性质大致可以划分为化学性污染物、生物性污染物和物理性污染物。

1. 化学性污染物

化学性污染物主要为气态污染物，是车内环境中的主要污染物，约占车内污染比例的70%左右。据统计，至今已发现的车内空气化学性污染物有几百种，其中可挥发性有机物占多数。研究认为根据各种污染物对人体侵害的毒性程度，作出优先检测的污染物约28种（见表8-4）。除此之外，还包括一些其他的有害气体，如一氧化碳、二氧化碳、二氧化硫、氮氧化物等。

2. 物理性污染物

物理性污染物主要包括汽车车内的噪声、车内照明的不足与过亮、车内温湿度过高或过低、车内电器所发出的电磁辐射、织物纤维、金属粒子等。

3. 生物性污染物

生物性污染物主要是指由于汽车内清洁工作没有做好以及在湿度较大和通风较差的情况下，产生的一些存活的有机体或者曾经存活的有机体，包括细菌、霉菌、真菌、病毒、螨虫等。同时也包括由于人类活动后在车内所留下的毛、发、角质、皮屑、飞沫以及车外扩散到车内的植物花粉等污染物。

表 8-4　汽车车内优先考虑监测的化合物

序号	化合物	序号	化合物	序号	化合物
1	苯	11	甲乙酮	21	1,3-丁二烯
2	甲苯	12	甲异丁酮	22	邻苯二甲酸酯
3	甲醛	13	二氯甲烷	23	多氯联苯(PCBs)
4	乙醛	14	三氯乙烯	24	总挥发有机物
5	二甲苯	15	四氯乙烯	25	甲苯基二异氰酸酯
6	丙烯醛	16	六价铬化合物	26	氯化聚二氧(杂)芑呋喃
7	丙烯腈	17	汞及其化合物	27	多环芳烃(PAHs)
8	氟化物	18	砷及其化合物	28	二苯基甲烷二异氰酸酯(MDI)
9	氯化物	19	镉及其化合物		
10	苯乙烯	20	镍及其化合物		

8.3　车内污染的治理

车内空气污染的净化与治理方法，大都采用与室内空气净化相同或相似的净化原理和方法，只是车内环境与室内环境、污染物种类有所不同，加上车内电源（一般为 DC12V）、功率大小、空间大小等局限性，使得车内净化方法与室内空气净化有显著的不同。

车内空气污染最直接、简便的方法是经常打开车窗，让车内自然通风。其优点在于简单方便、无任何成本。局限性是，当汽车周围空气污染严重、粉尘颗粒灰含量大时反而会增大车内污染。

8.3.1　车内空气污染治理方法

1. 车内装饰材料专业清洗

车内装饰材料品种多，电器及部件复杂。在日常保洁时，应经常对仪表台、方向盘、安全带、空调风口、座椅、车门内侧、座椅、扶手箱、地毯、脚垫、地胶或地板绒面、后备箱等部位用柔软的湿布擦洗和清洗，用吸尘器对车内地毯、地毯、脚垫、地胶或地板绒面、后备箱等部位吸尘和保洁。采用专业去污剂、消毒剂、除菌剂等进行材料表面清洗，去除油污、污垢、尘土、食物残渣；还可进行专业蒸汽清洗等方式。在清洗各种开关按钮和音响电路部分时，应避免使用腐蚀性、碱性强的洗涤剂，以免腐蚀车内电器。应减少使用有腐蚀性、刺激性的各种化学清洗剂；减少使用各种上光剂、柔软剂、表板蜡等以化学材料合成的制剂，避免使用香水来掩饰车内空气中的异味、臭味。

2. 车用空气清新剂去除法

以植物提取精油制备的清新剂，可以有效净化车内空气中的有机污染物，起到杀菌、防霉、去除臭味气体等功能，其原理是利用天然植物或中草药中提取出的活性成分。可采用直接喷涂、擦洗等方式，在车内装饰材料表面涂敷一层净化液，通过与车内空气中的有机污染物反应，使这些污染物成为对人体无毒无害的物质，以达到去除污染物的功效。

应避免使用香水来掩盖车内空气中的污染物。因为香水基本都是芳香类挥发性有机化合物，它们只能隐蔽臭气、异味、恶臭，增加车内空气中的污染物和污染量。

3. 光催化喷涂液去除法

在车内内饰材料表面，以喷涂等方式均匀喷涂光催化溶液，利用纳米光催化剂在紫外光的激发作用下，分解有机或无机污染物、抗菌、杀菌、除臭等特殊功能，去除车内空气污染物。

4. 吸附性净化材料吸附去除法

由于车内空间较小，适合使用吸附性材料通过吸附作用去除车内空气中的污染物。可采用活性炭、竹炭、活性炭纤维等吸附剂进行表面改性、负载各种催化剂或化学反应试剂来吸附、催化或分解车内空气中的污染物。其优点是：可吸附、催化分解车内空气中有机污染物，除臭、去除异味，去除能力强，操作简单。

8.3.2　车内空调通风系统净化方法

汽车车身内零部件繁多、结构复杂。大部分车内空调及暖风系统都有内循环及外循环。内循环就是系统从车内吸气经过加热或制冷后从车内出风口吹出，一般内循环没有进气过滤装置；外循环是空气从车外被吸入，经过加热或制冷后从车内的出风口吹出，由于车外空气恶化，大部分车的外循环进气口都有进气过滤装置，如滤网、花粉滤清器、灰尘滤清器等。车内空调系统长时间使用后，风道、暖风水箱、空调蒸发器和进气过滤装置上的灰尘细菌较多，严重污染车内空气，常有臭味或异味，需要及时对暖风空调系统进行清理，以保证车内通风的清洁。

1. 定期清理与去污

开展常用性和定期的车内清理，如更换灰尘滤清器，保证进风通畅；用专门清理风道的清洗剂，去除风道粉尘颗粒物、除菌、祛除异味；污染较重的需要到修理厂把风箱整个拆下来，对风箱拆散彻底清理。

需要指出的是：由于车内空气质量的恶化，车内过滤器、滤网材料相对落后，一般只能去除较大粒径的纤维、粉尘颗粒物，只有高效过滤器才能对 PM_{10} 等指标颗粒物有较高的过滤效率，不能去除车内空气中甲醛、VOCs 等有机污染物；部分高级轿车在通风系统中安装有负离子发生器、臭氧发生器、等离子发生器等电子净化装置，用以去除通风系统中的甲醛、VOCs 等有机污染物。

2. 车内负离子空气净化装置

车内臭氧负离子空气净化装置可以产生臭氧负离子来净化空气，利用低浓度的臭氧可以杀灭细菌、病毒，还能清除异味，一般安装在车内空调通风出口内部，通过循环风将臭氧扩散到车内空气中，来杀灭空气和车厢内饰上的细菌。

3. 车内低温等离子空气净化装置

是指利用安装在车内空调通风出口内部，由等离子发生器产生的低温等离子的高能粒子，分解车内空气中甲醛、VOCs 等有机污染物和杀灭细菌。

4. 车内生态酶空气净化过滤器及净化装置

是指用生态酶空气净化材料制作的空气过滤器，取代现有车内空调颗粒物过滤器，它不但可以净化空气中粉尘颗粒物，同时还可以净化空气中有机和无机污染物，发挥杀菌、除臭等特殊功能。特别是在车内通风装置的回风过滤网上，加装生态酶空气净化过滤器，是一个简便而实用的净化方法。

8.4 车内空气质量研究与展望

8.4.1 车内环境功能装饰材料的研究开发与应用

车内装饰材料品种繁多，应加强具有环境生态功能装饰材料的开发，利用环境功能材料的环境净化特殊功能，使其不但具有原来装饰材料的使用功能，还具有环境净化的特殊功能，是今后汽车内饰材料发展的最佳方向。

8.4.2 车内空气净化方法与装置

从汽车业发展的眼光看，开发小型化、电子化、低能耗的净化功能电子部件是今后汽车净化方法和净化装置的发展方向。

8.4.3 车内空气污染与人体健康效应方面的研究

人们对交通工具内空气质量研究还很少，需要进一步探讨的问题还很多，这些问题及研究包括：

1）道路交通中，乘客产生的二氧化碳、道路或自身车辆产生的一氧化碳。

2）车内空气中超细颗粒物暴露（UFPM）及对人体健康的影响问题。

3）极端条件下，车内污染物对人体健康的影响。

4）车内 VOC 的健康效应。

5）车内寿命短、反应活性高的物质作用。

6）病毒和细菌解决方案。

7）高密封性高速列车上的污染问题。

8）地铁内金属污染、臭氧源的污染水平与健康效应研究。

第9章　室内环境污染净化与治理技术

9.1　装饰装修材料中主要污染物的控制方法

由于在室内环境中大量采用各种装饰装修材料、人们生活、工作及各种人体、动物的活动以及不良的通风方式，都会导致室内空气中甲醛及 TVOC 等有机污染物的含量居高不下，造成对人体的伤害。因此，加强对室内装饰装修材料的检测与控制、在室内装饰装修中减少人造板材的使用量、采用合适的人造板材净化措施、提高通风设施的合理使用、维护与管理，改善落后的空气净化方法，采用合理的通风方式、通过科学而有效的净化与治理方法，可以最大限度地降低室内有害气体的浓度，减轻对人体的毒害作用。这些方法和措施，成为室内环境中控制室内空气质量的主要方法。

9.1.1　装饰装修材料中有害物质的检测、监督与评价

国家质量监督检验检疫总局和国家标准化管理委员会于 2001 年 12 月 10 日批准发布了《室内装饰装修材料有害物质限量》等 10 项国家标准，自 2002 年 1 月 1 日起实施，2002 年 7 月 1 日起强制执行。对装饰装修材料中有害物质的限量、分类与使用范围、测试方法和产品进行了规定。其目的是重点加强对室内装饰装修材料中游离甲醛、苯、VOCs 等有机污染物及氨、重金属、放射性物质的监测和控制，以保护室内环境。

1. 人造板材有害物质监测、检测与评价标准

在室内装饰装修材料中，人造板材的使用面最广、使用量最大、使用种类最多，对室内环境中污染的影响也最大，散发周期最长，成为装饰装修材料对室内空气污染的主要污染源。大量检测表明：人造板材所散发的甲醛是引起室内空气中甲醛污染的主要来源之一。对人造板材中重点有害物质——游离甲醛释放量进行质量检测、产品分级，是质量检测与产品监督的重要工作。检测实践同时表明：近年来在民用建筑工程中使用的各种人造板材产品质量参差不齐，由于使用了含有增强胶粘性及加强板材硬度胶粘剂都含有大量的甲醛，加之有些为了提高板材防虫、防腐功能，用甲醛作为板材防腐剂，更造成人造板材中的甲醛含量和释放量普遍较高，严重影响到室内空气的质量。

人造板材，包括胶合板、细木工板、饰面板、中密度纤维板和复合地板等。人造板材按其结构单元不同，大致可分为三大类：一类是由木块或大幅面薄木片胶合而成的胶合木或胶合板类产品；另一类是木刨花或小颗粒胶合热压而成的刨花板类产品；第三类是由木纤维胶合热压而成的纤维类产品。其他还有少数结构单元比较特殊的人造板产品。

2. 提高人造板材甲醛检测技术水平

人造板材甲醛释放量和含量的测试方法，有穿孔法、干燥器法、气体分析法、大容量测试室法、WKI 法、Roffael 法、双缸法、TNO 法等。其中有些方法主要用于实验室研究，有些方法因其具有广泛的实用性而已被列为各国人造板甲醛释放量的检测标准而得到广泛应

用。

在我国《室内装饰装修材料人造板及其制品中甲醛释放限量》（GB18580—2001）检测标准中，对不同的人造板及其制品中甲醛释放量采取了三种不同的检测方法，分别为穿孔萃取法、干燥器法、环境测试舱或气候箱法。不同的检测方法对应有不同的限量指标，也具有不同的物理意义，三种方法测量的范围、适用范围及其测定结果差异很大。

穿孔法的基本原理是：将被测试件与甲苯共热，通过液一固萃取使甲醛从试件中析出并溶解于甲苯中，然后将溶有甲醛的甲苯通过穿孔器与蒸馏水进行液-液萃取，把甲醛转溶于蒸馏水中。对溶有甲醛的蒸馏水溶液进行分光光度法定量分析。用被测液的甲醛浓度、试件含水率、试件质量等计算出被测人造板的甲醛释放量，以 mg/100g 计。

尽管穿孔萃取法简单，测试周期短，但存在三个缺点：一是穿孔萃取法测量的是板材的甲醛含量，不能全面反映甲醛释放的快慢和多少。甲醛释放量除与甲醛含量有关外，还与板材的属性，如扩散系数和环境条件等因素有关。扩散系数越大，甲醛释放的越快。二是测量的是束缚态和游离态的总含量，但束缚态甲醛一般情况下不会释放出来，所以测量值偏高。三是穿孔萃取法大量采用高毒性有机溶剂，环境污染比较严重，不适应环保的需求。

干燥器法的原理是：将盛有规定体积的蒸馏水（9 ~ 11L 干燥器法 300mL；40L 干燥器法 20mL）的结晶皿放于干燥器底部，在其上方固定的支架上放置被测试件，试件释放出的甲醛被蒸馏水吸收，此吸收液作为试样溶液。测定并计算试样溶液浓度，所得结果即为被测人造板的甲醛释放量，以 mg/L 计。干燥器法方法简单，测试周期短，测出的是游离态甲醛的释放量，但不能反映出甲醛随时间释放的过程特性。

环境测试舱法的测量原理是：将试件按一定的装载度放入测试室内，室内保持规定的温度、相对湿度、换气数、气流速度等。按要求抽取测试室内含有甲醛的空气，使之溶于吸收液中，测定吸收液中的甲醛浓度并计算出测试室内空气的甲醛浓度。当测试室内甲醛浓度达到平衡浓度或测试达到规定时间时，此时的测试室内空气的甲醛浓度即为测试值，以 mg/m^3 计。这种方法较为真实地模拟出人造板及其制品在使用过程中甲醛的散发情况，测定值具有较高的可信度，可为其他测试方法的制定和研究提供参考。环境测试舱法能够测试甲醛随时间特性释放，更接近建筑室内环境的实际情况。但测量周期长（15 ~ 20 日）运行费用高，检测气体中的甲醛的方法准确性还有待提高。

3. 装饰装修材料有害物质的检测、监督与施工管理

依据国家相关标准，对民用建筑工程中使用的装饰装修材料进行法定检测、监督、分级和评价，是一项重要的任务。依照民用建筑的分类方法，对不同等级的民用建筑工程，合理使用各种装饰装修材料和施工工艺，是控制室内环境污染的重要步骤。

同时，由于装饰装修后的民用建筑室内空气污染程度，随着民用住宅装修度越高、人造复合装饰装修材料使用量越大，室内空气中有害气体超标也越严重；室内温度越高，从各种人造复合装饰装修材料中释放的有害气体量增大；通风效率越低，有害气体在室内富集量越大。所以必须通过对民用建筑工程所使用的装饰装修材料有害物质进行全程的监督、检测与控制。

9.1.2　减小人造装饰装修材料的使用量

减小人造板材使用量，防止甲醛在室内积累和散发，是减小室内空气污染的重要保证之一。在装饰装修以及配置家具时，注意人造板材使用量和家具体积不要超过房间空间体积的一半，同时尽量减小化学合成材料及通过化学处理过的装饰装修材料的使用量，减少化纤地毯，地胶板和油漆、涂料的使用量，是减小室内环境污染的有效方法。

9.1.3　提高室内空气通风效率

民用建筑室内环境污染的另一个重要特征是：室内空气流通效率低，形成室内空气中有害物质叠加而引起室内空气污染。因此，有效的通风是减小室内空气污染的重要手段。而采用新型空气净化技术，设计制作的中央空调回风净化装置，有效地净化空气中的甲醛及TVOC、病毒、细菌等主要污染物，使中央空调通风系统的空气污染得到有效控制，则是提高室内空气通风效率的又一重要措施和方法。

9.1.4　采用科学而有效的室内空气净化方法

国内外现有的室内空气污染净化技术大多是从工业尾气和废气治理技术演变而来的，主要分为三类：除尘技术、气体净化技术和杀菌消毒技术。

室内空气除尘技术基本衍生于大气除尘技术，采用较多的是纤维过滤式除尘和静电式除尘。活性炭过滤法仍是主要的气体净化方式。杀菌消毒技术主要采用紫外线、O_3 和化学物质。以纳米二氧化钛为氧化剂，在紫外光的照射下，具有净化空气的功能，具有良好的应用前景。但是随着人们对光催化技术研究的深入，发现纳米二氧化钛光催化反应器应用于室内空气中污染物的净化需要有高强度紫外光的照射，污染物浓度较低时尤其如此。而且，光催化氧化分解 VOC_S 的动力学过程需经过许多中间步骤，容易生成其他毒性更强的中间产物，这些毒性更强的中间产物就会随着循环风带到室内各个部位，可能会带来更大的污染。目前尚有许多光催化反应的机理和问题需要进一步的深入研究探讨，特别是在大风量的中央空调通风系统中，要克服上述难题，还有许多必须要解决的难题。

近年来，纳米生态酶空气净化技术的研究开发工作取得了重要进展。以表面具有纳米孔隙、具有多种活性基团的活性炭纤维与高分子纤维复合后制作成过滤材料，形成载体，通过负载模拟酶催化剂、纳米银杀菌剂后制作成超薄型、低风阻的空气净化材料，为解决日益严重的室内空气污染提供了一种全新的净化材料和方法，可广泛应用于中央空调通风系统、家用空调过滤材料、室内空气净化器中，可用一种材料替代多种净化材料，是一种同时起到多种净化功能的生态型纳米环境工程材料。

9.1.5　人造板材甲醛清除剂及其应用

既然人造板材导致室内空气污染，采用甲醛清除剂来控制人造板材甲醛的释放量，是控制室内环境污染的一种行之有效的治理方法，具体内容在甲醛清除剂的研究章节中进行详细讨论。

甲醛清除剂的甲醛去除方法较多，机理也不尽相同，主要在人造板材生产过程、人造板材在装饰装修的使用过程、室内家具表面进行涂敷。根据人造板材游离甲醛的含量，决定甲醛清除剂的涂敷量，利用甲醛清除剂中的有关成分，去除人造板材或室内其他装饰装修材料中的游离甲醛，在一定程度上控制室内空气中甲醛的污染量，改善室内空气质量。

9.2 人造板材游离甲醛的控制方法

民用建筑工程中室内装饰装修、地面铺设、建筑结构材料及家具中广泛使用的胶合板、刨花板、密度板、纤维板、细木工板、切片板、强化复合地板等人造板材，在生产和使用过程中随着外部条件的变化其中的部分甲醛又重新游离出来，人们将这些游离出来的甲醛称之为游离甲醛。

在相对窄小的室内空间中，从人造板材内部胶粘剂树脂中游离出的甲醛、植物纤维降解释放出来的甲醛，随气温和时间的变化，散发至室内空气中，构成室内空气污染的主要污染源。更重要的是，人造板中游离甲醛的释放期长达 3 ~15 年。可见，由人造板材散发到室内空气中的甲醛将长期影响人们的身体健康，是产生不良建筑物综合症（SBS）、建筑物关联综合症（BRI）等的重要因素之一。因此，治理人造板材中游离甲醛，应从根源上减少室内空气污染，寻求对甲醛去除效率高、对环境和人体危害小、使用方便、具有绿色环境功能技术的新型甲醛清除剂，这类研究开发具有重要的社会意义和经济价值。

9.2.1 人造板材中游离甲醛的去除原理

人造板材甲醛清除剂是一类含有在室温条件下与人造板材散发出的游离甲醛发生反应的活性有机、无机化合物或有机-无机化合物的组合物，通过这些化合物与甲醛发生化学反应生成一种稳定的、对人体和环境无毒、无害的化合物、或者将能将甲醛分解成水和二氧化碳。人们对这类产品的基本要求包括：与甲醛在一定环境条件下具有反应快速、甲醛去除效率高、去除彻底，对人体和环境无二次污染，不影响人造板材的物理性能和表观质量。

许多国家的研究人员发明了多种甲醛去除方法，这些方法大体可分为：物理吸附法、化学法和生物吸收法。从人造板材生产工艺和使用角度上看，甲醛去除方法又可分为三类：在人造板材生产中使用甲醛控制方法；在装饰装修施工时使用甲醛去除方法；在装饰装修后对室内空气中甲醛去除方法。

与物理吸附法相比，化学去除法相对要复杂得多。人们根据化学法去除甲醛原理，将现有的甲醛清除剂分为三类：第一类是通过氧化还原反应去除甲醛，利用能氧化甲醛的无机氧化剂，如过硼酸钠、次氯酸、过氧化氢、二氧化氯等；第二类利用氨、胺的衍生物与甲醛亲核加成反应去除甲醛。这类氨、胺基衍生物包括尿素、羟氨、肼、苯肼、2，4-二硝基苯肼以及氨基脲氨基等。第三类是具有次甲基活泼氢（α-H）的小分子量的有机化合物，如丙二酸二甲酯、乙酰乙酸甲酯等。

对复杂的甲醛去除方法，如植物多酚等复杂的有机化合物，由于其去除甲醛的机理非常复杂，如具有氧化性，可与甲醛进行氧化还原反应；同时又具有 α-H 结构，又能进行亲核加成反应；更突出了植物多酚的多元酚结构赋予了它与蛋白质、生物碱、酶等催化氧化反应、捕捉自由基、衍生物反应、分子间键合形成的分子包夹的结构等一系列复杂的物理化学反应共同作用的结果，其反应机理相对比较复杂，难以通过简单的反应模式进行区分，我们将这些甲醛去除方法归纳为植物多酚甲醛去除法，将在相关章节中进行讨论。

9.2.2　人造板材中游离甲醛去除方法述评

目前，许多国家的研究人员研究发现了各种甲醛去除方法，申请了大量专利。研究较多的是适用脲醛树脂、三聚氰胺树脂等氨基树脂的氨衍生物甲醛去除剂，这类去除剂中因为具有和氨基树脂相似的氨基等基团，具有较好的相容性，主要利用甲醛能与氨的衍生物反应，分别生成肟、腙、苯胺、2，4-二硝基苯腙及缩氨基脲。甲醛和氨的衍生物反应就是衍生物的氨基和甲醛的亲核加成反应，其化学反应方程式如下：

$$R\text{-}NH_2(\text{或 } R_2NH) + HCHO \rightarrow R\text{-}NHCH_2OH(R_2NOH)$$

研究表明：含羰基和氮的五元杂环化合物具有很好的消醛效果，其中包括环脲化合物，其分子中的亚氨基团和甲醛的亲核加成反应速度很快。而含有亚氨基团的杂环化合物，都具有很好的消醛效果。表 9-1 所列的消醛剂主要是含胺（氨）基团的化合物的主要物理性能。

表 9-1　几种消醛剂的主要物理性能

CA 登记号	英文名称	中文名称	分子式	分子量	熔点/℃	沸点/℃
95-14-7	Bnezotriazole	苯并三唑	$C_6H_5N_3$	119.2	94～99	204
51-17-2	Benzimidazole	苯并咪哇	$C_7H_6N_2$	118.13	171～174	360
615-15-6	2-methyl-1-h-benzimidazole	2-甲基苯	$C_8H_8N_2$	132.16	—	—
288-32-4	Imidazole	并咪唑	$C_3H_4N_2$	68.07	87～90	255～256
120-72-9	Indole	吲哚	C_8H_7N	117.15	—	—
288-88-0	1,2,4-triazole	三唑	$C_2H_3N_3$	69.05	119～122	260

但值得注意的是：在这些化合物中有些毒性较大，合成工艺较复杂，适用性不强。

近年来我国申请并公告的除醛专利也有不少，其中比较突出的专利如：专利 CN1169590C 采用三乙醇胺、偏重亚硫酸钠、乙二胺四乙酸二钠、2，3，4，5，6-五羟基已醛。CN1304942 选用聚乙烯醇、三聚氰胺和硫脲混合物；CN1104657 采用水性酚醛树脂、磺胺酸和尿素酶等混合物；CN103247 选用水溶性活性亚甲基作脲醛树脂的甲醛清除剂。专利 CN1359992A 采用几丁聚糖、乙酸的复配的水溶液涂敷在板材表面，利用几丁聚糖分子上的羟基和氨基与甲醛发生反应。几丁聚糖还在板材表面形成薄膜，在板材表面形成封闭层。专利 CN1180859C 采用碳酸钠、氯化铵、尿素、醋酸铵共聚混合后制备而成，可涂敷在板材表面，其经济性突出。但由于大量氨的使用后，板材受热后易散发出氨，形成新的空气污染。CN1427045A 采用酰胺类、酰肼类或脲类的酸性水溶液来去除甲醛。CN1432608A 采用酰肼、唑类及嗪类作为去除甲醛的试剂。CN1463753A 采用羧酸或二羧酸与氨、水合肼反应而成的酰肼类化合物与多元醇、羟甲基脲、硫酸亚铁、维生素或 EDTA 与金属卤化物及月桂醇、油酸、氮酮、薄荷脑、神酮等渗透剂复合配制成水溶液。使甲醛清除剂在渗透剂的作用下可以渗透进入板材以去除内部游离甲醛。CN2519722Y 采用微胶囊技术将游离甲醛捕捉剂包覆在高分子化合物胶囊中与胶混合以去除之。

近年来，出现了从植物或传统中草药中提取活性甲醛反应因子的专利。如日本专利 JP52-142736 和 JP53-143636，将绿茶粉添加到树脂填料中以去除游离甲醛；中国专利 CN1298911A，直接将茶粉作为木材胶粘剂树脂填料加入来捕捉甲醛；CN1188477C 提取茶叶中的茶多酚作为甲醛捕捉剂，CN1431258A 从天然樟科植物中提取具有活性 α-H 的醇、酮及倍半帖、双帖活性等物质去除游离甲醛；CN1451464A 从板蓝根、鱼腥草、金荞麦、决明子、金银花、机壳、田七、高梁姜等中医药中提取活性物质，利用可与甲醛进行反应的活性基团生成无毒物质，可有效去除甲醛，从生态及可持续发展角度上，为人们提供一种生态净化方法。

1. 人造板材生产过程中的甲醛去除方法

为了避免人造板在制造、储存、使用过程中未缩聚反应完全的甲醛发生裂解、水解或热分解而释放出游离甲醛，抑制木材中的半纤维素的水解，减小其释放出醛类物质，人们研究出合成树脂的不同生产工艺：采用不同脲醛树脂合成摩尔比方法；促进树脂中甲醛在一定条件下反应完全，去除了部分游离甲醛。但这些方法，在降低胶粘剂中游离甲醛含量的同时，也会导致胶粘剂的胶合强度降低等物理性能缺陷。所以许多厂家在生产中，采用添加甲醛捕捉剂的方法来降低板材的甲醛释放量。用作甲醛捕捉剂的物质通常有苯酚、间苯二酚、尿素、三聚氰胺、聚乙烯醇、栲胶、树皮粉等。人们在制备低毒稳定型脲醛树脂胶粘剂时认为，三聚氰胺、聚乙烯醇作改性剂较为合适。三聚氰胺的引入，降低了游离甲醛量，增加了胶合强度，提高了耐水性。聚乙烯醇与甲醛生成聚乙烯醇缩甲醛，可改善胶的粘结强度，抑制亚甲脲白色沉淀物的生成，也能增加板材强度，改善耐水性。另外，加入适量的淀粉或氧化淀粉也能使胶的固含量和强度增大。

美国 verkor 公司利用 FD-EX 法消除胶合板中的游离甲醛。他们在 35℃ 下用氨气处理胶合板，然后用鼓风机脱除板面吸附的残余氨气，最后再用甲酸反应掉板内残余氨气。该工艺存在两个问题，一是氨气的环境污染问题，二是甲酸的强酸酸腐作用下，破坏了胶合板纤维。国内也有人对上述方法进行改进，将人造板材在真空条件下，用氨气去除游离甲醛。只是这种装置过于复杂，去除甲醛的成本太高、不够经济。

在脲醛树脂中加入甲醛捕捉剂，来降低脲醛树脂中游离甲醛含量，还有如：EP94797 用尿素与高分子聚糖合、EP13372 用碳酸氨、DE2917159 用尿素、US4397756 用糊化淀粉与尿素混合、DE3733630 用尿素及氨水、US5268502、US5194674 用丙二酸酯和多元醇的混合物或酯交换反应物作为甲醛捕捉剂。

荷兰阿克佐诺贝尔公司在人造板材中夹入含有亚硫酸铁或亚硫酸氢铁和脲、含有氨化合物的水溶液镶片，制作人造板材，通过夹层中的去除剂去除人造板材散发的游离甲醛。有人在生产刨花板时通过喷涂含有乙酸铵、碳酸氢钠或木素磺酸钠溶液来降低游离甲醛的含量。有人用 FS-21 作脲醛树脂胶的游离甲醛捕捉剂，当 FS-21 甲醛捕捉剂添加量为 9% 时，刨花板游离甲醛散发量的降低幅度达 42.3%。有人在处理刨花板时喷涂乙酸铵、碳酸氢钠或木素磺酸钠溶液来降低游离甲醛的含量，但同样也存在使用量大，大量残留无机盐对产品物理性能有不良影响等问题。

尽管这些捕捉剂的加入，可以有效降低游离甲醛的含量，但也有如下缺陷：由于大量无机盐的加入，会降低脲醛树脂的固化速度，影响人造板材的物理性能；成本较高；产品表面由于施加硫酸钠（亚硫酸氢钠）或氯化铵，引起木质材料表面变黄，影响产品外观；而且一些化合物与甲醛生成不稳定的化合物，在使用环境中受热后又能重新释放出甲醛；同时含有无机氨的加入，会在室内空气中释放出氨气而产生新的污染；部分化合物散发到空气中会引起人体不适，如亚硫酸盐在使用过程中，会对人体皮肤产生刺激而引发斑疹，人体吸入后引起过敏性哮喘。

2. 装饰装修工程中使用的甲醛去除方法

解决人造板成品中超标的游离甲醛，可在装饰装修过程中喷涂在人造板材表面、接缝处。目前，采用这类技术的产品市场上已经有多种，它们采用的去除剂不尽相同，溶液中的组分也有区别，因此，对人造板材中游离甲醛的去除效果差别较大。其中这类甲醛去除剂中去除效果较好的，一般采用含有酰肼类的化合物作为甲醛去除剂的主要原料，制备成溶液，通过在装修过程中，在人造板材成品表面、接缝处，与甲醛起反应来降低人造板材成品中散发的游离甲醛。

中国科学院过程工程研究所利用天然钠基膨润土类层状材料及经简单加工的活性白土或天然沸石多孔材料，通过离子交换或吸附方式将甲醛去除物置于层间或孔隙间，在碱性条件下利用铜离子的氧化性将甲醛氧化成甲酸并最终形成甲酸钠方式，或利用氨与甲醛反应，来捕捉环境中的甲醛。

需要提醒人们注意的是：市场上有采用过氧化氢（H_2O_2）、二氧化氯等强氧化剂，配制成水溶液涂敷到人造板材表面，对甲醛具有一定去除能力，不过这些氧化物挥发性强，起作用时间非常短，而且对装饰装修材料的使用性能有一定影响。

总之，为了消除人造板材中的游离甲醛对室内环境的污染，国内外研究人员已经做了大量的工作，具有甲醛去除率高、使用量少、水溶性好和无毒的甲醛去除剂，具有很好的市场及发展前途；含 α-氢化合物型甲醛消除剂将是今后开发研究的一个方向。特别指出的是，从室内环境与健康角度来讲，从植物或中草药中提取生物活性物质，因其具有的绿色环境效应，才是今后甲醛去除剂主要的研究方向。

9.2.3　植物提取活性物质甲醛去除法

从植物中提取生物活性物质（详细内容请参考本书9.6节），利用植物多酚及其活性物质，可有效净化空气中甲醛等多种有机、无机污染物，对细菌、霉菌等都有灭杀效果。

早期，人们依据中药的祛湿清热等“祛邪法”原理，以芳香化湿、清热解毒二类中药为主，利用中草药有较强的抗菌抗病毒作用来对空气消毒。中药烟熏法，就是流传最早的中医传统空气消毒法。古人早已会应用苍术、白芷烟熏避瘟；民间端午节有用苍术、艾叶熏房间以驱瘴、除秽的习俗。现代实验已经证明了这些方法是有效的。

中药熏蒸法也是相同的原理，这种传统方法是将中药加水煮沸，利用水蒸气将有效成分扩散，可使药物比较均匀地弥散到空气中发挥作用，并能润湿和净化空气。如用苍术、薄荷、藿香、黄连、连翘等以水蒸气熏蒸室内，30min 后，空气中杀菌率达 70% ~75%。以苍术、白芷、丹皮、佩兰、板蓝根各 30g 加水煮沸，对室内熏蒸消毒有较好的效果，且可明显提高空气的清洁度。

中药气雾剂法，以板蓝根、苍术、薄荷、藿香等中草药制成的空气清新剂，进行空气消毒的样本作细菌总数动态比较，测试结果表明：这种空气清新剂消毒效果好于紫外线照射、84 消毒液喷雾、艾条烟熏 3 种方法，且有效消毒时间维持最长。气雾剂罐装成品，可以有效保持中药气雾剂的成分相对稳定。但是气雾剂法必须以丙烷、丁烷、二甲醚等多种挥发性有机物作抛射剂，可造成空气二次污染，限制了其应用的范围。

中药液喷雾法，中药经一定工艺提取有效成分制成药液，经喷雾雾化后形成 20 ~60μm 雾气微小溶胶粒子，其扩散作用更快更强。该法不仅具有消毒作用，还能使尘埃沉降，及湿化、清新空气等多种效果，越来越受到关注。其缺点是药液易对墙壁、衣物等器具染色。以黄芩、四季青、大青叶、厚朴、苍术、佩兰、鲜薄荷等提取液喷雾房间，菌落数合格率达93.75%。以野菊花、厚朴、苍术、金银花、牛蒡子、辛夷等制成的水提取剂在教室内喷雾后，可明显降低中小学生的上呼吸道感染发病率。

从天然植物材料中提取有效成分，制各空气清新剂的原理和方法，主要是利用中药空气消毒剂的使用安全性，对人体无害，对物品无腐蚀作用，另外还有清新空气等效果。如以槐米、茶叶、艾叶、香薷等提取配制天然空气清新剂，这些中药制剂中含有大量可去除甲醛、VOCs的活性成份，通过植物多酚这些活性成分与甲醛等污染物可发生多种化学反应：如植物多酚含有的多种生物碱可产生酸碱反应、路易斯酸碱反应、氧化还原反应、分子复合反应、催化氧化反应。此外，经过雾化的液滴具有高于污染物化学键的表面能，从而破坏有机分子中的各种键合结构，分解甲醛等有机污染物分子。

利用中草药的空气净化、消毒功能，近年来备受关注，人们对多种组方、剂型等方面的研究已经取得了很大的进展，随着研究的深入，人们已经可以从分子学角度，来研究和发现植物活性物质对空气的净化功能，揭示中草药的净化机理，探索新的净化方法。总之，人们在利用中草药的空气净化、消毒功能方面将具有极其广泛的发展前景。

9.2.4　人造板材游离甲醛去除效果与评价方法

人造板材主要产品有胶合板、刨花板、密度板、纤维板、细木工板、切片板、强化复合地板等，它们因生产工艺区别较大，而且板材类别、木材品种、胶粘剂品质及用胶量、板材厚度、含水率、表面处理情况、热压条件、存放时间、环境的温度与湿度等多种因素影响直接影响人造板材产品的物理和化学性能。如何评价人造板材游离甲醛的去除效果，成为分析工作者的一个重要任务。

在我国的检测标准 GB 18580—2001 中，对不同的人造板及其制品中甲醛释放量采取了三种不同的检测方法，这三种方法分别为穿孔萃取法、干燥器法和气候箱法。不同的检测方法对应有不同的限量指标，也具有不同的物理意义，三种方法影响其测定结果的因素差异很大。因此，结合不同的人造板材检测方法，通过对照测试，可以计算出人造板材甲醛清除剂去除游离甲醛的去除率。由于分析方法和检测原理的不同，穿孔萃取法不适用于进行这种对照测试。比较适合的鉴定或检测方法是干燥器法和环境测试舱法。通过测试用一定的甲醛清除剂在人造板材表面涂敷前后，人造板材工件散发出的游离甲醛释放量，计算出甲醛清除剂去除游离甲醛的去除率。

9.2.5　甲醛清除剂的研究和发展方向

施加量少、与甲醛反应速度快、甲醛去除率高，对人造板材和环境及人体伤害最小，无毒害作用，产品经济，施工方便的甲醛清除剂，将是今后发展的主要方向。

人造板材游离甲醛是引起室内空气污染的重要污染源之一，为解决日益严重的室内甲醛的污染，研究人造板材游离甲醛的去除方法，发展生态及可持续发展的甲醛去除技术和产品，是今后研究者的重要任务。

9.3　光催化降解室内空气中污染物的技术与产品

9.3.1　光催化降解空气中有机污染物机理

利用纳米光催化剂进行在光照条件下产生的多种活性物种，可将空气中的有机物分解成 CO_2 和 H_2O 及相应的有机酸。TiO_2 气相光催化降解有机物的反应通式为

$$\text{Gaseous Orgimic Substrate} + O_2 \rightarrow \text{Intermediate(s)} \rightarrow CO_2 + H_2O + \text{Mimeral arcids}$$

目前，国内外学者已对烯烃、醇、酮、醛、芳香族化合物、有机酸、胺、有机复合物、聚合物、三氯乙烯等气态有机物的 TiO_2 光催化降解进行了研究并证实：光催化氧化法可降解 100 多种气相有机化合物。

9.3.2　光催化抗菌杀菌功能

1. 光催化抗菌杀菌功能机理

人们通过对纳米 TiO_2 为代表的光催化材料的研究发现：TiO_2 通过光激发后，在具有净化空气、除臭、分解有机物的同时，还具有较高的抗菌特性。已成为新一代无机抗菌材料。

其杀菌抗菌机理集中在于：TiO_2 表面受紫外光激发后或在室内可见光照射条件下，产生光生电子和空穴，并与空气中水分和氧气反应产生多种活性基团，而活性基团产生强烈的氧化-还原作用，它们都可以与细菌的生物大分子（如脂类、蛋白质、酶类、核酸大分子）直接反应生成一系列氧化链式反应，直至细菌分解成水和二氧化碳，光催化反应产生的活性基团，如以活性羟基自由基为例：它可攻击细胞中的有机不饱和键，抽取其有机分子中的氢原子，反应并产生新的自由基链式反应，致使细菌蛋白质变异和脂类分解，发生多肽链断裂和糖类解聚，直到细菌细胞死亡，而且所有的有机物逐步分解成水和二氧化碳。这是目前最为洁净的杀菌和抗菌方式。

2. TiO_2 光催化杀菌抗菌材料的特点

（1）抗菌与杀菌效果迅速、杀菌力强　TiO_2 光催化反应产生的活性基团，如活性羟基基团具有的反应能比有机物中多种化学键的键能大很多。光催化剂产生的化学能，可有效地断裂上述各种化学键，从而分解有机大分子的细菌。

（2）同时具有抗菌和杀菌作用　细菌的生长和繁殖需要有机营养物质，而 TiO_2 光催化作用可分解上述细菌的有机营养物，抑制细菌的增强和发育，使细菌的活性大为降低，并逐步分解细菌，从而达到抗菌和杀菌的作用。

（3）对细菌的杀灭的彻底性　光催化反应具有彻底的净化功效。不仅能削弱细菌的生命力，攻击细菌的外层细胞膜，破坏细胞膜、分解细胞外部多肽或糖聚体，使细菌彻底分解。

（4）具有防霉效应　TiO_2 对真菌同样具有杀灭作用，因而具有防霉效应。在同时要求抗菌、防霉的场合纳米光催化剂将取代无机抗菌材料。

（5）适用性和稳定性　TiO_2 对人体安全无毒。在日常生活中已得到广泛应用，理论上可以永久使用。

（6）多功能性　TiO_2 光催化反应不仅具有抗菌、净化大气中氮氧化物和硫化物、分解

有机污染物、除臭等性能，最新研究表明：光催化作用在治疗癌症、杀灭癌细胞方面也具有特殊功效。

（7）较高的光量子效率　光催化作用的发生，是由于光的辐射作用而产生的。光催化量子效率的测试表明利用光催化反应，只要微弱的紫外光照射，如利用太阳光、室内照明用光、荧光灯照射便可产生抗菌、杀菌的效能。

3. TiO_2 光催化抗菌材料的应用

目前，对利用光催化抗菌材料的应用报告，已非常翔实，也很丰富。对大肠杆菌的实验证明：弱紫外光照射30min后，涂敷纳米 TiO_2 薄膜表面，大肠杆菌的死亡率接近80%；约2小时后，大肠杆菌的死亡率达100%，同时细菌死亡时释放出的内毒素也完全杀灭。对于耐青霉素的黄色葡萄糖菌：荧光灯照射1小时后，杀灭率达99%以上。

应用检测表明：在医院病房、手术室及生活空间等细菌密集场所实施纳米光催化涂料，可有效地杀死细菌，防止流行性疾病的传染和暴发。资料报导：在病房、手术室的试验结果：在墙体瓷砖表面和玻璃表面涂敷纳米 TiO_2 净化涂料，附着于墙体的细菌由原来的5～10cfu/cm^2，下降为0；空气中浮游菌总数由原来的25 cfu/min·cm^2，降为5cfu/min·cm^2。杀菌效果相当明显，特别适合于医院、制药厂、食品加工厂对空气中浮游菌控制严格的地方。

而对于生活空间家庭中，可利用纳米光催化涂料，涂敷于地板、天花板、墙壁、卫生陶瓷、玻璃表面，进行空气净化、除臭、杀菌、防霉、防污垢等。尤其是对大肠杆菌、绿脓杆菌、金黄色葡萄球菌等有害细菌均有较好的杀灭效率。

9.3.3 光催化技术应用展望

1. 纳米 TiO_2 光催化在室内环境净化中的不足

虽然光催化空气净化技术的研究得到了较快的发展，但是，总体上看，TiO_2 光催化空气净化技术研究还处于理论探索以及小型实验室规模向工业化的过渡阶段。要投入大规模的实际应用，尚需要做很多的工作。目前主要存在的问题包括：

（1）缺乏高效的光催化剂　用于多相光催化降解技术的催化剂多为N型导体材料，如 TiO_2、ZnO、CdS、WO_3、SnO_2、Fe_2O_3 等。由于纳米 TiO_2 无毒、光催化活性相对较高、氧化能力强、稳定性好，TiO_2 及与其相关的复合物得到了较广泛的实际应用。

（2）光催化量子产率低　一般难以超过10%，难以处理量大、浓度高的实际工业废气和废水，而对低浓度的有机污染物，也出现反应速率较慢的现象。

（3）太阳能利用率低（$<5\%$）　受 TiO_2 的能带结构限制，它只能吸收利用太阳光中的紫外线部分；即使有些改性产品，也与室内环境净化的要求有较大差距。

（4）光催化剂的负载技术有待完善　现有的光催化剂的负载技术，难以在既保持较高的光催化活性又满足材料的理化性能要求下，在不同材料表面均匀牢固地负载催化剂，导致催化剂易分离再生。

2. 光催化环境净化技术研究开发的方向

针对光催化处理技术目前存在的问题，大量研究认为光催化环境净化技术发展方向为：

（1）研制高效的光催化剂　特别是具有高量子产率、能被可见光激发的稳定催化剂。

（2）开发高效、高稳定活性的催化剂固定化技术和新型光反应器。

（3）开发经济有效的紫外线和可见光源，利用目前所使用的紫外光（波长300～400nm）扩展到可见光区，将会对TiO_2太阳能转换效率和光催化在环境净化中的应用带来巨大的价值。

（4）与其他空气处理技术结合，通过优势互补来实现更高效率地净化空气中各种有机污染物。

9.4　纳米光催化涂敷材料及其在室内环境中的应用

由于建筑材料及劣质装修材料中散发的各种有害物质，对人体产生不良影响，危害身体健康，引发"不良建筑病态综合症"。同时，由于节能需要，建筑物的高气闭性和低换气量等因素构成室内空气中污染物产生叠加效应，加重了室内环境污染。因此，室内空气污染与治理的产品和技术成为受广泛关注的社会问题。社会的需求有效地促进了纳米光催化材料在室内环境污染物净化中的应用，成为环境污染治理技术中最为热门的主要技术和产品之一。

9.4.1　纳米光催化涂敷材料在室内环境净化中的应用

1. 纳米光催化涂敷材料在室内环境净化中的应用

光催化功能材料可在紫外光激发下，表面自行产生光生电子、空穴以及多种活性基团，从而发生氧化还原反应，具有环境净化、降解有机污染物、抗菌杀菌、表面自清洁、超亲水性和超斥水性等多种特殊功能。它在室内环境污染控制与治理方面具有广泛的应用前景，在生态环境功能材料应用方面具有不可替代的特殊应用价值和社会价值。如今，纳米光催化技术已经被广泛应用于陶瓷、金属材料、电子陶瓷、水污染治理等重要领域。我国是继美、日、英、德之后，国际上第五个实现产业化生产纳米级二氧化钛的国家。

2. 纳米光催化技术在室内环境污染净化的优势

纳米光催化在室内污染防治中与其他室内环境净化技术相比具有如下优势：

（1）低温深度反应　光催化氧化可在室温下将空气有机污染物完全氧化成无毒无害的物质，是传统净化方法、常规的催化氧化法所无法比拟的。

（2）净化彻底　它可以直接将空气中的大部分有机污染物质完全氧化或矿化。从而区别于传统的活性炭吸附法，只是将污染源进行了转移。

（3）充分利用自然资源　光催化可利用太阳光作为能源来激活光催化剂，驱动氧化—还原反应，而且在反应过程中并不消耗光催化剂。单从能源角度看，这一特点也使光催化技术更具优势。

（4）氧化性强　大量研究表明，半导体光催化具有氧化性强的特点，对一般氧化剂难以氧化的某些有机物如三氯甲烷、四氯化碳、六氯苯都能有效地加以分解，所以对难以降解的有机物具有特别的意义，光催化的羟基自由基的氧化性高于臭氧、次氯酸、二氧化氯、高锰酸钾等常见氧化剂。

（5）净化功能的广谱性　光催化对从烃到羧酸种类众多的有机物都具有光催化降解功能。研究表明：列入美国环保署公布的9大类114种污染物，均被证实可通过光催化而降解。对环境持久污染物和一般净化技术难以净化的污染物，如芳香烃、饱和脂肪烃、不饱和脂肪烃、P环烷烃、萜烯类、脂肪醇类、醛/酮类、脂肪酸类、酯类和卤代烃类等9大类各种挥发性有机物有很好的去除效果，一般经过持续反应可得到完全降解和净化。

（6）抗菌与杀菌性能显著　在紫外线或太阳光的作用下，与空气、水接触产生氢氧自由基及超级氧离子，其具有强氧化力及还原力，可破坏细菌的细胞膜使细胞质流失，凝固病毒的蛋白质，抑制病毒的活性，并捕捉、去除空气中的浮游细菌。

（7）寿命长　理论上，光催化剂的寿命是无限长的，其寿命取决于负载技术。

（8）安全保障　对于纳米二氧化钛的有害性试验已经得到证实，经美国 FDA 食品检验中心认定，纳米二氧化钛对人体无害。因此，在生活空间中使用可最大限度地保证人体健康。

9.4.2　纳米光催化技术与室内装饰装修材料结合的技术与产品

近年来，随着对纳米 TiO_2 光催化功能薄膜应用领域的不断深入研究开发，其绿色环境特性对传统的建筑材料进行了功能性拓展，在不失建材原有性能的基础上，使其具有环境净化、抗菌、除臭和自清洁等特殊性能，使传统建材变成绿色环保建材，赋予各种建筑装饰装修材料，如玻璃、陶瓷、金属和聚合物材料以绿色环保特性，不但符合人们对高生活质量的追求，也是新世纪建筑装饰装修材料的主要发展方向，显示出其日益广泛的应用前景。下面介绍现阶段发展较为成熟、与室内装饰装修材料密切相关的环境净化功能的几种主要产品。

1. 自清洁陶瓷

玻璃和陶瓷作为日常装饰装修用品，广泛应用于日常工作生活的各个方面，如玻璃幕墙、挡风玻璃、各种镜片、装饰装修材料等。这些材料的使用性能直接关系到人们的生活质量。

自清洁陶瓷是指陶瓷表面具有自动除污、除臭、抗菌杀菌、具有亲水功能表面的功能陶瓷。自清洁陶瓷作为一种绿色环境功能材料，是在陶瓷表面涂敷有二氧化钛及其复合光催化材料薄膜的功能陶瓷用品。这种新型功能陶瓷，不仅具有原始陶瓷的功能，而且因其表面薄膜具有的光催化特性而表现出许多新的功能和作用，如净化空气、抗菌杀菌、防污自洁等。

（1）自清洁陶瓷的发展历程　早先的抗菌功能陶瓷，是离子缓释型抗菌陶瓷。这类抗菌陶瓷主要是含银、铜和锌等几种抗菌金属离子，以磷酸钙为载体引入到釉中，并在釉料中引入氟化钙、钾长石等助溶剂，在一定条件下经高温烧成制而成。这种离子缓释型抗菌陶瓷，利用银、铜和锌等抗菌金属离子的缓慢释放来杀灭其表面的细菌。但是，随着时间的延长，其离子释放量逐渐减少，抗菌能力也随之降低。

日本的东陶公司（TOTO）与光催化发明人藤屿昭教授合作，在陶瓷表面烧结纳米光催化薄膜，利用 TiO_2 光催化剂在紫外光的照射下，在陶瓷表面会引起光催化反应，利用其分解有机物的性质，使陶瓷表面产生抗菌、除污、防臭等功能。他们在抗菌（杀菌）瓷砖与卫生陶瓷研究中，采用了两项新技术：一项是将 TiO_2 光催化剂烧制在瓷砖和卫生陶瓷表面，使其表面利用紫外线引发光催化而产生光催化效应；而另一项是光还原镀层技术，是将银、铜等金属化合物高密度地固定在光催化剂上。其主要目的是使抗菌陶瓷在光照射不到的暗处也能有高抗菌性。他们研究开发的这种光催化自洁功能瓷砖和卫生陶瓷，对黄色葡萄球菌抗菌率达 99% 以上，产品已于 1994 年底上市。这一成果，首先开辟了纳米光催化技术在陶瓷领域的应用。由于自清洁陶瓷独特的自清洁、抗菌杀菌等优良特性，使其在公共场所、医院、宾馆和家庭等场所具有广阔的应用前景，因此备受科学界和企业界的关注。近年来一些科技发达国家也增加了自清洁陶瓷的研究开发力度。新型自清洁、抗菌杀菌功能陶瓷不断涌现。如今日本、欧美等发达国家已开发了多种光催化抗菌陶瓷产品并进入市场。

目前，我国在自洁陶瓷的研究和开发方面，也取得了明显的进展。其中，中国建筑材料科学研究院高技术陶瓷研究所开发出的光催化陶瓷制品，其抗菌性杀菌率在日光下大于80%，在黑暗条件大于下60%，24h可达95%；对霉菌2h杀菌率大于76%，12h可达95%；分解及除臭：对氨气等气体的净化率4h大于95%，12h达99%以上。佛陶集团也开发出了相应的自洁功能卫生陶瓷。咸阳陶瓷研究设计院在自洁陶瓷成品釉的研究上也取得了重大突破。浙江荣联陶瓷有限公司生产的X-Cera自清洁陶瓷，在光照条件下有可有效分解陶瓷表面黏附的油污，并使染料的污迹褪色。据有关资料报导，目前，我国已将自洁功能陶瓷的研究列为高技术陶瓷之列，作为“我国今后陶瓷工业科技发展的六大主攻领域”之一。

（2）自清洁陶瓷功效　目前已经使用的和新研究开发出的自清洁陶瓷，其表面功能膜材料主要是纳米TiO_2光催化以及TiO_2与其他金属或非金属的复合物涂层薄膜构成的光催化产品。负载纳米光催化纳米薄膜的陶瓷具有以下几方面的功效：

1）净化空气。由于生活空间中，甲醛、甲苯等有机物的相对浓度较低，可完全被纳米TiO_2光催化分解为CO_2和H_2O。在自清洁陶瓷表面涂敷TiO_2光催化薄膜均可有效地降解这些有机物，净化室内空气。

2）自洁去污。光催化亲水性研究表明：利用TiO_2表面的超亲水特性，可使表面具有防污、防雾、易洗、易干等特性，在建筑物窗玻璃、运输工具的窗玻璃、挡风玻璃及后视镜、浴室镜子、眼镜镜片、测量仪器的罩玻璃等物品表面涂敷一层TiO_2光催化薄膜时，即使空气中的水分或蒸汽凝结，冷凝水也不会形成单个水滴而是构成均匀的水膜，所以表面不会发生光散射的雾，表面可维持高度的透明性。

3）杀菌抗菌。人们居住的室内环境中存在各种有害微生物，尤其是公共场所及居室中的一些场合，微生物更容易繁殖，导致空气和物品表面的细菌浓度增大，是各种接触性传染病的扩散源。而纳米TiO_2光催化作用产生的活性基团能分解细菌生长所需的有机物，以抑制细菌的生长与发育，达到抗菌、杀毒的作用。这种功能对大肠杆菌、金黄色葡萄球菌、白色念珠菌、绿脓杆菌等均有抑制繁殖和杀灭作用。

4）除臭。光催化量子效应的测定结果表明，进行低浓度如乙醛、甲硫醇、硫醚、硫化氢、氨、三甲氨等臭味气体的光催化反应时，普通荧光灯的效率比紫外光源要高。尽管人们对臭气很敏感，但人类生活环境实际浓度都很低（一般在10个单位体积浓度以下），这样的浓度在室内照明所用的荧光灯中所含的紫外光量，通过光催化作用足以将其除去。同样，负载有光催化涂层材料的功能陶瓷，可在杀灭细菌的同时，有效抑制细菌分解时产生的臭味物质（如硫醇、硫醚、H_2S和NH_3等），因此具有除臭功能。

（3）自清洁陶瓷的应用前景　自清洁陶瓷问世以来，受到国内外同行的普遍关注，市场占有率日益提高。随着绿色环保材料已经被许多国家纳入可持续发展的建筑法规，并对建筑材料提出了相应的要求和规定，将有越来越多的绿色新型建筑材料产品进入市场。人们对健康型、环保型、安全型的新型建材将会越来越关注，新型建材的内容和标准将进一步完善新型，纳米光催化复合陶瓷的发展之路将会越来越宽阔。

2. 自清洁玻璃

自清洁玻璃是在玻璃表面涂敷一层纳米TiO_2薄膜而形成的。在日光灯或日光中紫外光的激发作用下，光催化剂吸收紫外光，产生活性基团。这些基团足以使玻璃表面的少量有机物、微生物分解成二氧化碳和水。加上纳米 TiO_2 薄膜经紫外光照射后产生的超亲水性，经雨水或水冲洗后，可使灰尘和油污自动从玻璃表面剥离，从而达到自清洁的效果。

3. 自清洁人造板材

具有自清洁功能的人造板及饰面人造木板，是利用人造板材与光催化、电气石等环境功能材料结合的新型功能材料，这些材料的问世，为人造板材增添了新型功能。

（1）光催化-三聚氰胺复合板材　在各种装饰人造板材中，广泛采用高温高压胶粘剂与木质纤维制成的热固性层积塑工艺，三聚氰胺板就是其中的主要产品。研究发现：在三聚氰胺树脂中添加光催化剂，暴露在树脂表面的纳米 TiO_2 光催化在紫外光的激发下，形成光催化反应界面，在这个特殊界面上，产生自清洁及抗菌特性的光催化反应，利用纳米 TiO_2 光催化剂在室内环境中微弱紫外线的照射，可以降解室内有机污染物的特性，从而开发出一种以人造板为载体的纳米自清洁贴面材料，这种新型板材是解决人造板材甲醛释放问题的一种新思路，也是纳米光催化技术在绿色环保人造板材中的重要成果。

（2）纳米 TiO_2 微粒的表面特征及其在三聚氰胺树脂材料中的分散　锐钛相纳米 TiO_2 微粒具有奇特的表面效应、小尺寸效应、量子效应和宏观量子隧道效应，且表现出光化学性质稳定、催化效率高、氧化能力强等优良特性。表现为锐钛相纳米 TiO_2 粒径小、比表面大、表面能高，纳米粒子很容易团聚；三聚氰胺甲醛树脂低分子聚合物中带有大量的氨基（$—NH_2$）或羟甲基（$—CH_2OH$），呈极性体系，当把纳米 TiO_2 粉末搅拌混入三聚氰胺甲醛树脂时，尽管有一定的混溶性，但仍然出现分散不均匀现象，所以不能直接添加到各种有机复合树脂材料中，必须对纳米 TiO_2 进行表面改性。

（3）表面改性纳米 TiO_2 在三聚氰胺甲醛树脂中的分散特性　纳米 TiO_2 粉末表面改性，常用表面偶联法和表面包覆接枝法和类酯化反应法，增加其表面对有机树脂的亲和力，使添加到三聚氰胺甲醛复合树脂中的纳米二氧化钛粉末分散均匀。

随着对纳米光催化涂敷材料的深入研究，现在已经开发出常温固化的纳米光催化涂料，直接喷涂到三聚氰胺树脂材料表面，可以免除纳米光催化粒子在树脂材料中的混合工艺、避免对高聚物树脂材料的降解、脆化作用，这是今后应用开发的重要方向。

9.4.3　环境净化功能涂料

所谓功能性涂料，是指在具备防护性功能和装饰性功能之外，还可以给涂料再赋予一些特殊功能的涂料。而环境净化功能涂料，就是通过涂覆涂料后，在涂层表面可实现环境污染物去除、净化、抑制、降解等特殊功能的涂料。

1. 环境净化功能性涂料的改进

传统的涂料是一种以防护、装饰、美化为主的建筑材料，其应用已近两个世纪。涂料是复杂的多元物质复配体系，除量大的无机或有机高分子成膜物质外，还有分散剂、成膜助剂、增稠剂、消泡剂、流平剂、pH 调节剂、防腐剂、抗菌剂、防霉、杀虫剂等助剂，通过搅拌、分散等生产工艺制备出各种用途的涂料。随着现代涂料的发展以及人们对室内空气污染对人体健康危害认识的加深，人们在研究开发功能性涂料时将其与健康环保联系起来，从而使具有环境净化功能涂料应运而生。

2. 光催化功能涂料

光催化功能涂料，就是通过在涂料中添加无机金属氧化物纳米光催化剂后，通过涂覆涂料，在涂层表面通过室内光线照射后，产生光催化作用，产生对环境中的污染物去除、净化、抑制、降解等特殊功能的涂料。由于纳米 TiO_2 的化学性质稳定，可形成透明薄膜，价廉易得，可被阳光和日光灯中紫外线激发，而得到包括在涂料等不同领域中的广泛应用。

（1）纳米光催化功能涂料优点　纳米光催化功能涂料在室内环境净化中具有如下优点：

1）在自然环境下只要有阳光照射，就能发挥光催化作用，无需另加能源。

2）净化效率高。

3）化学性能稳定，活性再生容易，可长期使用。

4）对人体无害，制备方便而且价格低廉。

在涂料中添加纳米 TiO_2 光催化材料能有效地降低室内环境中污染性气体的浓度，产生的光催化反应能将室内空气中的无机污染物如氨（NH_3）、氮氧化合物（NO_X）、二氧化硫（SO_2）、室内空气中的挥发有机污染物如甲醛（HCHO）、苯（C_6H_6）、甲苯、二甲苯等苯系物污染物直接分解或矿化成无毒无味的无机物质，从而达到消除空气污染，净化空气的目的。

（2）光催化功能涂料对室内环境中污染物的去除机理　以半导体光催化为主的多相光催化反应，可将环境中的害物质分解为无害物质，对气相中的有机或无机污染物都具有降解作用，甲醛气相光催化历程：

$$HCHO + H_2O + 2h^+ \rightarrow HCOOH + 2H^+$$

$$HCOOH + 2h^+ \rightarrow CO_2 + 2H^+$$

从反应历程中可见甲醛是通过中间产物 HCOOH，而最终被完全降解为 CO_2 和 H_2O，达到完全矿化。

对锐钛型二氧化钛来说，有效的紫外线激发波长小于380nm。在此区域的紫外线辐射量在室外正午时为 $1mW/cm^2$。室内荧光灯表面的辐射量为 $0.2mW/cm^2$，只有明亮的室内才可能引发光催化反应。长期以来，人们采用各种有效方法，研究开发出适合室内光照条件下的纳米光催化，使纳米光催化技术得到了实际应用。

（3）光催化功能涂料的发展历程　近年来，在日本关于光催化涂料方面的报导越来越多。他们首先用在传统建筑材料中添加纳米 TiO_2 光催化粉末，降解大气中的有害成分，并开始对这些反应机理进行进一步的研究，使复合纳米 TiO_2 涂料的应用研究也取得很大进展。人们研究发现：将纳米 TiO_2 粉末分散在涂料中，制备成涂敷材料，解决了纳米粉体材料回收与重复利用的难题，使当时的光催化涂料成为主要的应用研究领域。他们用含纳米 TiO_2 光催化剂涂料膜消除隧道和停车场中的 NO_X、废气及家具或板材中的甲醛等，开始重视采用光催化薄膜除去空气中的污染物。日本有不少企业已经开发出纳米 TiO_2 光催化涂料并实现了商业化生产，如日本松下建筑工业有限公司，最近公开了一种具有在潮湿条件下吸附、降解挥发性有机化合物功效的建筑材料。德国 STO · AG 公司也已研制出净化室内空气的涂料品种 sto-cblor. climason，其通过 TiO_2 和普通光源作用将有机物矿化为 H_2O 和 CO_2，可有效清除臭味、甲醛和氨。

近年来，纳米 TiO_2 光催化剂在抗菌、净化大气方面的应用也得到了长足的发展。人们研究并证实了空气中细胞有机物质被完全氧化的证据。在空气中对沉积辐射表面上的细菌、真菌等生物体的 CO_2 宏观平衡和动力学参数进行了深入研究。试验表明，真菌的抗氧化能力明显优于其他物质。

我国中科院理化研究所研制出新型载银 TiO_2 光催化剂涂料，中科院成都有机化学研究所与攀钢研究院制备的光催化自洁内墙涂料，检测结果表明：室内甲醛浓度净化率为 81.9%。广州广漆化工公司与中山大学、梁金生等人分别采用锐钛型纳米 TiO_2 和担载稀土的纳米 TiO_2 制得光催化净化大气环保涂料，也取得了较好的效果。从 2004 年起，市场上出现大量以纳米光催化为主要作用的空气净化类涂料，使我国的纳米光催化涂敷材料从实验室研究阶段向产业化方向发展。

（4）光催化功能涂料的制备方法　溶胶的定义是：溶胶颗粒在液相体系中形成的稳定分散体系。纳米二氧化钛水溶胶是指粒径在 1～100nm 的二氧化钛原生粒子，分散水溶液中而形成的稳定的分散体系。而纳米改性涂料是以纳米二氧化钛颗粒或原生粒子分散在涂料混合体系中，形成的稳定的分散体系。通过在不同的体系中加入锐钛相纳米二氧化钛，形成具有光催化作用的功能涂料，是当今纳米二氧化钛研究开发发展最快、应用最为成功的领域。

传统光催化功能涂料的制备方法是采用纳米光催化粉末，进行表面改性后，用分散剂分散在涂料生产的过程中，添加到涂料体系中。

（5）光催化涂料的技术与实践

对于室内环境来说，从户外照射进入室内的日光和照明用的灯光中的紫外光非常微弱，传统的锐钛相光催化所产生的光催化作用非常有限，对室内空气中有机污染物如甲醛、挥发性有机化合物及灭菌性能无法充分发挥，光催化剂的使用范围和场所受到限制。由于在传统涂料内添加纳米光催化材料，添加量较大，经济性不高；纳米材料的表面特性难以与有机树脂相容，添加工艺复杂。因此，开发一种能广泛应用于室内各种装饰材料表面、且长期有效地净化空气、除臭、灭菌的功能材料，直接喷涂到室内空间中的喷涂剂是人们不断追求的目标。

初期的光催化喷涂剂，采用分散剂将纳米二氧化钛粉末分散在水溶液中，以水性树脂为膜材料制作成喷涂剂。例如：文献中国专利（申请号 200410016127.9，公开号 CN1651534A）合成了纳米二氧化钛用硅烷偶联剂处理后与乙醇、有机硅树脂组成光催化喷涂剂，其中乙醇占 35%～37%、有机硅树脂占 50%～60%、纳米二氧化钛占 5%～10%、硅烷偶联剂占 0.5%～1%。

中国专利申请号 200610114441.X，公开号 CN101177554A 中提出一种用于建筑物表面抗菌防霉剂的制备方法，在建筑涂料用涂装乳液中加入成膜助剂、纳米 TiO_2、分散剂、乳化剂、多功能助剂及防霉助剂分散混合，其中主要是用苯丙、丙烯酸酯类乳液与咪唑类或季铵盐类防霉剂复合，二氧化钛在光催化下得到较好的抗菌防霉效果。但该方法制备的抗菌防霉剂功能比较单一、成膜材料抗氧化性差、光催化剂容易脱落。

中国专利申请号 200410016619.8，公开号 CN101338156A 中提出一种防雾自洁型抗菌防霉喷涂剂的制备方法：在搅拌条件下加入纳米二氧化钛，分散均匀，然后加入表面活性剂、硅烷偶联剂对纳米二氧化钛进行表面改性，再加入树脂乳液、防霉助剂，制得喷涂剂。制备的喷涂剂具有较好的防雾自洁特性和抗菌防霉性，可用于内外墙、玻璃、金属材料、陶瓷、洁具及家具等物体表面，广谱抗菌，制备方法简单易用，生产工艺简单，成本较低。

随着纳米 TiO_2 溶胶水性溶液的制备，特别是可见光敏化纳米 TiO_2 溶胶制备技术的成熟，为制备直接喷涂到室内环境中的光催化喷涂剂，提供了有力的技术支撑。

中国专利申请号 200410016619.8，公开号 CN 1660949A 中提出的一种纳米光催化墙用环保喷涂剂，其特征在于：由硅、锌、铁等纳米 TiO_2 复合光催化剂 20% ~30%、成膜剂 60% ~70%、成膜助剂 1% ~5%、稳定分散剂 0.2% ~0.5%与去离子水复配成光催化墙用环保喷涂剂。

中国专利申请号 200610018270.0，公开号 CN1803943A 中提出了新型复合灭菌涂料的制备，将光催化灭菌作用和金属离子的化学灭菌作用结合起来，以提高灭菌功能。制备方法：先将具有灭菌功能的银盐或铜盐制成金属离子络合溶液与稳定的碘化金属盐溶胶，加入 TiO_2 溶胶或含其他氧化物的复合 TiO_2 溶胶光催化剂中，制得复合灭菌涂料。有效解决了现有光催化剂和金属离子复合使用过程中出现的稳定性差、易变色而影响外观等问题，该方法制备灭菌涂料稳定性好、涂层不易变色。

中国专利申请号 200710118479.9，公开号 CN101338156A 中公开了一种防雾自洁型抗菌防霉喷涂剂的制备方法，在搅拌条件下加入粉末状纳米 TiO_2，分散均匀，然后加入亲水介质，对纳米 TiO_2 进行表面改性，加入树脂乳液，再加入防霉助剂及硅烷偶联剂混合，制备得到。但这种制备方法对纳米光催化剂进行的表面包覆处理后的光催化效果不是十分突出，用掺铁、掺纳米 TiO_2 粉末，通过壬基酚聚氧乙烯醚、十二烷基苯磺酸、聚天门冬氨酸等亲水表面活性剂对纳米 TiO_2 改性，再加上咪唑类、季铵盐、氨基甲酸酯类防霉剂配伍，制备的喷涂剂虽然尽管具有较好的防雾自洁特性，但其抗菌防霉性并没有显著增强。

由于室内外环境净化的市场需求较大，虽然研究人员在光催化空气法中，已经制备有多种多样的光催化溶胶产品，并在实际生活中等到应用，但净化更加彻底、防霉、抗菌性能更高、污染小的各种光催化剂的制备方法、生产工艺仍有很大的改进和提升空间。

9.5　植物及植物多酚的环境净化效应及其应用

植物修复（Phytoremediation）是利用植物协同微生物，对环境中污染物进行降解并使环境得以恢复的一门新科学与新技术。植物活性的提取物主要是植物多酚，它们是分子中具有多个羟基酚类植物成分的总称，植物中多酚的含量仅次于纤维素、半纤维素和木质素。植物多酚又称植物单宁，是植物体内的复杂酚类次生代谢产物，具有多元酚结构，主要存在于植物体的皮、根、叶、壳和果肉中。植物多酚在自然界中的储量非常丰富。由于植物多酚具有环境净化的多重功能，能杀菌、除臭、净化空气中的甲醛、VOCs，具有典型的环境功能材料的所有特性，从而成为当今环境功能材料研究的热点领域。

9.5.1　植物修复技术及其在室内空气污染物净化中的应用

利用植物修复土壤、水体的研究已经成为国际上环境污染修复技术前沿领域的热门课题，而利用植物来去除空气污染物是近年来正在研究的前沿新课题。与传统的化学、物理及微生物修复技术相比，植物去除空气污染物具有应用范围广、经济效益高和环境扰动小等特点，有利于环境的改善，而利用植物修复技术进行室内环境净化方面的研究，则是近年来的植物修复技术应用的拓展，具有广泛的应用前景。

(1) 植物修复技术的研究应用　美国国家环保局所定义的广义上的植物修复技术是指利用植物提取、吸收、分解、转化或固定土壤、沉积物、污泥或地表、地下水中有毒有害污染物技术的总称。利用植物修复技术来治理大气污染，尤其是近地表大气的混合污染是近年来国际的前沿性新课题。它是一种以太阳能为动力，利用植物的同化或超同化功能净化污染大气的绿色植物技术。植物对大气污染的直接修复是植物通过其地上部分的叶片气孔及茎叶表面对大气污染物的吸收，通过植物体内代谢或者分泌酶催化氧化还原进入体内的污染物，进行同化的过程。间接修复则是指通过植物根系或其与根际微生物协同作用清除沉降进入土壤或水体中大气污染物的过程。室内环境污染与大气污染紧密相连，既然植物修复技术可以用来治理大气污染，而室内空气的污染也属于气体污染，那么它也可以用来治理室内空气污染，只是污染物、植物光合作用和微生物等诸多因素有所改变。

较早进行植物净化室内空气中污染物研究的是在美国宇航局工作的科学家威廉·沃维尔，他用了几年的时间，测试了几十种不同的绿色植物对几十种化学复合物的吸收能力，发现绿色植物对室内空气中的主要污染物具有一定的净化作用。考虑到应用的普及性，他把重点移到可在任何苗圃都能买到的观赏植物上的研究上，结果发现各种绿色植物都能有效地降低或转化室内空气中的污染物质。从他公布的一份抗污染的绿色植物清单中看，在 24 小时照明的条件下，芦荟能吸收 $1m^3$ 空气中所含的 90% 的甲醛，常青藤能吸收 90% 的苯，龙舌兰可吸收 70% 的苯、50% 的甲醛和 24% 的三氯乙烯，垂挂兰能吸收 96% 的一氧化碳、86% 的甲醛。

(2) 常见观赏植物的植物修复与净化功能　研究表明，紫苑属、黄耆、含烟草和鸡冠花等植物，能吸入大量的铀放射性核素；芦荟、吊兰和虎尾兰可清除甲醛；常青藤、月季、蔷薇、芦荟和万年青等可有效清除室内的三氯乙烯、硫化氢、苯、苯酚、氟化氢和乙醚等；虎尾兰、龟背竹和一叶兰等可吸收室内 80% 以上的有害气体；天门冬可清除重金属微粒；柑橘、迷迭香和吊兰等可使室内空气中的细菌和微生物大为减少。另外吊兰还可以有效地吸收二氧化碳；仙人掌科的一些多肉类花卉夜间很少排出二氧化碳；紫藤对二氧化硫、氯气和氟化氢的抗性较强，对铬也有一定的抗性，绿萝等一些叶大和喜水植物可使室内空气湿度保持极佳状态。

德国慕尼黑环境与健康研究中心的一位博士说：“吊兰能在新陈代谢中把被认为致癌的甲醛转化成像糖或氨基酸那样的天然物质，也分解复印机和打印机排放的苯，并且能‘吞掉’尼古丁。”

近年来国内有人开始在观赏植物吸收有害物质方面进行研究。研究人员对海芋、虎尾兰、绿萝、绿宝石、肉桂、佛肚竹从六个方面进行实验，测定植物吸收甲醛的能力，比较不同植物吸收甲醛能力大小，比较同种植物不同生长阶段对甲醛的吸收能力，植物在无营养条件下的对比实验，植物吸收甲醛与环境因子的关系，植物吸收甲醛与叶面积、气孔的关系。

通过实验得出七种观赏植物能吸收甲醛，吸收甲醛的能力依次分别为海芋、绿萝、虎皮兰、绿宝石、佛肚竹、肉桂。同种植物不同生长阶段吸收甲醛能力的大小是不同的。

（3）植物修复功能与环境因素　植物能吸收甲醛并转化为自身生长所需要的营养物质，其吸收甲醛的能力与环境因子在一定条件下呈正相关。植物吸收甲醛与叶面积成正比，与气孔数量有关系。不同株龄的虎尾兰吸收甲醛的能力是不同的。二年生的虎尾兰吸收甲醛的能力强于五年生的虎尾兰吸收甲醛的能力。株龄相对小的植株在生长发育过程中代谢要快，相对吸收挥发性有毒物质的能力要强。植物吸收居室内甲醛与环境因子有关系，在一定限度内，植物吸收甲醛与温度、湿度成正比。

人们利用植物吸附室内空气中甲醛的试验中发现，在较低浓度的甲醛污染物条件下，甲醛对植物内部生理的影响较小，但在高浓度条件下，大部分植物的生理指标变化都非常大，说明甲醛对植物的生长有重要影响。使用植物去除空气污染物，处理费用低、对环境破坏小、去除效果好，具有很大的开发潜力。但同时也有一些不足，比如需要时间长、处理不彻底、植物体内代谢产物对植物的毒性以及在食物链中的传递作用对人类有影响。因此，人们利用植物来净化室内空气中的主要污染物，只是一种辅助的、补充性净化方式。

9.5.2　提高植物净化污染物能力的转基因工程技术

用室内栽培植物清除甲醛污染，是自然、环保的方式，科学研究证明确实有些植物能够吸收分解甲醛，但与现有室内空气污染现状、室内空气污染物散发量和污染物种类相比，其吸收能力和速度还非常有限。

甲醛是一种非常活泼的化合物，因为能与蛋白质、核酸和脂类产生非特异性的反应，因此对所有的生物包括植物来说都有很高的毒性。但在生物体内通过各种脱甲基化反应，也会产生低浓度的甲醛，所以几乎所有的生物对甲醛都有各自的解毒机制。自然界中的大多数植物属光能自养型生物，主要以 CO_2 为碳源，大部分植物通过光合作用的开尔文循环途径固定 CO_2。甲醛也是植物碳化合物代谢的一种中间产物，但是大部分甲醛在植物体内并不以游离状态存在，而是结合到内源的亲核化合物，如谷胱苷肽或四氢叶酸上。

现在科学研究人员已经成功地利用植物基因工程技术，克服天然植物吸收分解甲醛能力和速度非常有限的缺点，创造出净化室内空气中甲醛污染物的特殊转基因观赏植物。

9.5.3　植物活性提取物的环境净化效应

1. 植物多酚的环境净化功效

人类对植物多酚环境净化功能的认识和利用可以追溯到远古时代。古时候人们就知道用绿茶来除口臭。日常生活中，人们用大葱、姜、茶叶来消除冰箱里的异味。

2. 植物多酚的环境净化能力

这些植物古老民间用法，给科研工作者提供了一些启发和灵感，人们不断地运用各种分析方法对植物多酚的净化原理进行分析研究。有研究人员用气相色谱法分析了蒲公英、多刺蓟、低纹竹子及马尾草4种野草对甲硫醇的处理效果，其去除率分别高达97.5%，90.2%，93.7%，98.3%。有人从可可树皮的提取液中，得到的多酚混合物中的活性成分表儿茶素

（EC）对甲硫醇有高达97.2%的去除率。人们从槟榔果和槟榔树叶中提取植物提取液，用其脱除甲硫醇，去除率在92%以上。同时，他们还发现植物提取液如不经过碱KOH、NaOH、$Ca(OH)_2$处理，则脱硫醇能力极小。有人选择茶叶碎末、柚子皮、橘子皮、槐树叶等近20种植物，用超临界CO_2萃取、再经乳化处理，得到植物除臭剂，对硫化氢、三甲胺、甲硫醇的去除率分别为92%、90%和89%。人们发现，这些植物精油中的芳香醛类化合物在消臭过程中能和硫化氢、硫醇类化合物发生化学反应生成无臭无毒的化合物，是一种应用广泛的除臭剂。有人将豆科类苦参属的槐树花蕾用低级醇或低级多元醇作溶剂进行提取，其提取液、提取残渣以及脱色用过的脱色剂，与活性炭复合后，12min对三甲胺和乙硫醚的去除率分别达到92%和83%。并验证了槐树的花、果实、叶、皮、枝干，以及它们的干燥物均可作为原料；而植物品种不局限于槐树，其他豆科苦参属类植物，如苦参、红花参等均可作为原料。人们在对33种蘑菇的除臭能力对比中得到近10种蘑菇对甲硫醇有100%去除率，这些蘑菇的主要成分为谷氨酸、酪氨酰苯酚（GHB）、色素酸、色素等多酚混合物。

人们研究发现生长在沙漠中丝兰属植物提取物对氨具有吸附力。他们以一种丝兰属植物（Yucca，schid zgera）的提取剂用于抑制畜禽养殖场的氨臭气，对其作用机理进行了深入研究，发现丝兰属植物提取剂中含有一种糖成分，这种糖成分能够吸附氨和其他有毒气体。他们在实验室内合成了这种丝兰属植物提取物中的糖分子，经试验，这种人工合成的糖具有与丝兰属植物提取剂中的糖具有相同的吸附性能。

由于植物多酚属于天然化合物，它们对人体和环境具有很好的相容性，对人体无毒害作用，因而广泛用于食品保鲜或食品添加剂中，以去除食品中的臭味气体。研究人员利用天然植物提取液，对肠衣食品臭源中硫化氢及氨进行试验。试验结果表明：植物提取液可将氨基醇与硫化物分子氧化成负二价硫酸根。植物提取除臭剂分子中羰基与氨反应生成路易斯碱。因此能有效去除硫化氢及氨，除臭效果良好。实验结果显示，这种提取物在一定条件下，对硫化氢和氨的去除率达到99%以上，显示出良好的绿色功能。有人进一步研究，利用植物多酚去除海产品中臭味气体，保持海产品的鲜美，也取得了一定的效果。

3. 具有环境净化能力的常见植物

日本学者从落叶松属植物、梅笠草、柿子、百里香（Thyme）、迷迭香（Rosemary）、悬钩子（Raspberry）、罗勒（Saga）、樟脑树等植物中提取到高效的除臭液，更有学者利用大量植物叶绿素制成除臭剂，应用于室内空气的除臭。这些除臭剂的主要活性结构是多酚类的羟基群，特别是黄酮类化合物、鞣质类的单体结构，它们带有3个以上的羟基群或苯丙基化合物类。这类物质在松科、豆科、桑科、蔷薇科、姜科、芸香科、伞形科及茶叶中存在得较多。

研究表明：植物多酚类化合物的主要来源是：森林副产物；茶属植物的株系及其杂交体；草本及植物性药材和水果、蔬菜等。

4. 植物多酚与甲醛缩合反应

Robbins CT等人对各种植物多酚对甲醛进行的缩合反应进行了深入研究，根据植物多酚与甲醛缩合产生的沉淀量与原单宁重量的比值，定义为植物的甲醛值，用来区别不同植物多酚与甲醛的结合程度，对植物进行分类。表9-2为几种不同植物多酚的甲醛值。

表 9-2　几种不同植物单宁的甲醛值

缩合植物多酚	甲醛值	水解植物多酚	甲醛值
坚木	82 ~ 102	栎木	10 ~ 20
坚木(亚硫酸化处理)	80 ~ 93	栗木	5 ~ 20
荆树皮	80 ~ 96	榛叶	11 ~ 17
槟榔	80 ~ 84	柯子	6 ~ 11
栲树皮	70 ~ 90	橡椀	3 ~ 5
柳树皮	55 ~ 70		
槲树皮	40 ~ 65		

从表 9-2 中，可以看出甲醛值较大的多为缩合植物多酚，它们的甲醛值比水解植物多酚大得多。

9.5.4　中草药提取物——植物多酚甲醛对 VOCs 的净化功能

人们利用中医学、现代药理学的研究成果，从草本、植物性药材、水果、蔬菜中的植物多酚类化合物，提取不同植物多酚类化合物。这些传统的植物多酚，在民间，人们不但用以清热解毒、清肺化痰、祛邪利咽的功效，还可用来消除空气中异味、杀菌、净化室内空气；近年来，研究人员又发现了这些植物多酚的环境净化功效：人们对从中草药类得到的植物多酚提取物中的多种复合有效成分进行了深入研究，发现这些植物多酚可与室内空气中甲醛、VOC 等多种对人体有毒有害污染物进行各种化学反应，有效去除室内空气中的这些污染物，起到净化的特殊功能。

1. 中草药提取物对空气中甲醛、VOCs 的净化机理

研究发现：这些具有抗菌活性中草药植物的多酚类化合物，不但含有丰富的有机酸，还含有包括烯键、醛、酮及环氧烷烃基团、烯烃基团。正是这些活性有机化合物和活性基团，在净化室内空气中甲醛、VOC 等污染物发挥了重要作用。中草药植物含有丰富的有机酸如柠檬酸、酒石酸等，其中的活性基团—COOH 可吸收空气中的氨及有机胺等臭气。中草药中的有机酸还含有烯键、羰基等活性基团，可通过加成、聚合反应消除臭气，如金银花中含的氯原酸提取物就具有除臭、杀菌的明显效果。

随着研究的深入，人们还发现：中草药植物多酚类化合物中包括烯键、醛、酮及环氧烷烃基团、烯烃基团，它们可与室内空气中的有机污染物发生加成反应。研究表明，植物多酚与环境中的污染物有多种不同的化学反应和去除机理。于是，根据植物多酚的成分，有人从中草药植物中选出板蓝根、鱼腥草、金荞麦、决明子、金银花、积壳、田七、高粱姜等天然植物提取物组成最佳配方，综合了它们这些天然植物各种成分对甲醛、苯系物等的不同反应特性和净化效应，配制成室内空气净化喷涂液。以室内空气中甲醛为污染物，进行了净化测试，测试数据如表 9-3。

表 9-3　中草药提取物空气净化喷涂液对甲醛净化测试数据表

房间编号	房间体积/m^3	甲醛释放量/g	室内空气中不同时段甲醛含量/(mg/m^3) 60min	70min	80min	90min	喷药量/ml	室内空气中不同时段甲醛含量/(mg/m^3) 20min	30min	40min
1	24	0.302	4.01	4.56	4.56	4.55	70	1.89	0	0
2	24	0.623	8.50	9.51	9.50	9.50	145	3.67	0	0
3	12	0.489	8.38	8.38	8.44	8.43	112	3.19	0	0

从表 9-3 所列举的测试数据中，可以看出：上述配方的中草药提取物空气净化喷涂液对甲醛具有较高的净化率。对苯的测试表明，也有一定净化功能。而经动物灌胃毒性表明，无明显急性中毒性反应，反映出这些中草药提取物对空气良好的绿色净化功能。

通过对这组中草药配方中的植物提取液中的主要活性成分进行的研究，人们发现：植物多酚能通过三种方式与甲醛反应：一类是含有醇羟基或酚羟基的活性成分，由于电子效应的影响，羟基—OH 中的 H 较活泼，是一类活泼的亲电试剂，易与甲醛发生亲电反应。如高梁姜中的高梁姜素、决明子中的决明子内酯，它们都含有醇羟基或酚羟基可与甲醛发生亲电加成反应。第二类是这类中草药提取物中含有多种天然氨基化合物：$—NH_2$ 或亚氨基—NH—的活性基团，可与甲醛发生亲核加成反应，从而迅速去除甲醛。如板蓝根中吲哚—氮杂茂结构、田七中的田七氨酸、枳壳中的 N—甲基酪胺等组分都含有易与甲醛反应的—N—结构，它们能与甲醛发生亲电加成，从而迅速去除甲醛。第三类草药提取物中含有 α-H 的醛类物质，它们易与甲醛发生经醛缩合反应。鱼腥草中含有癸酰乙醛、月桂醛、癸醛等均含有 α-H 。

研究人员根据消除甲醛的反应机理，从苦木、吴茱萸、青黛、鱼腥草、决明子等几味中草药中提取能消除甲醛的活性物质，采用 95% 乙醇冷凝回流法提取生物碱，采用水蒸气蒸馏法提取挥发油，从而配制得中草药空气净化液。

2. 中草药配方与空气净化试验

以提取液与挥发油复配成纯中草药提取组分的空气净化液，在对室内空气中甲醛的净化试验中，采用约 $30m^2$ 密闭实验室，喷入相同量的 37% 甲醛液体，打开电风扇使甲醛气体在实验室混合均匀，经过 30min 让甲醛散发充分。按 $2mg/m^3$ 来喷施中草药空气清洁剂，连续 12 小时测量室内空气中甲醛，测量值扣除甲醛自然衰减值，绘制的实际甲醛净化曲线如图 9-1 所示。

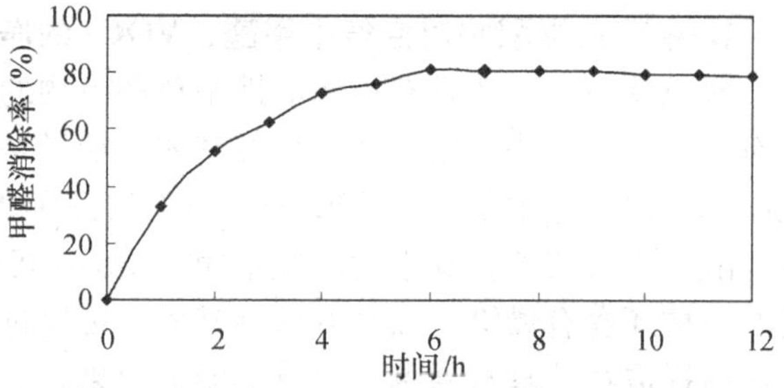

图 9-1　中草药中提取活性成分对甲醛的实际净化效果测量曲线

从图 9-1 测量的实际甲醛净化曲线来看：中草药中提取活性成分不但对甲醛具有较高的净化率，还能长时间地保持净化功能。同时具有明显的杀菌效果。在空气消毒性能测试中发现：当中草药空气清洁剂的浓度大于 3% 时，对细菌悬液中金黄色葡萄球菌、大肠杆菌、枯草杆菌黑色变种、白色念珠菌四种标准菌的消毒均达到消毒要求，杀灭率大于 78% 。对室内空气中的自然菌的杀灭试验结果表明，中草药空气清洁剂对自然菌有较快的杀灭作用，在消毒 30min 时效果最好。

3. 中草药空气净化产品与特性

从上述中草药配方的空气净化效果来看，利用组合中草药配方提取液和植物精油，可以有效净化室内空气中甲醛、苯，消毒细菌，是一种具有绿色功效的空气净化方法。只是这种液体形态的产品只有 3 个月的保存期，保存期较短，如果作为商品，则还需要解决其保存期这一难题。因此有必要对其产品进行进一步研究，提高产品的实用性和使用效能，使之发展成为室内环境污染治理的全新技术和产品。

中草药是中华民族的一个宝库，将现代药理学的研究成果与室内环境污染控制技术相结合，是一种全新的绿色环境功能材料领域的重要新概念、新思路和新方法，具有非常重要的社会意义和经济价值。

9.6 酶及模拟酶生态净化法及其应用

在自然界的发展和生命进化中，动植物为了生存、繁衍和进化，充分利用了生物体中各种酶的高效催化、激素的精密调控等无数绝妙的生物机能。通过各种酶和激素的生物化学变化，在生物体内形成了一个完整的绿色化学生命活动过程。

酶是一类生物催化剂，是具有催化功能的蛋白质。它有着所有催化剂的共性；如少量酶的存在即可大大加速反应速度；有时也参与反应，但反应前后本身并无变化，形成生物化学反应的轮回。酶的自身特性包括：催化效率高、反应专一性、反应条件温和。有些酶（如脱氢酶）需要辅酶或辅基，有奇特的酶活性调节能力。只是，由于天然酶人工提取后价格昂贵，使用时间短，生存和反应条件比较苛刻等难题，不能大范围利用。

9.6.1 酶及模拟酶的生态催化效应

人们利用金属酞菁衍生物模拟酶与生物体内金属卟啉一样具有优良的生态催化性能，开创了金属酞菁模拟酶在环境污染控制方面的发展。人们利用这些模拟酶的仿生催化作用，对环境污染物如空气、水源、废弃物等，对以挥发性有机污染所引起的室内环境物，如以甲醛、苯系物等挥发性有机污染物，对生态系统中由细菌分解蛋白质、碳氢化合物及高级脂肪酸后产生的挥发性组分的混合物，如硫化氢、硫醇、醛、氨、胺、吲哚等臭味气体分子；生物大分子有机物，包括病毒和细菌、霉菌、孢子生物体等净化领域进行不少研究，与现有环境净化方法相比，具有突出的生态效应，揭示了模拟酶生态催化法在环境中有机污染物中的绿色生态特殊功能，具有非常广泛的研究开发和发展前景。

9.6.2 模拟酶的生态净化功效

由于金属酞菁的及其衍生物具有如下特征：①芳香族 π 电子在整四氮杂卟啉环上共轭，位于环中心的空穴能容纳多种金属元素，金属元素能与酞菁形成络合物；②共轭大分子呈现出高度的平面性，催化反应可在该平面的轴向位置发生；③芳香族既具有电子给体的特性，又具有电子受体的特性；④化学性质非常稳定。人们在应用模拟酶进行催化反应，就像具有特殊三维空间构象的蛋白质，可以模拟生物体内有机化学反应酶的催化过程，完成许多广泛且具有特异性的反应。在模拟酶催化反应中，不仅兼具酶催化与化学催化两者的优点，通过空气中分子 O_2 氧化有机分子，达到去除空气中有毒有害有机物，净化空气的目的。

笔者从金属酞菁的模拟酶催化特点出发，通过研究金属酞菁及其衍生物的金属辅酶催化模型及模拟酶反应机理，分析了金属酞菁衍生物催化的模拟酶反应特性，利用浸渍、接枝等负载技术，通过吸附、掺杂或化学键合固载到不同的载体上，制成实用的净化功能材料，利用空气中的氧氧化分解室内环境中的硫醇、硫化氢和醛类等有机化合物分子，显示出模拟酶优异的催化活性，揭示了模拟催化法在环境中去除有机污染物的绿色生态功能。

1. 模拟酶的负载与ACF净化材料的制备

活性炭纤维（ACF）是一种优良的吸附材料。但在室内空气净化应用中，对甲醛等室内空气的主要有机污染物的吸附容量有限，吸附饱和后需活化，成型材料表面抗拉强度低等因素，制约了其应用的广泛性。而酞菁催化剂必须与载体结合，才能实现其空气净化功能。将两者相结合，可形成协同净化效能。

笔者采用高分子复合材料与 ACF 热熔复合，负载模拟酶催化剂、纳米银杀菌剂，制备超薄型、低风阻的新型 ACF 复合空气净化材料。利用模拟酶在空气中的催化氧化与 ACF 的强吸附能力相结合，制备出广泛应用于通风系统中，净化室内空气中多种污染物的生态型纳米环境工程材料。

2. 复合净化材料的杀菌、抗菌功能

模拟酶-ACF 空气净化复合材料抗菌性能测试：通过合成的复合材料对金黄色葡萄球菌、大肠杆菌进行的抗菌测试表明：样品以 ACF 为载体，ACF 本身具有极强的吸附能力，使细菌被吸附在纤维表面，而负载于纤维表面上的纳米银杀菌剂和酶催化剂协同作用，由银离子与细菌体上的巯基发生歧化反应及模拟酶活性氧分子的氧化作用，使细菌失去活性、死亡从而达到杀灭细菌的作用。

表 9-4 是样品振荡法抗菌性能测试数据，数据表明样品对大肠杆菌、金黄色葡萄球菌均为 100% 抑菌率。表明净化材料抗菌性能优异，能满足在环境净化中对净化材料抗菌、杀菌性能的要求。

表 9-4 模拟酶-ACF 空气净化复合材料抗菌测试数据

测量值	金黄色葡萄球菌			大肠杆菌		
	振荡前菌落数 /(cfu/ml)	振荡后菌落数 /(cfu/ml)	抑菌率 (%)	振荡前菌落数 /(cfu/ml)	振荡后菌落数 /(cfu/ml)	抑菌率 (%)
1	2.14×10^4	0	100	2.04×10^4	0	100
2	2.08×10^4	0	100	2.69×10^4	0	100
3	2.44×10^4	0	100	2.45×10^4	0	100
平均值	2.22×10^4	0	100	2.39×10^4	0	100

3. 模拟酶-ACF 净化材料对甲醛协同催化降解效应

（1）利用模拟酶-ACF 空气净化复合材料长期对甲醛进行净化测试　在密封瓶内，加入气态甲醛，用甲醛检测仪测量密封瓶内甲醛浓度值，然后加入复合净化材料，连续测量 1～6min 内甲醛浓度。试验连续进行 12 个月。部分测量数据如表 9-5。

表 9-5 模拟酶-ACF 空气净化复合材料长期净化甲醛能力测试数据

日　期	t/ min					
	0	2	4	6	6min 净化率(%)	温度湿度
	$C_{甲醛}$/(mg/m³)					
03-08-04	5.87	0.71	0.09	0	100	27℃77%RH
03-10-15	0.839	0.21	0.07	0	100	24℃65%RH
03-12-25	1.47	0.20	0.02	0	100	22℃60%RH
04-01-15	0.97	0.18	0.04	0	100	27℃82%RH
04-03-15	4.89	0.60	0.06	0	100	15℃54%RH

（续）

日　期	t/ min					
	0	2	4	6	6min 净化率(%)	温度湿度
	$C_{甲醛}$/(mg/m³)					
03-05-25	2.23	0.25	0.03	0	100	12℃84%RH
04-06-25	1.57	0	—	—	100	9℃66%RH
04-07-30	3.15	0.18	0.05	0	100	5℃76%RH
04-08-25	0.98	0	—	—	100	10℃82%RH
04-09-25	3.24	0.20	0.06	0	100	14℃67%RH
03-08-04★	5.46	1.15	0.90	0.68	87.5	27℃77%RH
03-08-15★	1.8	0.86	0.78	0.75	30.5	24℃65%RH
03-08-25★	1.24	1.08	0.89	0.86	30.6	22℃60%RH

注：★号为空白材料的对照测试数据

（2）模拟酶-ACF 协同催化降解甲醛能力测试　将合成样品与空白样品在甲醛气体中饱和吸附后，考察合成样品催化分解甲醛的能力。测试步骤：将合成样品及空白样品各5 g，在同一甲醛饱和气体瓶中吸附24 h后取出，分别悬吊在5 L密封测试瓶中静置。24 h后测量发现：合成样品瓶内甲醛浓度为0，而空白样品瓶内，在8个月的检测过程中甲醛浓度始终超出甲醛检测仪检测上限值（≤15 mg/m³）。在合成样品测试瓶中，再继续加入不同浓度的甲醛气体，测量不同时间密封瓶内甲醛浓度值。测量值扣减密封瓶甲醛自然衰减值。测试数据如表9-6。

表9-6　模拟酶-ACF 协同催化降解甲醛能力测试

日期	t/min											对照样品★
	0	2	4	6	8	10	12	14	16	18	20	
	$C_{甲醛}$/(mg/m³)											
04-02-02	1.25	0.32	0.23	0.20	0.16	0.14	0.12	0.08	0.05	0.03	0	≥P
04-02-03	1.06	0.33	0.24	0.21	0.16	0.15	0.12	0.06	0.02	0		≥P
04-02-04	1.01	0.25	0.21	0.13	0.06	0.01	0					≥P
04-02-13	1.41	0.22	0.13	0.08	0.02	0						≥P
04-02-17	1.04	0.18	0.10	0.04	0							≥P
04-02-19	0.89	0.21	0.04	0								≥P
04-02-23	0.79	0.03	0									≥P

注：对照样品★≥P 表示检测甲醛时超出甲醛检测仪器检测上限。

（3）模拟酶-ACF 协同催化降解甲醛机理　从表9-6中检测数据可以看出：经甲醛气体饱和吸附后的合成材料又迅速重新获得净化能力这一现象，验证了如下模拟酶催化反应的重要特征：①催化剂的催化活性是在纳米结构空间体内获得单分子分散并形成酶催化的活性；②带有高活性的催化剂结合空气中的氧分子，使甲醛分子迅速分解，并使ACF微孔保持对甲醛等污染物分子的吸附活性。③由于在大比表面的结构空间体中，甲醛分子与模拟酶催化剂分子形成较大接触面积，大大加强了净化材料对甲醛的降解能力。

负载模拟酶的 ACF 对甲醛的酶催化降解机理可以认为是如下过程：酶催化剂分子与 ACF 表面基团的共轭作用形成活性子，多个活性子进行协同反应，形成活性子组、由活性子组的力场相互交汇形成活性子场，酶催化剂分子与空气中的氧结合形成超分子活性结构的超氧基离子，如同广泛分布于自然界中的过氧化酶一样，形成氧化-还原活性子场，它们相隔一定距离，排列于催化剂分子机器的内部，形成一个陷阱，当甲醛分子落入这个陷阱时就被活性子场捕获，通过一系列氧化-还原反应，形成不同过氧化中间状态分子并发生多点酶催化反应，分别切断碳-氢键或碳水化合物的分子链，最终甲醛分子被氧化成为水和二氧化碳。纤维表面的纳米银则与细菌中蛋白质上的巯基结合，抑制细菌的活性，致使细菌失活而死亡。而酶催化剂分子上的活性子与反应产物的分子之间，多以弱键结合，使酶催化剂分子在反应完成后迅速复原，再进行下一个反应，如此循环往复产生“与氧分子结合—形成活性态分子—与甲醛分子结合—酶催化分解”的酶催化氧化—还原反应过程，将甲醛、细菌等有机分子通过自主的仿生态循环过程，保持纳米孔隙对甲醛等有机分子的吸附能力。使 ACF 复合材料保持长期净化功效。

9.6.3　模拟酶-ACF 净化技术的应用

1. 模拟酶-ACF 净化材料在空气净化器中的应用

采用相同型号的室内空气净化器，制作与净化器相同尺寸的净化床，在相同风速下，对不同净化材料进行对比测试，测试数据如表 9-7。

表 9-7　不同净化器以甲醛的对照测数据

净化时间	KQ-12 净化器				KJ180-TGS			
	原有净化材料		模拟酶-ACF 净化材料		原有净化材料		模拟酶-ACF 净化材料	
	C(甲醛浓度值)/(mg/m³)							
0	1.87	1.65	1.89	1.50	1.47	1.32	1.52	1.44
2	0.70	0.67	0.06	0.05	1.34	1.12	0.01	0.01
4	0.58	0.55	0	0	1.25	1.19	0	0
6	0.45	0.41			1.12	1.04		
8	0.37	0.35			1.08	1.01		
10	0.27	0.26			0.94	0.91		
20	0.25	0.21			0.88	0.74		
30	0.21	0.18			0.76	0.68		
最大出风速/(m/s)	6.3		6.4		5.8		6.3	

采用相同型号的空调器对不同净化材料进行对比测试，测试数据绘制的曲线如图 9-2 ~ 图 9-4。

在表 9-8 净化器的净化测试数据和图 9-2、图 9-3 中净化器的净化测试曲线中，我们可以看出：KQ-12 和 KJ180-TGS 型室内空气净化器原有净化材料包括活性炭吸附、光催化氧化、HEPA 过滤器等多种净化材料组合而成；采用模拟酶-ACF 一种净化材料，制作的相同尺寸净化器内的净化床，可在 6min 内 100% 完全将甲醛净化。而 4min 时原有净化器和净化材料只有 20% 左右的净化率，而且，在整个净化测试过程中，原有净化器始终没有将甲醛净化到 0.08 mg/m³ 以下，也就是说，使用了这种净化器开机净化了 30 分钟，室内空气还没有达到国家标准规定的甲醛最高限量值以下。相反，利用模拟酶-ACF 净化器在测试条件上，可在 1min 将甲醛净化完全，符合国家标准规定的甲醛最高限量值以下。显示出模拟酶-ACF 净化甲醛的超强能力。

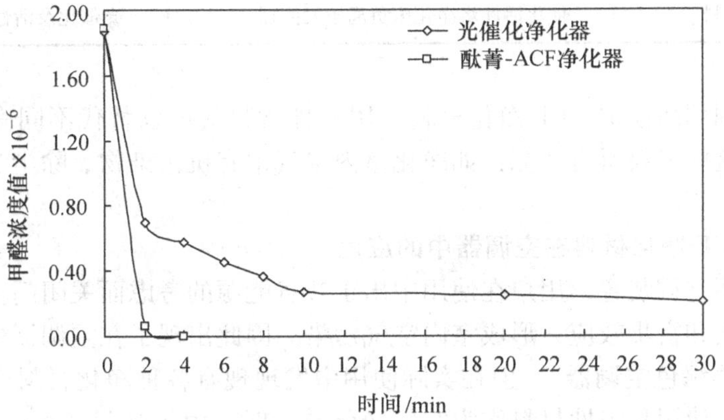

图 9-2　用 KQ-12 型空气净化器对不同净化材料进行甲醛净化测试数据

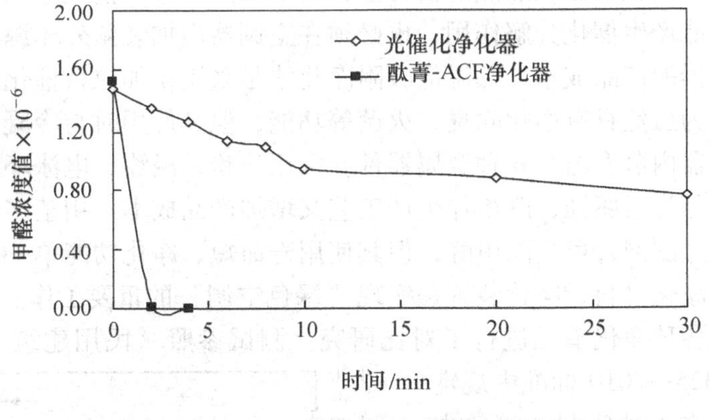

图 9-3　用 KJ180-TGS 型空气净化器对不同净化材料进行甲醛净化测试数据

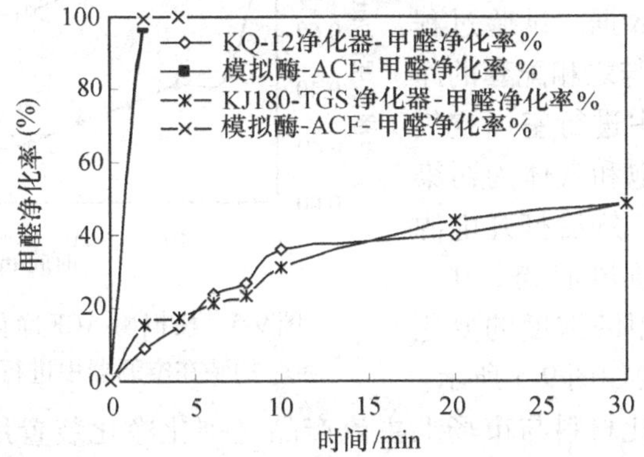

图 9-4　模拟酶-ACF 空气净化器与原有净化材料对甲醛净化的对比测试数据

表 9-8 不同空气净化器净化材料对照表

对照材料		净化器型号	
		KJ180-TGS	KQ-12
净化材料	粗滤材料	负载杀菌剂的静电纤维毡	无纺布
	高效过滤材料	99. 99% HEAP 折叠型筒式	HEAP 纤维毡平铺式
	净化材料	催化活性炭净化床负离子发生器	光催化及活性碳纤维、多层净化床

研究表明：利用酶模拟-ACF 净化材料，用一种材料就可以替代不同净化器中所有净化材料，同时具有这些材料所有功能：如净化室内空气中有机污染物、除尘、抗菌等净化器常见功能。

2. 模拟酶-ACF 净化材料在空调器中的应用

由于室内使用空调装置，用户在使用中出于节省能源的考虑而关闭门窗，室内环境中各种污染物形成聚集和富集效应，形成室内空气污染。因此出现了在空调器中加装空气净化单元。出现了所谓“绿色空调器”。但在实际使用中发现现有各种净化材料在空调器使用过程中出现一些问题：使用吸附性材料作为空气净化单元时，由于吸附特性，使用有效期较短，一般三个月使用期后基本上失去对污染物的吸附能力，需进行再生处理，用户无法长期使用。吸附加热型净化装置则必须加热解析再生，需电加热装置，消耗电能。而光催化反应需在紫外光作用下才能产生催化分解作用，也必须在空调器内加装紫外光源及相应的电源稳压单元，增加了空调器的产品成本。低温低吸附净化法是采用霍加拉特催化剂，催化剂中的多种碱性金属氧化物为虽然具有净化除臭、灭菌等功能，但其使用时与冷凝水形成强腐蚀性物质，严重腐蚀空调器内蒸发器及各种金属器件。采用喷粉、浸漆、电泳环氧树脂膜等方法进行防腐处理，也只是延缓腐蚀，既增加生产工艺又增加产品成本。用茶多酚分散在聚合物材料中制作成的空气过滤网，可去除甲醛，但其使用寿命短、净化功能单一。因此开发新型高性能、高净化率的净化材料、净化装置是实现“绿色空调”的重要工作。

笔者在对上述各种净化单元进行了对比研究。测试参照《民用建筑工程室内环境污染控制规范》GB 50325—2010 标准中规定的环境测试舱法，在 1m^3 密封测试舱中引入甲醛气体，用甲醛检测仪测量测试舱中甲醛随时间变化的数据。试验过程选用美的 KFR-空调器及与之相配套的净化材料，在密封测试舱中进行室内空气密闭循环测试。用甲醛饱和气体为污染物模型，测定本底浓度，然后打开电源开关将空调器调节到通风状态，0 ~ 60min 内每隔 5min 测定甲醛浓度的变化值。测试数据绘制的曲线如图 9-5 所示。

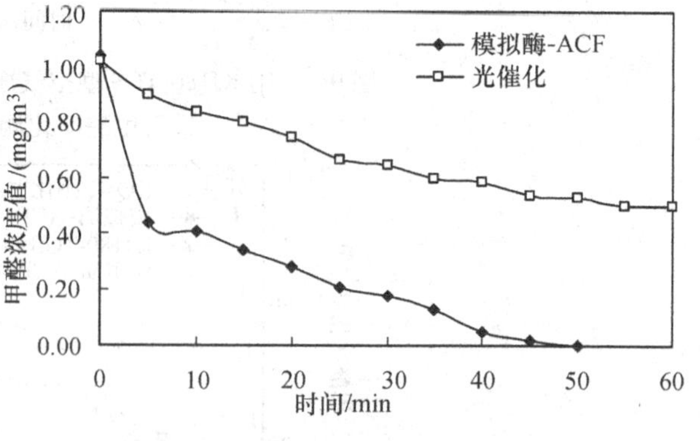

图 9-5 模拟酶-ACF 净化材料与光催化材料加装在空调器中进行的甲醛净化测试

采用模拟酶-ACF 净化材料与市场上主流产品光催化净化装置用相同面积的净化单元，进行的对比测试图说明：原有净化材料净化效率不高，60min 内只有 45% 左右的甲醛去除率，不能将1.00mg/m^{3}左右的气态甲醛净化至国家标准规定的0.08 mg/m^{3}以下。采用模拟酶-ACF净化材料只需30min时间，就可使1.00 mg/m^{3}左右的气态甲醛净化至国家相关标定的0.08 mg/m^{3}以下，达到0.07 mg/m^3，并在50min时，检测不到甲醛气体。

3. 模拟酶-ACF净化材料在中央空调空气净化中的应用

根据中央空调通风系统空气污染的特点，用模拟酶-ACF空气净化技术对现行中央空调系统设备进行技术改造，分别在中央空调机组的新风机组送风管道、主送风管道、主回风管道以及送风口、回风口中加装空气净化单元，利用模拟酶-ACF空气净化技术，有效净化室内空气中的各种污染物。

4. 模拟酶应用的研究与发展方向

中央空调系统由于新风不足、密封性强，引起日益严重的空气污染；我国现阶段室内主要空气污染有甲醛、VOCs、细菌、病毒、粉尘颗粒物、NO_X、SO_2、CO_2等。它们是室内装饰装修材料散发、微生物污染、机动车尾气污染、办公用具、人体代谢及人为污染的主要产物。由于对中央空调净化技术研究的相对滞后，应针对中央空调通风系统空气净化技术加大研究开发力度。

采用模拟酶-ACF空气净化技术，可以较好地解决中央空调造成的空气污染问题，通过对模拟酶ACF净化技术的各种功能测试结果表明：模拟酶ACF空气净化装置在中央空调通风系统中可以高效净化室内空气中的甲醛、VOCs、细菌、粉尘颗粒物等污染物。

9.7 茶多酚的功能及其在室内环境净化中的应用

人们最早发现茶叶的功能并对其加以利用已有四千多年的历史，近年来，随着对茶叶研究和认识的加深，茶多酚的各种功效逐步被研究发现而引起人们的重视。最新的研究表明：茶多酚在室内环境污染治理中的具有很多实际应用价值。

9.7.1 茶多酚及其主要性质

茶多酚（学名：Camellia sinensis；Tea Polyphenols简称：GTP或TP；别名茶鞣质、茶单宁），其定义为茶叶中儿茶素类、丙酮类、酚酸类和花色素类化合物的总称。

1. 茶多酚的主要化学成分

主要成分由黄烷醇类（儿茶素类）、花色素类（花青素和花白素）、花黄素类（黄酮及黄酮醇类）、缩酸及缩酚酸类组成。茶多酚是形成茶叶色香味的主要成分之一，也是茶叶中有保健功能的主要成分之一，儿茶素为主的是黄烷醇类化合物，主要由EGC、DLC、EC、EGCG、GCG、ECG等几种单体组成，约占多酚类总量的70%～80%。茶多酚在茶叶中的含量一般在15%～20%，而儿茶素类物质的含量又约占茶多酚总量的70%左右。

2. 茶多酚的主要理化性质

纯净的茶多酚是白色的无定形结晶或粉末，有涩味，略有吸湿性，在潮湿的空气中易氧化而呈淡黄色至褐色。茶多酚易溶于水、乙醇、甲醇、乙酸乙酯和丙酮，不溶于氯仿、正丁醇，对热、酸较稳定，在160℃的油脂中30min仅降解20%，在pH2～7时十分稳定，但当pH≥8或在光照下易氧化聚合而变褐色。

3. 茶多酚的主要药理作用

儿茶素的抗氧化还原能力很强，对油脂的氧化抑制率在43.1%～57%，强于维生素E和维生素C；对动物油脂具有抗氧化作用；与维生素E和维生素C具有协同作用；能提高维生素和胡萝卜素的稳定性。茶多酚可与铁盐生成墨绿色或紫色的酚铁络合沉淀物，因而可降低细胞内游离铁的水平。茶多酚遇金属离子Ph^{2+}、Ag^{+}、Hg^{2+}、Hg^{+}、Cr^{2+}等会产生沉淀，因而可用多酚类物质作为重金属离子解毒剂。多酚类物质能与蛋白质发生结合凝固作用，致使细菌蛋白变性，这是茶多酚产生抗菌和抑菌的基本原理。

9.7.2 茶多酚的生态环境功能

茶叶的许多作用都是因为茶叶中的茶多酚类物质在起作用。

茶多酚具有很强的消除有害自由基的作用；抗衰老作用；抗辐射作用；提高人体综合免疫能力，提高对癌细胞的抑制作用；抗菌、杀菌作用；对艾滋病病毒的抑制作用。

（1）茶多酚的抗衰老与空气净化作用　按照自由基学说的理论，衰老的原因是组织中自由基含量的改变，破坏了细胞功能，加速肌体的衰老进程。研究表明，过氧化脂质在体内的增加与肌体衰老进程是一致的，当体内自由基呈过剩状态时，就表现出肌体的逐渐衰老。茶多酚对自由基有极强的清除作用，阻止脂质过氧化作用；茶多酚可以抑制皮肤线立体中脂氧化酶和脂质过氧化作用，从而发挥抗衰老效应。茶多酚的抗氧化性明显优于维生素E，且与维生素C、E有增效效应。

因此，在室内环境中，人们通过呼吸作用吸入如甲醛等具有活性基团的有害气体，就可以通过茶多酚对自由基的清除功能，在呼吸系统、血液系统、皮肤等中去除甲醛。同样，在去除室内空气中甲醛时，茶多酚可与维生素C等产生复合作用，增强去除甲醛的功效，是甲醛清除剂中的常用成分。

（2）茶多酚灭菌功能及其空气净化效应　医学实验的证实：茶多酚可抑制和杀灭链球菌、伤寒菌、百日咳杆菌、肺炎双球菌、痢疾杆菌、葡萄球菌等细菌感染；抑制或降低白喉毒素、破伤风毒素的毒力；抗脊髓灰质炎病毒、流感病毒、腮腺炎病毒、麻疹病毒、疱疹病毒、艾滋病毒等对人体的伤害；抑制梅毒螺旋体及白色念珠菌对人的侵染；抗类风湿因子等。茶多酚通过提高人体免疫球蛋白总量，刺激抗体活性的变化，抑制或杀灭各种病原体、病菌和病毒可提高人体的综合免疫能力。研究表明：茶多酚抑菌能力与其浓度呈正比。茶多酚的急性毒性低（大白鼠长期灌服茶多酚（833mg/kg·d），相当于人拟用日剂量的100倍也是安全的。茶多酚对细菌的最小抑制浓度（MIC）一般仅为每千克数百毫克。对金黄色葡萄球菌、志贺氏痢疾杆菌和枯草芽孢杆菌的MIC均未超过1000mg/kg，对众多肠道致病菌的MIC在400～500mg/kg。

正是因为茶多酚有如此多的功效，其在室内环境及空气净化领域，具有实际的应用意义。可利用茶多酚能抑制和杀灭病毒和细菌的功效，在空气净化、消毒杀菌、日用品表面清洁、蔬菜水果清洗等领域发挥作用。目前国内外已经有不少产品，利用茶多酚提取物，制备各种空气净化用喷雾制剂，用于空气消毒、杀菌；各种生活用品表面，抗菌灭菌；在公共场所空气过滤系统中，通过在空气过滤材料表面负载茶多酚，发挥其对各种传染性病毒细菌的杀灭、抑制功能，从而有效净化室内空气，所以将茶多酚作为室内空气净化材料具有良好的前景。

（3）茶多酚的抗辐射能力及其在室内环境放射污染净化中的应用　科学研究表明，茶多酚等活性物质具抗辐射作用，能有效地阻止放射性物质侵入骨髓，并可使锶 90 和钴 60 迅速排出体外，被医学与健康界誉为“辐射克星”。由于自然和人为因素造成的有害射线及放射性物质对人类的危害越来越严重，在室内环境中氡就是重要的放射性污染物之一，是造成癌症病人越来越多的原因之一。茶多酚能够有效地维持白细胞、血小板、血色素水平的稳定；有效的缓解射线对骨髓细胞增重的抑制作用；可减轻放射性物质对肌体免疫系统的抑制作用。因此在涉及放射污染的场所，在空气中喷洒、或将茶多酚提取物负载于空气过滤器纤维材料中，在一定程度上可去除放射性污染粒子，减轻放射物质对人体的侵害，减小室内空气的放射污染。

（4）茶多酚对重金属离子的抗解作用与室内环境净化　实验证明，茶多酚对铅等重金属具有强的吸附作用，能与重金属形成络合物而产生沉淀，有利于减轻重金属对人体的毒害作用。例如：城市中由于机动车尾气等因素而产生大气污染物，其中铅中毒就是一种对人体健康明显的毒害作用。人体吸入过量的铅可引起铅中毒，使人降低免疫力和寿命缩短。利用茶多酚对重金属的抗解，可以减轻铅对人体的毒害作用。

9.7.3　茶多酚的空气净化功能

茶多酚的结构特点决定了酚类化合物的化学性质。茶多酚的结构中包含有 p-π 共轭体系，形成了包括 6 个碳原子和 1 个氧原子的大 π 键。共轭效应使得整个分子中电子云发生平均化，氧的电子要向苯环转移，增加了 O-H 键的极性，酚羟基的氢原子较醇羟基中的氢原子活泼，易于电离成氢离子，所以酚呈弱酸性。酚类分子中的羟基与苯环形成 p-π 共轭后，使苯环上的电子云密度增加，尤其是在羟基的邻、对位上增加得更多。酚的邻、对位更容易发生亲电取代反应。吸电子基（如卤原子、硝基等）的存在可降低苯环上的电子云密度，形成新的化合状态。

1. 茶多酚去除室内空气中的甲醛

研究表明：茶多酚活性物质如同酶催化剂一样，其分子在空间结构的重组与螯合，产生分子结构变化而生成活性氧，能有效稳定自由电子，使电子离开原位，形成分子内的氢键，形成的活性状态可与室内空气中甲醛等污染物起反应，从而去除甲醛。

（1）儿茶素与甲醛的亲核反应　茶多酚主要成分以儿茶素最为重要，约占多酚类总量的 60% ~80%；儿茶素类主要由 EGC、DLC、EC、EGCG、GCG、ECG 等几种单体组成。儿茶素及其氧化产物都是碳氢氧三元化合物，是由糖类经一系列酶的作用，通过草酸途径，形成苯环化合物，最后合成为儿茶素，属于多元酚类（Polyphenol）中的一种。研究发现：甲醛与儿茶素类化合物在 C-6 和 C-8 位上发生亲核反应。

（2）儿茶素与甲醛反应历程　在不同反应条件下，茶多酚主要成分儿茶素与甲醛反应产物有所不同。进一步的研究表明：儿茶素类化合物与甲醛的反应活性，是由于它们的 A 环中存在有间苯三酚型的结构，而 B 环上羟基的数目基本不影响其与甲醛的反应活性。

在图 9-5 和图 9-6 中，儿茶素在酸性和碱性条件下与甲醛反应方程式中可以看出：儿茶素分子结构的邻位上发生亲核反应，酚基邻位上的氢原子被甲醛中的碳原子取代。

（3）儿茶素与甲醛反应条件　在酸性条件下，只有一个酚基邻位上的氢原子被取代；而在碱性条件上，有三个酚基邻位上的氢原子被取代。这一特性可以从甲醛与儿茶素进行的反应中得到证实。

人们测量了茶多酚与甲醛反应时 pH 值的影响，绘制成图 9-8 曲线。

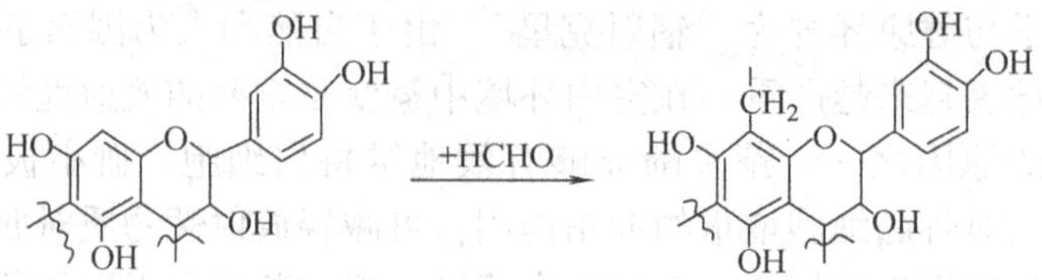

图 9-6　儿茶素在酸性条件下与甲醛反应方程式

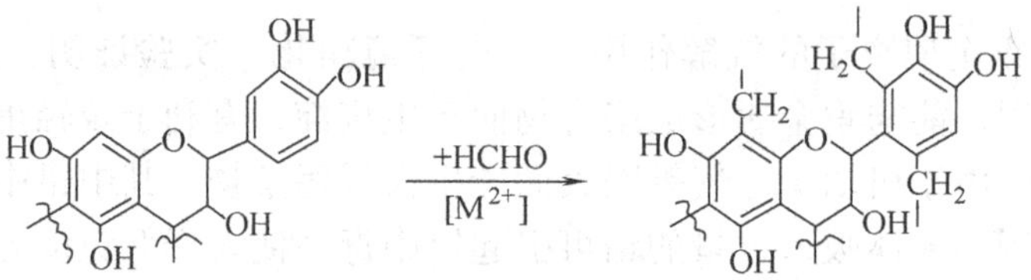

图 9-7　儿茶素在碱性条件下与甲醛反应方程式

从图 9-8 可见，茶多酚与甲醛反应同普通的酚醛缩合一样，也受到酸或碱的催化作用。表现为：在不同的酸碱性条件下，儿茶素与甲醛反应活性有显著差别。pH 值在 1 ~ 4 范围内，溶液中的 H^+ 的催化作用，甲醛含量显著减少，pH 值为 1 时甲醛减少率达到 29.39%，是酸性条件下的最高反应率；pH 值在 3 ~ 4 时，茶多酚与甲醛的反应活性很低，甲醛净化率很低。在碱性条件下，随着 pH 值的增加，碱的催化作用明显，使儿茶素与甲醛反应活性增加、反应速度加快，甲醛量明显减少。到 pH 值为 10 时，甲醛净化率最高达到 98% 以上。低 pH 值时主要使甲醛活化，高 pH 值时主要活化茶多酚，从而都有利于茶多酚甲醛的缩合反应。这些实验结果与儿茶素的结构特征分析相吻合。

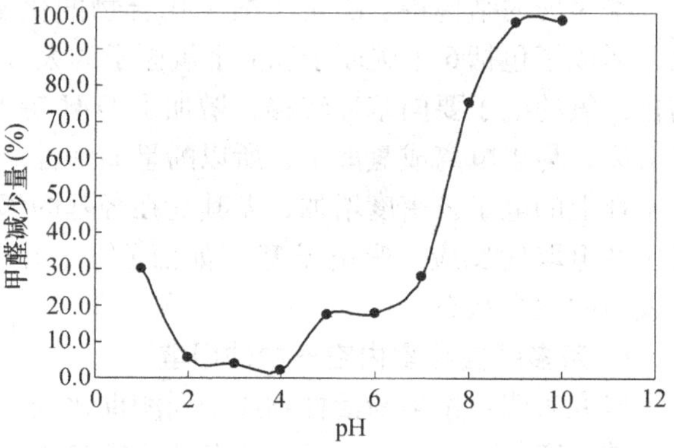

图 9-8　茶多酚与甲醛反应时 pH 值的影响

2. 茶多酚去除室内环境中的臭味气体

1991 年日本学者 Miki Ui 最早报道了儿茶素能抑制口臭中的主要恶臭成分甲硫醇，并对茶多酚的功能成分对甲硫醇的去除效果进行了研究。

（1）茶多酚除臭效果　儿茶素去除甲硫醇的研究测试表明，绿茶水提取物、儿茶素、EGCG 对甲硫醇的去除效果不明显，而茶黄素则表现出较强的活性；在 pH 值为 10 的碱性介质中，1mg 含量为 40% 的茶黄素对甲硫醇的最大去除量为 0.232 mg，并说明茶黄素是对甲硫醇发挥功效的主要物质。

（2）茶多酚除臭机理　茶多酚对生活空间中的臭味气体（主要是含硫、氮有机化合物）有明显除臭效果，其中对甲胺、三甲胺、氨气、吡啶的除臭能力较强，这可能与这些物质的化学结构和特性有关。

从茶多酚类物质的分子结构来分析：具有酚羟基的茶黄素在碱性溶液中容易脱去氢而成为苯氧自由基，苯氧自由基具有很强的还原能力，其与甲硫醇反应，从而去除甲硫醇。

研究人员对除臭机理进行探讨，认为可能是儿茶素 β 环上的—OH 提供 H^+ 同 NH_3 反应生成铵盐而使臭味减弱或消失，同时茶多酚还含有少量的氨基酸、咖啡因、有机酸、可溶性碳水化合物，也参与臭味氧化物质的反应。因此，其除臭机理可能为：

1）主要为茶多酚除臭，茶多酚的单体儿茶素具有较强的活性基团—OH，它能同臭气物质发生中和、缩合、结合、包夹等反应；

2）有机酸和咖啡因除臭，他们可与臭气分子发生加成、中和等反应；

3）碳水化合物除臭，他们可能吸收、吸附、包埋臭味气体分子。

（3）茶多酚除臭能力　试验表明，茶多酚在室内环境中对各种臭气物质的去除能力，随茶多酚添加量的增加或除臭时间的延长而增加。在前 20min，除臭率迅速提高，20min 过后，除臭率变化趋势较平缓，40min 后除臭率上升很小。表 9-9 为茶多酚对臭味物质的去除能力。

表 9-9　茶多酚对臭味物质的去除能力

臭味物质	氨气	硫化氢	吡啶	甲胺	三甲胺	吲哚
除臭率(%)	90.28 ±1.11	89.05 ±1.16	88.98 ±1.41	99.35 ±0.00	99.63 ±0.00	43.56 ±0.87
臭气强度降低数	2.40	1.75	2.15	4.15	4.30	0.90

实验数据表明：茶多酚添加量 A、除臭时间 B、臭气浓度 C 对除臭皆有显著影响，影响茶多酚除臭率的各因素主次顺序为茶叶提取物 > 除臭时间 > 臭气浓度 > 除臭温度；茶多酚对甲胺、三甲胺的除臭能力最强，对吲哚的除臭能力要弱一些。

（4）茶多酚去除氨气机理　茶多酚去除氨气的机理可以从氨分子的结构来分析，图 9-9 为氨、甲胺、三甲胺结构示意图。

茶多酚去除氨气的机理可以从氨分子的结构来分析，如图 9-9 中，其中氨原子有一孤对电子，表现出一定的碱性，而茶叶提取物中的儿茶素 β 环上的—OH 有提供 H^+ 的作用，它们接触后，H^+ 可能同氨分子中的氮原子共用一对电子，从而生成铵盐，达到消除氨气的作用。甲胺、三甲胺除臭也可能是同一原理，甲胺、三甲胺的分子结构分别如图 9-9b、9-9c，也都有一对孤对电子，特别是甲胺、三甲胺中的甲基为给电子基团，使氮原子周围的电子云密度增大，亲核能力增强，碱性增强。当它们同茶多酚接触时，儿茶素 β 环上的—OH 中的 H^+ 可能同氮原子共用一对电子，使甲胺、三甲胺生成盐，原有臭味减弱或消失。

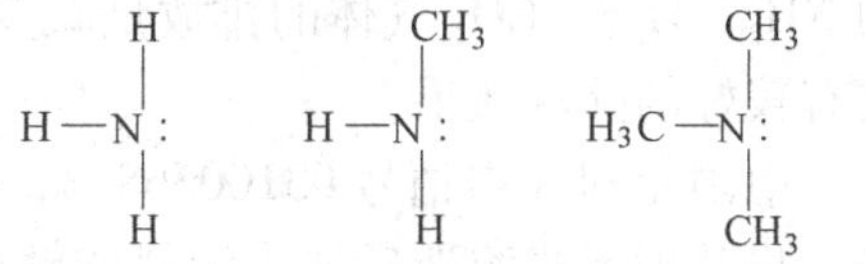

氨　　甲醛胺　　三甲胺

图 9-9　氨、甲醛胺、三甲胺结构示意图

9.7.4　茶多酚在室内空气净化中的应用

茶多酚是一种良好的甲醛捕获剂，对净化室内空气中的甲醛有实用价值。

1. 甲醛捕捉剂

Robbins C T 的研究揭示了茶多酚与甲醛反应的重要特性，研究人员从此开始了利用儿茶素在食品等中作甲醛捕获剂或去除食品中的甲醛，从此开创了茶多酚在甲醛及其污染治理中的应用。

最初在人造木质板材原料中掺加茶叶来降低甲醛的释放量。人们还将茶叶水并与聚乙二醇、硫脲配等化学成分制备而成溶液，处理富含甲醛的三合板，取得了明显降低甲醛释放量的效果。茶叶水可以使甲醛的释放量从400.4μg 降低到315.4μg，甲醛释放相对减少约21.2%；而用聚乙二醇、尿素等化学成分制备而成的溶液，可将甲醛的释放量从390.1μg 降低到94.6μg，甲醛释放相对减少约75.5%。日本学者 Takagaki. A-等研究了绿茶儿茶素与甲醛的反应特性，并将儿茶素类物质作为空气及人造板材中甲醛的捕获剂，取得了很好的效果。

2. 甲醛捕捉剂的制备方法

笔者以茶多酚提取物配制的甲醛清除剂，配方如下：茶多酚提取物1%～5%；水溶性有机树脂5%～10%；硝酸锌0.05%～0.1%；磷酸-磷酸氢二铵1%～5%，其余为蒸馏水，配制成甲醛清除剂，采用涂敷量为20～30g/m^2 时，对游离甲醛释放量为 E_2 类人造饰面板材进行喷涂，可使 E_2 类不同甲醛释放量（1.5～5.0mg/L）的净化到 E_1 类内（小于1.5 mg/L）。

根据茶多酚与甲醛的反应特性，在实际工作中，用茶多酚提取物配制甲醛清除剂时，一般选择在较高 pH 值范围内，即碱性条件下，并在碱性金属离子作为催化剂条件下，以期获得较高的甲醛去除效果。

3. 茶多酚在室内环境净化中的应用实例解析

中国专利（申请号01105837.4，公开号 CN1377996A）将茶多酚掺和在聚丙烯塑料树脂母粒或聚乙烯塑料树脂母粒中，制作空调过滤网中，发挥茶多酚抑菌、抗菌功能。只是这种掺和方法过于简单，缺少实验数据证实产品功效及使用期限。

中国专利（申请号200710044704.9，公开号 CN101112219A）在畜禽饲料中添加茶多酚在内的天然植物提取物，配制复合型天然植物除臭剂，以饲料添加剂形式添加在饲料中，动物采食后，通过一系列的生理生化过程，能提高动物对营养物质的吸收利用，可使畜禽舍中的 NH_3、H_2S、CO_2 气体的排放量减少30%～50%，猪、鸡对饲料的利用率提高3%～5%，具有较好的除臭效果。

中国专利（申请号03100568.3，公开号 CN1425725A）以茶叶为原料用乙醇法萃取茶多酚，将其配置成溶液后加入涂料或粘合剂中，或喷在家具涂料涂层的表面及周围空气中，可使空气甲醛含量下降到低于国家标准0.08mg/m^3 的水平。

美国专利 USP5747053、USP5888527 将无纺布浸渍在茶叶提取物的溶液中，脱水、烘干后再制成具有抗菌、抗病毒的空气滤网、面罩。

中国专利（申请号01105428.X，公开号 CN1327725A）利用茶多酚与分散剂、交联剂、丙烯酸酯粘合剂等组合，制备抗菌抗流感病毒涂覆液，可涂敷在过滤网上，对大肠杆菌和金黄色葡萄球菌的抑制率分别达到72%和68%以上。

日本专利（JP136949-1999）、中国专利（申请号00108615.4，公开号 CN1274026A）株式会社伊藤园公司利用茶多酚具有抗菌功能，使茶多酚、季铵盐阳离子表面活性剂、水溶性蛋白质固着在纤维上制造抗菌性纤维，用于服装、装饰布料中。以不同菌种进行的抗菌试验表明，用上述抗菌功能处理液处理的纤维，洗涤10次后仍具有良好的抗菌效果。表9-10为抗菌功能处理液随着洗涤次数增加的抗菌效果测量数据。

表 9-10 抗菌功能处理液随着洗涤次数增加的抗菌效果

试验菌种	洗涤次数	初始菌数	对照组菌数	18h 后存活菌数(%)
大肠埃希氏杆菌 IFO3972	10	1.0×10^5	2.2×10^8	<10
绿脓杆菌 IFO12689	10	1.0×10^5	2.7×10^8	<10
肺炎克雷伯氏杆菌 IFO13277	10	1.0×10^5	1.9×10^8	<10
金黄色葡萄球菌 IFO12732	10	1.0×10^5	3.6×10^7	<10
MRSA	10	1.0×10^5	3.3×10^7	<10

总之，以茶多酚为吸附剂去除空气中臭味气体、去除甲醛、抗菌等功能的方法还有多种多样，如配制装饰装修材料中的甲醛清除剂，喷涂在人造板材、室内装饰材料表面；可负载于过滤用纤维表面，制作空调、净化器、空气过滤器等中，用于通风系统中空气净化；可以配制空气净化喷雾剂净化空气。

9.8 微生物空气净化法及其应用

微生物空气净化法就是利用微生物在适宜的环境条件下，利用废气或空气中的有机污染物作为碳源和能源，维持其生命活动，并将有机物氧化分解为 CO_2、H_2O 和细胞基质的过程。微生物净化法作为一种新型的气态污染物的净化工艺在国外已得到越来越广泛的研究与应用，在德国、荷兰、美国及日本等国的脱臭及近几年的有机废气的净化实践中已有许多成功的应用案例。近年来国内也开展了一些这方面的实验研究，并且已有生物脱臭装置投入应用。与传统的物理化学净化方法相比，生物法具有投资运行费用低、较少二次污染等优点。

9.8.1 微生物空气净化法基本原理

微生物净化气态污染物就是利用微生物的生命活动将环境中对人体和环境有毒有害的有机或无机污染物转化为二氧化碳、水和细胞基质等；如硝化细菌可以将氨气转化为硝酸盐，硫化细菌可以将含硫的物质转化为硫酸盐。人们将各种微生物经培养后，制备成各种微生物净化装置，以过滤方式，通过微生物的降解功能将臭气废气中的各种有害成分转化为无害的物质。

9.8.2 微生物空气净化法动力学过程

微生物降解的动力学过程表现为：气态污染物首先由气相转移到净化床，通过净化床的液相或固相表面液膜中的传质过程，然后在净化床液相或固相表面被微生物吸收降解；而经微生物降解后的产物，如水和二氧化碳再从净化床排出，形成整个净化过程。

研究表明：气态污染物的生物净化过程，其速度取决于：

1）气相向液固相的传质速率（这与污染物的理化性质和反应器的结构等因素有关）。

2）能起降解作用的活性生物质的微生物量。

3）微生物降解速率（与污染物的种类、生物生长的环境条件、抑制作用等有关）。

通过设计不同的微生物净化反应器，选择适合的菌种、设置适合于这些微生物菌种生长的条件和相关操作条件，可以获得对相应有机污染物的良好净化效果。

9.8.3 影响微生物净化法降解的主要因素

1. 起降解作用的微生物种类

用于污染气体处理的主要是一些化能型微生物，包括自养菌和异养菌。自养菌适于进行无机物的转化，主要是采用硝化和反硝化等方式来转化硫化氢及氨等，如氧化亚铁硫杆菌。异养菌则是通过对有机物的氧化来获得营养物质和能量，适用于进行有机污染物的转化，在适宜的生长条件下，这些微生物能较快地将气体污染物降解。

2. VOCs 的性质

一般而言，不同微生物对同一有机物有不同的降解能力；而同一种微生物对不同有机物的降解能力也不相同。如微生物对于甲苯、二甲苯、甲醇、乙醇、丁醇、四氢呋喃、甲醛、乙醛、丁酸、三甲胺等的降解最为容易，因此，净化效率也较高；对于苯、苯乙烯、丙酮、乙酸乙酯、苯酚、二甲基硫、噻吩、甲基硫醇、二硫化碳、酰胺类、吡啶、乙腈、异腈类、氯酚等的降解相对较为容易，也可获得理想的净化效率；而对于甲烷、戊烷、环己烷、乙醚、二氯甲烷及1，1，1-三氯甲烷等物质，降解性较差，则不宜采用微生物法。目前，该技术的发展趋势就是对于特定的污染物，筛选和培育出高效的降解菌种，从而提高净化效率，减小设备体积。

3. 环境因素对微生物的影响

既要根据所处理气体的特性选择合适的微生物群落，同时又要为微生物提供相应的生长条件，必须进行环境控制以保证微生物能正常生长。影响微生物生长和转化的条件有：①氧气供应（微生物生长所需或为污染气体的降解提供电子受体）；②适宜的温湿度；③酸碱度；④营养物质（碳、氮、磷等）；⑤降解物的堆积以及多种基质共存时的相互作用等。

温度对微生物净化器内的传质和生物降解过程都有着重要的作用。微生物净化有机化合物的过程取决于一些嗜中温性菌及部分嗜高温性菌的生命活动，温度升高有利于生物的降解代谢过程，但会影响污染物的气液分配系数，还会加速水分的蒸发。

水分是微生物生存必不可少的，只有循环液的不断补充，使微生物获得充分繁殖，才能维持净化效率。

微生物的活动都有其最佳的 pH 值范围，净化装置内的 pH 值的变化会影响微生物的活动。微生物净化床的 pH 值通常为 7～8，即细菌和放线菌的最适范围。但在进行含硫、氮及氯成分化合物的代谢时往往会产生酸性中间产物，因此维持相应的 pH 条件，使微生物获得较高的生存活性。

营养在微生物生存基础物质，尽管在净化过程中它们消耗掉有机污染物作为其生长的碳源，同时循环利用细胞死亡和消解的大部分营养物质，但总有一部分通过各种途径而流失。所以与其他的微生物代谢作用一样，生物降解气态有机物时也需要补充氮、磷、硫及微量元素等营养。

9.8.4 微生物净化法降解有机污染物的应用与研究进展

利用微生物技术处理污染气体的理念来源于用土壤净化污染气体的应用。最初，微生物空气净化法，应用于工农业生产、环境工程处理臭气和废气，随着近年来对有机气相污染物治理技术研究的不断深入，该法逐步应用于环境中有机气相污染物治理。1957年Pomeroy首先研究了土壤微生物除臭技术。由于环境污染物的种类和处理量的变化，利用物理吸附法、化学吸收法和催化燃烧法等传统的废气处理方法时，投资大、操作复杂、运行成本高，而且还很可能造成难以再治理的二次污染，如物理吸附法中达到饱和后的吸附材料需要频繁更替，处理这些废弃的吸附材料难度很大；化学吸收法要消耗大量的化学品，其生成物如不经处理同样会污染环境。

最早，微生物法在气体净化方面的应用主要在于气体除臭。在国外，养鸡场、屠宰场、污水处理厂等的气体净化已经有微生物法的工业装置运行。例如日本一家污水处理厂用含有臭气的空气，作为曝气送入曝气池，同时进行废水和废气的处理，取得脱臭效率达99%的效果。日本一铸造厂采用此法处理含胺、酚和乙醛等污染气体时，设备采用二级脱臭装置，装置运行十多年来一直保持较高的去除率。德国开发的二级脱臭装置，臭气自下而上经二级脱臭装置后，浓度从2100mg/L降至50mg/L，且运行费用极低。

在污水净化中的微生物降解：人们利用微生物的体积小而表面积大，繁殖速度快，能不断地与周围环境快速进行物质交换。污水通过能满足微生物生长、繁殖条件下的设备，微生物便从污水中获取营养成分，同时降解和利用有害物质，从而使污水得到净化，因此在污水净化领域得到广泛的应用。

对一些低浓度的臭气废气，由于其中的有机物浓度太低，已无回收价值，使用传统方法净化处理难度大、费用高。微生物净化法是臭气和有机废气处理领域新出现的技术，因其成本低、操作简单、技术清洁、无二次污染而受到青睐，已成为当前研究的热点。

1988年，荷兰开始研究利用生物技术去除载人航天器中的污染气体。之后，许多国家和组织在该领域展开了深入研究。现在利用微生物技术处理挥发性有毒气体在欧洲和美国已得到广泛的认可，在载人航天器微量污染控制系统中得到初步的应用。

最近，由于技术的发展，该方法已逐渐应用于有机废气的净化。在英国，有人利用对微生物有生物活性纤维——一种特别的羊毛作为微生物载体，其核心技术是用某种特殊的生物酶对这种羊毛纤维进行特殊处理。利用生物感应和生物激活技术，实现羊毛活体纤维的自呼吸功能，利用羊毛活纤维体中的蛋白酶与空气中的甲醛、苯、甲苯、二甲苯及TVOC和氨气、霉菌等发生微生物分解和生物融合。这种微生物净化法已经应用于房间、汽车及冰箱内的空气净化中。

英国柏赫生物化学研究所研制设计了一种利用微生物来分解挥发性有机化合物的空气净化器，这种净化器内有多个筛网状的蜂巢，每组蜂巢内分布着可以分解不同有机化合物的微生物菌团，能分别将乙醇、酚、苯、乙酸乙酯、已烷、二甲苯、甲苯、硫化物等多种有害有机物分解成二氧化碳和水而去除掉。该净化器工作时没有噪声，每小时能净化$2\times10^5m^3$的空气，可广泛用于工业发酵过滤、潜水艇、车船、地铁车站、影剧院、矿井、办公楼、酒店等公共设施和场所的空气净化。

利用微生物技术处理空气中微量污染气体在室内环境污染治理中具有潜在的应用价值。由于这种方法具有体积小、重量轻、能耗少、能适应不同室内环境条件、同时去除多种挥发性化合物等优点，前景非常广阔。特别是在航天航空技术领域，美、俄、欧、加等航天大国或组织都已在这方面开展了积极的研究和应用，并取得了大量研究成果。我国在这方面的研究已经应用在民用工业和自然环境的治理上，在航天领域的研究还刚刚开始。

在众多室内环境对 VOCs 的净化方法中，微生物净化法具有良好的净化效果，优越的经济性、可靠的安全性和天然的环境相容性，近年来在净化挥发性有机废气污染方面的研究和应用日趋活跃，是研究人员研究开发的重点领域。

9.9 活性炭及其改性产品空气净化法

随着科学技术的迅猛发展以及室内环境污染的日益严重，对传统的吸附性材料——活性炭的性能要求也越来越高，普通活性炭存在比表面积小、孔径分布较宽和对室内空气中多组分、低含量、不同活性基团和各种有机、无机污染物的吸附选择性能不足等缺陷，已远不能满足室内环境污染治理的要求。对活性炭进行改性，使之功能化已成为活性炭发展的必然趋势。通常采用工艺控制和后处理技术对活性炭的孔隙结构进行调整，对表面基团进行改性，进而提高其吸附和催化性能，国内外学者针对室内环境污染物的吸附和净化能力，对活性炭孔结构和表面化学性质的改性方面进行了研究很多，新型功能型活性炭成为研究开发和实际应用的主流，同时也为活性炭在室内环境污染治理方面开辟了新的用途。

9.9.1 活性炭的主要性质

活性炭是应用最早、用途较广的一种优良吸附剂，它的孔隙十分丰富，有较大的比表面积，为 $600\sim1600m^2/g$，故其具有优异的吸附能力，其平均孔径为 $15\sim25\mu m$，热容为 $0.836\sim1.254\ kJ/(kg\cdot K)$。

活性炭材料的结构比较特殊，从晶体学角度看，属于非结晶性物质，是由微细的石墨微晶和将这些石墨微晶连接在一起的碳氢化合物组成，其固体部分之间的间隙形成了活性炭材料的孔隙，赋予活性碳材料特有的吸附性能。活性炭是由各种含碳物质干馏碳化，并经活化处理而得到的。碳化温度一般低于 837K，活化温度为 1123～1173K。通常活化剂为水蒸气或热空气。

1. 活性炭的种类

活性炭的种类很多。因其原料、用途、形状、制造工艺过程、产品性能不同，活性炭的差别很大，分类的方法也很多。

活性炭通用的分类方法，按活性炭的外部形状分为粉状活性炭和颗粒活性炭两大类。粉状活性炭是经过磨粉加工到一定细度，多为木质活性炭；颗粒状活性炭的规格较多，如：圆柱状活性炭、无定形粒状活性炭、球形活性炭。此外还有空心柱形活性炭和空心球状活性炭等。

按照制造活性炭的原料分为五大类：①煤炭是制造活性炭的重要原料，几乎所有的煤炭都可以制出活性炭。②植物原料活性炭，经常选用的有：木炭、椰子壳、木屑、树皮、核桃壳、果核、棉壳、稻壳、咖啡豆梗、油棕壳、糠醛渣及纸浆废液等。③石油原料活性炭，用石油炼制过程中的含碳产品及废料如石油、石油焦炭、石油油渣制备的活性炭。④塑料类：用废旧塑料制备活性炭。⑤其他：用废旧轮胎、动物骨、动物脂、动物血等制备。

早期制备活性炭的主要原料是木材、锯屑、果壳等林产品，由于资源有限，原料的来源逐步转向储量丰富、价格低廉的煤炭。我国目前多以椰干壳、桃杏核作为木质活性炭的主要原料，因为它们具有灰分低、孔隙发达、比表面积大、强度和吸附性能良好等优点，是理想的木质活性炭原料，但由于原料数量的限制，产量不大，而煤炭具有品种多、价格低、质量稳定、资源丰富等优点，以煤为原料制备活性炭发展很快，应用范围和数量迅速扩大，目前在以煤质活性炭的应用范围和数量上已经超过了木质活性炭。

近年来，已研究出用农林副产品、劣质煤和煤矸石等许多含碳的工业废料，制造价格低廉或具有特殊性能的活性炭。国内外利用废弃材料制备活性炭，以谋求廉价原料的探索受到了重视，如利用废塑料、废橡胶、纸浆废液、石油副产品等原料制得的活性炭已投入应用。20世纪80年代，有人研究了以有机树脂为原料合成的活性炭，这种活性炭纯度高，力学强度优于普通煤质活性炭，并且具有孔径分布可控的优点，已广泛用于生物医学领域。

2. 活性炭的表面结构特征

活性炭作为一种优良的吸附剂，其最大特点是具有独特的孔隙结构和巨大的比表面积（$500\sim2000m^2/g$），具有良好的吸附性能。图9-10中显示了活性炭的大孔、中孔及微孔结构示意。

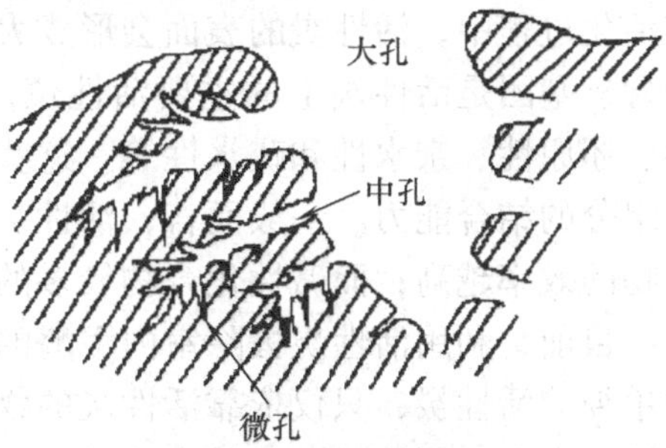

图9-10　活性炭的大孔、中孔及微孔结构示意图

活性炭的孔隙结构是指孔隙容积、孔径分布、表面积和孔的形状。活性炭的孔隙结构非常复杂，孔径从几个nm的微孔到肉眼可以看到的大孔，孔径分布范围很宽，按IUPAC标准分：微孔（<2.0nm）、过渡孔（2~50nm）和大孔（>50nm），孔的形状又是各式各样。

在室内环境污染治理中，活性炭的多孔结构可以发挥出与其相应的性能：微孔（孔隙直径<2nm）拥有很大的比表面积，呈现出很强的吸附性能；中孔（孔径2~50nm）作为负载化学改性剂的载体，可负载催化剂和脱臭剂，通过催化剂催化分解吸附到微孔中的污染物；大孔（孔径>50nm）通过吸附室内环境中的微生物及菌类，通过杀菌剂来达到净化室内空气的目的。

活性炭的吸附能力主要取决于活性炭的孔结构和表面官能团（如羧基、羰基、羟基、内酯等），这是决定活性炭具有多种多样的吸附能力和催化能力的重要因素。

3. 活性炭的吸附特性

当活性炭在空气中吸附含VOCs的气态混合物时，利用活性炭固体表面存在的未平衡的分子吸引力或化学键力，把空气中的VOCs组分吸附留在活性炭固体表面，这种分离过程称为活性炭吸附法。根据活性炭吸附剂和VOCs组分中吸附质之间发生吸附作用力的性质，通常将吸附分为物理吸附和化学吸附。

物理吸附主要是分子之间的范德华力起作用，吸附质与吸附剂的结合较弱，过程可逆。通常当室内温度提高时，被活性炭吸附的VOCs组分便会析出。部分被吸附的分子获得一定的能量（温度升高）后即可脱离活性炭固体表面，这一过程称为脱附。

化学吸附是由吸附剂和吸附质间的化学键力而引起的，在化学吸附过程中，吸附剂和吸附质之间发生化学反应。它是一种选择性吸附，即一种吸附剂只对特定的几种物质有吸附作用。化学吸附过程的热效应较强（吸附热约为84~420kJ/mol），吸附质与吸附剂结合比较牢固，必须在高温下才会脱附。化学吸附比物理吸附推动力更大，结合更牢固。所以，对室内空气中的有毒有害污染物，化学吸附更可靠。当活性炭吸附饱和后，其表面处于动态平衡状态，表现为被吸附质的量不再增加。从而失去吸附功能，需要再生，将被吸附质从活性炭孔隙中用加热或化学解吸等方式解吸出来。

活性炭的吸附特性与活性炭的制备工艺和活化工艺密切相关。活性炭的制备过程是：将炭质用过热蒸汽、氨或空气共同高温加热或将未碳化的原料用氯化锌、氯化铵、氯化钙、硫酸、磷等浸渍后，再灼烧活化而得。在活化过程中，基本微晶之间清除了各种含碳化合物和无序炭，而且也从基本微晶的石墨层中除去一部分炭，这样产生的空隙叫作孔隙。适宜的活化过程能导致大量孔隙的形成，因此扩大了孔壁的总表面积，这是活性炭具有很大吸附能力的主要原因。

活性炭的吸附特性不但取决于其孔隙结构，而且取决于其表面化学性质——表面的化学官能团、表面杂原子和表面活性基团。不同的表面特性对不同的吸附质有明显的吸附差别。在活化过程中，活性炭的表面会形成大量的羟基、羧基、酚基等含氧表面络合物，不同种类的含氧基团是活性炭上的主要活性位，它们能使活性炭表面呈现微弱的酸性、碱性、氧化性、还原性、亲水性和疏水性等。这些构成了活性炭性能的多样性，同时影响到活性炭与活性组分的结合能力。一般而言，活性炭表面含氧官能团中的酸性化合物越丰富，吸附极性化合物的效率越高；而碱性化合物较多的活性炭易吸附极性较弱的或非极性的物质。

目前，利用活性炭去除室内甲醛的方法已广泛应用于空气污染治理中，但市面销售的多为单纯的活性炭，只仅依靠活性炭的物理吸附性能，容易产生脱附，造成二次污染。为增强活性炭在室内环境污染治理中的功能，常对其进行改性处理。通过化学氧化、还原以及负载等改性方法可使活性炭表面的化学性质发生改变，选择吸附极性不同的空气中污染物。通过活性炭吸附剂进行化学改性，除增大活性炭的比表面积和得到适宜的孔径分布外，同时还改变了其表面化学结构和表面官能团，增强了与甲醛等极性化合物及有毒有害挥发性有机化合物的化学吸附性能。

9.9.2 活性炭吸附去除室内空气中有害物质

1. 活性炭吸附去除室内空气中甲醛

活性炭的微孔发达，比表面积大，是良好的催化剂载体。直接采用活性炭吸附甲醛，其吸附容量小，容易产生脱附，造成二次污染，因此，必须对活性炭进行化学改性。

（1）负载金属氧化物 MnO_2 活性炭去除甲醛方法　研究发现，在室温无光的条件下，金属氧化物 MnO_2 与甲醛有很高的反应性，且无 CO、HCOOH 等有害副产物生成。某实验以活性炭为载体，先用浸渍法将 $KMnO_4$ 浸渍在活性炭上，再经热处理制得负载锰氧化物 MnO_X（$1 \leqslant X \leqslant 2$）的活性炭；$MnO_X$ 与活性炭共同作用，使负载 MnO_X 的活性炭成为一种高效的甲醛吸附剂。表 9-11 是气相法和液相法的甲醛吸附量对比测量数据（甲醛溶液浓度为 600mg/L）。

表 9-11　气相法和液相法的甲醛吸附量对比（甲醛溶液浓度为 600mg/L）

吸附剂	甲醛吸附量/(mg/g)	
	气相法	液相法
活性炭原样	0.53	1.68
纯 MnO_2	0.98	7.67

从图9-11、图9-12$KMnO_4$溶液浓度与甲醛吸附量的关系曲线可见，随着$KMnO_4$浓度的变化，对甲醛吸附量的变化曲线。当$KMnO_4$浓度为0.079mol/L和热处理温度为650℃时，所制备的负载MnO_X活性炭在600mg/L甲醛溶液中的甲醛吸附量高达5.51mg/g，是活性炭原样的3.3倍。用浓度为1.25%的$KMnO_4$溶液浸渍活性炭，然后在不同的$KMnO_4$浓度和温度条件上下进行热处理，热处理温度对负载MnO_X活性炭甲醛吸附效果的影响，见图9-11和图9-12。

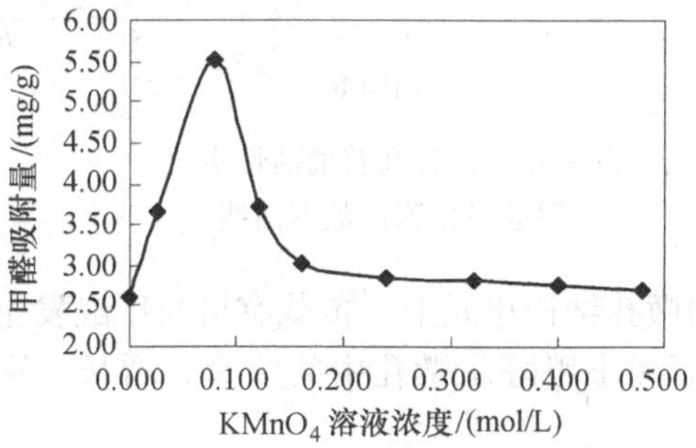

图9-11　$KMnO_4$溶液浓度与甲醛吸附量的关系曲线

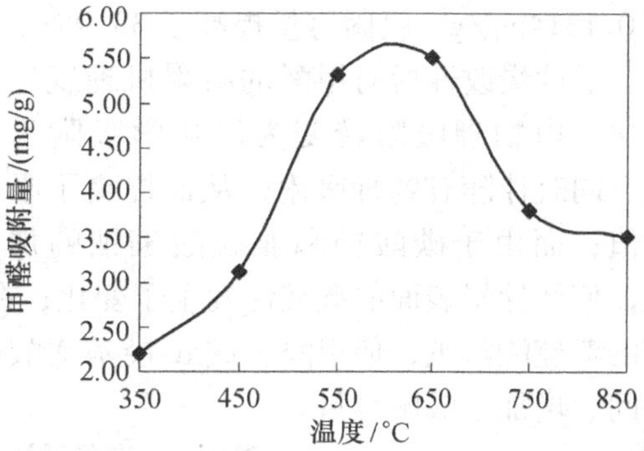

图9-12　热处理温度与甲醛吸附量的关系曲线

从图9-11和图9-12中可见，随着热处理温度的升高，其甲醛吸附量逐渐增大。当温度为650℃时，甲醛吸附量高达5.51mg/g。当温度高于650℃时，甲醛吸附量减小，但仍明显高于活性炭原样的吸附量。

由以上实验，得出的最佳负载方法是：将5g活性炭浸入40mL浓度为1.25%的$KMnO_4$溶液中，再置于超声振荡器中振荡2h，然后取出烘干，再在加热炉中于氮气和650℃的温度下加热0.5h，待冷却后取出，制得用于吸附甲醛的负载MnO_2活性炭。

（2）负载碳酸钠和亚硫酸氢钠的改性活性炭去除甲醛方法　普通活性炭对甲醛具有一定的吸附能力，但随着吸附到活性炭内的甲醛量的增多，会产生脱吸现象。在长4m×0.86m×3.68m，容积为12.66m^3密封测试室实验条件下，普通活性炭吸附时间达到5h左右时，去除率下降，活性炭吸附达到饱和后发生脱吸现象。该实验测出的单位容量的空间活性炭用量为：8g/m^3。

由于甲醛与饱和亚硫酸氢钠溶液反应，产生α-羟基磺酸钠，其反应方程式如下：

$$HCHO + NaHSO_3 = HOCH_2SO_3Na$$

因此，可在活性炭负载碳酸钠和亚硫氢钠，通过物理吸附和化学吸附方式，吸附空气中甲醛，达到去除甲醛的目的。

活性炭改性方法：将商品活性炭放入碳酸钠溶液中浸渍1h，再在亚硫氢钠的溶液中浸渍1h，而后经晾干，在70～80℃下干燥2～4h制成负载有碳酸钠和亚硫酸氢钠的改性活性炭。

负载碳酸钠和亚硫氢钠的改性活性炭与普通活性炭，在模拟密封测试室内对净化甲醛进行测试。测试数据绘制的甲醛净化曲线图9-13。

从图9-13可以看出：改性活性炭的整体性能高于普通活性炭。从图中曲线可以分析出：相同用量的改性活性炭与普通活性炭相比，前者的甲醛最高去除率比后者高出30%左右；

前者的吸附速率比后者平均高出 40% 左右。从实验结果看，在检测时间段改性活性炭没有脱吸现象。

从表 9-12 中可以看出：改性活性炭的穿透时间为 10h，市售活性炭的穿透时间为 8h，穿透时间增长了 25%；改性活性炭的吸附容量比市售活性炭吸附容量增大了 0.1314mg/g，吸附容量提高了 33.9%。

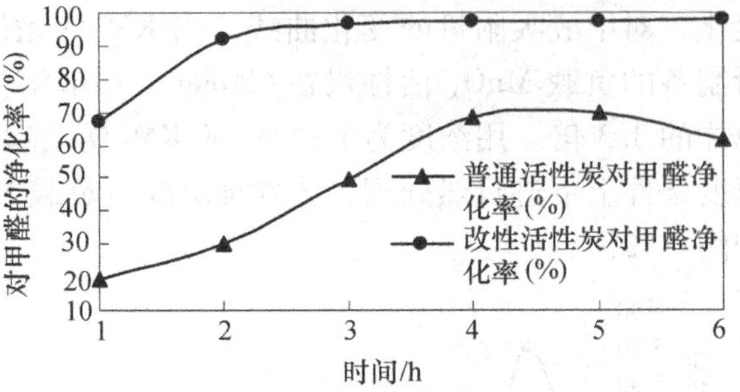

图 9-13　改性和普通活性炭对甲醛净化测试数据曲线

活性炭改性后对甲醛的吸附机理发生变化，由物理吸附转变为以化学吸附为主，同时伴随有物理吸附，从而提高了吸附值；而由于碳酸钠和亚硫酸氢钠的加入，使活性炭表面的酸碱性发生了变化；在吸附的微孔结构单元上，负载有可与甲醛发生反应的亚硫酸氢钠，使甲醛生成 α-羟基磺酸钠，从而减小甲醛从微孔中的脱吸，增长了穿透时间，增加了吸附容量。

表 9-12　市售活性炭与改性活性炭的吸附容量

吸附剂	吸附剂用量/g	穿透时间/h	甲醛吸附量/mg	甲醛吸附容量/(mg/g)
市售活性炭	2.95	8	0.7558	0.2562
改性活性炭	3.04	10	1.1783	0.3876

2. 室内挥发性有机化合物的活性炭吸附去除法

含 VOCs 的气态混合物与多孔性活性炭固体接触时，利用活性炭固体表面存在的未平衡的分子吸引力或化学键力，把混合气体中的 VOCs 组分吸附留在固体表面，利用这种吸附法来控制 VOCs 污染。

人们通过对不同沸点、不同极性挥发性有机化合物在活性炭上的吸附规律进行了研究。实验采用分段填充在玻璃吸附柱内的活性炭吸附动态鼓泡法产生的有机体吸附装置流程，采用煤质活性炭吸附甲苯（非极性、中沸点）、丁酮（弱极性、低沸点）和二甲基乙酰胺（强极性、高沸点）这三种挥发性有机物，研究在不同的进口浓度、气体流速和活性炭床形状、层的填充高度等操作条件下的吸附规律，包括穿透曲线的形状和穿透时间、饱和吸附容量传质区高度等，对甲苯、丁酮和二甲基乙酸胺三种不同类型的有机化合物在活性炭上的吸附的影响进行分析发现：不同的挥发性有机气体的种类，不同沸点和极性的 VOCs、实验的条件即温度、湿度，以及气体的浓度和流速对均吸附具有明显的影响。

3. 活性炭—TiO_2 原位再生与净化甲醛、VOCs

由于吸附剂始终存在吸附容量有限、使用寿命短等问题，吸附达到饱和以后必须再生，操作过程必然为间歇。而催化具有操作连续的优点，从而成为室内空气净化的主要发展方向之一。在各种催化技术中，光催化氧化技术由于具有反应条件温和、经济等优点，同时既能去除气态污染物，又能去除微生物，有着巨大的应用潜能，有望在各种室内场合得以广泛的应用。

由于室内环境中单一污染物的浓度相对较低，低浓度下污染物的光催化降解速度较慢，并且光催化氧化分解污染物要经过许多中间步骤，有些中间产物甚至比原有污染物更为有害。为了克服这些不足，可采用光催化与吸附组合的方法。利用活性炭的吸附能力使污染物在活性炭孔隙内浓缩到一特定环境中，提高了光催化氧化反应速率，吸附中间副产物使其进一步被光催化氧化，达到完全净化、矿化为无机物。同时，被吸附的污染物在光催化作用下参加氧化反应。因此，有可能通过光催化剂与活性炭的结合，使活性炭经光催化氧化而去除吸附的污染物后得以原位再生，从而延长使用周期。尽管利用活性炭与光催化的组合方式以及吸附光催化机理尚处于探索阶段，但光催化技术与多孔炭材料的吸附功能结合仍将是室内空气污染治理中最具前景的技术之一。其中发展最为迅速的是 TiO_2—活性炭原位再生与净化甲醛、VOCs。

（1）活性炭—TiO_2 光催化与原位再生　研究发现：在活性炭表面负载 TiO_2 或 Pt—TiO_2，可以将活性炭再生。这种现象可以用自由基反应机理来解析：人们认为光催化降解反应可以发生在距光催化活性中心表面几纳米的范围内，这就意味着将光催化负载在惰性物质表面也可对有机污染物发生光催化降解反应。当活性炭表面负载光催化剂后，通过光催化反应，利用一定波长范围的光，在光催化剂的作用下，通过光催化化学反应使吸附有一种或多种有机物吸附质的饱和活性炭的吸附性能得到恢复，从而形成光催化活性炭再生方法。

在室内环境净化领域的应用中，增加活性炭的吸附容量或延长达到吸附饱和的时间，则可有效降低使用成本和对污染物的去除效率。用活性炭与 TiO_2 复合光催化剂复合制备吸附—光催化双功能活性炭，使其既能保持活性炭高的吸附性能，又增加了光催化反应速率，并实现活性炭的原位再生，达到延长活性炭吸附饱和时间的双重目的。

Crittenden 等人的研究促进了将活性炭吸附—光催化分解有机物应用于环境污染治理的领域。进一步的研究，人们发现活性炭—TiO_2 光催化在适当的条件下，二者存在显著的协同作用：活性炭的存在可加快 TiO_2 光催化降解有机物的速度；光照条件下，TiO_2 的存在可提高活性炭的吸附性能，延长活性炭达到吸附饱和的时间，宏观上表现为增加活性炭的平衡吸附量。活性炭—TiO_2 光催化复合后所表现出区别于其他吸附剂的特殊性质，这可能是源于活性炭本身特有的孔结构及表面化学结构。

从此后，利用“吸附—光催化再生”具有吸附速度快、无饱和吸附和吸附容量限制、光催化分解有机物，特别是环境污染物而成为研究环境污染治理的重要方法，人们研究开发出各种吸附—光催化分解模式的净化方法和技术，成为研究开发的热点领域。

研究表明：采用与光催化改性、可见光化方法，同样可在活性炭表面负载具有可见光活性的光催化剂，成为提高光催化反应活性和反应效率的研究重点。

（2）活性炭—TiO_2 光催化净化甲醛　在室内空气净化应用领域，由于光催化方式进行污染净化中，光催化去除较高浓度污染物时具有较高净化率，而当污染物浓度较低时，污染物去除效果较低。而室内空气的污染物浓度通常相对较低，如何提高室内低浓度下污染物的光催化去除效率是光催化技术实用化的关键。将光催化与活性炭吸附方式相结合，利用活性炭吸附功能，在活性炭孔隙内形成污染物富集区，提高了污染物局部浓度，使污染物加速向催化剂表面的扩散传质，促进了催化剂表面的催化效率，从而提高了室内污染物光催化降解效率，形成吸附与光催化的协同效应：一方面可以提高低浓度污染物光催化去除效率，另一方面污染物的光催化作用可以延缓活性炭材料的吸附饱和，延长活性炭材料的使用寿命。

研究人员在活性炭表面负载 TiO_2 膜后，用自制光催化测量装置对负载有 TiO_2 膜的样品与未负载样品进行动态对照测试，测试数据如图 9-14。

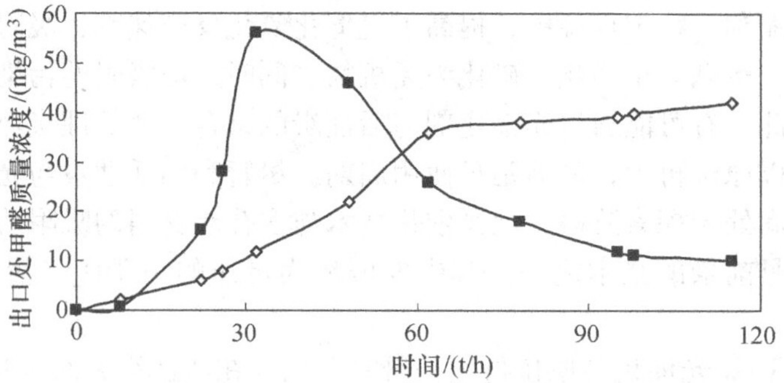

图 9-14　活性炭—TiO_2 样品在有/无紫外光照射对甲醛进行的对照测试图

从图 9-14 中可以看出：活性炭—TiO_2 样品在未开启紫外光照射时，对甲醛仍具有较强的吸附能力，但随着时间增长，出口处甲醛质量浓度已与入口处甲醛质量浓度相等。图中曲线表明：此时活性炭—TiO_2 样品在未开启紫外光照射时，以吸附甲醛为主，并随着时间的延长，活性炭—TiO_2 样品吸附饱和，通过计算可以得出其吸附容量约为 60 mg（甲醛）/g（活性炭）。

当活性炭—TiO_2 样品在开启紫外光条件下，含有甲醛的空气通过活性炭—TiO_2 样品时，出口浓度出现一个峰值，而且此时甲醛出口质量浓度比甲醛入口质量浓度大，随后甲醛浓度出现大幅降低。曲线变化关系表明：甲醛质量浓度的变化由两种作用产生，一是载体活性炭的吸附，二是 TiO_2 的光催化降解。开始时段，主要表现为对于甲醛的吸附过程，随着样品对甲醛吸附量增大，吸附能力降低，导致甲醛出口质量浓度增加，并且由于吸附作用而使出口浓度出现一个比进口浓度大的峰值；随后，甲醛的光催化降解居主导地位，表现为随着活性炭孔隙中甲醛吸附量的增大，光催化效率提高，甲醛光催化降解量加大，甲醛出口质量浓度降低，吸附和光催化呈现相反的变化趋势。最后在吸附和光催化综合作用下，甲醛出口质量浓度出现较快降低，通过计算得出：空气中甲醛质量浓度为 $80mg/m^3$ 时，甲醛光催化降解率为 89%，甲醛光催化降解率和新制备催化剂基本相同，而且随着空气流量的增加，甲醛光催化降解效率略有提高。以上测试表现出明显的吸附—光催化协同效应。

（3）活性炭—TiO_2 光催化净化甲苯　研究人员将 TiO_2 的光催化活性与活性炭的吸附性相结合，采用溶胶—凝胶法制备 TiO_2 凝胶，用竹炭颗粒活性炭作为载体制备负载型活性炭—TiO_2 光催化剂，通过自制的光催化反应装置，以甲苯为目标污染物，在紫外光照下对甲苯进行模拟污染物的吸附与降解测试，研究表明，利用活性炭—TiO_2 光催化也可有效净化室内空气中的甲苯。

（4）提高活性炭—TiO_2 光催化活性的方法　为了提高活性炭—TiO_2 光催化活性，开发具有可见光吸收的光催化剂，是实现光催化在室内环境净化中技术应用的重要步骤。研制可见光响应催化剂是拓展其光谱响应范围，提高光催化量子效率的重要手段。上述金属离子掺杂是其中的一种。采用离子注入法，染料光敏化、催化剂还原处理、过氧化氢氧化或螯合剂表面络合等方法，都可不同程度地提高活性炭—TiO_2 的可见光催化活性。研究人员在利用非金属离子 N、C 和 F 掺杂以提高 TiO_2 催化剂可见光响应能力方面表现出了较好的效果。研究表明，N 掺杂是实现 TiO_2 可见光敏化的一种可行途径。

人们采用 $TiCl_4$ 酸催化水解法在活性炭（AC）表面合成 TiO_2 前驱体，在 NH_3/N_2 混合气中程序升温焙烧，制得了不同 N 掺杂量的可见光响应活性炭—$TiO_{2-x}N_y$ 光催化剂。采用这种方法合成的纳米 TiO_2 的粒子分布均匀（10～13nm），粒径恰好位于可见光响应 TiO_2 的临界尺寸范围内。在对苯酚的紫外光、可见光区及太阳光下光催化降解测试中均表现出较高的活性。结果表明，适量的 N 掺杂在 TiO_2 表面生成 Ti-O-N 键，形成新的能级结构，使催化剂的吸收光谱移至 450～550nm，诱发 TiO_2 可见光催化活性。同时以活性炭为载体可降低 TiO_2 团聚体的尺寸，增加催化剂比表面积，为光催化降解提供高浓度环境，从而提高光催化效率；而且活性炭还可改善催化剂分离性能，提高催化剂使用寿命，是一种制备高活性纳米光催化剂的有效途径。

9.10　竹炭在室内环境净化中的应用

竹类植物属禾本科、竹亚科，多年生木本，它外形似草、结构似木，因此有似草非草、似木非木的雅称。竹子是重要的森林资源，世界有竹类植物 70 余属，1200 余种，中国的竹类资源十分丰富，历史文献和考古资料证实，中国是世界上用竹和最善用竹的国家，竹类资源有 40 多属，400 余种，主要分布在北纬 40°以南地区。据统计我国现有竹林面积约 720 万 km^2，竹林面积和竹材产量居世界第一，年竹材砍伐量约 800～900 万 t，相当于 1000 余万 m^3 木材。随着国家实行天然林保护工程，限制了木炭产业的发展，其地位与作用将日益突出。它生长周期短，成材快，更新易，再生能力强；一次造林成功，即可持续经营利用，是林业资源中可再生资源的重要组成部分。

自 20 世纪 90 年代以来，竹材炭化的研究成为可再生物质资源一个研究热点。在我国和日本，竹炭产业蓬勃兴起，但关于竹炭的科学研究还刚刚起步，且主要集中在亚洲的日本、中国和韩国，此外印度、印度尼西亚、马来西亚、巴西和哥斯达黎加等也有学者对竹炭进行研究。

9.10.1　竹炭的主要性能与特点

竹炭是竹材受热分解而得到的主要固体产物。具有发达的微观孔道，力学强度较高，吸附性能良好，可以用作吸附剂、除臭剂、调湿剂、土壤改良剂、果蔬保鲜材料、卫生保健品、抗辐射与电磁屏蔽材料及工业用半导体材料等，是一种新型的环境功能材料。

1. 竹炭的定义

竹材由纤维素、半纤维素和少量木质素组成，竹炭就是由这三种物质在高温炭窑中热分解、炭化而形成的固体产物。在热解过程中，竹材伴随着微管束、薄壁组织逐渐缩小和孔结构的变化而形成竹炭。根据竹炭制取的方法不同，竹材的受热情况和最终加热温度也不同，这不仅对竹炭的产量、生产成本有影响，而且对竹炭的性能、用途具有重要的影响。竹炭的炭化温度不同，炭化产物及组分也不同。精炼温度和炭化时间是决定竹炭品质的工艺技术指标。它对于竹炭的化学结构、微观结构、孔隙性质以及包括导电性在内的性能起着非常关键的影响因素。

2. 竹炭的微结构与特征

竹炭是以石墨状微晶结构为基础的无定型碳结构，作为一种多孔性的物质，具有比较发达的大小不同的孔隙结构。竹材在600℃以后热解逐渐变缓，基本完成炭化，形成不同的微孔结构，属于多孔介质材料。其特点表现为：具有较高的孔隙度、丰富的孔隙分布特征和高比表面积。用扫描电子显微镜（SEM）可以观察到竹炭的维管束、薄壁细胞、导管形成的孔隙结构、表面沉积物的多少、内表面的光滑度以及孔隙的大小等微观构造。

竹炭的孔隙度包括大孔隙、中孔和微孔。实验证明，每克竹炭对液态氮的吸附面积达150~380m^2，相当于一个篮球场的面积，是木炭的2~3倍，竹炭的比表面积可达360m^2/g，是普通木炭的2~5倍。若进一步处理可达1000m^2/g，相当于优质木炭。

竹炭结构由基本微晶构成，类似于石墨的二向结构，由六角形排列的碳原子平行层片所组成，但结构与石墨有所不同，平行的层片对于它们的共同垂直轴并不是完全相同的，各层片的角位移紊乱和不规则地互相重叠。

研究表明：从不同最终炭化温度的竹炭维管束、薄壁细胞、导管形成的孔隙结构来看，其形状非常类似并接近于由五元环和六元环所组成的洋葱状富勒烯（C60）与展开的碳纳米管结构。这种特殊孔隙形状是目前人工所难以合成的。而竹炭所特有的这种结构、优良的力学性能以及良好的加工性能和传输物质的能力是木炭和活性炭所不具备的。

3. 竹炭的吸附性能表征

像活性炭等吸附性材料一样，可用氮气吸附方法测定竹炭的比表面积（通常用BET法）测定竹炭比表面积和孔隙度，分析竹炭孔径大小及分布情况等。

从图9-15可以看出：竹炭最终炭化温度在600℃左右时得到的竹炭比表面积最大。

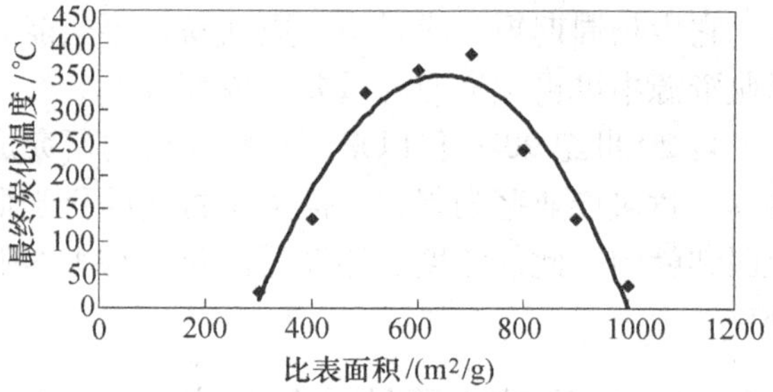

图9-15　竹炭最终炭化温度与比表面积关系图

竹炭主要是由碳、氢、氧等元素组成，呈六角形，质地坚硬，细密多孔。炭化后的竹材仍然基本上保持密实状，外表面仍然保留着竹材表皮粗糙不平的颗粒状态，继承了竹材的多孔状和各向异性构造特征，但是竹材基本组织细胞的细胞壁间隙消失，细胞壁变薄。

竹炭对气体的吸附主要属于物理吸附。当气体经过竹炭时与之接触的竹炭表面积的大小对吸附量将产生重要的影响。

4. 竹炭的主要物理化学性质

竹炭是竹材炭化后的固体产物，主要由C、H、O及少量灰分组成，其灰分中含有Ca、Fe、K、Mg、Cu等金属及非金属元素。且竹炭的主要性质与这三种主要组成元素所形成的各种化学键有关。

竹炭的基本理化性能包括：竹炭的含水率、密度、灰分、挥发分、固定碳、热值、电阻和酸碱性等。

竹炭的含水率为6.0%~14.0%，竹炭片炭含水率5%~8%，颗粒炭含水率14%~18%；比表面积300~600m^2；固定碳含量80%~92%；气干密度0.800~1.20g/cm^3；灰分含量（钾、钙）2%~5%；挥发分含量6%~8%；干碳热值30000~33000kJ/kg，pH值8~10.0。

9.10.2 竹炭的吸附性能

竹炭对有害气体的吸附性能与竹炭的分类、结构、表面化学性质，以及碳化和活化条件有关。

1. 竹炭的分类

竹炭根据形状的不同，可以分为以下几种，见表 9-13。

表 9-13 竹炭的分类与主要性质

类　型	规格尺寸	产品特点	备　注
炭筒	直径 2～6cm，长 5～15cm	长度不一，基本无裂痕	不同的用途，烧制工艺有所不同
炭片	长 5～15cm，宽 3～5cm	无裂痕和破损	不同用途，产品选用原料炭有所不同
炭碎	2～10cm	外型大小不一	烧制加工过程中产生，售价较低
颗粒炭	3～15mm，3～5mm	产品规格齐全，比重小	用破碎机加工筛选，产品尺寸不完全相同
	1～3mm，＜1mm	颗粒大小较均匀、吸湿、除臭性佳	不同用途产品生产工艺和原料炭选用不同
粉末炭	直径 100 目～1mm 直径 200 目	颗粒细小，较为均匀吸湿，除臭性能极佳	用破碎机加工筛选，产品尺寸不完全相同

日本的研究人员对部分竹炭、木炭以及活性炭进行过比较研究后指出：竹炭与木炭、活性炭相比，其内部的表面积仍有一些差距，但它仍具有较大的内部表面积，所以说仍具有较好的吸附性。竹炭的多孔性结构决定了其具有较强的吸附功能。竹炭的吸附性能包括吸湿、吸附有害气体和对水质的净化等功效。

2. 竹炭的吸湿性

竹炭的吸湿能力主要是通过在一定的温、湿度条件下竹炭质量和含水率的变化情况来评价。从图 9-16 中可以看出：竹炭吸附水分与最终炭化温度具有密切关系，从 300～600℃竹炭吸湿平衡水分值呈下降趋势，在 700℃是达到最大，在 700～1000℃之间吸湿量呈正抛物线性关系，到 1000℃达到最大。由此得到结论：最终炭化温度为 700℃、1000℃的两种竹炭在相对湿度为 95% 时的吸湿率可以达到 13.8%，即每 1 克炭可以吸收 0.138 克的水蒸气。同时也可以看出最终炭化温度为 700℃、1000℃的两种竹炭的吸湿效果最好。

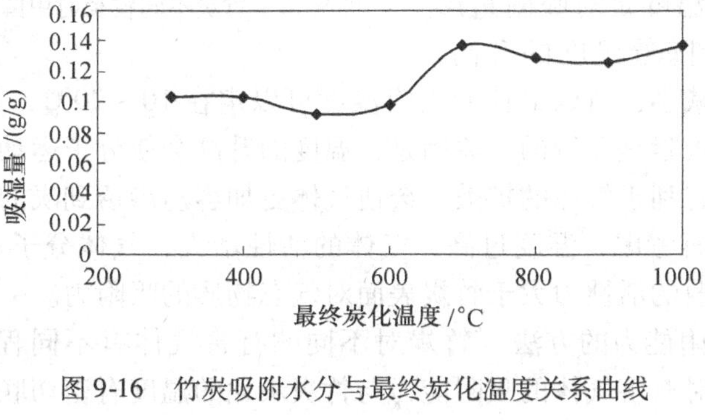

图 9-16 竹炭吸附水分与最终炭化温度关系曲线

3. 竹炭对有害气体吸附性能

竹炭的多孔性结构决定了竹炭具有较强的吸附功能，在实际应用中主要考查竹炭吸湿、对空气中有毒、有害气体吸附等净化的能力和性能。

竹炭对甲醛、氨、苯、甲苯和二氯甲烷等典型的有毒害气体的吸附能力，可参照《公共场所空气中甲醛测定方法》（GB/T 18204.26—2000）、《公共场所空气中氨测定方法》（GB/T 18204.25—2000）、《木质活性炭试验方法——四氯化碳吸附率（活性）的测定》（GB/T 12496.5—1999）的方法进行测定，通过吸附试验计算竹炭质量的变化情况，得到竹炭的吸附率和吸附动态变化过程。

（1）竹炭对甲醛的吸附性能　在试验条件下，选取炭化温度为900℃时的竹炭，测量竹炭对甲醛吸附能力，如图9-17所示。

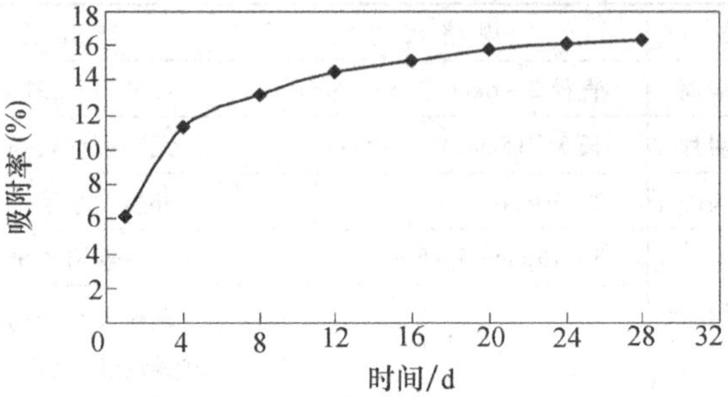

图9-17　炭化温度为900℃时竹炭对甲醛吸附能力曲线

从图9-17中可以看出：在设定的吸附条件下，开始时吸附率上升较快，但从第12d到28d吸附率变化只增加约2%较慢，最高达到19.39%。竹炭对甲醛的吸附持续时间长达24d，就会产生吸附饱和现象。

同时，由于竹炭对甲醛的吸附主要为物理吸附，因此较容易脱附，当把竹炭作为吸附材料在室内环境中使用时，必须对吸附饱和的竹炭进行残留处理，最好的方法是对竹炭进行改性。

从竹炭粒径与甲醛吸附量的关系图9-18中可见：随竹炭粒径的减小（即目数的增大），竹炭对甲醛的吸附量小幅增加。主要原因是：竹炭对甲醛气体的吸附取决于竹材纤维管束及其细胞腔炭化而形成的大、中、小、微孔，而且也取决于基本薄壁组织细胞中存在的单纹孔。当把竹炭粉碎后，很多大孔和中孔都被破坏，所以由粉碎而带来的比表面积增加和由其导致的微孔破坏产生的表面积减少相抵消，最终使孔容和表面积增加有限，故而吸附量的变化与竹炭粒径的变化不成同倍数变化关系。

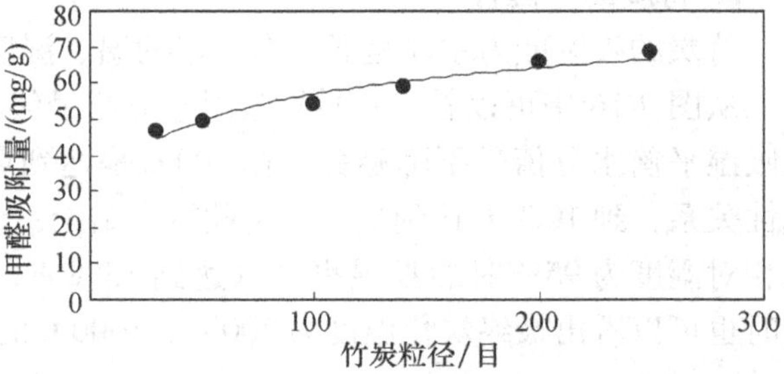

图9-18　竹炭不同粒径对甲醛的吸附量变化曲线

（2）竹炭吸附甲醛与温度的关系　实验研究表明，吸附温度是对吸附量影响最大的一个因素，随着温度的升高，竹炭的吸附量会不断减小，所以最佳的吸附温度可以定在10～20℃，在室温下利用竹炭对室内的污染气体进行吸附是可行的。原因是：温度的升高会使分子运动加剧，那么气体的活性就会增加，这样就有利于气体的扩散，会使气体更加容易渗透到炭的孔隙当中从而使吸附量增加。但从另一方面考虑，温度过高，气体的活性增大，气体分子不易吸附在竹炭的表面，也就是说气体扩散的活性力大于竹炭表面对气态物质的吸附力。

（3）提高竹炭吸附能力的方法　竹炭对不同的有害气体有不同程度的吸附去除能力。初步研究发现，竹炭对有害气体的吸附能力与竹炭炭化的温度有密切联系。竹炭的吸附能力也可以通过孔结构的重整和孔表面的修饰等方法来改善。目前对竹炭孔结构的重整主要集中在二次活化制备活性竹炭方面。研究人员在 700℃ 下炭化得到竹炭，然后碾碎至 150 ~ 300μm，再用 KOH 粉进行活化，制得了微孔为主的活性竹炭，其 BET 比表面积随磷酸和竹炭质量比的增大而增大，可从 $300m^2/g$ 增大到 $2500m^2/g$。

此外还有利用竹材直接活化制备活性竹炭的研究报导。其活化的方法和其他活性炭活化类似，主要有物理活化法和化学活化法两种。有人用水蒸气物理活化法制备出了活性竹炭，结果发现最佳的活化温度为 900℃，活性竹炭吸附性能优良，最高的碘吸附值为 1178mg/g，亚甲基蓝脱色力为 165mg/g，符合木质不定型粒状炭的国家标准。

有人利用磷酸分别用竹刨花和竹屑为原料制备出了符合糖用脱色炭要求的活性竹炭，亚甲基蓝脱色力达到 225mg/g。人们利用磷酸活化粒径在 500 ~ 710μm 范围的竹材废料，制备出了高比表面积活性竹炭，此方法制得的竹质活性炭碳含量不高，仅 50% ~ 60%，但是活性竹炭的亚甲基蓝平衡容积高达 750mg/g，脱色能力非常强，孔容积高达 1.3ml/g。有人以云南金竹为原料，比较了几种活化剂制备出的活性竹炭的差别，发现以氯化锌作为活化剂制备活性竹炭的脱色能力最强。

9.10.3 竹炭在室内环境污染治理中的应用

溶胶—凝胶法制备纳米 TiO_2 改性竹炭的合成原理及制备工艺简述如下：

（1）载银纳米 TiO_2 改性竹炭的合成原理 以钛酸四丁醇酯为母体，采用溶胶—凝胶法，在一定条件下，经水解缩聚反应，形成具有特定空间网络结构的醇凝胶。水解与缩聚反应以无水乙醇为溶剂，HNO_3 水解抑制剂及硝酸银。因水中羟基与 Ti 作用导致 $Ti(OC_4H_9)_4$ 发生不同程度的水解反应，水解反应产物发生分子间的凝聚反应，并脱去水或醇分子，便构成了网络状钛的醇凝胶，以一定粒径的竹炭为载体，负载钛的醇凝胶，通过一定温度的高温煅烧，随炉自然冷却即得载银纳米 TiO_2—竹炭复合材料。

（2）载银纳米 TiO_2 改性竹炭的制备工艺 用实验室自制的 $TiOSO_4$ 为原料，以热水解法制备 TiO_2 前驱体。具体步骤如下：取一定量 $TiOSO_4$（钛液浓度为 130.2g/L，酸度为 18mol/L)，剧烈搅拌条件下加碱和纯水，使钛液浓度为 28g/L，酸度为 2.8mol/L，水解温度为 126℃，水解时间为 1h 条件下进行热水解，得到细小偏钛酸。以滤液 pH = 4 为洗涤终点对此偏钛酸进行洗涤过滤。在充分搅拌的条件下加入硝酸银和磷酸钠并充分反应后得到载银纳米 TiO_2 前驱体备用。总的化学反应式为：

$$TiOSO_4 + 2H_2O \rightarrow TiO_2 \cdot H_2O + H_2SO_4$$

对竹炭和负载 Ag/TiO_2—竹炭复合材料进行表征：通过 X 射线衍射测试，在 Ag/TiO_2—竹炭的 XRD 图谱中具有典型锐钛矿结构衍射峰，说明 Ag/TiO_2—竹炭复合材料样品中的 TiO_2 胶体有效地转变成光催化活性高的锐钛矿结构。

9.10.4 载银纳米 TiO_2 竹炭复合材料的空气净化性能

1. 载银纳米 TiO_2 竹炭复合材料的光催化性能

竹炭是多孔性无定型碳吸附剂，其对甲醛的吸附是气固两相之间的吸附作用，包括物理吸附、化学吸附，以物理吸附为主。

从图 9-19 中可以看出：在一定的实验条件下，载银纳米 TiO_2 竹炭复合材料比竹炭对甲醛有更好的吸附量，增加了 30%；其吸附速度也比单纯竹炭吸附甲醛的速度快；随着负载次数的增加，复合材料对甲醛的吸附在一定负载范围内随着负载次数的增加而增加，最佳为负载三次。

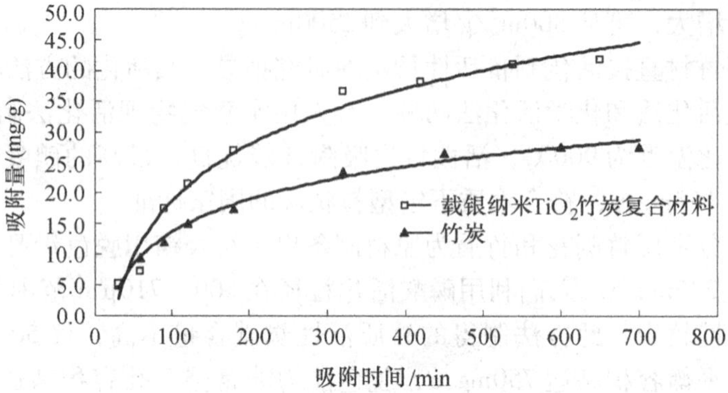

图 9-19　载银纳米 TiO_2 竹炭复合材料吸附空气中甲醛变化曲线

实验数据表明：载银纳米 TiO_2 竹炭复合材料吸附甲醛的量会比单纯竹炭吸附能力强。载银纳米 TiO_2 竹炭复合材料比竹炭到达饱和时吸附的甲醛增加了30%，说明改性后复合材料对甲醛的净化能力得到提高。其原理表明：一，竹炭本身极性较弱，属于弱极性的材料，负载上强极性的 TiO_2 后，其极性增强，吸附速度加快。且二氧化钛也具有一定的极性，对甲醛也具有一定的吸附能力。二，当载银纳米 TiO_2 晶体粒子与竹炭融合成一体，则被竹炭所吸附的污染物分子与 OH^- 的碰撞几率大。同时，载银纳米 TiO_2 的光催化作用促使被竹炭吸附的污染物向 TiO_2 迁移而被光催化分解，加快了污染物光催化降解速率，实现了竹炭的原位再生，产生竹炭吸附功能与 TiO_2 光催化功能的协同效应。

2. 载银纳米 TiO_2 竹炭复合材料的抗菌性能

在 Ag/TiO_2 竹炭复合材料负载银为0%、1%、2 %、3%、4%、5%、8%时，测量载银量对抗菌率的影响，图 9-20 为载银纳米 TiO_2 竹炭复合材料中载银量对抗菌性能的影响。

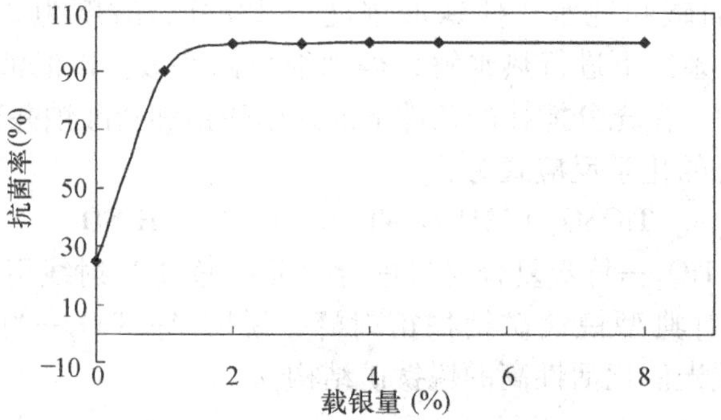

图 9-20　载银纳米 TiO_2 竹炭复合材料中载银量对抗菌性能的影响

检测表明：当载银超过2%时，复合材料的抗菌率超过99%，具有较高的抗菌率。作为一般的空气净化材料时，完全可以满足抗菌要求。

控制合适的载银量和采用合适的煅烧温度，细小的载银纳米 TiO_2 比较均匀地负载在竹炭上，可以提高复合材料的光催化性能及抗菌性能。

9.10.5　竹炭在室内环境净化方面的应用与研究展望

竹炭是一种性能良好、有着广阔发展空间的多功能吸附性材料。目前对竹炭的研究才刚刚起步，应用也才刚刚展开。当前的研究方向主要围绕以下几个方面：对竹炭的结构进行改性，通过孔结构的重整和孔表面化学修饰改变竹炭的物理化学性能；提高竹炭的吸附能力，尤其是针对某种具体物质的吸附能力；研究竹炭对有害气体、金属离子的吸附机理；制备竹炭和其他物质的复合材料，实现竹炭的吸附和其他物质特殊性能的有效结合，如负载微生物、生物酶、光催化剂等以用于室内环境污染治理中；以竹炭为模板制备特殊吸附性能的材料，如室内空气中氡、核电设施环境中核放射性气体物质；开发制备优质廉价、能用于环境保护与治理的竹炭。

9.11　活性炭纤维室内空气净化法

活性炭纤维（ACF：Activated Carbon Fibers）是 20 世纪 60 ~ 70 年代发展起来的一种新型高效炭吸附剂，以其吸附速度快、吸附容量大、透气性良好，空气阻力小、形态多样等优越性能而得到广泛应用，成为环境功能材料研究热点领域，已广泛应用于化工、环保、催化、医药、电子工业、食品卫生等领域，在废气治理、空气净化、废水治理、水质处理、资源再生利用等领域有良好的应用前景，被人们誉为 21 世纪最先进的环境净化材料之一。

9.11.1　活性炭纤维的主要特性

1. 活性炭的分类与其性质

活性炭纤维是以木质素、纤维素、酚醛纤维、聚丙烯纤维、沥青纤维等有机纤维为原料，经适当的前处理后，在活化炭化炉中于 800℃以上的高温下经炭化、活化工序而制得的具有发达微孔结构的高吸附性炭材料。目前用于制造 ACF 的原料主要有再生纤维素（粘胶丝）、聚丙烯腈纤维、酚醛纤维、沥青纤维和聚乙烯醇纤维等五大类活性炭纤维。它们的主要特点见表 9-14。

表 9-14　活性炭纤维种类与主要特点

活性炭纤维种类	主要特点
粘胶基	原料低廉，但收率低，强度低，生产工艺较复杂
PAN 基	结构中含氮，对硫氮系化合物有催化作用，具有高吸附性能，强度高，工艺简单、成熟
酚醛基	原料价廉，收率较高，工艺简单，不需要进行预处理
沥青基	原料价廉，收率高，杂质多，不易制得连续长丝，深加工困难，强度低

2. 活性炭纤维的组成、结构与性能

ACF 主要由 C、H、O 三种元素组成。不同原料生产的 ACF 化学组成见表 9-15。

ACF 表面官能团对吸附有明显的影响。ACF 的表面含有一系列活性官能团，主要是含氧官能团，如羟基、羰基、羧基、内酯基等，这使得 ACF 具有氧化还原特性，既可作还原剂，又可成为氧化剂。有的 ACF 还含有氨基、亚氨基以及磺酸基等官能团。采用表面处理

ACF 的方法，如用 HNO_3、HCl、HF、氢气、臭氧、氧气等对 ACF 进行表面处理，还可进一步改善 ACF 表面官能团特征，采用特殊的纤维原料或特殊制备工艺，还可在 ACF 表面引进 N、S 等杂原子，而通过用金属氯化物或硝酸盐溶液浸渍等方法在 ACF 表面引进各种金属化合物。

表 9-15　不同原料 ACF 的化学组成

种　类	C	H	O	N
粘胶基	92.5 ~ 94.5	0.6 ~ 0.8	2.9 ~ 3.5	
PAN 基	88.0 ~ 91.0	0.7 ~ 0.9	2.5 ~ 8.8	2.5 ~ 5.5
酚醛基	≈93.1	≈0.5	≈1.0	≈0.9
沥青基	91.0 ~ 95.0	0.6 ~ 0.8	2.0 ~ 3.0	

注：各比例为质量分数。

3. 活性炭纤维表面结构特征与吸附原理

活性炭纤维表面具有丰富的纳米微孔结构、含有多种表面基团、以碳晶架构及纳米微孔为特征的纤维状炭吸附材料。这种纳米微孔炭是超微粒子、表面不规则结构和极狭小空阔的组合。XRD 和 TEM 的检测结果表明：活性炭纤维的基本结构单元为类石墨微晶构成的超微粒子，有两种：一种是类石墨微晶形成的一次粒子，另一种是一次粒子经过各种组合形成的高次粒子。这些超微粒子以各种方式结合在一起，形成丰富的纳米孔空间，从而使纤维状材料具有很大的比表面积。

纳米孔结构空间是活性炭纤维最具特色的部分，不同种类的活性炭纤维的孔结构具有相似性：类石墨微晶结构形成的超微粒子杂乱无章地排列构筑成具有丰富的微孔体系，其微孔分布都呈两个或多个峰型分布。微孔基本与孔壁尺度相当，大多数的碳原子暴露在表面，形成表面性固体，表面键能不饱和，形成表面活性，微孔在表面直接开口，这些表面特征都直接导致其吸脱附的速率明显大于常规意义上的炭吸附材料。图 9-21 是活性炭（GAC）与活性炭纤维结构模型。

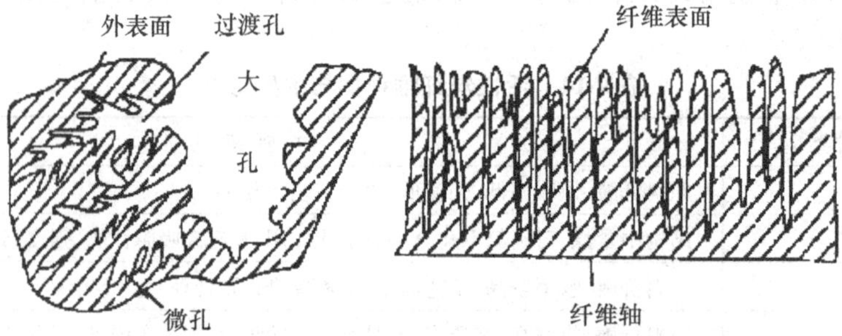

图 9-21　活性炭（GAC）与活性炭纤维结构模型

高表面能吸附态分子场是活性炭纤维特殊吸附能力根源。不同原材料以及在碳化和活化过程的差异，使活性炭纤维晶架结构中含有许多不规则杂环结构，造就了不同表面官能团的微结构，表面炭的不饱和键合直接导致活性炭纤维具有较大的表面能，在微孔与孔壁分子共同作用形成强大的分子场。在这种强分子场中的吸附态分子振动明显异于本体分子，形成了一个吸附态分子进行物理和化学变化的准高压体系。而且这样的分子场在进行分子修饰之后，可以形成一个与原表面性质不同的新分子场。利用吸附态分子的特殊性质，有效地控制纳米孔空间和吸附态分子的性质及其吸附过程，形成纳米空间的载体协同效应。

4. 活性炭纤维的主要应用特征

活性炭纤维在炭化活化时，原纤维的结构经高温而被破坏，局部形成类石墨微晶，属环状紊乱碳层堆叠的类石墨微晶结构，石墨微晶结构形成的超微粒子杂乱无章地排列构筑成的活性炭纤维具有丰富的微孔和一定量的表面官能团。形成对各种无机和有机气体、水溶液中的有机物及重金属离子等具有较大的吸附量和较快的吸附速率。其主要性能都取决于活性炭纤维的结构特征：

（1）纤维直径细　与被吸附物质的接触面积大；它与传统的碳吸附剂，如活性炭、竹炭相比，具有比表面积大，吸附速度快，易脱附等优点，特别是在低浓度时仍比颗粒活性炭吸附效率高。

（2）宏观形态和微观结构　活性炭纤维都与传统的颗粒活性炭（GAC）有着本质的区别：与普通颗粒活性炭相比，微孔直接开口于表面，它的比表面积大，从而使其外表面积大，吸脱速度快。

（3）孔径分布窄　孔径分布狭窄而均匀，微孔范围为$5\times10^{-10}\sim14\times10^{-10}$m，没有颗粒活性炭那样的大孔、过渡孔的区别，绝大多数孔径在10nm下，因而有效吸附孔的数目多，吸附容量大。

（4）形态多样　可制成纤维、毡、纸等任意形状，透气性良好，空气阻力小。

ACF具有丰富的纳米微孔结构，表面官能团、较大的表面能、对吸附质的吸附势场导致在相同体积下，ACF表面积比活性炭颗粒大300～1000倍，大大增加了与气体分子的吸附接触面积。活性炭纤维的孔径尺寸比较接近，在大量微孔孔壁之间势能场叠加的作用下，容易发生分子筛效应，增强了ACF表面对气体的吸附作用。而ACF微孔直接分布于纤维的表面，大多与纤维走向平行，外表面比较平滑均匀，使其易于脱附再生。

5. 活性炭纤维动力学吸附原理与特性

ACF表面层的物质粒子受到指向内部的拉力，这种不平衡力场的存在导致表面吉布斯函数的产生，ACF表面向周围的介质中捕获其他的物质粒子，使不平衡力场得到一定补偿。挥发性有机化合物在活性炭纤维表面以多段微孔填充的方式迅速、稳定地聚集于ACF微孔内。

ACF的吸附能力和吸附动力学行为主要取决于微孔结构。活性炭纤维不但孔隙率较大，而且孔径比较均一，绝大多数为0.0015～0.003μm的小孔和中孔，因而吸附容量大。纤维活性炭的比表面积大，可高达$2600m^2/g$，孔径分布窄，微孔体积可达$1.23cm^3/g$，微孔多而均匀，所以活性炭纤维比颗粒活性炭具有更大的吸附容量和更快的吸附动力学性能。

ACF的纳米微孔均匀分布在活性碳纤维的表面，这一特性决定了活性碳纤维的特殊吸附性能。吸附理论认为：对许多小分子有机物，大孔的作用是吸附分子由外表面向内表面输送，即起扩散作用，因而又叫扩散孔。中孔既起运输作用，又起吸附作用，只有微孔才起真正的吸附作用。因而，活性炭纤维的吸附效率较传统活性炭高2至3个数量级。传质效率非常快，使得吸附质到达吸附位的扩散路径比颗粒活性炭短，驱动力大，吸附速度快，达到吸附平衡所需时间短。ACF和GAC在20℃饱和蒸汽压下对挥发性有机化合物（VOC）的吸附量对照表如表 9-16。

表 9-16 ACF 和 GAC 对挥发性有机化合物（VOC）的吸附量对照表

被吸附物质	ACF 质量分数(%)	GAC 质量分数(%)	被吸附物质	ACF 质量分数(%)	GAC 质量分数(%)
丁基硫醇	4300	117	三氯乙烯	135	54
二甲基硫	64	28	苯乙烯	58	34
三甲胺	99	61	乙醛	52	34
苯	49	35	四氯乙烯	87	70
甲苯	47	30	甲醛	45	40
丙酮	41	30			

ACF 中的微孔基本呈双峰或多峰分布，分别落在极微孔和超微孔范围内，其丰富的微孔空间使其对极低分压的吸附质具有很强的吸附能力，成为多段吸附的第一段（极低压力下的吸附），人们可以通过在半对数坐标系中绘制的吸附等温线来了解极低分压下的吸附行为。

6. 活性炭纤维的吸附类型

活性炭纤维吸附空气中有害气体时，它的吸附机理相当复杂，既有物理吸附，又有化学吸附，除了受到比表面积和表面化学性能的影响，如表面基团的含氧化合物的酸碱性、碳的结合态、pH 值、孔径分布、元素含量等因素影响。表 9-17 为四种活性炭纤维与颗粒活性炭的吸附性能对照表。

表 9-17 四种活性炭纤维与颗粒活性炭的吸附性能对照表

种　类	纤维直径 /μm	比表面积 /(m^2/g)	外表面积 /(m^2/g)	微孔容积 /(ml/g)	平均孔径 /nm	抗张强度 /(kg/mm^2)
酚醛基	9～11	100～2300	1.1～1.2	0.5～1.2	1.5～3.0	30～40
粘胶基	15～18	1000～1500	0.2～0.7	—	1.0～1.6	7～10
PAN 基	6～11	700～1200	1.5～2.0	—	2.0～3.0	20～50
沥青基	10～14	1000～2000	—	0.5～1.1	1.5～4.5	10～18
颗粒活性炭	—	800	0.001～0.01	—	4.0～6.0	—

种　类	弹性模量 /(kg/mm^2)	伸长 (%)	燃烧温度 /℃	苯吸附率 (%)	碘吸附量 /(mg/g)	亚甲基蓝脱色力 /(ml/g)
酚醛基	2000～3000	2.7～2.8	470	38～40	950～2200	310～380
粘胶基	1000～2000	—	—	36～60	—	—
PAN 基	7000～8000	2	—	20～45	—	100～150
沥青基	400～640	2.4～2.8	460～480	—	1000～2000	250～350
颗粒活性炭	—	—	—	20～30	—	70～80

9.11.2 活性炭纤维室内空气净化法

1. 活性炭纤维净化技术的应用与发展现状

活性炭纤维自从被应用开发以来，由于其相对活性炭来说更优越的性能，而迅速地被应用于众多行业。在国外，最早应用的产品包括有机溶剂回收装置、净水器滤材和空气清净机滤材及电极材料；也有使用活性炭纤维过滤放射性碘辐射等方面的产品和研究报告。随着活性炭纤维的研究和应用快速发展，欧美、日本等发达国家已经成为研究和使用 ACF 的大国。目前 ACF 的应用已扩展到环境保护、催化、医药、电子、军工等领域。

在我国 ACF 主要应用于净水器滤材，含有机、无机、重金属离子工业废水污水处理；SO_2、NO_X 大气污染治理、汽车尾气排放的 CO_2、NO_X、烃、醛类气体净化、吸附 O_3、含氟气体、烟味、人体和仪器排放的多种污染物空气净化、在各种有机蒸汽溶剂回收方面；在抑菌、抗菌、杀菌、除尘、防毒、防化、防尘等防护和卫生防疫方面；在血液过滤、内服解毒及外伤包扎与治疗方面；对核电设施环境辐射污染的净化方面；在家用电器的去味除臭方面都有重要应用。

尽管活性炭纤维已经在多个行业广泛应用，近年来，在高校和各研究机构有大量的研究报告与论文发表，国内外一直都在大力进行研究和开发。但是，鉴于 ACF 的独特材料结构、应用特性，其研究的深度和广度还远远不够，同时 ACF 的生产和应用成本相对来说较高，也是制约其发展的一重要因素，有待进一步解决。

近年来，随着经济的发展，室内装饰材料散发的挥发性有机化合物的污染已成为危害人体健康的公害、对室内环境污染的治理已刻不容缓，虽然人们一直在进行着这方面的研究，但以往的治理方法都存在着各自的缺点和受限制的条件，而 ACF 以其吸附容量大、吸附效率高、吸脱附速度快，丰富的表面载体等优势，使活性炭纤维在室内污染治理与净化的应用，成为重要的研究和应用领域，净化甲醛、有机污染物、杀菌、除尘成为研究开发活性炭纤维的热门课题，随着研究开发的深入，ACF 也将在室内环境污染治理领域发挥重大的作用。

2. 活性炭纤维吸附去除室内空气中的甲醛

在气相吸附状态下，汽化的吸附质在活性炭纤维上吸附并以液体的形态充填在活性炭纤维的孔隙中，下式表示把蒸汽压为 P 的吸附质蒸汽压缩至饱和蒸汽压 P_0 时所做的功：

$$\varepsilon = RT\ln(P_0/P)$$

式中　ε——把蒸汽压为 P 的气体压缩至饱和蒸汽压 P_0 时所做的功；

R——气体常数；

T——吸附温度；

P_0——饱和蒸汽压；

P——吸附质汽化时的蒸汽压。

当活性炭纤维的孔隙给予气体的能量大于 ε 数值时，气体就液化并发生吸附。从上式可知，当饱和蒸汽压 P_0 越高、吸附质汽化时的蒸汽压 P 越低、吸附温度 T 越高时，ε 越大，将不利于吸附。因为吸附质的沸点越高，其饱和蒸汽压 P_0 越小，所以对哪一种吸附质容易发生吸附可以从其沸点来进行初步推测。表 9-18 为常见有害物质的沸点及对吸附性能的影响。

表 9-18　常见有害物质的沸点对吸附性能的影响

常见有害物质	沸点/℃	吸附性能
甲苯	110.8	易吸附
甲酸	100.8	↓
苯	80.1	↓
二甲硫醚	37.6	↓
乙硫醇	37.0	↓
二氧化氮	21.3	↓
二氧化硫	-10.0	↓
甲醛	-19.5	↓
氨	-33.5	↓
硫化氢	-61.8	难吸附
一氧化碳	-191.0	

从表9-18中可以看出：随着有害物质沸点的降低，吸附将越来越难以进行。甲醛沸点-19.50℃，属于较难吸附的物质。这时如果采用吸附能力强、孔径小的活性炭纤维，就可以适当提高对甲醛的吸附能力。

研究人员对ACF制作了平板式、旁通式、折叠式三种过滤器，利用常用测试方法对甲醛气体进行净化的测试实验，对不同结构的ACF过滤器进行综合比较，其主要结构参数如表9-19所示。

ACF过滤器吸附性能测试参照文献所述方法进行，测试ACF对甲醛气体的吸附效率，因为测试方法受多种因素的影响，如温度、相对湿度、气流速度、污染物浓度等。此次测试主要确认气态污染物的浓度、气流速度对吸附过程的影响情况，同时也获得三种过滤器的吸附效率、阻力特性比较。

表9-19 三种实验用ACF过滤器的基本结构参数

结构形式	尺寸/(mm×mm×mm)	材料厚度/mm	材料质量/g
平板式	280×260×25	25	98
旁通式	280×260×80	4	133
折叠式	280×260×80	4	58

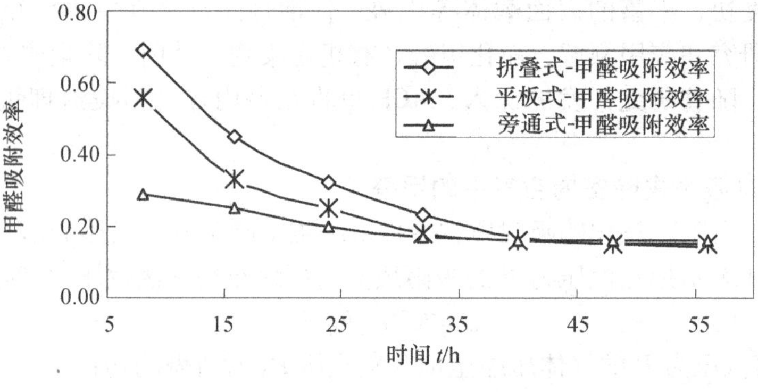

图9-22 三种过滤器对甲醛气体的吸附效率比较

如图9-22所示，测试过程中，风量控制在(150±5.0)m^3/h范围，甲醛气体初始浓度控制在(25±3)μg/g范围，从三种过滤器对甲醛气体的吸附效率可见，初始效率最高的是折叠式过滤器（69.3%），其次是平板式过滤器（56.2%），最低的是旁通式过滤器（29%），从初始效率来看，三种过滤器对甲醛的吸附效率都不是很高，说明活性炭纤维对高浓度的甲醛的净化率不高，这主要取决于活性炭纤维的材料特性。折叠式过滤器的吸附效率下降得比另外两种过滤器得快，原因是它装填的活性炭材料相对其他两种过滤器要少，分别为平板式的59%，旁通式的42%。

由于在不同迎面风速下，不同过滤器对甲醛的净化效率差别较大，可通过对三种过滤器在不同迎面风速下的阻力进行测试，了解不同风速下的过滤器阻力大小，图9-23是三种过滤器在不同迎面风速下的阻力测试指数方程进行拟合曲线。

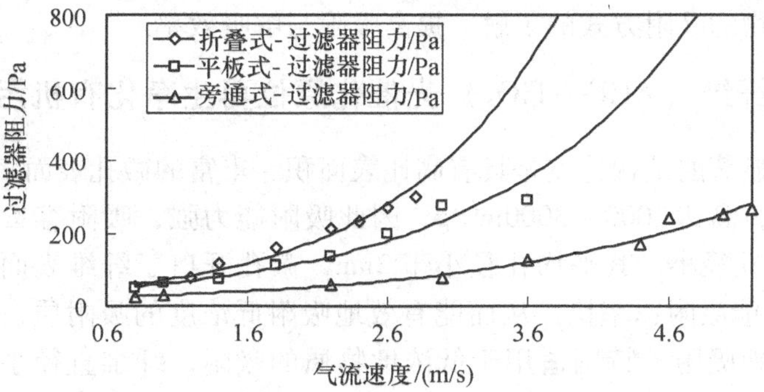

图 9-23　三种过滤器在不同迎面风速下的阻力测试指数方程进行拟合曲线

由图 9-23 可见，旁通式阻力最小，折叠式阻力最大，平板式次之。从上述试验中，人们可以根据不同室内空气中甲醛污染物浓度、不同迎面风速，选择和设计不同的过滤器和过滤材料。

3. 活性炭纤维吸附去除室内挥发性有机化合物

室内污染物浓度低、成分复杂，难以用一般的吸附材料吸附清除。因此，一些研究者利用活性炭纤维优异的结构特点和优良的吸附性能，通过吸附与改性方法针对室内空气中的一些污染物进行了净化研究。

研究人员利用，粘胶基活性炭纤维作为吸附材料，对吸附材料表面特性、吸附性能与所吸附物质的极性关系进行研究，探讨根据被吸附物质极性大小来选择不同前驱体的碳纤维，提高吸附效率。

由图 9-24 可以看出：吸附有机气体甲苯饱和后，静态加热解吸 22h 时的解吸率达到 99.6%；动态不加热解吸 22h 时解吸率达到 45.7%；动态加热解吸 1.5h 就已完全解吸。从图 9-24 还可以看出，3 种解吸方法在 0.5h 内，均增长最快，而在 0.5h 后，增长都很缓慢。

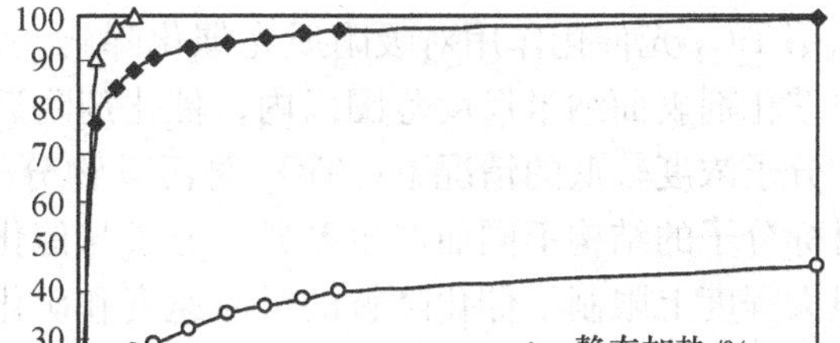

图 9-24　粘胶基活性炭纤维对有机气体甲苯饱和后不同解吸方法测量曲线

采用动态加热法进行解吸时，能够完全解吸，说明粘胶基活性炭纤维对甲苯以及具有类似结构的有机物的吸附属于物理吸附，在 0.5h 内，解吸主要为外层分子，所以解吸率较高；0.5h 后主要为内层分子解吸，所以解吸进行缓慢。如果解吸时仅是动态而不给予热量，仅仅能破坏外层分子间的相互作用力，使部分分子随气相流走，所以解吸率很低；当以加热的方式进行静态解吸时，系统环境给了粘胶基活性炭纤维足够的能量，此能量不仅能破坏第二层以后各层内分子间的相互作用力，而且也可以破坏第一层分子与固体表面的作用力，使得气体分子能解吸出来，但是解吸出来的分子没有及时被带走，有可能被再次吸附，所以完全解吸所用的时间相应比较长；当解吸在动态情况下又给予热量时，气体分子获得足够的能量解吸后，及时进入气相随空气流流出来，因而解吸的速度比较快。研究吸附与解吸的方式，有助于对相似结构的室内空气中有机化合物的吸附方式的了解，提高吸附与解吸效率。

9.11.3　活性炭纤维（ACF—TiO_2）光催化原位再生净化有机污染物

活性炭纤维最显著的结构特点是具有高比表面积、丰富的微孔表面多种活性基团，其直径细，比表面积大，高达1000～3000m^2/g，因此吸附能力强，吸附容量大。ACF纤维表面微孔占90%以上，孔径小，其平均孔径小于2nm，微孔开口于纤维表面，可以直接与吸附质接触，使得ACF能吸附速率快，从而能有效地吸附低浓度的吸附质，对多种无机物和有机化合物都能有效地吸附，特别适用于低浓度物质的吸附；纤维直径小，吸附质扩散路径短，吸附质在ACF内扩散阻力小，吸附和脱附速度很快，净化效率高，再生容易；在使用时，由于ACF纤维制品滤阻和滤损小，强度高，不易粉化，便于制作成不同式样的净化装置。因此广泛应用于室内空气中多种污染物净化中。但与众多吸附性材料一样，吸附饱和后需定期更换，不便于普通用户使用。

近年来发展起来的ACF—TiO_2光催化技术，以活性炭纤维（ACF）为载体，用不同负载方式制得的TiO_2—ACF吸附—光催化复合材料，利用ACF快速吸附与光催化降解的协同作用处理污染物，在解决催化剂固定化的同时，提高了光催化降解的效率，在空气净化方面有广阔的应用前景。

1. 活性炭纤维（ACF—TiO_2）光催化原位再生及其协同作用

ACF—TiO_2光催化技术是采用活性炭纤维作为载体负载二氧化钛催化剂，利用活性炭纤维的吸附性能对室内空气中的低浓度有机污染物进行快速吸附，在ACF微孔内达到污染物在活性炭纤维载体上的浓缩和富集，加速光催化反应速度，通过紫外光或可见光敏化技术，利用TiO_2光催化作用对吸附质光催化降解。还有一个重要特性是：光催化降解反应仅发生在催化剂表面纳米尺度范围以内，催化剂附近的有机物浓度直接影响到降解效率，这在污染物分子浓度较低的情况下，TiO_2对污染物分子的吸附能力因其比表面积、表面化学状态和目标分子的结构不同而产生差异，分子与催化活性位的碰撞和被捕获几率处于较低水平，在很大程度上限制了催化降解的反应速度和矿化效率，而通过ACF纤维表面微孔的吸附功能，直接将污染物浓缩在TiO_2附近，由于ACF吸附作用而难以扩散到微孔外部，直至继续在TiO_2催化剂表面进行反应完全转化为无害的二氧化碳和水等简单的无机物。由于ACF的吸附作用，为光催化降解提供了有利的较高浓度的微环境，将半导体的催化活性与吸附性载体的浓缩富集效应耦合在一起，有效地弥补了光催化剂固定化所引起的质量传递效率下降现象。对室内空气净化还有一个重要的优点是由于ACF的吸附作用，ACF既能富集目标污染物，还能捕获中间产物，使降解过程中生成的微量降解中间副产物不能迁移到远离TiO_2表面的体相区域，从而避免了可能比原有污染物对人体更具有毒性作用的中间产物脱逸出来，直至在光催化剂表面矿化为水和二氧化碳等无机物种，形成ACF吸附光催化降解的协同效应。与此同时ACF纤维微孔的吸附质降解后不断原位再生，形成新的吸附能力，达到原位再生。对大多数无机和有机污染物、细菌、病毒等室内空气中主要污染物都具有很好的降解效果，净化设备能连续使用，这些特性使得活性炭纤维（ACF—TiO_2）光催化技术成为室内环境污染治理的主流，而被广泛研究和利用，具有极大的应用前景。

2. 活性炭纤维-光催化（ACF—TiO_2）复合材料的制备

根据文献报道，最早的日本研究Yanadhita小组采用ICB法在活性炭纤维毡上沉积TiO_2，开创了在ACF上负载TiO_2的先例。大量研究表明，活性炭纤维布是较好的载体，其比表面大，吸附作用强，而且透气性能好，可以使负载的TiO_2最大限度地接受光的照射。

随着研究开发的深入，人们研究出许多不同方法在ACF表面负载TiO_2。主要包括浸涂法、溅射法、偶联法、化学气相沉积法、溶胶—凝胶法等。

（1）浸涂法　将TiO_2纳米粒子分散于水中经超声波分散后形成一定质量浓度的悬浮液，将ACF纤维布浸入其中一定时间后进行浸渍提拉，然后置于真空160℃中热处理2h，反复几次，可获得TiO_2纳米粒子不同负载量的ACF—TiO_2复合体。这种方法简单易行，光催化活性也较高，但存在牢固性欠佳、分布不均匀、光透过性较差等问题。

（2）磁控溅射法　是通过在阴极射靶内增加磁极，使所施加的电场和磁场在靶表面附近的空间形成一定几何形状的正交高密度的等离子体区。等离子体区中的正离子在直流电压作用下，轰击极靶发生溅射。利用溅射法可以做到大面积均匀沉积的高质量TiO_2，而易于控制薄膜的结构和性质，利用此法在ACF布上进行溅射时，可以在ACF表面形成均匀的TiO_2白色涂层。但这种涂层放置一段时间后，TiO_2会脱落，从而出现黑白交替的不均匀现象。

（3）偶联法　这种方法是将TiO_2粉体与载体通过偶联剂粘合在一起。以硅偶联剂、环氧粘合剂、羧甲基纤维素钠等偶联剂与纳米TiO_2粉体混匀，涂敷到ACF纤维体上，然后在一定温度下干燥。但因为偶联剂多为有机物，长期使用会经光催化分解而产生裂痕甚至剥落。

（4）化学气相沉积法（CVD）　利用气体原料，在气相中通过化学反应形成物质的基本粒子，再经过成核和生长两阶段合成纳米材料的工艺过程。在气相法中，由于反应温度高，所以成核过程快，粉体的结晶度高，此外，后处理也比较简单。在负载TiO_2时，用钛的有机醇盐作为源物质，在反应室里，500℃左右的温度下进行热解或氧化反应。因有机醇盐具有易挥发、反应温度低、常压、低消费、易操作等特点而最有使用普及价值。

（5）溶胶—凝胶法　以钛的无机盐类或钛酸酯类制取TiO_2的溶胶后，或者直接使用商品化TiO_2锐钛矿型溶胶，用浸渍法或旋涂法将TiO_2溶胶涂布于ACF材料上，然后在100℃左右或自然状态下凝胶，经多次重复以增加涂敷层的厚度，最后在一定温度下恒温烧结一定时间。

负载在ACF载体上的光催化颗粒或薄膜，具有较高的光催化活性，分布均匀，牢固性较好。这种方法工艺较为简单，条件温和，分布均匀，可将纳米TiO_2的制备与负载一次完成，还可通过多种方法对薄膜的表面结构和性能进行修饰，从而提高光催化效率和活性，是目前最为常用和具有前景的方法。

溶胶—凝胶法也存在一些缺点：①干燥过程中由于溶剂蒸发产生残余应力导致薄膜容易龟裂；②溶胶的粘度、温度、浓度容易影响薄膜厚度；③所用原料一般为价格较高的钛醇盐，而且凝胶制备需要大量的有机溶剂，所以制膜成本比较大。人们对溶胶—凝胶法进一步研究发现，可以通过控制提拉速度、浸涂次数及升温速率来控制纤维间凝胶的形成、开裂与脱落问题。

3. 活性炭纤维—TiO_2光催化净化甲醛

活性炭纤维是一种具有比常规活性炭有更大的比表面积和更快的吸脱附速率，是治理室内空气中甲醛污染物的一种优良吸附剂。当其吸附达到饱和吸附后，必须再生才可恢复吸附能力。在 ACF 表面负载 TiO_2 光催化剂后，通过吸附—光催化协同作用，可以持久降解室内环境中包括甲醛在内的有机污染物。是一种新型室内空气净化材料，对这种新型净化材料的研究，有助于将这种新型材料应用于室内环境污染物控制领域，对甲醛等室内有害气体的净化有着很好的应用前景。

（1）浸涂法 ACF—TiO_2 复合净化材料对甲醛净化效率试验　将一定量的纳米 TiO_2 粉体加入去离子水，磁力搅拌 4h，超声波震荡分散 2h，形成一定浓度的稳定悬浊液。将活性炭纤维用超声波清洗仪清洗 5min，以除去表面的细小纤维，室温晾干待用。将活性炭纤维在 TiO_2 悬浊液中浸渍、提拉，反复几次，然后马弗炉 160℃ 下烘干，将 TiO_2 负载到活性炭上。

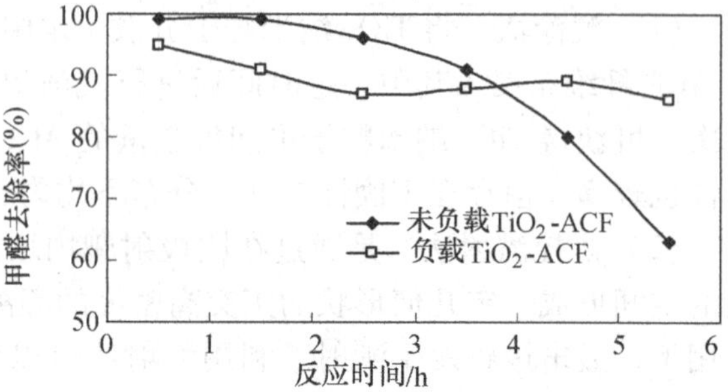

图 9-25　负载与未负载 TiO_2 光催化剂的活性炭纤维对甲醛净化的对照试验

甲醛动态净化测试装置：主要由动态配气系统、光催化反应系统及采样系统组成。通过施放甲醛的动态配气系统流出的含有甲醛气体，经过光催化反应系统降解后，经测量出气口甲醛气体浓度，计算出光催化反应系统的甲醛净化率，测量数据绘制成曲线见图 9-25。

由图 9-25 可以看出，随着反应的进行，负载和未负载 TiO_2 的 ACF 的去除能力均有所下降；但是未负载 TiO_2 的 ACF 去除能力迅速下降，说明依靠 ACF 单纯的吸附作用，当 ACF 吸附饱和后，对甲醛失去净化能力。负载 TiO_2 的 ACF 对甲醛去除率依靠 ACF 吸附与 TiO_2 光催化作用，能长时间保持在较高的净化数值水平上。实验表明，TiO_2 的负载使 ACF 基本保持了原有的吸附能力，使活性炭得以原位再生。证明活性炭纤维—TiO_2 复合材料，对甲醛的去除效果比单独使用 ACF 或 TiO_2 更为有效。显示出将 ACF 与 TiO_2 复合后在消除室内空气中甲醛污染中具有明显优势。

温度对甲醛光催化降解的影响：在实验过程中，湿度为 40%，甲醛质量浓度为 15mg/m^3，温度为 20～70℃，每隔 10℃在反应器出口对系统甲醛浓度进行检测。对多次实验结果取平均值，甲醛的去除率随温度变化趋势见图 9-26。

由图 9-26 可以看出，ACF—TiO_2 光催化去除甲醛反应中，甲醛去除率随温度的升高而降低。其原因可能是当反应温度升高时，气体分子运动更加剧烈，导致分子扩散速率提高。而过高的反应温度下，尽管化学反应速率和生成物的脱附速率都有所提高，但反应物在 TiO_2 表面的吸附能力下降。另一方面，ACF 的吸附性能随着温度的升高，吸附率下降，导致光催化剂表面的气体分子浓度降低，即光催化反应底物浓度降低，光催化效率下降，从而引起甲醛去除率下降。

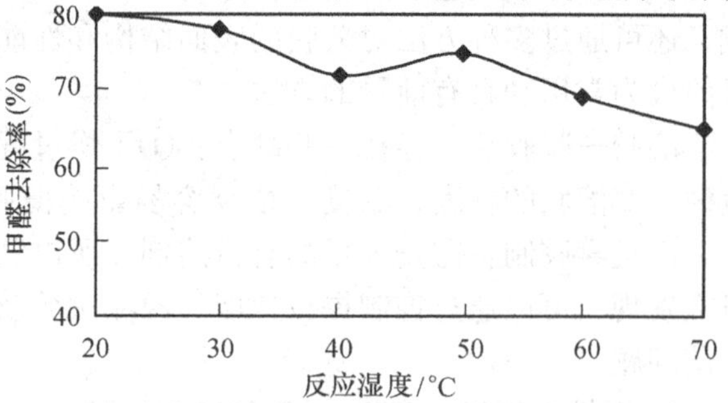

图 9-26　反应温度对 ACF—TiO_2 光催化去除甲醛效率的影响

空气湿度对甲醛去除率的影响：空气中的水是光催化反应不可缺少的条件，对光催化降解有较大影响。在消除传质的影响后，控制温度在25℃，空气流量为5L/min，甲醛入口浓度为15mg/m^3，进行不同湿度条件下的光催化反应研究，结果见图9-27。

从图9-27可以看出，当湿度小于40%时，随着湿度的增加，甲醛去除率增大，但当湿度继续增加时，光催化反应速率反而降低。说明空气中水分子对吸附—光催化反有影响。这一现象可以从TiO_2光催化原理中得到解释：纳米TiO_2吸附空气中水，俘获光致空穴中产生羟基自由基，将有机污染物直接氧化分解。因此，随着湿度的增加，气体中的水可以补充TiO_2表面的羟基，生成足够的羟基自由基，从而促进了光催化反应。但是TiO_2表面过量的水分子与甲醛在催化剂表面的竞争吸附，降低了甲醛分子在催化剂表面的吸附量，阻碍光催化反应。

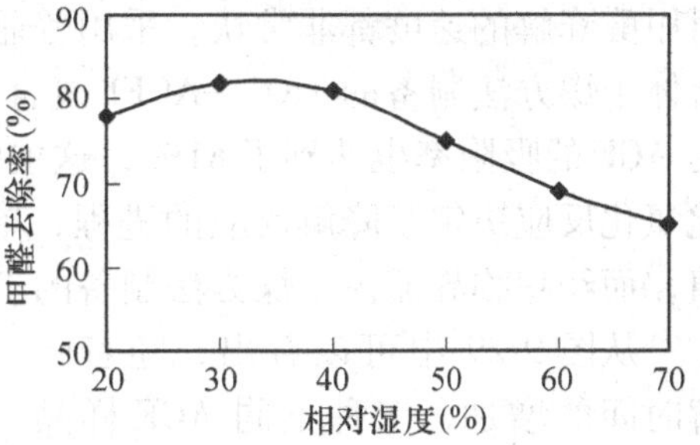

图9-27 空气相对湿度对ACF—TiO_2光催化去除甲醛反应的影响

但是，应该看到：从光催化净化室内空气中甲醛等污染物的实用性来说，在常规室温和相对湿度条件下，ACF—TiO_2光催化去除室内空气中甲醛反应，具有明显优越性。

（2）溶胶—凝胶法制备ACF—TiO_2复合净化材料对甲醛净化效率 ACF—TiO_2复合净化材料的制备：首先用钛酸丁酯醇盐水制备TiO_2溶胶，用浸渍法将TiO_2溶胶负载到ACF上，取出后用离心法分离出多余的溶胶。通过控制不同的离心分离时间，获得不同负载量和比表面积的ACF—TiO_2复合净化材料。在室温下，进行溶胶陈化，使溶胶在ACF表面形成有一定硬度和网络结构的TiO_2凝胶，然后进行超临界干燥，再经450℃高温煅烧后。使原先负载在ACF纤维表面的无定型TiO_2经高温煅烧后，通过相变成锐钛矿，从而获得较高的光催化活性。

用扫描电镜（SEM）观察气凝胶的纤维表面微孔结构、TiO_2薄膜结构发现：经5min离心分离样品，经超临界流体干燥和高温煅烧后，在ACF纤维表面形成了一层均匀的溶胶—凝胶颗粒膜，TiO_2粒径大小均匀，具有粒径在40～50nm之间连续的三维纳米网络结构，空隙率大。

甲醛净化测试：在1m^{3}密封测试舱内，施放甲醛释并在一定时间内使仓内的甲醛浓度达到稳定值。然后采用不同干燥方法制得的ACF—TiO_2复合材料，以波长为365.5nm的紫外灯为激发光源，进行光催化降解甲醛测试。前25min三种样品降解甲醛测试数据如图9-28所示。

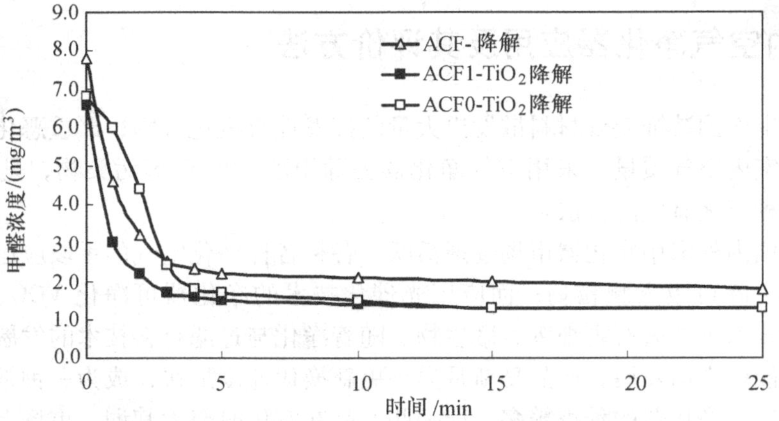

图9-28 三种不同ACF样品降解甲醛测试曲线1

由图 9-28 可见：在测试舱内，三种不同样品在紫外光和风速相同的条件下，降解施放的甲醛。在光催化降解反应的初期，无论是哪一种干燥方法制备的 ACF—TiO_2 复合材料，对甲醛降解的速度都非常快，采用普通干燥方法制备的 TiO_2—ACF0 复合材料和采用超临界流体干燥方法制备的 TiO_2—ACF1 复合材料对甲醛的降解率都达到 85% 左右，而无任何负载的 ACF 的吸附率也达到了 81%，这主要是因为活性炭纤维优异的吸附性能所致；随后光催化氧化反应决定了降解反应的进程，单纯依靠 ACF 吸附作用，测试舱内甲醛浓度保持较高值，而经超临界流体干燥方法制备的 TiO_2—ACF1 复合材料对甲醛的降解率最高。

从图 9-29 中可以看出，随着降解时间的增加，三种不同 ACF 样品的甲醛降解曲线表现出不同现状，只有经超临界流体干燥方法制备的 TiO_2-ACF1 复合材料将甲醛降低到国家标准（0.08mg/m^3）以下。说明通过负载 TiO_2 改变了 ACF 原有的单纯吸附功能，通过光催化作用提高 ACF 了对甲醛这种难吸附气体小分子的吸附能力；而在 ACF 纤维表面负载均匀的纳米 TiO_2 颗粒膜，更能有效地降解甲醛。

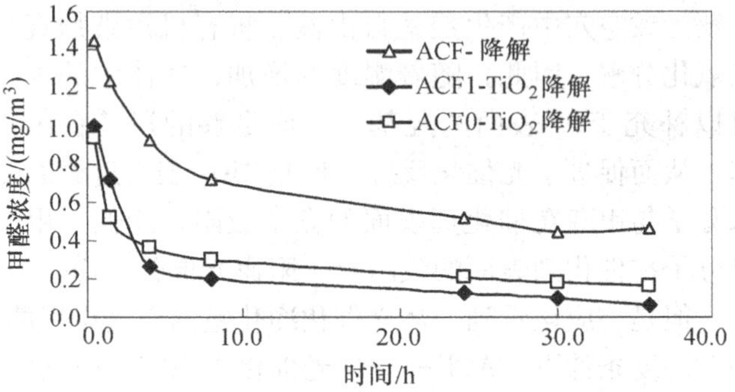

图 9-29 三种不同 ACF 样品降解甲醛测试曲线 2

（3）ACF—TiO_2 光催化技术研究 目前，纳米 TiO_2 光催化剂在 ACF 的多种负载方法和工艺技术都还需要进行深入研究，纳米 TiO_2 负载在 ACF 上的牢固性、均匀性问题，以及在工艺操作过程中对 TiO_2 表面羟基含量、晶相组成、薄膜的晶粒尺寸、薄膜的厚度等方面的控制技术仍需完善；在室内环境中多物种、多影响因素对 TiO_2—ACF 复合材料净化空气性能的研究中，对单一影响因素研究较多，对多因素同时变化下净化空气性能影响的研究较少。对 TiO_2—ACF 复合材料在吸附—光催化降解过程的模型与理论分析较少，缺少用数学的方法建立吸附光催化降解模型；利用数学的方法加强理论分析，对 TiO_2—ACF 吸附光催化复合材料降解有害气体的模型的建立具有很大的理论和应用价值。

9.12 室内空气净化器应用及其评价方法

由于室内空气因装饰装修材料散发出大量的挥发性有机化合物，严重恶化了室内空气质量，为了改善室内空气质量，采用空气净化器去除甲醛、VOC 等污染物，是一种改善室内空气质量的一种行之有效的方法。

近年来，国内外家用净化器市场逐渐活跃，各种各样净化空气的手段应运而生，传统的空气净化器能去除可吸入颗粒物；而应用光催化技术的净化器可净化 VOC、杀菌、除臭；应用等离子体技术可杀灭有害细菌、微生物。随着净化与过滤材料技术的发展，室内空气净化器逐步向功能化方向发展，产品日新月异，更新换代速度加快，成为一种常用的家用电器产品。市售的空气净化器的种类繁多，但一些产品在宣传时夸大其词，市场上鱼龙混杂，实际使用的净化效果差别很大，使得百姓在选择净化器时无所适从。因此，对室内空气净化器在适用标准、分类、净化原理、功能、产品质量评价方法，以及在实际环境净化中的应用及产品发展方向等方面进行客观评价和详细分析，为人们在使用净化器来控制室内环境污染时提供参考，显得十分必要。

9.12.1 空气净化器净化原理

空气净化器是指从空气中分离和去除一种或多种污染物的设备。在这里空气净化器是指用于家庭、办公室和公共场所等使用的家用或类似用途的空气净化器。空气净化器主要由离心机、净化单元、电源控制单元、机壳风道等部件组成。

空气净化器的工作原理是：开启空气净化器的内部离心风机后，室内空气经净化器风道产生循环流动，使吸入净化器内的空气中的污染物通过净化器的净化单元（或称净化床，一般为固定床，也有流动床）时，由净化单元的净化功能，使空气中的气态或颗粒状污染物通过拦截、化学或物理、电离等方式去除，从而使空气质量得到提高的一种电器产品。

9.12.2 空气净化器分类

空气净化器的功能区别除了外形、风机动力大小、电子控制单元的各种功能外，主要区别于净化单元。不同的净化单元，采用的净化原理不同，对空气中的污染物净化效果不同。

1. 空气净化器净化单元的构成与分类

根据空气净化器净化单元的工作原理不同，空气净化器又分为下面几种类型：

（1）固体材料过滤型　利用多孔性过滤材料，如无纺布、滤纸、活性炭纤维、负载有纳米光催化剂的复合纤维、HEPA及高分子膜等空气过滤材料，来过滤去除空气中的悬浮颗粒物以及吸附在粉尘颗粒物表面的细菌、病毒、花粉、微生物、孢子等，或以吸附或催化降解气态污染物而达到净化空气的目的。

（2）静电除尘型　通过静电场使空气中悬浮颗粒物带电，然后用集尘装置捕集带电粒子，达到净化空气中悬浮颗粒物的目的。

（3）吸附型　根据其吸附原理又可分物理吸附、化学吸附、生物吸附和复合吸附。最为传统的是活性炭吸附方式。

物理吸附采用滤料表面单纯吸附污染物的方法来去除污染物，这种方法取决于材料的吸附容量。在高浓度污染物或长时间使用状态下，由于材料的吸附容量有限，其净化寿命较短。

化学吸附去除气体污染物，是通过滤料对污染的化学吸附作用去除空气中污染物。其基本原理是通过吸附材料与被测污染物进行化学反应，而从空气中去除污染物。

生物吸附法是通过特殊生物活性物质甚至是微生物对流经净化床的污染物进行特殊吸附，从而去除空气中污染物的方法。

复合吸附法是同时具有物理、化学或生物吸附的吸附方法。这种方法主要是在物理和化学吸附的基础上，以复合吸附的方法，增加吸附容量，以提高对污染物的去除率为目的的吸附方法。

如在活性炭、活性炭纤维等吸附材料表面负载可与空气中污染物形成化学反应的化学或生物活性物质，当空气流经吸附材料时，污染物与这些化学物质起中和反应、氧化还原反应和化学催化或生物催化分解等反应，目的是通过化学反应来提高对污染物的去除效率。

（4）光催化型　实际上是利用纳米光催化剂负载于吸附性材料表面，当空气流经吸附材料时，将空气中污染物吸附到吸附材料中，通过在净化器内设置的紫外光为激发光源，分解被吸附的污染物的一种吸附—光催化分解的净化方法。

（5）水洗过滤型　主要用于去除易溶于水的气体或在水中加入可吸附空气中污染物的吸附剂等方式，来吸附流经水洗幕或水洗池气流中的污染物，以达到净化空气目的的一种净化方法。

（6）等离子体净化法　在净化器内设置的外加电场作用下，介质放电产生大量携能电子轰击空气中污染物分子，使污染物分子发生电离、解离和激发，然后便引发了一系列复杂的物理、化学反应，使污染物分子转变为简单小分子物质，或使有毒有害物质转变为无毒无害或低毒低害物质，从而使污染物得以降解去除的方法。在室内空气净化中，一般采用低温等离子来去除空气中 VOCs、细菌等污染物。

（7）臭氧空气净化法　利用设置在净化器中的臭氧发生器产生臭氧，通过臭氧的强氧化作用，去除空气中的污染物。由于臭氧在空气中浓度超过一定量时，对人体具有一定的伤害作用，因而这种方法逐渐被其他净化方式所取代。

（8）复合型　同时利用两种或两种以上方法净化空气。利用单一净化方法的优点、以多种方法互为补充，形成对空气中污染物有较高的去除效果。市售的空气净化器一般以复合型净化为主。

2. 空气净化器的不同造型

根据净化器造型设计上的区别，空气净化器还可以按造型不同划分为：落地式、壁挂式、台式等。

3. 室内空气净化器选用原则

选择净化器时的基本原则：首先根据净化污染物的类型，选择不同净化目标的净化器；其次是根据使用区域室内空间的大小，选择不同功率的净化器；然后再根据放置位置来选择适合的外观、造型。而其他控制功能、显示功能则对净化效率关系较小。

9.12.3　影响空气净化器净化效率的主要因素

在对空气净化器进行设计、研究和选用时，对特定污染物的净化效率与下列因素相关。

1. 净化效率与过滤材料

在对室内空气中粉尘颗粒物的净化中，净化器的净化效率主要取决于滤料的性质。选择不同净化效率的滤料，既要选择优良的过滤性能和更长使用周期，又要求过滤器的阻力小以便减少能耗。

滤料对空气中污染颗粒物的净化效率，直接反应出滤料的性质与颗粒物性质，滤料对空气中污染颗粒物去除原理主要在如下五种方式：

截留效应：粒径小的粒子惯性小，粒子不脱离流线。在沿流线运动时，可能接触到滤料纤维表面而被截留。

惯性效应：粒子在惯性作用下，脱离流线而碰到滤料纤维表面。

扩散效应：随主气流掠过滤料纤维表面的小粒子，可能在类似布朗运动的位移时与纤维表面接触。

重力作用：尘粒在重力作用下，产生脱离流线的位移而沉降到滤料纤维表面上。

静电效应：由于气体摩擦和其他原因，可能使滤料纤维带电，吸附异电性颗粒物。

随着材料科学的发展，对传统的过滤材料进行功能化改造，使产品质量和过滤选择性、净化效率得到提升，促进了空气净化器在室内环境净化中的长足发展。现有的多种滤料都能满足对室内空气中粉尘、颗粒物的过滤、去除与净化。

但随着大气污染、城市机动车尾气污染，室内办公用品如电脑、复印机、打印机产生的污染物，室内空气中 $PM_5 \sim PM_{2.5}$ 的小粒径颗粒物对人体侵害程度的增大，对过滤材料的要求越来越高。人们根据室内污染物的特点，在过滤材料以及材料结构形式方面开展了大量研究，开发出多种新型过滤材料和净化方式，如非织造布的出现、新型复合净化功能材料的开发、纳米复合光催化净化材料、生物净化和生物过滤器的开发与应用，大大地提升了净化器对现有污染物的净化效率和过滤效果，使新型净化器突破了原有净化单元的基本结构和功能，实现了过滤介质的功能化。这些新型净化技术的应用和开发，已经成为过滤材料领域的重点发展方向，使得新型净化器产品不断涌现。

2. 净化效率与风机风量

除了静电吸附净化器外，无论何种净化方式，都必须将空气流经净化单元，因此要求净化器具有良好的空气循环能力。净化器都以离心风机作为空气循环动力源，要求动力与净化效率相互匹配。一般而言，动力越大，循环风量越大，通过净化床的空气越多，净化效率越高。但由于受噪声指标的限制，多数净化器只能采用功率较低的风机，从而影响了净化效果。因此，设计净化器时，要求动力与净化效率相互匹配。

3. 污染物浓度大小与散发量

普通消费者认为：在室内环境中，使用净化器就能使室内空气中污染物控制在国家标准规定的范围内。这是一种错误认识。在室内使用净化器，其净化效果还与室内空气中污染物单位时间内的散发量和浓度大小相关。

由于室内各种材料不断向空气中散发污染物，当单位时间内净化器的去除效率高于污染物散发量时，室内空气中的污染物浓度才能降低；而当室内污染物散发量大于净化器的净化效率时，尽管净化器仍处于工作状态下，不断去除污染物，但室内空气中污染物浓度值仍然不断上升。当净化器对高于净化能力的高浓度污染进行净化时，客观上已经超过净化器的净化能力负荷，不能得到良好的净化效果。因此，必须选择合适的净化方式、风量、功率大小和净化效率。

通常，净化器的净化效率由净化材料的特点决定。传统净化材料对低浓度或较高浓度的污染物，净化效率均难以满足室内环境对污染物限量的要求。有些净化器尽管使用多重净化方法，但这些低质价廉的净化材料，难以满足日常净化要求。而新型净化功能材料如：ACF—纳米光催化剂复合材料、酶催化生态净化材料等在实际应用中得到证实：这些方法具有高效去除 VOCs、除臭、杀菌等多种净化功能，人们可以放心使用。

4. 净化效果与净化时间和空间有关

净化器工作时，在一定的室内空间中，当净化效率高于污染物产生量时，随着净化器工作时间的延长，被测污染的浓度才能不断降低。这说明：对室内空气的实际净化效果，不但取决于净化材料对污染物的去除能力，还与净化时间、室内空间大小相关。同时表明了净化器的净化效果与时间和室内空气中污染物总量之间的关系。

不同的净化材料，单位时间内对污染物的去除率不同，表现为净化器的净化效率不同；

不同净化器对相同污染物的总量，达到净化目标所需要的时间也不相同。单位时间内净化污染物的净化效率不变时，室内空气中污染物浓度与室内空间大小相关。

9.12.4 室内空气净化器评价方法

我国于2002年颁布的《空气净化器》（GB/T 18801—2002）国家标准，标准中规定了空气净化器的型式、基本参数、技术要求、试验方法、检验细则、标志、包装和储存。限定了其适用于家庭和公共场所使用的范围。

在产品安全项目检测与评价中，采用两个相关检测标准，它们是：

《家用和类似用途电器的安全　第一部分：通用要求》（GB 4706.1—1998）

《家用和类似用途电器的安全　空气净化器的特殊要求》（GB 4706.45—1999）

1. 国际上空气净化器主要标准的简介

1）AHAM AC-1-2000为美国家电制造协会所制定的空气净化器测试标准，主要目的是测量空气净化器滤网及送回风设计所造成的整体净化效率，并以CADR（clean airdelivery rate）来量化表示，用于比较不同空气净化器间CADR的差异并据以评定性能的优劣。该标准目前是欧美厂商广泛采用的空气净化器性能测试方法，但并未涉及净化器产品的噪声、脱臭、耐久性及风量等测试方法和要求。而这些性能指标对于评价净化器性能的优劣是非常重要的。

2）日本工业标准JIC 9615规定了多种空气净化器性能参数的测试方法。在标准中对净化器产品的风量、粉尘捕集率、粉尘保持容量、气体去除率、气体去除容量等各项参数的限值做了规定。该标准能比较全面地评价空气净化器的性能，专业检测项目多，可比性强。

2. 我国《空气净化器》（GB/T 18801—2002）标准的特点

我国于2002年颁布的《空气净化器》（GB/T 18801—2002）标准中，参照了美国AHAM AC-1-2000标准体系中的主要检测指标，与美国AHAM标准最大的不同在于，除了对风量的测试进行了规定外，还提出了净化效率和净化寿命两个新概念，并对空气净化器的洁净空气量、净化效率、风量、噪声和寿命这5个主要性能指标作了限量规定。与日本JIC 9615标准相比，其对净化器性能测试方法中过滤材料性能的测试方法，值得我们在标准修订时借鉴。

3. 空气净化器标准的修订

《空气净化器》（GB/T 18801—2002）标准的颁发和实施，使空气净化器行业得到健康、长足的发展，取得了良好的效果。随着净化与过滤材料技术的发展，许多新技术的应用，特别是室内环境污染物的变化，标准中的一些内容已经不适合时代发展的需要，有必要进行修订。

2008年，标准起草发起单位和起草人，针对以下方面进行修订：

（1）《空气净化器》（GB/T 18801—2002）标准正在修订、公示、申报批准过程中。

（2）依据《家用和类似用途电器噪声限值》（GB 19606—2004）系列标准，2008年组织修订了空气净化器噪声限值。

（3）依据《家用和类似用途电器的抗菌、除菌、净化功能通则》（GB 21551.1—2008）对空气净化器的抗菌、除菌功能方面的卫生要求、检验方法和标识进行了修订。

在修订标准中明确要求：空气净化器本身所产生的有害物质应符合表9-20中的限量要求。

表9-20 空气净化器本身所产生的有害物质限量

有害因素	控制指标	有害因素	控制指标
臭氧浓度(出风口5cm处)	≤0.10mg/m³	TVOC浓度(出风口20cm处)	≤0.15mg/m³
紫外线强度(装置周边30cm处)	≤5μW/cm²	PM_{10}浓度(出风口20cm处)	≤0.07mg/m³

在修订标准中，规定了空气净化器除菌功能评价方法和空气净化器的除菌性能应达到的要求和指标。规定在模拟现场试验，采用30m³模拟试验舱、环境温度为20~25℃，相对湿度为50%~70%RH的条件下运行1h，其抗菌（除菌）率大于或等于50%。

空气净化器的抗菌性能应达到《家用和类似用途电器的抗菌、除菌、净化功能抗菌材料的特殊要求》中的相关要求。空气净化器的净化材料应能够更换或再生、净化装置能够清洗和消毒。

这些修订内容和新标准的颁发、执行必将有效推动净化器功能化及产品应用性能的健康发展。

4. 室内空气净化器主要评价方法和测试内容

室内空气净化器测试项目和性能指标，主要测试项目有：风量、噪声、寿命、洁净空气量、净化效率。

（1）风量　有送风机的空气净化器需测定风量。额定风量为空气净化器在额定频率和额定电压条件下运行的处理风量。这是沿用送风机、送风量表示性能的习惯做法制定的。采用热球风速计测定，在空气净化器出风口处均布五个测量点分别测量，取其平均值。

（2）噪声　规定空气净化器的A计权声功率级噪声不大于55dB。该标准值参照家用空调器室内机噪声标准值制定的。这相当于一般宾馆饭店和医院候诊室允许的噪声。按《家用电器噪声声功率级的测定》（GB 4214—1984）的有关规定进行测定。

（3）寿命　当空气净化器运行到去除某一种空气污染物的洁净空气量降低至初始值的50%时所使用的时间，定为空气净化器去除该污染物的净化寿命，用h或d表示。标准规定使用寿命应大于1000h。

（4）洁净空气量的测量与计算

1）*CADR*值。空气净化器的净化性能，用洁净空气量指标来表示时，其表达式为：

$$CADR = V\ (K_e - K_n)$$

式中　*CADR*——洁净空气量（m³/min）；

V——试验室体积（m³）；

K_e——总衰减常数（min^{-1}）；

K_n——自然衰减常数（min^{-1}）。

为了测定*CADR*，必须对某种空气污染物进行自然衰减试验，而且还需要按照AHAM-AC-1-2000空气净化器测试标准进行净化器运行时的总衰减试验，被检测污染物初始浓度为相关标准限量值的5~10倍。依据气体浓度在稀薄状态下所遵守的指数方程如下式：

$$C_t = C_0 e^{-kt}$$

式中 C_t——在时间 t 时被检污染物的浓度；

C_0——在 $t=0$ 时被检污染物的初始浓度；

k——被检污染物衰减常数；

t——时间。

将上式公式两边取自然对数，得线性方程如下：

$$\ln C_t = -kt\ln C_0$$

在不运行和运行净化器的前提下分别测定不同时刻的室内被检污染物浓度 C_t，取自然对数后，$\ln C_t$ 分别与时间 t 作线性回归处理，可求得该污染物的自然衰减常数 K_n 和总衰减常数 K_e。

洁净空气量是一项涉及空气净化器产品使用特征、并能够反映出其净化能力的性能指标。洁净空气量可适用于评价采用任何已知原理制作的空气净化器，包括内装有送风机的和不装配送风机的空气净化器。不仅适用于评价空气净化器去除悬浮颗粒物的能力，也适用于评价去除其他空气污染物的能力。

正由于空气净化器可去除的每一种空气污染物都有一个相应的洁净空气量数值，因此，可以说，洁净空气量为评价各种类型的空气净化器提供了一种相对科学的方法。

利用 *CADR* 值可以方便准确地评估空气净化器适用于多大的房间。按空气净化器运行 1h，待去除的室内空气污染物含量（体积分数）降低 90% 时考虑，以指数方程式为依据进行计算，可求出空气净化器对去除该种空气污染物所适用的房间容积（m^3）：

$$V = 60CADR/2.3 \approx 26CADR$$

若房间高度按 2.8m 计算，适用的室内面积（m^2）：

$$S = 26CADR/2.8 \approx 9.3CADR$$

2）试验用的颗粒物：空气净化器去除不同的空气污染物时，其洁净空气量也各异。如对悬浮颗粒物中的道路尘，香烟烟雾和花粉，由于它们的粒径范围不同，试验所得出的洁净空气量也不可能一致。

标准规定悬浮颗粒物采用：标准粉尘 0.3 ~ 10m^3/min；香烟烟雾 0.3 ~ 9m^3/min。

对标准粉尘 ±0.3m^3/min，香烟烟雾 ±0.3m^3/min，单次试验洁净空气量允许标准偏差（可信度 95%）应小于 10%。对于其他空气污染物暂时不作详细规定，待条件成熟后，再作修正补充。

本标准选用香烟烟雾作为实验的悬浮颗粒物时，在附录 A 中规定的 30m^3 洁净实验室内进行试验，可测定的洁净空气量范围为 0.3 ~ 9m^3/min。超出这个范围时，可在大于 30m^3 的实验室内进行试验，以保证试验结果的可靠性。

3）试验用的气体：空气净化器去除有害气体污染物的种类各不相同。有的净化种类相当广泛，试验时，可以从中选择能够反映出其去除性能的典型代表气体作为试验用气体。这些有害气体的浓度可采用各自的空气质量标准检验方法和卫生标准检验方法进行测定。初始浓度选择在室内环境标准限量值的 5 ~ 10 倍。气体浓度应使用响应快、恢复也快的仪器测定。

4）洁净试验室：附录 A 中洁净试验室是参照 IEC-335-2-65-1993（Safety of household and similar electrical appliances Part 2：Particular requirements for air-cleaning appliances）和美国 ANSI/AH AC-1-1988 标准而设计，容积为 30m^3。空气泄漏量应小于 0.05 次/h。为了减少

对试验气体的吸附作用，标准采用铝型材料和玻璃为主体结构，不锈钢地板。

粉尘测定仪：用光散射式数字粉尘仪测定空气中的悬浮颗粒物，即标准粉尘或香烟烟雾，数据再现性好，测定香烟烟雾浓度的自然衰减和香烟烟雾在空气净化器运行时浓度的总衰减的结果遵守指数方程式。

（5）净化效率　在空气净化器标准提出了有效净化效率这项指标，用于补充 *CADR* 指标，使得对净化器的评价更合理准确。空气净化器的净化效率与洁净空气量和额定风量的关系式为：

$$Y = CADR/Q$$

式中　Y——净化效率（%）；

$CADR$——洁净空气量（m^3/min）；

Q——额定风量（m^3/min）。

净化效率是表示空气净化装置在额定风量之下除去空气污染物效率高低的一项指标，它不仅取决于净化器所采用过滤材料滤除污染物的效果，还取决于净化器结构等相关因素，是一项衡量室内空气净化器质量的重要性能指标，使评判方法更加合理、准确。它参照评价过滤材料的性能指标，但试验方法不一样。本标准规定空气净化器对可去除的空气污染物的净化效率应≥50%。

有学者认为：有效净化效率也没有考虑到净化器实际使用时的气流组织形式，需要其他指标进行补充。

人们认为采用全效果系数是一种能够对净化效率指标进行补充的一种方法。全效果系数是在洁净室三区不均匀分布模型的基础上提出来的，它考虑了净化器实际使用时的气流组织形式，能够衡量空气净化器的内部过滤净化效率和室内气流组织效率的综合效果，它实质上是一个综合了几种因子的平均加权系数，由均匀分布浓度得出的浓度值再乘以全效果系数，因此得到的浓度值更接近实际浓度。

（6）净化效率的结果判定　空气净化器性能参数应符合表9-21的规定。

表9-21　空气净化器主要性能参数

额定风量/(m^3/h)	净化效率(%)	洁净空气量/(m^3/h)	声功率级/dB(A)
60～300		≥30～150	≤55
301～800	≥50%	≥151～400	≤60
801以上		≥401	≤65

标准规定：

1）空气净化器滤材的净化寿命应不小于1000h。

2）空气净化器对于可去除的每一种空气污染物都有一个对应的洁净空气量。如果空气净化器可去除多种气体污染物时，要求最少有一种污染物的洁净空气量的净化效率不小于50%。每一次试验，需求出洁净空气量的标准偏差估计量，用于确定试验的可靠程度，其值按附录B第B8节规定的方法进行计算，用2倍标准偏差（置信概率95%）来估计应小于0.3m^3/min或10%（体积分数），哪一个大用哪一个来确定试验的可靠程度。

一般而言，空气净化器分档进行风量调节时，在风量最大时，净化效率最低；反之，在风量最小时则净化效率最高。对于不同的空气净化器，它对某一给定的污染物的净化效率越高，并不意味着适用空间的使用面积就越大、去除该种污染物的速度越快。在指定的空间内，空气中污染物浓度降低的快慢，不仅取决于空气净化器滤料层的净化效率的高低，还取决于空气净化器风量大小及进出风口以及风道的设计合理程度。因此，净化效率本身并不能直接反映出空气净化器净化能力的大小。

9.12.5 空气净化器的研究与发展方向

随着人们对健康的重视和环境意识的改变，消除室内空气污染，提高室内空气品质成为广大居民所关注的焦点，其中一个行之有效的方法就是对空气进行净化和过滤。

空气净化器的功能化是随着电子工业与净化材料的不断发展而提高的。空气净化器的核心单元就是空气净化单元，其净化方法与过滤材料决定了净化器的净化效率等重要指标。也就是说：对空气净化器的要求的提高直接反映在对净化器过滤与净化材料的要求的提升上。对净化器功能化要求反映在以下三个方面：

（1）室内环境中粉尘颗粒物的粒径的变化对净化器功能的要求　随着我国开始重视可吸入颗粒物的污染和控制问题，并于1996年颁布新修订的《环境空气质量标准》中明确规定室内可吸入颗粒物 PM_{10}的标准值（$\leqslant 0.15mg/m^3$）。室内颗粒物对人体健康的影响主要体现在对呼吸健康的影响上。而人们因吸烟产生的香烟烟雾、室内大气粉尘、机动车尾气、办公用品如打印机、复印机产生的颗粒物、烹调油烟雾等严重污染室内空气。随着室内粉尘颗粒物的不断增多，颗粒物粒径也发生了变化，从原有的吸入颗粒物 PM_{10}，逐渐增多，PM_5、甚至 $PM_{2.5}$颗粒物已经成为室内空气颗粒物的重点污染源，因此，对室内环境中粉尘颗粒物污染的净化指标相应地发生了变化，必须对原有标准中 PM_{10}的颗粒物、到如今 PM_5、甚至 $PM_{2.5}$颗粒物进行逐一净化。

未来的趋势一是过滤材料向超细纤维和纳米纤维方向发展；二是膜分离材料将有成为空气过滤材料的主流，并可能替代纤维过滤器，成为一种新型的空气净化器——膜空气净化器。

（2）室内空气中挥发性有机化合物的变化对净化器的要求　由于室内装饰装修引起室内空气中挥发性有机化合物的污染，造成了对人体的伤害。一般过滤材料具有去除颗粒物功能但不能去除甲醛、VOCs。

人们在纤维材料表面负载纳米光催化剂，制备空气净化过滤器，通过紫外光照射，使用过滤器不但具有过滤颗粒物的性能，而且具有光催化空气净化的特殊功能：净化有机污染物、杀菌、除臭等特性。

为了提高光催化过滤纤维的净化功能，人们又研究出以 ACF 纤维进行针刺、热熔粘合等方法，制造出复合 ACF 纤维，以提高 ACF 纤维的力学强度等物理性能，适合在不同风量下的空气净化装置。详细内容请参阅本书中的相关章节。

（3）对净化器本身产生污染物的限定　在净化器中，部分净化器采用臭氧发生器，依靠臭氧的强氧化性来氧化分解有机污染或病毒、细菌。臭氧具有较强的杀菌消毒作用。随着人们对这种净化装置的研究，发现当室内空气中臭氧超过一定量时，对人体会产生一定的危害。刺激人的呼吸系统，严重时会对人体造成伤害。人体长期吸入高浓度的臭氧，也会对人体产生毒害作用，臭氧对人体的毒害表现与现象如表9-22。

表9-22　臭氧对人体的毒害表现与现象

臭氧浓度/(mg/m^3)	对人体的危害现象
0.43~0.64	影响人的肺部功能，使呼吸机能降低，同时胸部伴有紧缩感
0.21~2.10	接触1h，呼吸就会明显急促
0.43~1.10	接触3~6h，人的视力就会降低
2.10~4.30	接触2h就会出现头痛、胸痛、肺活量减少
11~12	会引起全身疼痛、麻痹，并可导致肺水肿
100~110	在1~2h内，会危及生命

这些伤害作用还可强烈刺激人的呼吸道，造成咽喉肿痛、胸闷咳嗽、引发支气管炎和肺气肿，还会造成人的神经中毒，头晕头痛、视力下降、记忆力衰退；臭氧会对人体皮肤中的维生素E起到破坏作用，致使人的皮肤起皱、出现黑斑；臭氧还会破坏人体的免疫机能，诱发淋巴细胞染色体病变，加速衰老，致使孕妇产生畸形儿；臭氧与空气中有机物如甲苯等发生光化学反应，可形成一种强致癌产物，可引发各类癌症和心血管疾病。因此必须对室内空气中的臭氧浓度进行限定，在《室内空气质量标准》（GB/T 18883—2002）中允许臭氧浓度限量值为0.16mg/m^3。同样，在新颁发的《家用和类似用途电器的抗菌、除菌、净化功能通则》（GB 21551.1—2008）修订标准中对空气净化器产生的臭氧浓度（出风口5cm处）、紫外线强度（装置周边30cm处）、TVOC浓度（出风口20cm处）、PM_{10}浓度（出风口20cm处）都进行了限定。

9.13　室内空气净化产品净化效果的测定方法与评价

室内空气净化产品属于被动式空气净化方式，是将一种具有净化功能的液体、固体微粒、粉末或气体物质通过涂敷、释放等方式至室内空气、建筑材料、装饰材料表面的产品，当污染物分子扩散到这些产品表面，与之产生物理的、化学的或生物作用而将空气中污染物去除的一类产品。

制定相应的标准、检测与评价方法，对空气净化类产品进行功能测试、净化性能评价、产品分类与定级，以规范这类产品的生产、销售、使用，对促进室内环境污染治理行业向健康方向发展具有重要的意义。

9.13.1　室内环境净化类产品的规范化、标准化需求

随着我国建筑装饰装修高峰的来临，室内环境污染现象日益突出，室内空气的有机污染和生物污染已经直接影响到人们的健康和生命安全。近年来，一批室内环境污染控制类的国家标准相继实施，促进了广大消费者的环境意识不断提高，我国市场对空气净化类产品需求快速增长，越来越多的国内外企业参与了净化类产品的生产和销售中。如何选择合适有效的室内空气净化产品已成为广大消费者和净化治理服务企业的难题。一些净化器和净化材料在生产、销售、使用、宣传等环节出现一些混乱状态，以次充好、使用效果与宣传不符、二次污染严重等多种现象，成为消费者关注和咨询的热点。因此，国家相关部门组织制定相应的测试方法对各种空气净化剂的净化性能进行评价，适应并满足了社会的需求。

9.13.2 室内环境净化不同类型产品的标准制定

2006 年，由中国室内装饰协会室内环境监测委员会发起组织并编制的我国第一部《室内空气净化产品净化效果测定方法》（QB/T 2761—2006）正式发布，并已于2006 年12 月1 日起开始实施。这部标准的发布实施，对于规范我国的室内环境净化治理产品市场，加强产品的监督和检查，保护消费者的室内环境权益，推动我国室内环境净化治理产品的健康发展，具有十分重要的意义。

随后，中国建筑材料联合会生态环境建材分会依据在“十一五”期间，完成的“空气净化原材料、空气净化建筑材料产品以及测试与评价方法”的相关课题研究的基础上，编制了“室内空气净化涂覆材料净化性能”建筑行业标准，提出了建筑室内环境净化持久性和各类材料的净化性能指标。中国建筑材料科学研究总院在 2007 年提交了一份建材行业的室内空气净化产品性能评价方法。上海交通大学等单位申报了《光催化空气净化效果评价方法》地方标准，主要针对化学反应雾化喷洒类产品、生物类产品和光催化空气净化剂的净化效果进行测试。反映出不同行业和部门对室内环境污染治理类产品检测与评价的重视及社会、市场、产品三方面对规范这类产品的迫切需求与愿望。

9.13.3 《室内空气净化产品净化效果测定方法》(QB/T 2761—2006)标准述评

1. 引用标准

在室内空气净化产品净化效果测定方法标准中，规定了室内空气净化产品的净化功能指标及其测试方法。该规范引用五大类室内环境相关标准和规范，它们是：

《室内空气质量标准》（GB/T 18883—2002）

《民用建筑工程室内环境污染控制规范》（GB 50325—2010）

《空气净化器》（GB/T 18801—2002）

《公共场所室内气温、湿度、风速、换气率和照度测定方法》（GB/T 18204. 13，14，15，19，21）

《室内装饰装饰材料人造板及其制品中甲醛释放限量》（GB 18580—2001）

2. 性能指标

空气净化产品对气体污染物的净化是一个复杂的过程，受到多种参数的影响，在建立空气净化产品的评价方法时要考虑各种影响因素，诸如测试原理、评价指标、污染物检测手段、测试时间、污染物初始浓度以及实验舱的状况等，使净化产品的测试方法具有可重复性，评价指标具有科学性、评价方法具有实用性。

净化产品效果评价指标和净化效果的评价方法已研究多年，其评价指标主要有洁净空气量、百分净化率、污染物半衰期以及本文提出的净化量等表示方法。

在《室内空气净化产品净化效果测定方法》（GB/T 2761—2006）中采用了三个评价指标：

（1）净化量　产品净化污染物的量由自然衰减积分曲线面积和总衰减曲线积分面积之差得到。

自然衰减曲线的积分面积 AN；$AN = CN \times \mathrm{d}t$

总衰减曲线的积分面积 AT；$AT = CT \times \mathrm{d}t$

产品净化污染物总量 M：

$$M = V \times (AN - AT) = V(CN - CT)\,dt$$

单位时间内净化量：

$$m = M/t$$

式中　CN——舱内污染物自然衰减浓度（mg/m^3）；

CT——在净化产品工作状态下，舱内污染物总衰减浓度（mg/m^3）；

t——净化产品工作时间（h）；

V——环境试验舱容积（m^3）；

M——产品净化污染物总量（mg）；

m——产品单位时间净化污染物的量（mg/h）。

（2）洁净空气量　直接将《GB/T 18801—2002 空气净化器》标准中的洁净空气量，引用到净化产品中，将净化产品功能用洁净空气量（Clean air delivery rate，*CADR*）表示。它是由总衰减常数和自然衰减常数之差得到。

$$CADR = V \times (KT - KN)$$

式中　$CADR$——洁净空气量（m^3/h 或 m^3/min）；

KT——总衰减常数（h^{-1}或 min^{-1}）；

KN——自然衰减常数（h^{-1}或 min^{-1}）；

V——环境试验舱容积（m^3）。

净化量（m）和洁净空气量（*CADR*）是两种表示空气净化产品的功能指标。净化量是直接表示产品单位时间净化某一特定污染物的数量（mg/h）；而洁净空气量则是表示产品能提供不含某一特定污染物的空气量（m^3/h），它实际上是对污染物浓度的稀释效果。由于产品对不同的污染物的净化能力不同，所对应的净化量或洁净空气量也不一样。所以，在评价产品的净化效果时，应根据该产品能净化哪种污染物，分别测定对它们的净化量或将它们稀释的洁净空气量。

（3）百分净化效率　对涂在板材上的净化产品可用下式计算百分净化效率。

该方法采用单实验舱进行实验，将净化产品放入舱内后产生一定浓度的污染物，待舱内污染物浓度平衡后测量其初始浓度（C_0），根据实验需要再次测量舱内污染物浓度为终止浓度（C_t），根据两次测量的浓度值来计算净化产品的净化效率：

$$\eta = (C_0 - C_t) \times 100\% / C_0$$

式中　η——百分净化效率，

该方法需要测量污染物的初始浓度和终止浓度两个数据。

3. 标准 QB/T 2761—2006《室内空气净化产品净化效果测定方法》述评

（1）测量原理与影响因素　在净化性能测试方法中，一般是在一定体积的密闭试验室中发生一定浓度的污染气体，通过测定试验室内污染气体浓度随时间的变化关系或进出风口浓度，计算净化效果。

在净化产品效果测定过程中，使用的主要检测器具包括：环境测试舱、甲醛、TVOC 检测器具、粉尘颗粒物检测器具等主体器材。影响净化性能测试结果的主要因素为实验室容积、自然衰减、测试时间、污染物初始浓度和产品表面的吸附能力。

其中，环境测试舱作为重要的检测器具或载体，其容积的影响为最大因素。不同容积的测试舱，测量数据不同。因为空气流动量的不同和交换的差别，大容积的实验舱使测定的净化效率偏小、测试时间长；小容积的实验舱使测定的净化效率偏大、测试时间短。为了消除这些影响，体积大、风量大、净化效率高的产品实验室容积统一为 $30m^3$。而对体积小、风量小或无风机、净化效率低的产品用几个到十个立方米的实验室以缩短测试时间。一般采用 $1m^3$ 小型测试舱来评价粉末状、固体状等净化材料的测试。

（2）测量方法评价　采用洁净空气量作为评价的方法其优点有：

1）该方法不但适用于各种空气净化技术的空气净化器，也适用于评价其他空气净化产品；不但适用于内装风机的空气净化器，还适用于不装风机的空气净化类的各种材料。

2）全面地考虑了净化性能测试的各个影响因素，包括实验室容积、自然衰减、测试时间和污染物初始浓度。

3）洁净空气量方法几乎克服了下面两种方法的所有缺点，使测量结果具有重复性和可比性。

该方法主要缺点：

1）实验室占地大，设备投资费用较高。

2）洁净空气量表示方法不直观，非习惯性，非专业人员不易理解，但该缺点可以通过增加结果表示的方法予以克服，如用 $\eta(\%)$ 净化去除率来补充。

9.13.4　标准的评价与修订建议

应该指出的是，由于市场需求，各种室内空气治理材料成为研究开发的热点。新型净化原理和产品不断涌现，这就对规范中检测方法提出了严峻挑战。有些净化原理和产品突破了传统的净化原理和净化模式，必须选用合适的净化产品测量方式。才能正确评价净化类产品的净化效果，认识和使用各种室内空气治理材料。

1. 标准发布与修订的意义

由于室内污染治理行业发展十分迅速，净化类产品品种繁多，市场需求巨大，但在产品生产、销售过程中出现了较为混乱的现象。为了规范空气净化产品市场，全面、准确地对空气净化产品的性能进行评价是非常必要的。作为首部净化类材料产品规范，该标准的发布实施，规定了产品的检测方法，对于规范我国的室内环境净化治理产品市场，加强产品的监督和检查，保护消费者权益，推动我国室内环境净化治理产品的健康发展，具有十分重要的意义。

2. 标准中检测技术创新程度

本规范中，在室内空气净化产品净化效果测定方法中直接引用了《空气净化器标准》（GB/T 18801—2002）中测量理论与污染物的检测方法。说明了该规范本身没有创造新型室内环境质量检测标准和检测方法，只是直接将以净化器检测评价方法，如现行净化器测试原理、洁净空气评价方法等标准中的测量原理和检测标准引用到净化类产品测试中。

3. 采用检测方法的经济性

该方法中首次采用了双环境舱进行比较测试方法，试验方法比较科学严谨、操作简便的特点。但是，由于自然衰减直接反映测试舱的气密性和被测气体污染物的散发特性，用单一测试舱就足以完成这些检测项目的测量。因此，在实际测量中，该方法的实用性差，不够经济。

4. 标准中检测方法的定位

在净化产品百分净化效率实验方法中，直接采用气候箱法或干燥器法测量净化材料对装饰装修人选板材的测试原理和方法。没有扣除污染物自然衰减对实验结果的影响，亦不能真实反映产品的净化效果，只能作为初级判断净化产品的净化效果和筛查方法。

5. 标准对检测结果判定的影响

该规范中，没有对净化产品净化性能进行评价，只能通过本规范测试出来的相同类别的净化产品净化效率相互比较。也就是说：通过本规范测试出来的净化产品不管其检测出来的数据大小、净化性能优劣，产品净化性能结论中没有合格与不合格之分。这是该方法最大的遗漏，甚至是不小的缺陷。有待于在规范修订时，重点修订和补充。

6. 标准中检测方法的专业化

对各种净化类产品，依据其净化原理，应标注光催化净化测量条件和能耗值。使产品明确这类净化产品的使用条件。例如：光催化涂敷材料，应该标注激发光源的波长、功率，光源与净化材料的空间照射直线距离、净化材料表面照度测量值等光催化反应发生的重要参数。

7. 标准评价指标与发展要求

设立绿色评价指标：对耗能类净化产品标注其能耗值，鼓励非耗能类净化产品在室内净化领域中的应用，以符合绿色节能建筑材料和产品评价核心的要求。

9.13.5　净化材料净化效果的规范化及其发展方向

随着我国城市现代化进程的加快，人们在封闭或半封闭空间内生活、工作和日常活动的时间越来越多，而室内空气因各种装饰装修材料及人类活动引起的污染正日益严重地危害着人们的身体健康。因而人们对各种室内空气净化类产品的需求市场随之增大，能够降解各种有害气体的光催化空气净化类产品受到市场青睐，国内涉及光催化技术研究、生产和流通企业近千家，市场上光催化技术产品品种繁多，市场行为较为混乱。为了规范产品的生产、市场和使用，维护消费者的利益和促进光催化行业的长远和健康发展，国家组织相关部门，制定了光催化类产品相关标准，由全国化学标准化技术委员会归口，由国家质量监督检验检疫总局于2009年5月13日发布，并于2010年1月1日执行。相关标准有：

《光催化空气净化材料性能测试方法》（GB/T 23761—2009）

《光催化材料水溶液体系净化测试方法》（GB/T 23762—2009）

《光催化抗菌材料及制品抗菌性能的评价》（GB/T 23763—2009）

《光催化自清洁材料性能测试方法》（GB/T 23764—2009）

光催化类技术产品标准的制定和执行，标志着我国室内环境污染治理技术产品的专业化和规范化，规范产品的生产和市场行为，来充分保护光催化行业的健康和快速发展。

9.14　电场电离等离子体空气净化技术及其应用

在电场作用下，使用气体分子离解和电离，形成等离子体态，产生大量的电子、离子、中性原子、激发态原子、光子和自由等活性组分，其中电子和正离子的电荷数相等，整体表现出电中性。这种电场电离方法作用于气体分子时，使气体分子分解成小分子。人们将这种作用施加于有机污染物气体，使有机污染气体分解成小分子或最终把有机物降解为CO_2、CO和H_2O，从而达到治理的目的。

近年来，人们开始从事以等离子体技术去除气态毒性物质及挥发性有机物的研究，使该技术得到了迅速发展。在VOCs治理技术中，该方法优点是适用VOCs浓度范围大，去除VOCs率高，可连续操作等，但由于这些方法设备复杂、费用和能耗较高，降解有机物的反应机理复杂，降解产物组分、副产物复杂，尚有许多问题待进一步研究。

9.14.1 低温离子体的基本概念

在一定温度和压力条件下，物质的状态可有固、液、气三态的相互转变。当采取如加热、放电等手段时，气体分子便发生离解和电离，而电离产生的带电粒子密度达到一定数值时，物质状态便出现第四种状态：等离子聚集态。等离子态与物质状态发生了新变化：首先在组成上，电离气体成为带电粒子和中性粒子组成的集合体；在性质上，这种电离气体成为一种导电流体，而又能在与气体体积相比拟的宏观尺度内维持电中性。其二，电离气体中的带电粒子间存在库仑力，由此导致带电粒子群的种种集体运动。再者，作为一个带电粒子系，其运动行为会受到磁场的影响和支配等。因此，这种电离气体是有别于普通气体的一种新的物质聚集态。无论部分电离还是完全电离，其中的正电荷总数和负电荷总数在数值上总是相等的，故称为等离子体。因此，人们将物质在电场特殊作用下的电离气体，包括电子、离子、原子、分子或自由基等粒子组成的集合体，称之为等离子体。

9.14.2 空气净化用低温离子体的产生方法

等离子体可分为热平衡等离子体（或热等离子体）和非平衡等离子体（或低温等离子体）。热平衡等离子体中，电子与其他粒子的温度相等，一般在500K以上。在非平衡等离子体中，电子温度一般要高达数万度，而其他粒子的温度只有300~500K。空气净化大多通过非平衡等离子体实现。非平衡等离子体的产生方式很多，常见的有电子束照射法和气体放电法。

1. 电子束照射等离子法

这种方法是利用电子加速器产生的高能电子束，直接照射待处理气体，通过高能电子与气体中的氧分子碰撞，使之解离、电离，形成非平衡等离子体，这些活性粒子与有机物分子和小碎片基团发生一系列的自由基反应，最终把有机物降解为CO_2、CO和H_2O，从而达到治理的目的。

虽然电子束法具有很好的降解效果，但它也存在着一些缺陷：一是容易产生X射线，工业应用时必须建有混凝土防辐射工程，装置不能移动：二是冷却窗用压缩空气冷却，电子线照射产生臭氧，对装置有腐蚀，对周围环境也有害；三是由于电子束法产生的高能电子对任何气体分子均可破坏其化学键，使气体分子电离产生离子，如氮气和二氧化碳等气体分子将被分解和电离，浪费了能量，能耗过大；四是采用的电子枪价格昂贵，电子枪及靶窗的寿命短，设备结构复杂。上述原因限制了电子束法的应用。

2. 气体放电等离子法

气体放电产生非平衡等离子体的种类很多，按所加电场的频率不同，气体放电可以分为直流放电、低频放电、高频放电、微波放电等多种类型。若按放电过程的特征划分，则可分为电晕放电、辉光放电、电弧放电等。由于等离子体用于处理各类气体污染物具有处理流程短、效率高、能耗低、适用范围广，对于挥发性有机化合物的去除非常有效等优点，而成为室内环境污染治理的新兴技术之一，对室内环境中甲醛及 VOCs 等离子净化法成为国内外研究的热点之一。

9.14.3　等离子体净化室内空气中甲醛

室内空气中甲醛是重点污染物之一，利用介质阻挡放电等离子体进行甲醛去除已经有较多报道，但总的来说还存在一些问题：理论方面，冷等离子体产生机理、等离子体与被处理甲醛时的物理化学过程还不很清楚；技术方面，甲醛净化模型大多处于实验摸索阶段，缺乏完善的数学模型、处理装置和工艺的优化设计，有必要对开发脱除甲醛的机理模拟、等离子体发生器结构参数优化、验证进行实验研究，以加速等离子体技术在甲醛脱除上的实际应用。

在低温等离子体脱除甲醛的动力学研究中，有人首次对介质阻挡放电脱除甲醛进行了实验研究，他们的实验结果表明：在室温条件下，介质阻挡放电可以有效地脱除气体中的甲醛。气体停留时间为 10s，在外加电压 18kV，甲醛含量为 $147mg/m^3$ 浓度下，去除率可达到 90%，而当电压增加到 19kV 甲醛浓度为 $134mg/m^3$ 时，去除率可高过 97%。研究认为甲醛的脱除通过两种过程来实现：一是电子的直接碰撞，二是自由基的碰撞，甲醛的脱除主要通过 OH 自由基和 O 原子与之碰撞，使甲醛分子逐步离解。如图 9-30 为等离子净化甲醛的反应历程：

在甲醛等离子反应历程中，气态甲醛分子与电场电子、各活性基团直接碰撞而发生了化学氧化反应分解的过程。电子在放电过程中获得的能量分布范围为 2 ~ 20eV，甲醛分子中 C—H 键能为 4.3eV。C—O 键能为 7.7eV，两键键能 < 20eV，因此在电场中产生了 HCHO→CHO→CO→CO_2 的逐步离解过程，最终，甲醛分子被氧化成 CO_2。

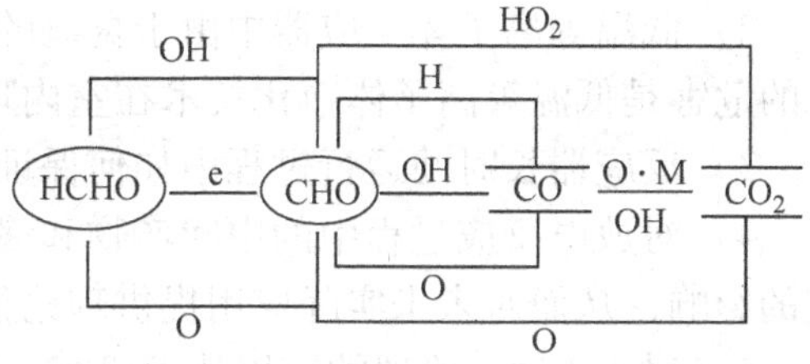

图 9-30　甲醛脱除的主要反应历程

甲醛的脱除效率与外加电压、气体组成以及气体在放电区停留时间有关。在电场中当电压增强且电场强度及输入反应器的能量增大时，产生了更多高能电子，从而提高了污染物的去除率。而当等离子反应器的能量一定时，甲醛流经反应器的流速越大，气体分子停留时间越短，污染物分子和高能电子碰撞的几率就越少，污染物分子离解、电离和激发的几率相应减少，污染物分子的去除率下降。研究还表明，在电场中增加某些可提高填料电晕放电的强度介电填料，比无填料对甲醛的去除率要高。但是，实际模拟试验中，随着甲醛浓度的减小，通过等离子反应器对甲醛的降解率随之减小。因此，低温等离子体净化甲醛比较适合于高浓度的甲醛净化。

9.14.4　等离子体净化室内空气中 VOCs

在等离子电场中，运动中的电子具有一定能量，不仅能够产生氧等离子体、羟基和臭氧，当其碰撞到气体中的 VOCs 分子时，对 VOCs 分子做弹性或非弹性碰撞。此时，电子动能向分子内能转化，从而将能量转移至 VOCs 分子，使 VOCs 分子形成激发态分子、离子或使分子离解为中性的或电离的碎片（原子、离子等），便与气体中存在的氧等离子体激发态氧分子、高能态氧原子以及臭氧发生氧化还原反应，反应生成 CO_2、CO 和 H_2O，反应同时又释放出能量去分解分子，形成循环往复，使反应不断地进行下去。另外，臭氧和高能态的氧原子也可直接与 VOCs 分子进行氧化反应。

为了提高 VOCs 的去除率和能量利用率，人们在研究脉冲放电等离子体净化 VOCs 技术时，通常采用的方法是提高脉冲电源的能量效率，加强电源与反应器的匹配等方式，随之产生了一些新的技术方法，如采用高压、超高压窄脉冲发生器与旋转火花间隙开关配合使用；采用催化剂和脉冲电晕相结合；采用正、负脉冲电晕放电等结构，获得更高的能量利用率等，这些新方法的运用，使得非平衡等离子体联合技术，成为环境污染物净化的重要研究领域，受到日益广泛的关注。

9.14.5　低温等离子体技术在室内空气净化中的应用展望

由于低温等离子体技术对于空气中低浓度的有机废气的处理具有较高的净化率，污染被净化分解后，基本上都成为无机小分子，净化较为彻底，因此，特别适用于室内环境污染物的净化中。

由于在低温等离子体净化技术应用研究目前还相对较少，许多方法还处于实验室研究阶段，今后需进一步加强的研究的方向有：

1）等离子体反应器的设计和研制，包括放电形式、电极结构、输入电源性能等。

2）低温等离子体反应器中由于臭氧的产生，对环境和人体构成新的伤害，如何克服臭氧的危害是低温等离子体净化技术在室内环境净化发展的瓶颈。

3）反应器长时间运行过程中如何保证其对 VOCs 处理效率恒定。

4）对放电反应过程中的中间产物和终产物进行分析，验证其净化历程和反应产物对环境的影响，从而对未来实际应用提供理论依据。

5）对于 VOCs 治理的应用技术研究，在净化装置上如何在实验室研究的基础上实现工业化应用。

6）室内环境中多为多组分、低含量的有机污染物，加强多组分、低含量室内 VOCs 的实际净化研究，开发能够同时去除多种污染物的等离体技术。

第10章 室内环境污染治理的步骤与现场施工

10.1 室内环境污染治理技术

室内环境污染治理是指依据室内空气质量或规范等相关标准中有害物质限量的规定，采用物理吸附法、化学法、生物降解等各种技术方法，使室内已污染的空气、建筑装饰装修材料中的有害物质降低或去除，并使室内空气质量指标达到室内环境质量标准的要求。

室内空气污染治理的步骤分为：引用合适的检测标准或判定标准、确定污染源、确定治理步骤、进行现场施工，治理后进行质量验收等。

10.1.1 治理技术的适用检测方法及判定标准

由于室内污染治理涉及室内空气中有害物质限量标准，因此，通过室内环境污染治理要达到的相关标准要求不同，治理要求、目标及过程也会相应不同。

从现有我国室内空气质量标准来看：

1. 治理要求达到《室内空气质量标准》GB/T 18883—2002 的规定

《室内空气质量标准》GB/T 18883—2002 规定：室内空气“应无毒、无害、无异味”，而且从其适用范围来看，它适用于已投入使用的建筑物，或者说适用于日常生活的空气质量；从其控制范围来看，在用建筑物室内环境污染物中，既有建筑物结构材料、装饰装修材料散发的污染物，也有室内各种设备、家具、电器及生活、办公、人群等产生的污染；从其控制的污染物限量指标来看，涉及物理性、化学性、生物性、放射性四个参数类别 19 个检测和限量指标。要达到标准中对污染物的控制和治理的目标，涉及面广、限量指标多、限量范围严格。而且，室内环境中各种室内家用电器及生活、办公、人群等产生的污染物具有持续性，因此治理过程非常复杂，所采用的空气中污染控制方法与治理手段非常繁杂，尽管目前有多种污染物控制方法，但要在民用建筑中全面达到室内空气质量标准中对有害物质的限量仍然是困难的。

2. 治理达到《民用建筑工程室内环境污染控制规范》GB50325—2010 的要求

《民用建筑工程室内环境污染控制规范》GB 50325—2010 是针对民用建筑工程全过程，对室内环境中有害物质进行的过程控制，规范中规定了工程建设全过程控制中，按照工程分类、材料中有害物质限定、在工程勘察设计、工程施工、竣工验收中对各种建筑材料、装饰装修材料、建成后室内空气中的 5 项控制指标进行控制，并提出了相应的要求。

1）对民用建筑工程室内环境实现全过程污染物治理和控制。

首先是采用不同的污染物控制和治理方法，根据标准规定的要求，对在建的民用建筑施工，采用相应的污染物控制与治理工艺，对所使用的建筑材料、装饰装修材料通过污染治理，实现民用建筑施工的全过程控制，使其达到民用建筑工程相应使用等级或有害物质的限量标准要求后方可使用。

2）进入竣工验收阶段的民用建筑工程，对室内各种建筑材料、装饰装修材料、固定式家具等，采取相应污染物控制与治理工艺，减小或去除相应污染物，使其散发到室内空气中的苯、甲醛、TVOC、氨、氡等污染物符合民用建筑工程室内环境五项污染物控制指标。通过对污染物的治理，进行室内空气中五项污染物检测，检测合格后，方可交付使用。

3）已经完工或正使用的民用建筑工程，对室内环境中各种装饰装修材料表面进行污染物治理施工后，经检测合格的民用建筑，进行复核检测，使其达到所规定的污染物控制标准范围。

经对民用建筑工程进行全过程污染物控制或治理后，可获得良好的控制或治理效果，是值得大力提倡的室内环境控制或污染治理方法。而对建成或使用后发现室内环境中污染物超标严重，再采用污染控制或治理方法，属于事后污染物控制或治理方法。由于建筑材料、装饰装修材料中有害物质随着室内温度、湿度的变化具有长期散发的特点，对材料表面的污染物进行控制或治理的方法是有限的、有时效性的。因此，一般只在一定的时间内获得良好的控制或治理效果，一段时间后，对污染物的控制能力有可能降低或减弱。

3. 治理达到《室内装饰装修材料有害物质限量标准》的10项要求

《室内装饰装修材料有害物质限量标准》中涉及具体的装饰装修材料有害物质限量，规定了各种相关污染物的控制指标和限量范围，表10-1中列举了10项标准和污染限量和可能引起室内污染的重要污染物。

表10-1 《室内装饰装修材料有害物质限量标准》中有害物质的限量

标　准	名　称	污染物	可能引起室内空气污染的有机污染物
GB 18580—2001	人造板及其制品中甲醛释放限量	游离甲醛	甲醛
GB 18581—2001	溶剂型木器涂料中有害物质限量	VOCs、苯、甲苯和二甲苯、游离甲苯二异氰酸酯（TDI）色漆中重金属铅、镉、铬、汞	VOCs、苯、甲苯和二甲苯、游离甲苯二异氰酸酯（TDI）
GB 18582—2001	内墙涂料中有害物质限量	VOCs、游离甲醛及重金属铅、镉、铬、汞	VOCs、甲醛
GB18583—2001	胶粘剂中有害物质限量	溶剂型胶粘剂中游离甲醛、苯、甲苯和二甲苯、VOCs、游离甲苯二异氰酸酯（TDI）	甲醛、苯、甲苯和二甲苯、VOCs、游离甲苯二异氰酸酯（TDI）
		水性胶粘剂中主要涉及游离甲醛、VOCs、苯、甲苯和二甲苯	游离甲醛、VOCs、苯、甲苯、二甲苯
GB 18584—2001	木家具中有害物质限量	游离甲醛及可溶性重金属铅、镉、铬、汞	甲醛
GB 18585—2001	壁纸中有害物质限量	游离甲醛、氯乙烯单体及可溶性重金属钡、镉、铬、铅、砷、汞、硒、锑	甲醛、氯乙烯

（续）

标 准	名 称	污 染 物	可能引起室内空气污染的有机污染物
GB 18586—2001	聚氯乙烯卷材地板中有害物质限量	氯乙烯单体	氯乙烯
GB 18587—2001	地毯、地毯衬垫及地毯胶粘剂有害物质释放限量	总挥发性有机化合物（TVOC）甲醛、苯乙烯、4-苯基环己烯	甲醛、苯乙烯、4-苯基环己烯及TVOC
GB 18588—2001	混凝土外加剂中释放氨的限量	氨	氨
GB 6566—2001	建筑材料发射性核素限量	氡	氡

10.2 室内环境污染状况的分析及对室内环境污染源控制方法

室内装饰装修材料品种繁多，而其中人造复合材料、化学合成材料占据多数，这些材料不断向室内空气中散发污染物，是室内空气污染的重要来源；同时，许多天然材料也经过各种化学处理工艺，同样也会向室内空气中散发污染物，也是室内污染控制和治理的对象。为了控制室内环境污染的源头，首先必须对建筑材料和装饰装修材料中的有害物质进行监测与控制，还应该采取相应科学而有效的净化处理方法，以减少这些材料向室内环境释放污染物，这是对室内空气环境污染源控制的重要方法。

1. 建筑材料、装饰装修材料使用前的检测

在民用建筑工程施工过程中，对室内建筑材料、装饰装修材料在使用前进行有害物质的检测，可了解这些材料中有害物质的含量或散发量，控制使用等级，以达到减小或控制室内空气中污染的目的。同时，通过对材料中有害物质的检测，正确掌握室内空气污染的源头、污染种类，根据室内环境预测或预评价方法，及时判定室内环境中可能的污染物种类及其散发量，有利于开展有针对性的室内空气污染控制与治理。

2. 建筑材料、装饰装修材料使用时对污染物的去除方法

建议采用如下对污染物的控制或治理措施：在这些装饰装修材料使用前，先对其进行检测，使用合格的装饰装修材料；同时，在使用前对这些装饰装修材料，通过涂敷或浸渍等方式，利用污染物去除剂、封闭剂、降解剂等方式，如可使用甲醛清除剂，封闭剂，氨、苯及VOCs去除剂等处理后再进行施工，可进一步降低这些装饰装修材料中有害物质向室内空气中的释放，进而获得较好的室内环境污染物控制或治理效果。

3. 家具中人造复合材料有害物质去除方法

家具大多采用人造复合板材制作而成。这些复合材料不断向室内释放出游离甲醛、VOCs等污染物，是引起室内空气污染的又一重要来源。建议消费者在购置前，除了对家具的使用性能进行考虑外，还应特别考察家具中有害物质的释放量，防止其中的有害物质向室内空气中散发，形成室内空气污染。

家具中的甲醛及VOCs去除方法，一般采用在板材拼接处，对人造板材表面、接缝、钻孔等部位，用甲醛去除剂、VOCs去除剂等净化材料，用喷涂或刷涂、浸渍等方式施工，以达到去除减少或封闭这些污染物的目的。

4. 墙纸、窗帘及装饰品中污染物的去除方法

室内墙纸在生产制造时大都采用发泡技术，施工时用胶粘剂粘贴到墙面上，这些材料中都含有向室内空气中释放的有机污染物；窗帘及装饰品也多经过化学试剂进行印染、整理等后处理工艺，也会向室内空气中散发污染物。

墙纸胶粘好后，可直接在墙纸表面喷涂或刷涂甲醛或 VOCs 去除剂、封闭剂；窗帘及装饰品，可采用喷涂或刷涂、浸渍等方式，将甲醛去除剂等净化剂涂敷到窗帘及装饰品表面。

10.3 室内空气净化方法

对已经使用或装饰装修施工完成后的室内空气中污染物进行净化处理，常用的方法和措施较多，综合起来可归纳如下几个方面。

1. 净化液涂刷施工方法

1）根据室内空气检测报告，分析室内污染物的种类，找出室内污染源。根据污染源的散发部位，确定净化方法，选用相应的净化涂敷材料和净化液。

2）对室内环境进行分析，确定施工方案：一般对室内自然光和照明条件较好的室内空间，如墙壁、天花板等部位，适合选择光催化喷涂液；而各种橱柜内部、室内自然光和照明灯光不能直接照射到的部位，适合用甲醛去除剂、TVOC、植物提取液进行喷涂。

3）喷涂施工前的准备：对室内物品、地板、家具、装饰品等进行遮盖，防止污损，并将被涂物表面清理干净。

4）喷涂施工：施工时，先将喷涂液摇匀，喷枪的喷嘴距离被涂物表面 30～45cm，对拟喷涂的表面均匀喷涂，涂布量根据产品施工说明书为准，一般以 60～100m^2/kg 为最佳，可根据需要，待第一次喷涂液干燥后再喷涂第二次。

5）对无人居住的室内，可根据光催化喷涂液的说明书要求，选择合适波长的紫外灯具，用加大紫外光照射强度的方法，提高净化效果。

6）对人员密集的公共场所，可选用植物提取液、植物精油喷涂、放置在中央空调或室内空调器的通风口采用自然挥发的方式，净化空气。

2. 吸附剂放置方法

根据室内空气或橱柜内污染物的不同特点，选择相应的吸附剂，将吸附剂放置在室内环境中，人员经常停留的部位，如工作台、沙发、床头柜、各种橱柜内等不同部位，通过吸附法吸附去除散发到空气中的污染物。

3. 空调器净化材料安装

空调器一般都安装有过滤网，除了经常清洗过滤网外，可在清洗干净的过滤网风向内侧，安装风阻较小的净化过滤材料：如负载有催化剂的活性炭、生物酶催化剂的活性炭纤维过滤网等，通过净化材料对流经过滤网的空气实施净化功效。选择净化过滤材料的面积一般以 1/3 为易，不要超过过滤网面积的一半，不要完全覆盖整个过滤网，否则会损坏空调器风机、降低通风量。

4. 空气净化器净化法

根据室内空间体积的大小，对不能实施自然通风的室内环境，可选择合适的空气净化器。

对住宅内的空气，一般选用对甲醛、VOCs、粉尘颗粒物和细菌净化能力较高的净化器。

对大型办公楼室内空气，除了选用对甲醛、VOCs、粉尘颗粒物和细菌的净化去除外，还要注意对无机污染物有一定的净化能力和通风量、净化量较大的净化器。一般选用带有等离子体、光催化、生物酶催化氧化装置的净化器。

对大型超市、百货大楼、大型办公楼等场所，可选用带有净化功能部件的换气式空气净化器，在通风换气的同时，对引入的新风和部分回风进行净化处理，以达到减小室内空气中污染物的目的。

5. 中央空调净化装置的安装和施工

中央空调通风系统中的净化装置一般安装在新风机组引入新风的端口内，送风口、回风口和回风管道内。首先，要根据中央空调的通风量，不同通风部位的风速大小、净化装置的风阻大小，选择合适的净化装置。这些工作应该由专业人员进行测量和计算的基础上来选用。对已经在用的中央空调，可选择施工方便、风阻较小的回风净化装置、新风净化装置，只要根据这些净化装置的说明书要求，通过简单施工即可。而要在通风和回风管道内安装净化装置，则要由专业安装人员进行。

第 11 章　室内环境污染治理必备的电工知识

进行室内装修和维护，就需要掌握一定的电工常识。下面从五个方面对我们应该掌握的电工常识进行讲述。

电工仪表是实现电工测量过程所需技术工具的总称。电工仪表的测量对象主要是电学量与磁学量。电学量又分为电量与电参量。通常要求测量的电量有电流、电压、功率、电能、频率等；电参量有电阻、电容、电感等。磁学量有磁感应强度、磁导率等。

11.1　电工仪表的类型、误差和准确度

1. 电工仪表的分类

按测量方法分为比较式和直读式两类。比较式仪表需将被测量与标准量进行比较后才能得出被测量的数量，常用的比较式仪表有电桥、电位差计等。直读式仪表将被测量的数量由仪表指针在刻度盘上直接指示出来，常用的电流表、电压表等均属直读式仪表。直读式仪表测量过程简单，操作容易，但准确度不可能太高；比较式仪表的结构较复杂，造价较昂贵，测量过程也不如直读法简单，但测量的结果较直读式仪表准确。

1）按被测量的种类分为电流表、电压表、功率表、频率表、相位表等。

2）按电流的种类分为直流、交流和交直流两用仪表。

3）按工作原理分为磁电式、电磁式、电动式仪表等。

4）按显示方法分为指针式（模拟式）和数字式。指针式仪表用指针和刻度盘指示被测量的数值；数字式仪表先将被测量的模拟量转化为数字量，然后用数字显示被测量的数值。

5）按准确度分为 0.1、0.2、0.5、1.0、1.5、2.5 和 5.0 共 7 个等级。

2. 常用电工仪表的符号和意义（表 11-1）

表 11-1　常见的测量仪表种类、符号和意义

分类	符　号	名　称	被测量的种类
电流种类	—	直流电表	直流电流、电压
	~	交流电表	交流电流、电压、功率
	≃	交直流两用表	直流电量或交流电量
	≋ 或 3 ~	三相交流电表	三相交流电流、电压、功率
测量对象	(A) (mA) (μA)	安培表、毫安表、微安表	电流
	(V) (kV)	伏特表、千伏表	电压
	(W) (kW)	瓦特表、千瓦表	功率
	[kW·h]	千瓦时表	电能量

（续）

分类	符　号	名　称	被测量的种类
测量对象	(φ)	相位表	相位差
	(f)	频率表	频率
	(Ω) (MΩ)	欧姆表、兆欧表	电阻、绝缘电阻
工作原理		磁电式仪表	电流、电压、电阻
		电磁式仪表	电流、电压
	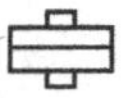	电动式仪表	电流、电压、电功率、功率因数、电能量
		整流式仪表	电流、电压
		感应式仪表	电功率、电能量
准确度等级	(1.0)	1.0 级电表	以标尺量限的百分数表示
	(1.5)	1.5 级电表	以指示值的百分数表示
绝缘等级	⚡2kV	绝缘强度试验电压	表示仪表绝缘经过 2kV 耐压试验
工作位置	→	仪表水平放置	—
	↑	仪表垂直放置	—
	∠60°	仪表倾斜 60°放置	—
端钮	+	正端钮	—
	—	负端钮	—
	± 或 ⋇	公共端钮	—
	⊥ 或 ⏚	接地端钮	—

3. 电工仪表的误差、准确度和灵敏度

电工仪表的准确度是指测量结果（简称示值）与被测量真实值（简称真值）间相接近的程度，是测量结果准确程度的度量。误差是指示值与真值的偏离程度。准确度与误差本身的含义是相反的，但两者又是紧密联系的，测量结果的准确度高，其误差就小，因此，在实际测量中往往用误差的大小来表示准确度的高低。表 11-2 为仪表准确度与基本误差的对照表。

表 11-2　仪表准确度与基本误差的对照表

准确度等级	0.1	0.2	0.5	1.0	1.5	2.5	5.0
基本误差(%)	±0.1	±0.2	±0.5	±1.0	±1.5	±2.5	±5.0

电工仪表的灵敏度是指在测量过程中，测量读数的变化值（Δx）与仪表指针偏转角的变化量（$\Delta\alpha$）之比。电工仪表的灵敏度 S 的表达式为

$$S=\frac{\Delta\alpha}{\Delta x}$$

使用电工仪表进行电工测量时，受到诸多因素的影响，测量到的数据与实际值总是存在误差的。造成测量误差的主要因素有：电工仪表制造工艺的限制、测量时外界环境因素和操作人员的因素等。误差是衡量仪表测试准确度的标准。

误差是不可避免的。根据引起误差的原因不同，仪表误差可分为基本误差和附加误差。基本误差是在规定的温度、湿度、频率、波形、放置方式以及无外界电磁场干扰等正常工作条件下，由于仪表本身的缺点所产生的误差。附加误差是由于外界因素的影响和仪表放置不符合规定等原因所产生的误差。附加误差有些可以消除或限制在一定范围内，而基本误差却不可避免。

4. 误差的表示方法

仪表误差的表示方法可分为绝对误差、相对误差和引用误差。

（1）绝对误差　指仪表的读数值 A_x 与实际值 A_0 的差，用希腊字母“Δ”表示：

$$\Delta A=A_x-A_0$$

（2）相对误差　绝对误差与实际值 A_0 之比，用百分数表示，代号为希腊字母“γ”。

$$\gamma=\frac{\Delta}{A_0}\times100\%$$

（3）引用误差　仪表的绝对误差与仪表测量上限 A_m（满标度值即量限）之比，用百分数表示，代号为希腊字母“γ_m”。

$$\gamma_m=\frac{\Delta}{A_m}\times100\%$$

（4）仪表的准确度　仪表的最大绝对误差 ΔA_m 与仪表测量上限 A_m 之比，用百分数表示，代号为“K”。

$$K=\frac{\Delta A_m}{A_m}\times100\%$$

（5）最大相对误差　仪表的最大绝对误差 ΔA_m 与仪表测量实际值 A_0 之比，代号为“γ_n”。

$$\gamma_n=\frac{\Delta A_m}{A_x}=\frac{\Delta A_m}{A_x}\times\frac{A_m}{A_m}=\frac{\Delta A_m}{A_m}\times\frac{A_m}{A_x}=K\times\frac{A_m}{A_x}$$

直读仪表的准确度用最大引用误差来分级，分为0.1、0.2、0.5、1.0、1.5、2.5和5.0共7个等级。如准确度为2.5级的仪表，其最大引用误差为2.5%。

举例：用一量程为150V的电压表在正常条件下测某电路的两点间电压 U，示值为100V，绝对误差为1V。这时 U 的真值为100V－1V＝99V，相对误差 $r=1\%$。如果示值为10V，绝对误差为－0.8V。则其真值为10.8V，相对误差8%。如果已知该电压表可能发生的最大绝对误差为1.5V，则仪表的最大引用误差为：

$$K=\frac{\Delta A_m}{A_m}\times100\%=\frac{1.5}{150}\times100\%=1\%$$

所以该仪表的准确度等级为1.0级。

注意：被测量的数值比仪表量程小得越多，测量结果可能出现的最大相对误差值也越大。例如用 1.0 级量程为 150V 的电压表测量 30V 的电压，可能出现的最大相对误差为 5%，而改用 1.0 级量程为 50V 的电压表测量 30V 的电压，可能出现的最大相对误差为 1.67%。所以选用仪表的量程时应使读数在 2/3 量程以上为宜。

11.2　电流、电压及功率的测量

1. 电流的测量

测量直流电流通常采用磁电式电流表，测量交流电流主要采用电磁式电流表。电流表必须与被测电路串联，如图 11-1a，否则将会烧毁电表。此外，测量直流电流时还要注意仪表的极性。

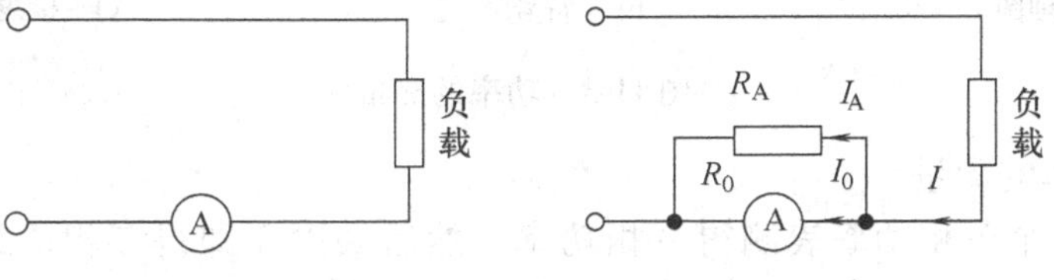

a)　直接测量电流　　b)　电流表量程的扩大

图 11-1　电流的测量

如图 11-1b 所示，扩大量程的方法是在表头上并联一个称为分流器的低值电阻 R_A，分流器的阻值为：$R_A = R_o/(n-1)$。式中 R_o 为表头内阻，$n = I/I_o$ 称为分流系数，其中 I_o 为表头的量程，I 为扩大后的量程。

2. 电压的测量

测量直流电压通常采用磁电式电压表，测量交流电压主要采用电磁式电压表。电压表必须与被测电路并联，如图 11-2a，否则将会烧毁电表。此外，测量直流电压时还要注意仪表的极性。

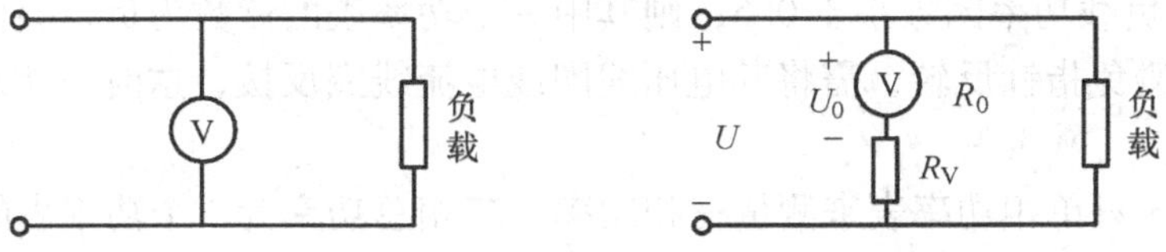

a)　直接测量电压　　b)　电压表量程的扩大

图 11-2　电压的测量

如图 11-2a，扩大量程的方法是在表头上串联一个称为倍压器的高值电阻 R_V，倍压器的阻值为：$R_V = (m-1)R_o$。式中 R_o 为表头内阻，$m = U/U_o$ 为倍压系数，其中 U_o 为表头的量程，U 为扩大后的量程。

3. 功率的测量

测量功率时采用电动式仪表。它与电流表与电压表的区别在于定圈与动圈不是串联使用，而是将固定线圈与负载电路串联，反映负载中的电流 I_1，因而固定线圈又叫电流线圈；

将可动线圈和负加电阻串联 R_V 后，再与负载电路并联测量负载两端电压 U。可动线圈又叫电压线圈。由于仪表 W 指针偏转角度与负载电压和电流的乘积成正比，所以它能测量负载的功率。

（1）直流和单相交流功率的测量（见图 11-3）

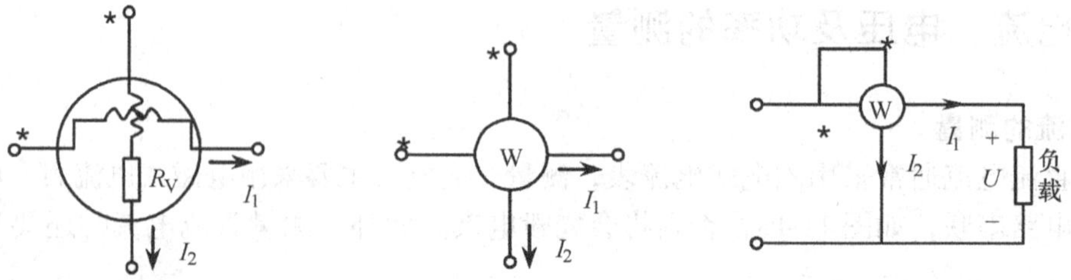

a）原理图　　b）符号　　c）接线图

图 11-3　功率的测量

（2）三相功率的测量

一表法：用一个单相功率表测得一相功率，然后乘以 3 即得三相负载的总功率（见图 11-4）。

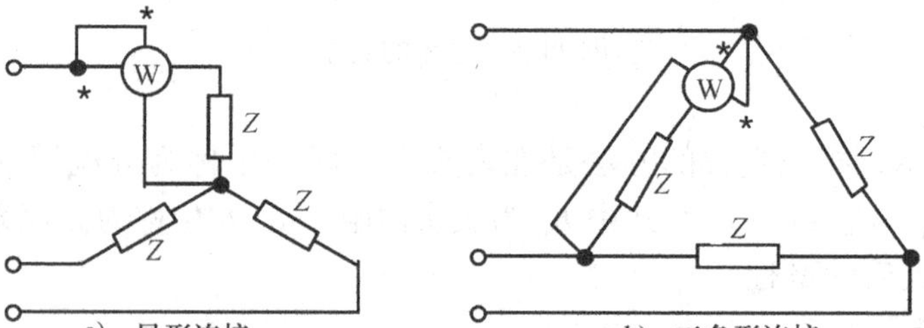

a）星形连接　　b）三角形连接

图 11-4　三相功率一表法测量

二表法：用两只单相功率表来测量三相功率，三相总功率为两个功率表的读数之和（见图 11-5）。若负载功率因数小于 0.5，则其中一个功率表的读数为负，会使这个功率表的指针反转。为了避免指针反转，需将其电压线圈或电流线圈反接，这时三相总功率为两个功率表的读数之差。

三表法：用 3 只单相功率表来测量三相功率，三相总功率为 3 个功率表的读数之和（见图 11-6）。

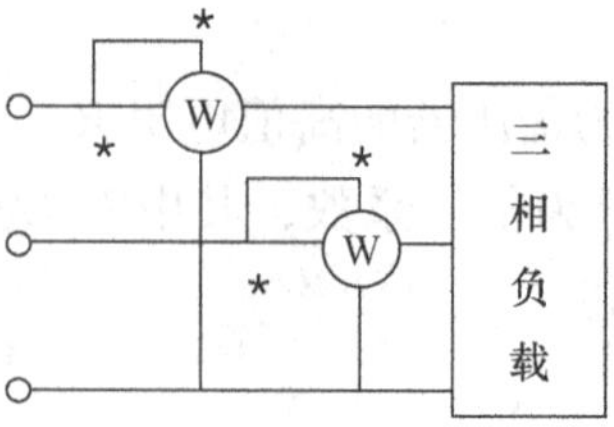

图 11-5　三相功率二表法测量

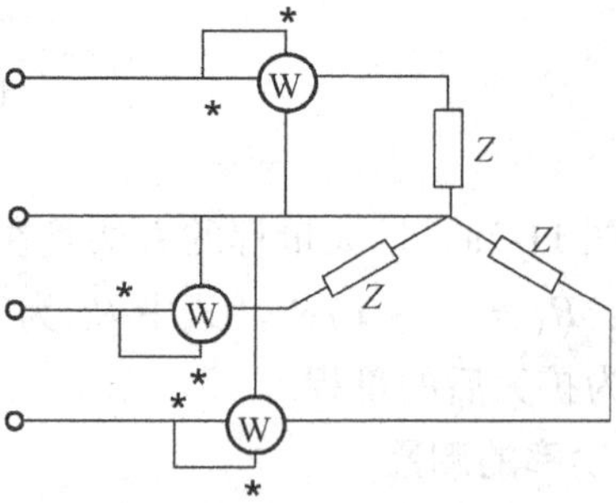

图 11-6　三相功率三表法测量

用二元功率表和三元功率表测量三相总功率，三相总功率均可直接从表上读出（见图 11-7）。

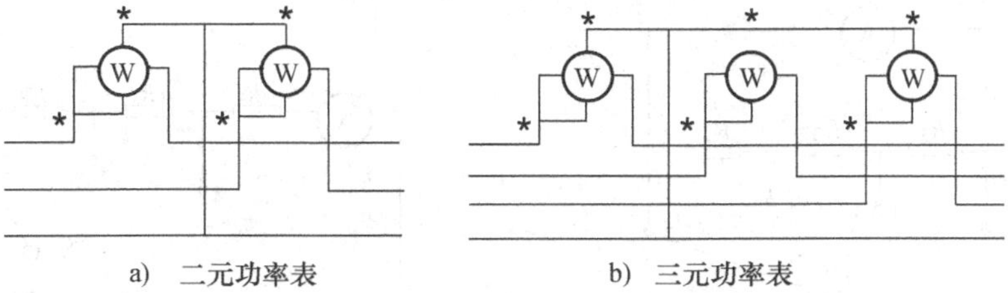

图 11-7　用二元功率表和三元功率表测量三相总功率

（3）功率表使用注意事项

使用功率表时应注意以下事项：

1）使用功率表时，应注意其电流和电压量限能允许所通过的负载电流和电压。

2）功率表的接线应遵守“发电机端”规则，否则不仅无法读数，还会损坏仪表。将表中标有“*”号的电流端钮接至电源端，另一端钮接至负载端；标有“*”号的电压端钮可接至任一电流端钮，但另一电压端钮则应该接至负载的另一端。

3）一般功率表只标注分格数，而不标注瓦特数，称为功率表的分格常数，用 C(W/格) 表示。在测量时读得的偏转格数 a，乘以相应的分格常数 C，就等于被测功率的数值，其公式如下：

$$P = Ca(W)$$

11.3　常用测量仪表

11.3.1　万用表

万用表也称复用表、万能表，是一种多量程、多用途的维护检修常用仪表。万用表的结构型式是多种多样的。表面上的开关、旋钮的布局也各有差异；其指示有指针式和数字式。

一般的万用表可测量电阻、直流电流、直流电压和交流电压。有些万用表还设置了可测量交流电流、功率、电感、电容、音频电平和晶体三极管部分参数的功能。

1. 万用表的工作原理和实际电路

万用表的简化工作原理图，见图 11-8。通过转换开关位置的改变，可以构成不同的测量线路。如转换开关转到电流挡（mA），就可测量直流电流值。其实际测量直流电流的电路，见图 11-9。图中 R_1、R_2、R_3、R_4 为分流电阻，其作用是扩大直流电流量程的。转换开关在位置 1 时，量程最小，转换开关依次置于 2、3、4 时，其量程将不断扩大。这样就可实现不同范围的直流电流的测量。

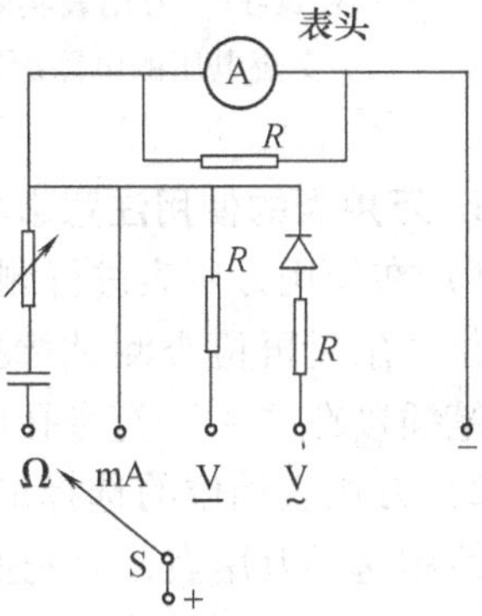

图 11-8　万用表的简化工作原理图

当转换开关转到直流电压挡（V）时，可测量直流电压。其实际测量电路，见图 11-10。在图中，R_1、R_2、R_3、R_4 为附加电阻，为扩大电压量程而设。当转换开关由位置

1 依次转到 2、3、4 时，电阻值不断减小，其测量电压的量程也随之减小，这样就可得到不同范围的直流电压的量程。

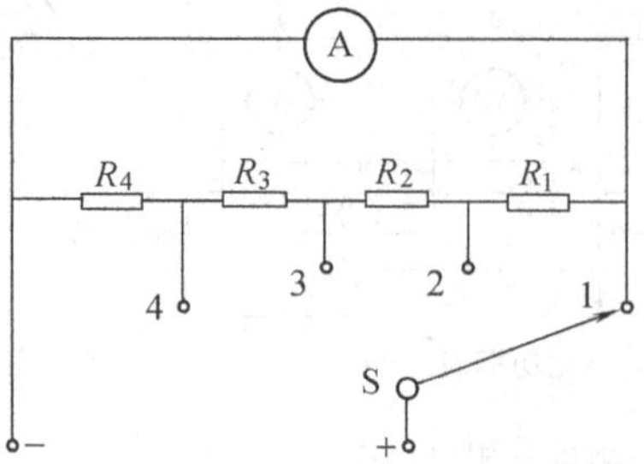

图 11-9　万用表实际测量直流电流的电路原理图

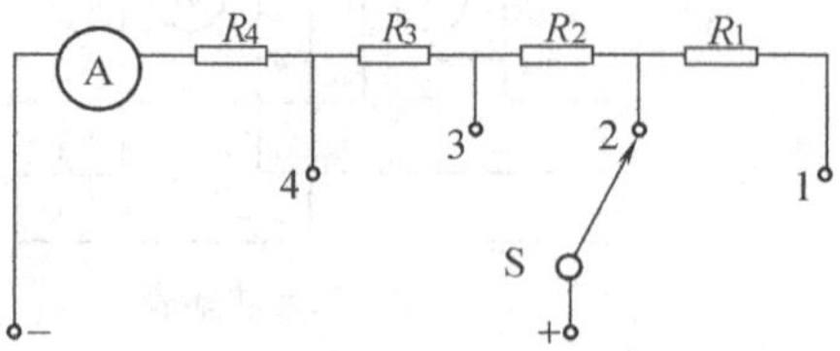

图 11-10　万用表实际测量直流电压的电路原理图

当转换开关转到交流电压挡时，在线路中接入一个桥式整流器，见图 11-11。其作用是将交流经过整流之后，变为直流。表头指针所指的值，即是交流值。其他测量方法同直流电压。

当转换开关转到电阻挡（Ω）时，可测量电阻值。实际测量电路，见图 11-12。测量电阻时，线路中应有电流流通，表头指针方能偏转，因此，线路中 E 为万用表的内部电压（干电池），线路中的 R_S 为被测电阻，R_1、R_2、R_3、R_4 为可转换电阻，是为扩大量程而设的。当转换开关置于 $R\times10$、$R\times100$、$R\times1k$ 等不同位置时，可实现不同范围的测量量程。

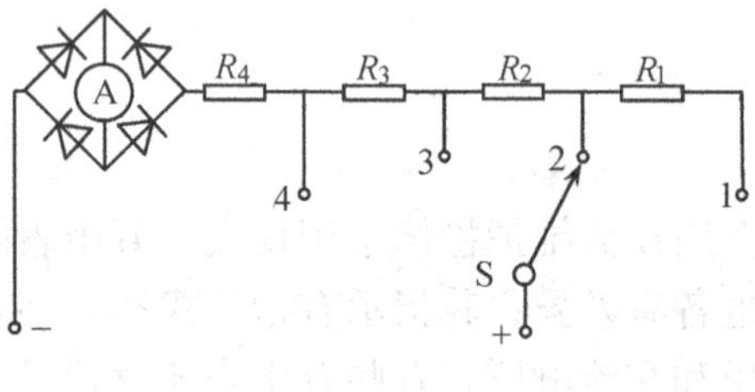

图 11-11　万用表实际测量交流电压的电路原理图

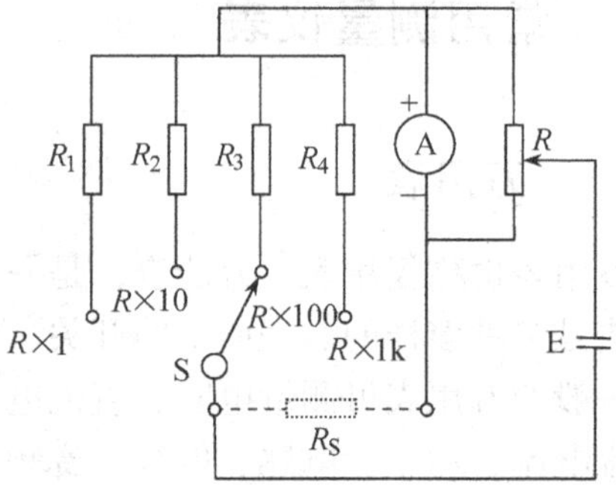

图 11-12　万用表实际测量电阻的电路原理图

2. 万用表的使用注意事项

1）在使用万用表进行测量之前，首先检查表头指针是否对准零位。如不在零位应调整到零位。尔后再检查测试棒插接位置，一般红色表笔应插接在表面标有“ + ”符号孔内，黑色笔插接在“ - ”符号孔内。

2）万用表挡位的选择应根据测量对象而定。有的万用表的表面上有两个量程转换开关，使用这类万用表，应先把电压或电流或电阻定在对应被测的位置上。然后再把量程转换开关定到适当范围。转换开关不能弄错，否则，将会损坏万用表，如测电压时，错将转换开关拨到电流挡或电阻挡，这是绝对不允许的。

3）在测量电流或电压时，如果对被测量的量大小不清楚，应将量程放在最高档，以防指针打坏，然后再拨到合适的量程上，但在变换开关时，应将被测物断开。

4）测量直流电压或直流电流时，应注意被测量的极性，表笔的正（红）负（黑）应与被测电路正、负端相对应。

5）测量电流时，应将万用表串联在被测电路中；测量电压时，应将万用表并联在被测电路中。

6）测量电阻时，先选择适当的倍率挡，然后将两表笔短接，调节“调零”旋钮，使指针指在零位，在测量电阻时，应断开被测电路电源，不允许带电测量电阻。更不允许使用万用表的电阻挡直接测量微安表头、检流计、标准电池等的电阻。

7）测量高电压时，要注意人身和设备的安全。电路中若有大容量电容时，应事先放电，以免触电。万用表不用时，应将转换开关放在交流电压最高一档或者放在空挡上，以免别人误用，损坏万用表。

8）测量晶体管参数时，要选用低压高倍率挡，如 $R\times100$ 或 $R\times1\text{k}$ 挡为宜。

11.3.2 磁电式万用表

磁电式万用表的内部结构如图 11-13 所示。

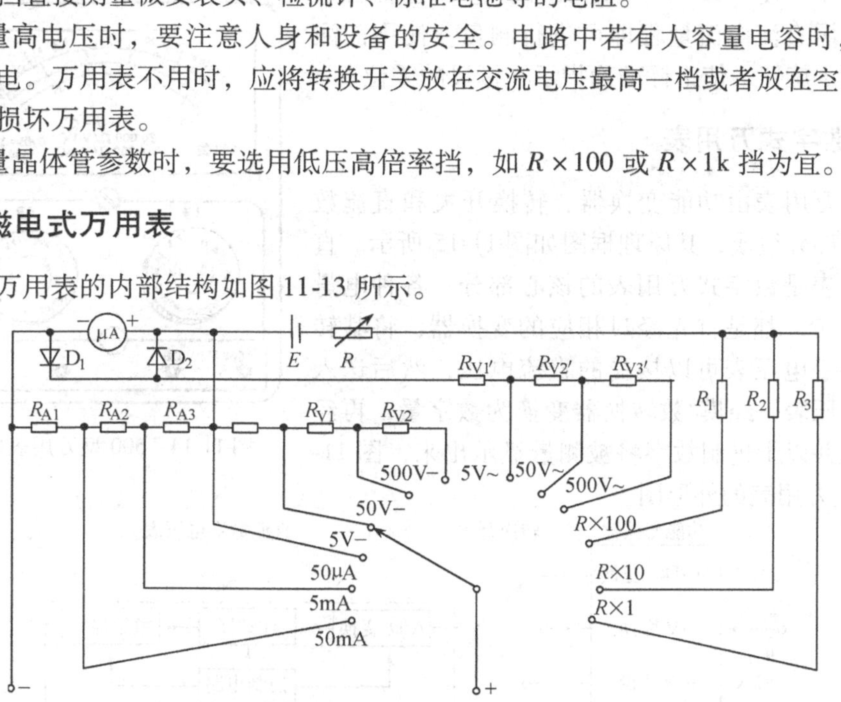

图 11-13 磁电式万用表的内部结构示意图

使用磁电式万用表的大致方法有：

1）直流电流的测量。转换开关置于直流电流挡，被测电流从 +、- 两端接入，便构成直流电流测量电路。图中 R_{A1}、R_{A2}、R_{A3} 是分流器电阻，与表头构成闭合电路。通过改变转换开关的档位来改变分流器电阻，从而达到改变电流量程的目的。

2）直流电压的测量。转换开关置于直流电压挡，被测电压接在 +、- 两端，便构成直流电压的测量电路。图中 R_{V1}、R_{V2}、R_{V3} 是倍压器电阻，与表头构成闭合电路。通过改变转换开关的档位来改变倍压器电阻，从而达到改变电压量程的目的。

3）交流电压的测量。转换开关置于交流电压挡，被测交流电压接在 +、- 两端，便构成交流电压测量电路。测量交流时必须加整流器，二极管 D_1 和 D_1 组成半波整流电路，表盘刻度反映的是交流电压的有效值。R'_{V1}、R'_{V2}、R'_{V3} 是倍压器电阻，电压量程的改变与测量直流电压时相同。

4）电阻的测量。转换开关置于电阻挡，被测电阻接在 + 、 - 两端，便构成电阻测量电路。电阻自身不带电源，因此接入电池 E。电阻的刻度与电流、电压的刻度方向相反，且标度尺的分度是不均匀的。

11.3.3　500 型万用表

500 型万用表的外形如图 11-14 所示。500 型万用表有两个“功能/量程”转换旋钮，每个旋钮上方有一个尖形标志。利用两个旋钮不同位置的组合，可以实现交、直流电流、电压、电阻及音频电平的测量。如测量直流电流，先转动左边的旋钮，使“A”挡对准尖形标志，再将右边旋钮转至所需直流电流量程即可进行测量。使用前注意先调节调零旋钮，使指针准确指示在标尺的零位置。

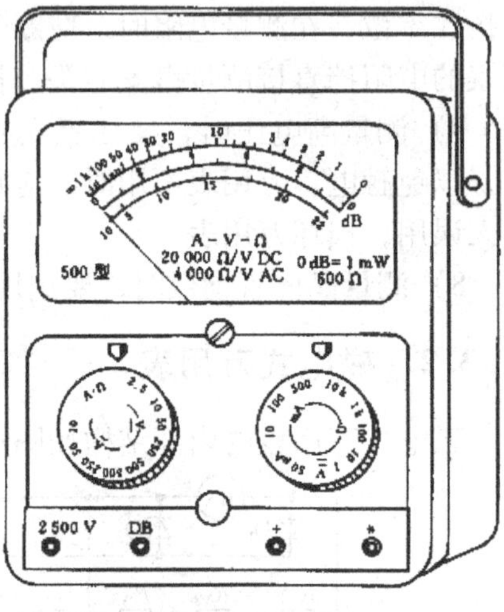

图 11-14　500 型万用表的外形图

11.3.4　数字式万用表

数字式万用表由功能变换器、转换开关和直流数字电压表 3 部分组成，其原理框图如图 11-15 所示。直流数字电压表是数字式万用表的核心部分，各种电量或参数的测量，都是首先经过相应的变换器，将其转化为直流数字电压表可以接受的直流电压，然后送入直流数字电压表，经模/数转换器变换为数字量，再经计数器计数并以十进制数字将被测量显示出来，图 11-16 为数字式万用表的外形图。

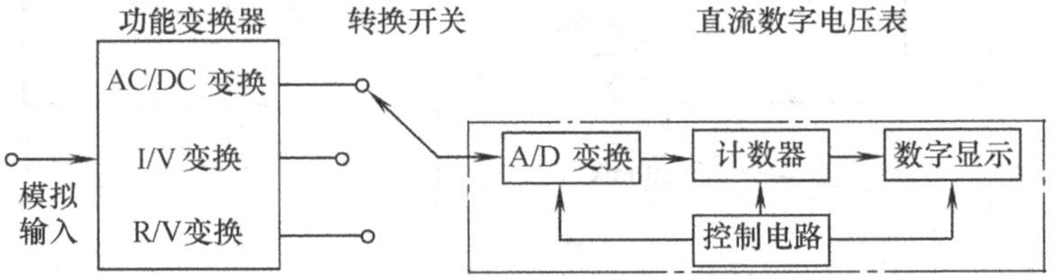

图 11-15　数字式万用表原理框图

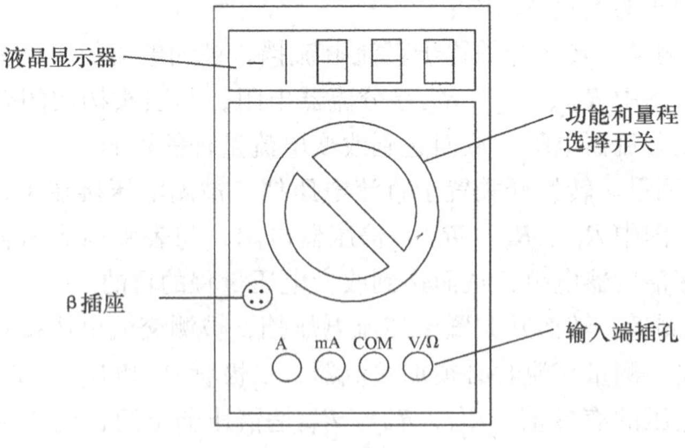

图 11-16　数字式万用表的外形图

使用数字式万用表的大致方法为：

1）输入端插孔：黑表笔总是插“COM”插孔，测量交直流电压、电阻、二极管及通断检测时，红表笔插“V/Ω”插孔，测量 200mA 以下交直流电流时，红表笔插“mA”插孔，测量 200mA 以上交直流电流时，红表笔插“A”插孔。

2）功能和量程选择开关：交、直流电压挡的量程为 200mV、2V、20V、200V、1000V，共 5 档。交、直流电流挡的量程为 200μA、2mA、20mA、200mA、10A，共 5 档。电阻挡的量程为 200Ω、2kΩ、20kΩ、200kΩ、2MΩ、20MΩ、🔊200，共 7 档，其中🔊200 档用于判断电路的通、断。

3）β 插座：测量三极管的 β 值，注意区别管型是 NPN 还是 PNP。

11.3.5　兆欧表

兆欧表也称摇表、高阻计、绝缘电阻测试仪，是测量高值电阻和电器设备绝缘电阻的专用仪表。常用的兆欧表主要由磁电式流比计与手摇直流发电机组成，如图 11-17 所示。

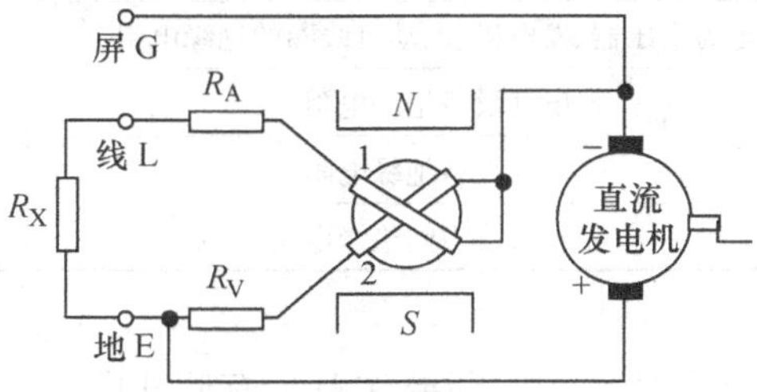

图 11-17　兆欧表工作原理图

流比计是用电磁力代替游丝产生反作用力矩的仪表。它与一般磁电式仪表不同，除了不用游丝产生反作用力矩外，还有两个区别：一是空气隙中的磁感应强度不均匀；二是可动部分有两个绕向相反且互成一定角度的线圈，线圈 1 用于产生转动力矩，线圈 2 用于产生反作用力力矩。

被测电阻接在 L（线）和 E（地）两个端子上，形成了两个回路，一个是电流回路，一个是电压回路。电流回路从电源正端经被测电阻 R_x、限流电阻 R_A、可动线圈 1 回到电源负端。电压回路从电源正端经限流电阻 R_V、可动线圈 2 回到电源负端。由于空气隙中的磁感应强度不均匀，因此两个线圈产生的转矩 T_1 和 T_2 不仅与流过线圈的电流 I_1、I_2 有关，还与可动部分的偏转角 α 有关。当 $T_1 = T_2$，可动部分处于平衡状态，其偏转角 α 是两个线圈电流 I_1、I_2 比值的函数（故称为流比计），即：

$$\alpha = f\left(\frac{I_1}{I_2}\right)$$

因为限流电阻 R_A、R_V 为固定值，在发电机电压不变时，电压回路的电流 I_2 为常数，电流回路电流 I_1 的大小与被测电阻 R_x 的大小成反比，所以流比计指针的偏转角 α 能直接反映被测电阻 R_x 的大小。

流比计指针的偏转角与电源电压的变化无关，电源电压 U 的波动对转动力矩和反作用力矩的干扰是相同的，因此流比计的准确度与电压无关。但测量绝缘电阻时，绝缘电阻值与所承受的电压有关。摇手摇发电机时，摇的速度须按规定，而且要摇够一定的时间。常用的兆欧表的手摇发电机的电压在规定转速下有 500V 和 1000V 两种，可根据需要选用。因电压很高，测量时应注意安全。

兆欧表的接线端钮有 3 个，分别标有“G（屏）”、“L（线）”、“E（地）”。被测的电阻接在 L 和 E 之间，G 端的作用是为了消除表壳表面 L、E 两端间的漏电和被测绝缘物表面漏电的影响。在进行一般测量时，把被测绝缘物接在 L、E 之间即可。但测量表面不干净或潮湿的对象时，为了准确地测出绝缘材料内部的绝缘电阻，就必须使用 G 端，图 11-18 为测量电缆绝缘电阻的接线图。

兆欧表的使用时应注意以下几点：

1）电压等级及测量范围的选择。对于额定电压在 5000V 以下的电气设备，一般选用 500V 或 1000V 的兆欧表，额定电压在 500V 以上的电气设备，应选用 1000～2500V 的兆欧表。兆欧表的选择见表 11-3。

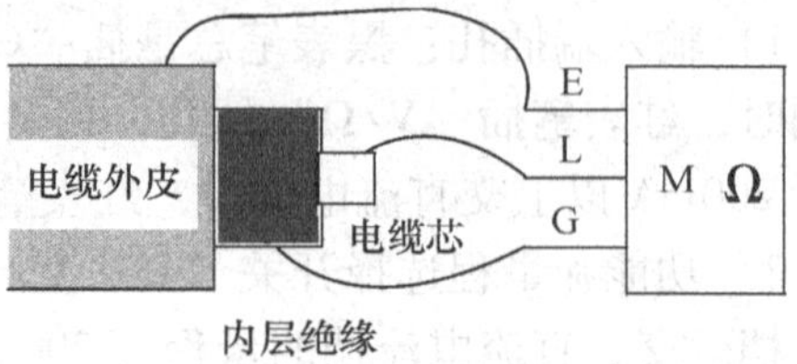

图 11-18　兆欧表测量电缆绝缘电阻的接线图

表 11-3　兆欧表电压等级及测量范围选择表

被测对象	被测设备额定电压/V	兆欧表额定电压/V
线圈的绝缘电阻	500 以下	500
线圈的绝缘电阻	500 以上	1000
发电机线圈的绝缘电阻	380 以下	1000
电力变压器、发电机、电动机线圈的绝缘电阻	500 以上	1000～2500
电气设备绝缘电阻	500 以下	500～1000
电气设备绝缘电阻	500 以上	2500
瓷瓶母线刀闸绝缘电阻		2500～5000

选用兆欧表时还要注意，有些兆欧表的标尺不是从零开始，而是从 1MΩ 或 2MΩ 开始。这类兆欧表不宜用来测量低压电气设备的绝缘电阻，因为，这种电气设备的绝缘电阻值是小的，有可能小于 1MΩ。因此，在兆欧表上得不到读数，易误认为其绝缘电阻值为零而得出错误结果。

2）使用兆欧表测量之前，必须将被测设备的电源切断，并进行短路放电，以确保人身和设备的安全。

3）兆欧表与被测设备连接的导线，应用单根线分开连接，不能用双股绝缘线或绞线。用来测量的导线不可与被测设备或地面接触，以避免导线绝缘不良而引起误差。

4）测量前应先将兆欧表进行开路和短路试验。若开路时，摇动发电机手柄后，此时，兆欧表的指针应指在"∞"的位置；若短路时，兆欧表的指针应指在"0"的位置。说明兆欧表完好，可以进行测量。

5）测量时，兆欧表应旋转在平稳的地方，被测物体表面应干燥、清洁。摇动发电机时，应保持在每分钟 120 转左右为宜，待兆欧表指针稳定后，再进行读数，这样较为准确。

6）测量大电容的电气设备绝缘电阻（电缆、电容器等）时，在测定绝缘电阻后，应先将 L"线路"连线断开，再降速松开手柄，以免被测设备向兆欧表倒充电而损坏兆欧表。

7）测量之后，被测物体应充分放电。

11.3.6　钳形表

1. 钳形表的工作原理

钳形表也称卡表，是在不断开电路的情况下直接进行电流测量的一种便携式仪表。钳形表有多种型号，可以分别测量交流电流、直流电流、交流电压和直流电压。

钳形表由电流互感器和整流式电流表组成。其工作原理是：当把要测量的载流导线卡入钳形表的钳口时，在钳形表内的电流互感器的初级线圈上就会感应出感应电流。与次级线圈相连的仪表指针受磁场的作用而产生偏转，指示出被测导线中流过的电流数值。图 11-19 为钳形表的外形结构图。

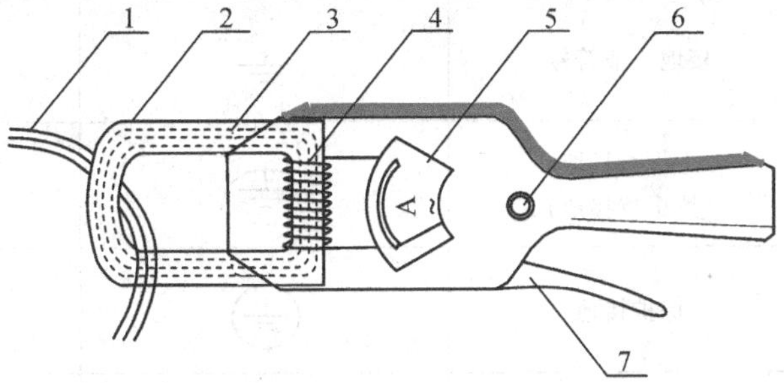

图 11-19　钳形表的外形结构图
1—载流导线　2—铁心　3—磁通　4—线圈
5—电流表　6—量程的旋钮　7—扳手

2. 使用钳形表的注意事项

使用钳形表时应注意以下几点：

1）正确选择量程。测量前应先将量程放在最高挡，然后再根据测量值的大小从高往低变换选择合适的量程。

2）测定电流时，被测载流导线应放在钳口的中央，钳口应紧闭。如测量时发现有杂声，可以松开钳口，重新开合一次。

3）测量小电流载流导线时，可以把载流导线绕成 n 圈后再放入钳口。此时，读出的电流值应该除以 n，才是实际流过载流导线的电流值。

4）钳形表使用完毕后，应将量程转换开关放在最高挡，以免下次在用时，因不慎误用损坏仪表。

3. 常用钳形表的型号及用途（见表 11-4）

表 11-4　常用钳形表的型号及用途

型　号	用　途
MG4、MG24、MG26	测量交流电流、交流电压
MG20、MG21	测量交、直流电流
MG27	袖珍型，测量交流电流、交流电压和直流电阻
MG28	测量交流电流、交流电压、直流电流、直流电压和直流电阻
MG30	测量交流电流

11.4　常用电工图图形符号

常用的电工图图形符号见表 11-5。

表 11-5　常用的电工图图形符号

名　称	符　号	名　称	符　号
直流	— 或 ═══	断开的连接片	
交流	～	电阻的一般符号	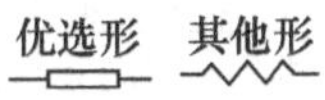
交直流	≂	电容器一般符号	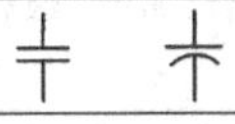

（续）

名　称	符　号	名　称	符　号
接地一般符号		极性电容器	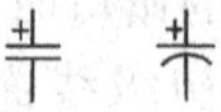
无噪声接地（抗干扰接地）		电动机	
保护接地		直流电动机	
接机壳或接底板	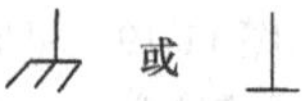	交流电动机	
等电位		步进电动机	
故障		三相鼠笼式异步电动机	
导线的连接		三相绕线转子异步电动机	
导线的多线连接	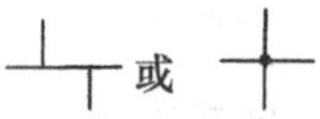	串励直流电动机	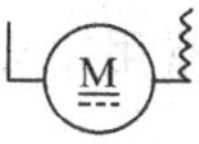
导线的不连接	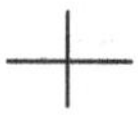	他励直流电动机	
接通的连接片	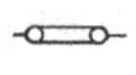	并励直流电动机	
复励直流电动机		延时断开的动合触点	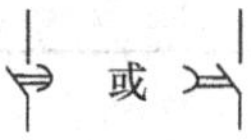
单相变压器	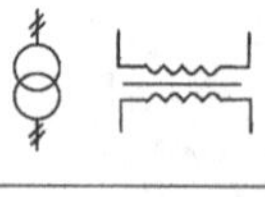	延时闭合的动断触点	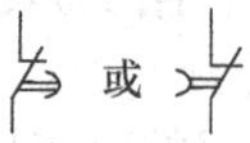
有中心抽头的单相变压器	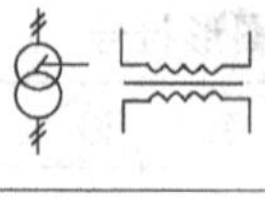	延时断开的动断触点	
电流互感器脉冲变压器		带动合触点的按钮	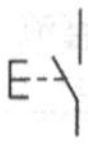
动合（常开）触点		带动断触点的按钮	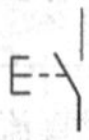

（续）

名　称	符　号	名　称	符　号
动断（常闭）触点	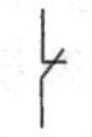	热继电器的触点	
中间断开的双向触点		接触器的动合触点	
延时闭合的动合触点	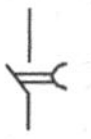 或 	接触器的动分触点	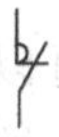
三极开关	 或 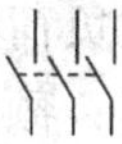	温度继电器	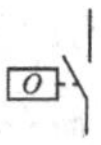 或 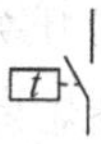
三极高压断路器	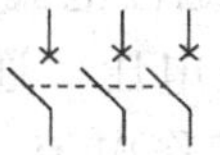	液位继电器	
三极高压隔离开关	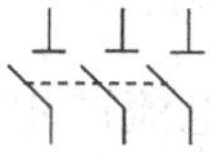	避雷器	
继电器线圈	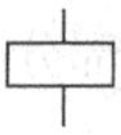 或 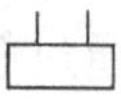	熔断器	
灯		热电偶	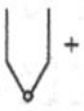 或 
电抗器	 或 	电铃	优选形  其他形 
蜂鸣器	优选形  其他形 	原电池或蓄电池	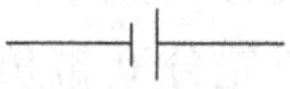

11.5　电器控制与电工安全

所谓控制就是按照预定的顺序与时间变化的规律调节自然力与物体的状态。其基本的工作原理是，通过检测当前状态与目标状态之间的偏差，然后发出一系列关联的指令指使执行器件使其达到目标状态。所谓自动控制就是不用人介入而自动依照预先设定的程序进行的控制。

11.5.1　常用控制电器

对电动机和生产机械实现控制和保护的电工设备叫做控制电器。控制电器的种类很多，按其动作方式可分为手动和自动两类。手动电器的动作是由工作人员手动操纵的，如刀开关、组合开关、按钮等。自动电器的动作是根据指令、信号或某个物理量的变化自动进行的，如中间继电器、交流接触器等。

开关电器是在控制电路中用于不频繁地接通或断开电路的开关。

(1) 刀开关　刀开关又叫闸刀开关，一般用于不频繁操作的低压电路中，用作接通和切断电源，或用来将电路与电源隔离，有时也用来控制小容量电动机的直接启动与停机。

刀开关由闸刀（动触点）、静插座（静触点）、手柄和绝缘底板等组成。

刀开关种类很多。按极数可以分为单极、双极和三极三种（见图 11-20）；按结构可以分为平板式和条架式；按操作方式分可以为直接手柄操作式、杠杆操作机构式和电动操作机构式；按切换方向可以分为单投和双投等。

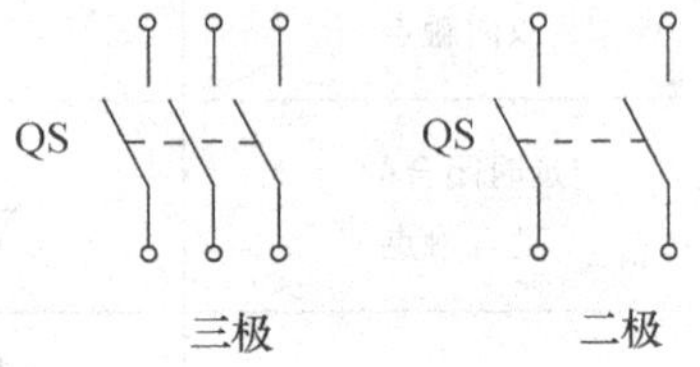

图 11-20　刀开关示意图

刀开关一般与熔断器串联使用，以便在短路或过负荷时熔断器熔断而自动切断电路。刀开关主要特性指标有：额定电压、额定电流、分断能力、电动稳定性电流、热稳定性电流和电寿命等。

刀开关额定电压是在长期工作中，能承受的最大电压，通常为交流 500V，直流 440V。额定电流是刀开关在合闸位置允许长期通过的最大工作电流，通常为 1500A 以下。分断能力是刀开关在额定电压下，能可靠地分断的最大电流。

电动稳定性电流是在电路发生短路时，由于短路电流产生的电动力可能使刀触头产生变形、损坏或者自动弹出的现象，这一短路电流则称为电动稳定性电流。

热稳定性电流是在电路发生短路时，短路电流通过触刀部分会使温度急剧上升，可能导致熔焊现象，这一短路电流称之为热稳定性电流。

电寿命是刀开关在额定电压下能可靠地分断一定百分数额定电流的总次数。安装刀开关时，电源线应接在静触点上，负荷线接在与闸刀相连的端子上。对有熔断丝的刀开关，负荷线应接在闸刀下侧熔断丝的另一端，以确保刀开关切断电源后闸刀和熔断丝不带电。在垂直安装时，手柄向上合为接通电源，向下拉为断开电源，不能反装。合闸时要保证三相同步，各相接触良好。若有一相接触不良，就可能造成电动机因缺相运行而损坏。

没有灭弧罩的刀开关不能用于分断带电流的负载，而只能用作隔离开关。当分断电路时，应先分断带负载的开关，然后再分断隔离开关。合闸时则相反。

刀开关的额定电流应大于其所控制的最大负荷电流。用于直接起停 3kW 及以下的三相异步电动机时，刀开关的额定电流必须大于电动机额定电流的 3 倍。

(2) 组合开关　组合开关又叫转换开关，是一种转动式的闸刀开关，主要用于接通或切断电路、换接电源、控制小型鼠笼式三相异步电动机的启动、停止、正反转或局部照明。

组合开关有若干个动触片和静触片，分别装于数层绝缘件内，静触片固定在绝缘垫板上，动触片装在转轴上，随转轴旋转而变更通、断位置。图 11-21 为组合开关的示意图。

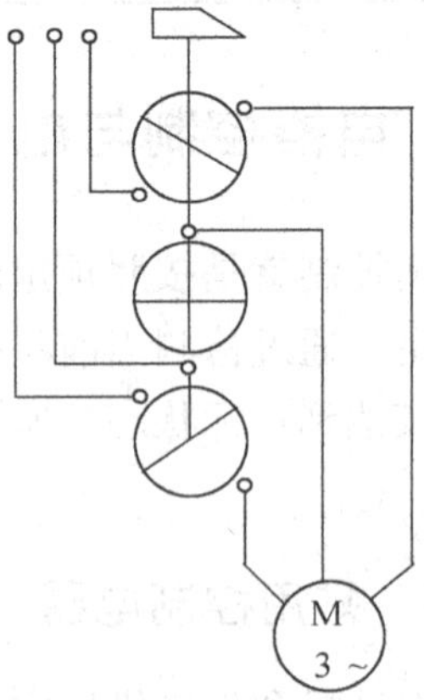

图 11-21　组合开关示意图

(3) 自动开关　自动开关又称自动空气断路器。在低压电路中，作为线路或单台用电设备的控制和过载、短路及失压保护之用。自动开关是低压交、直流配电系统中的重要保护电器之一。该电器装有灭弧装置，因此，它可以安全地带负荷拉合闸。

自动开关种类很多，其分类方法也不一，大致可按下列分类方法分类：

按结构分类可分为框架式（也称万能式）和塑料外壳式（也称装置式）两种。

按保护特性分，可分为配电用、电动机保护期、照明用、漏电保护用、特殊用途的，具体分类见表。

自动开关的特性有限流能力、分断能力、保护特性、动作时间以及使用寿命等。

自动开关在使用中应注意以下几点：

1）自动开关应按规定垂直安装，其上、下导线端接点必须使用规定截面的导线或母线连接。如果是用铝排搭接，则搭接端面最好用超声波搪锡或用铜丝刷刮擦后上一层锡，以保证端面接触良好。

2）工作时不可将灭弧罩取下不用。灭弧罩若有损坏，应更换新的，以免发生短路时不能切断电弧，酿成事故。

3）过电流脱扣器的整定值一经调好就不允许随意更动，而且使用日久后要检查其弹簧是否生锈卡住，以免影响其动作。

4）触头的长期工作电流不得大于开关的额定电流，以免触头温度过高。

5）在自动开关分断短路电流以后，应在切除上一级电源的情况下，及时地检查其触头。若发现有弧烟痕迹，可用干布抹净；若发现弧触头已烧毛，可用砂纸或细锉小心修整，但主触头一般不允许用锉刀修整。

6）使用前应将脱扣器电磁铁工作面的防锈油脂抹去，以免影响电磁机构的动作值。

7）每使用一定次数（一般为四分之一机械寿命）后，应给操作机构添加润滑油。

8）应定期清除掉落在自动开关上的污垢，以免影响操作和影响绝缘。

9）应定期检查各种脱扣器的动作值，有延时者还要检查其延时。

11.5.2 熔断器

熔断器主要用作短路或过载保护，同时也具有保护单台电气设备的作用。熔断器串联在被保护的线路中，线路正常工作时如同一根导线，起通路作用；当线路短路或过载时熔断器会自动熔断，以切断电路，起到保护线路上其他电器设备的作用。

常用的熔断器有：瓷插式熔断器、螺旋式熔断器、无填料封闭管式熔断器、有填料封闭管式熔断器与快速熔断器等。

熔断器主要特性指标参数有：安秒特性曲线、熔化系数、分断能力、额定电压与额定电流。

安秒特性曲线又称保护特性曲线，表示流过熔体的电流与熔体熔断时间的关系。熔断时间与电流的平方成正比。电流越大，熔断时间越短。

熔化系数为根据安秒特性曲线，得出的最小熔断电流与熔体的额定电流之比。

分断能力指在额定电压与一定的功率因数下，熔断器能切断的最大短路电流。一般常用熔断器的常用极限断开电流值来表示。

额定电压是指熔断器长期工作所承受的电压。

额定电流是指熔断器长期工作时，允许通过的电流。

选用熔断器应注意如下事项：

1）熔断器的额定电压应等于或高于线路电压。

2）熔断器的极限分断能力应当高于被保护线路上的最大短路电流。

3）电灯支线的熔断器的额定电流≥支线上所有电灯的工作电流之和。

4）电动机的熔体：熔体额定电流≥电动机的启动电流 ÷2.5。如果电动机启动频繁，则为：熔体额定电流≥电动机的启动电流 ÷(1.6~2)。

5）几台电动机合用的总熔体：熔体额定电流 =(1.5~2.5)×容量最大的电动机的额定电流 + 其余电动机的额定电流之和。

6）不允许带电更换熔断器，必须确认在电路断开的情况下更换或维修熔断器。

7）应注意熔断器的连接线的截面积，注意导线的温升与熔断器安装处的环境温度必须符合规定，防止熔断器误动作。

11.5.3　主令电器

主令电器是自动控制系统中用于接通或断开控制电路的电器设备，用以发送控制指令或用作程序控制。

（1）按钮　如图 11-22 所示，按钮的触点分常闭触点（动断触点）和常开触点（动合触点）两种。常闭触点是按钮未按下时闭合、按下后断开的触点。常开触点是按钮未按下时断开、按下后闭合的触点。按钮按下时，常闭触点先断开，然后常开触点闭合；松开后，依靠复位弹簧使触点恢复到原来的位置。

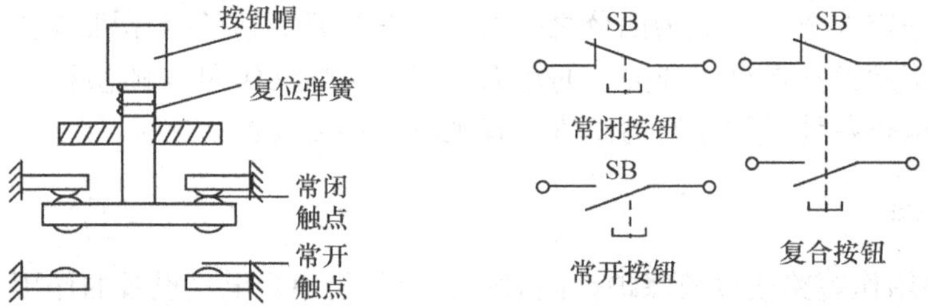

图 11-22　按钮示意图

（2）行程开关　行程开关也称为位置开关，主要用于将机械位移变为电信号，以实现对机械运动的电气控制。如图 11-23 所示，当机械的运动部件撞击触杆时，触杆下移使常闭触点断开，常开触点闭合；当运动部件离开后，在复位弹簧的作用下，触杆回复到原来位置，各触点恢复常态。

11.5.4　接触器

接触器是一种应用十分广泛的开关。它利用电磁或气动原理，控制较大容量的主电路的开关。接触器适用于远距离、大容量与频繁接通或分断的交、直流主电路的开关。接触器最常用来控制风机、水泵等电动机，也可以用来控制其他电力负载。接触器具有动作迅速、操作安全、适合远距离控制及可频繁操作等优点。接触器能接通与断开负载电流，但不能切断

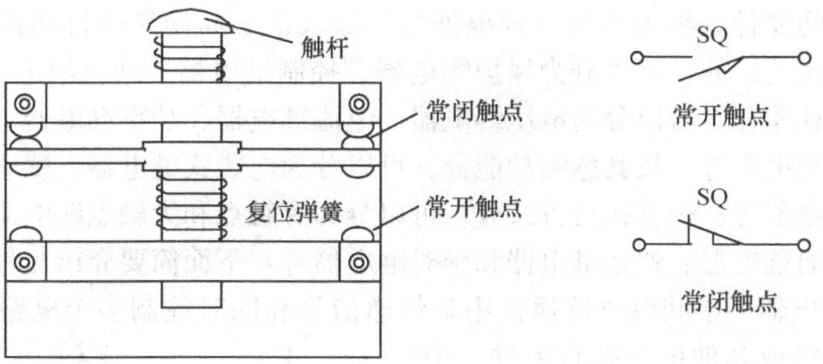

图 11-23　行程开关示意图

短路电流，因此，接触器需要与熔断器、热继电器等配合使用。

如图 11-24 所示，线圈通电时产生电磁吸引力将衔铁吸下，使常开触点闭合，常闭触点断开。线圈断电后电磁吸引力消失，依靠弹簧使触点恢复到原来的状态。

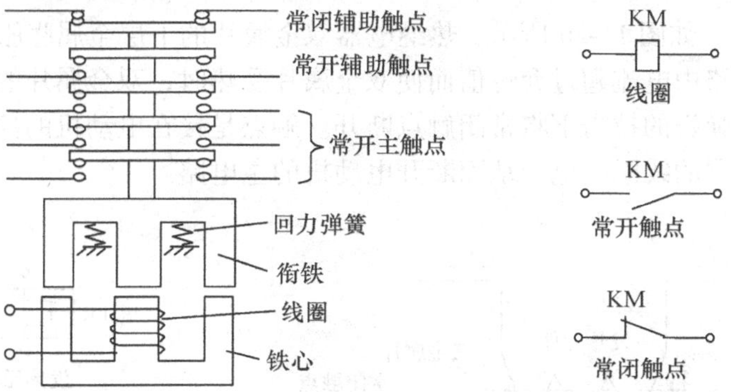

图 11-24　交流接触器示意图

接触器按供电性质分可以分为两大类，即交流接触器与直流接触器，按操作方式分，可以分为电磁接触器、气动接触器和电磁气动接触器。

根据用途不同，交流接触器的触点分主触点和辅助触点两种。主触点一般比较大，接触电阻较小，用于接通或分断较大的电流，常接在主电路中；辅助触点一般比较小，接触电阻较大，用于接通或分断较小的电流，常接在控制电路（或称辅助电路）中。有时为了接通和分断较大的电流，在主触点上装有灭弧装置，以熄灭由于主触点断开而产生的电弧，防止烧坏触点。

接触器是电力拖动中最主要的控制电器之一。在设计它的触点时已考虑到接通负荷时的启动电流问题，因此，选用接触器时主要应根据负荷的额定电流来确定。如一台 Y112M-4 三相异步电动机，额定功率 4kW，额定电流为 8.8A，选用主触点额定电流为 10A 的交流接触器即可。除电流之外，还应满足接触器的额定电压不小于主电路额定电压。

11.5.5　继电器

继电器的基本作用与接触器相仿，是利用电磁或气动原理，控制较小容量的各种电路的开关。继电器适用于远距离、小容量与频繁接通或分断的交、直流电路的控制开关，也常用作传递信号的中间器件。继电器是一种根据特定输入信号而动作的自动控制电器，种类很多。继电器按使用范围分，可以分为保护继电器、控制继电器、通讯继电器和中间继电器；按其输入信号的性质分，可以分为电压继电器、电流继电器、功率继电器、频率继电器、温度继电器、压力继电器等；按其感测功能分，可以分为电磁式继电器、感应式继电器、热继电器、电子式继电器等；按其执行方式分，可以分为有触点和无触点继电器；按其响应的时间分可以分为普通继电器、快速继电器和延时继电器等。下面简要介绍几种常见的继电器。

（1）中间继电器　中间继电器通常用来传递信号和同时控制多个电路，也可用来直接控制小容量电动机或其他电气执行元件。中间继电器的结构和工作原理与交流接触器基本相同，与交流接触器的主要区别是触点数目多些，且触点容量小，只允许通过小电流。在选用中间继电器时，主要是考虑电压等级和触点数目。中间继电器符号如图 11-25 所示。

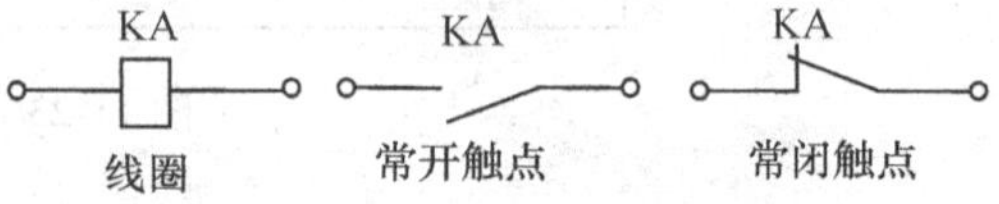

图 11-25　中间继电器符号

（2）热继电器　如图 11-26 所示，热继电器双金属片的下层金属膨胀系数大，上层的膨胀系数小。当主电路中电流超过允许值而使双金属片受热时，双金属片的自由端便向上弯曲超出扣板，扣板在弹簧的拉力下将常闭触点断开。触点是接在电动机的控制电路中的，控制电路断开便使接触器的线圈断电，从而断开电动机的主电路。

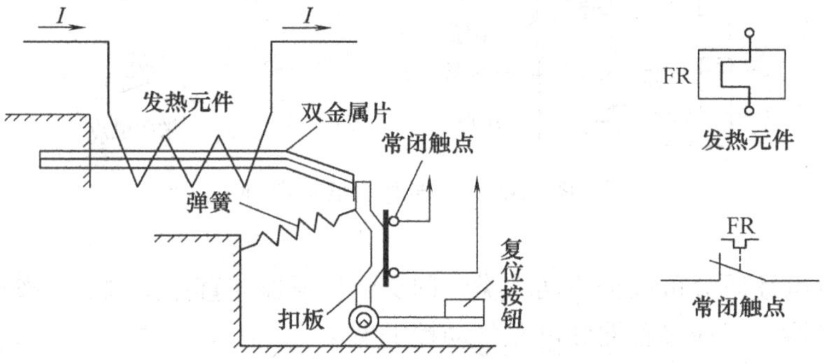

图 11-26　热继电器原理图

（3）时间继电器　通电延时空气式时间继电器是利用空气的阻尼作用达到动作延时的目的。吸引线圈通电后将衔铁吸下，使衔铁与活塞杆之间有一段距离。在释放弹簧作用下，活塞杆向下移动。在伞形活塞的表面固定有一层橡皮膜，活塞向下移动时，膜上面会造成空气稀薄的空间，活塞受到下面空气的压力，不能迅速下移。当空气由进气孔进入时，活塞才逐渐下移。移动到最后位置时，杠杆使微动开关动作。时间继电器的符号如图 11-27 所示。

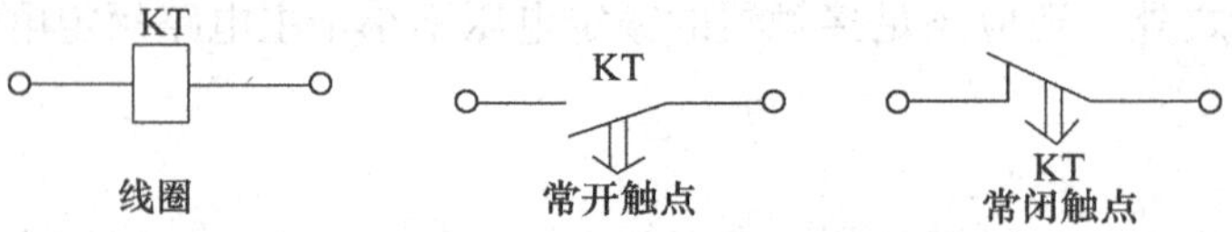

图 11-27　时间继电器符号

11.6 电气安全

室内环境治理员在日常工作中经常要使用各种电器，接触各种电路与控制设备。电是所有电气设备的原动力。如果不重视电气安全，错误或违章操作，设备的制造和安装质量低劣以及维修不当等，均能造成电气事故，严重的会引起触电伤亡、电气设备烧坏、发生电气火灾等，给社会和家庭带来严重的灾难性后果。为了更好地使用电气，防止触电和设备事故的发生，因此特别要求电气操作人员应具有一定的安全用电知识。

1. 什么叫“触电”

由于人体能导电，所以当人体触及带电体，就有电流流过人体，当电流过大时会引起局部受伤甚至死亡，这种现象称为触电。发生触电事故的原因主要有：

1）没有遵守安全操作规程，人体直接接触电气设备的带电部分。

2）由于用电设备绝缘损坏发生漏电，人体碰触到漏电的设备外壳。

3）走近高压线路的接地短路点，由于短路点周围的跨步电压引起对人体的伤害。

4）人体受雷击等。触电对人体造成的伤害程度与人体触及带电部分的情况有关。

2. “触电”的几种形式

（1）单相触电　当人体的某一部分触及一相带电体，电流就通过人体流入地下，称为单相触电。其危险程度与电源中性点是否接地有关。

城市、农村、工厂、企业大多数采用380/220V中性点直接接地的电网供电。单相触电时，人体即处于相电压220V之下。电流通过大地和中性点的接地极形成回路，因此触电的后果较严重。此时，通过人体电流的大小不仅与人体本身的电阻大小有关，也与环境有关，例如在脚与地面绝缘良好时，通过人体的电流就很小，反之就很危险。

在中性点不接地的电网中，单相触电时，通过人体的电流经大地和其他两相对地的绝缘电阻 R_J、对地电容 C_J 构成的阻抗 Z_J 而形成回路，这时人体处于电网电压之下。通过人体的电流大小，不仅决定于人体电阻，还与线路对地阻抗有关。如果线路对地绝缘良好，绝缘电阻很大；输电线路不长，对地电容 C_J 不大，这时通过人体的电流就较小，对人体的伤害危险性就不大。但若线路较长或绝缘不良，这时通过人体的电流较大，对人体的危险性也较严重。

大部分触电事故都是单相触电事故。一般情况下，中性点接地电网的单相触电的危险性比不接地电网的要大。但是决不能认为中性点不接地电网单相触电就完全安全，在异常的情况，如某一相线接地，人触及另外两相线中的任一相线，此时的单相触电，加在人体上的是线电压，比三相中性点接地电网更为危险。

（2）两相触电　也叫相间触电，这是指人体两处同时接触到两根不同的相线，或者人体同时触及到电气设备的两个不同相的带电部位的触电事故。两相触电时，人体直接接触电源的线电压。通过人体的电流基本上决定于人体的电阻，因此这种触电的后果是很严重的，两相触电比单相触电要危险得多。

（3）跨步电压触电　当带电体触及地面（如三相输配电线中任意一根导线断落接地），有电流流入地下时，电流在接地点周围及电力系统接地装置周围土地中产生电压降。这时以地面上电流入地点为圆心，在20m范围内的许多不同的同心圆的同一圆周上各点电位相同，不同圆周上的电位各不相同。当人走近带电体的接地点时，由于人的两脚站在不同的同心圆周上，两脚跨步之间出现的电压就是跨步电压。由此引起的触电事故称为跨步电压触电。高压故障接地处，或在有电流流过的接地装置附近，避雷线的接地极附近，都可能出现较高的跨步电压。为防止跨步电压触电，要求人们不要走近电力系统的接地装置附近，及户外断线接地 8m 以内的地面，如必须接地，则一定要穿上绝缘靴。

3. 触电电流对人体的伤害

触电的致命因素是电流。电流通过人体，会引起针刺感、压迫感、打击感、痉挛、疼痛及至血压升高、昏迷、心律不齐、心室颤动等症状。对人体的伤害程度与通过电流的大小、电流通过的持续时间、电流通过人体的途径、电流的种类以及人体的状况等多种因素有关，特别是与电流大小，通电时间有十分密切的关系。根据一般经验，如大于 10mA 的交流电，或大于 50mA 的直流电通过人体时，就有可能危及生命。对心脏的危害最为严重，因此，从左手到前胸的途径是最危险的电流途径。

4. 触电预防

为防止触电事故的发生，保障人身及设备的安全，必须采取一些安全措施加以防范。一般应注意以下几个方面。

1）各种运行的电气设备，如电动机、变压器等设备的金属外壳必须妥善接地或接零。使设备外壳保持与大地相同的电位。

2）凡裸露的导体、绝缘损坏的导线及接线端，在不知是否带电的情况下，绝不能用手去触摸，因此室内的线路不能采用裸线或绝缘损坏的电线。

3）电灯要使用拉线开关。不要用湿手去摸灯头、开关和插头等，以免触电。

4）不能在架空线路和室外变电所附近放风筝。

5）不要带电作业，如确实必须带电作业，则应采取必要的安全措施。如人应站在绝缘橡皮垫上或穿绝缘鞋，戴绝缘手套，并需要有专人在场监护，以防发生事故。

6）在配电盘或启动器周围地面上，应加铺一层干燥的木板或绝缘橡皮垫。

7）所有熔丝的选择必须符合规范要求，不能随意加大熔丝的等级而失去保护作用。更不可用铜线去代替熔丝。

8）凡工作人员经常接触的电气设备，如行灯、机床照明灯等，应使用 36V 及以下的安全电压。在特别潮湿的场所，应使用不高于 12V 的电压。

安全电压决定于人体允许的电流和人体电阻值。而人体电阻变化较大，在潮湿环境下阻值降低。我国规定的安全电压视环境潮湿程度和工作条件分为 36V、24V 及 12V 三种。

9）在雷雨时，不可走近高压电杆、铁塔和避雷针的接地导线周围，至少要相距 10m 远，以防雷电入地时周围存在跨步电压而造成触电。

10）当有人触电时，应立即切断电源；如附近无开关，应尽快用干燥木棍等绝缘物体打断导线或挑开导线使之脱离触电者，绝不能用手去拉触电者。如伤者脱离电源后已昏迷或停止呼吸，应立即进行人工呼吸并送医院抢救。

试电笔是用于检查低压导体和各种用电设备外壳是否带电的常用电工辅助安全用具，如图 11-28 所示。弹簧与外部的金属体笔尾接触，另一端压紧氖泡。常用的试电笔有钢笔式和螺钉旋具（俗称螺丝刀）式两种。使用时，把试电笔的金属体探头与带电物体（如相线）接触，金属体笔尾与人手接触，氖泡发出红光，表示带电。由于试电笔内电阻比人体阻值大得多，因此人并无触电感觉。试电笔在每次使用前要在带电的相线上预先测试一下，检查它是否完好。低压试电笔只能在对地电压 250V 以下使用。

试电笔可以进行许多电气检查工作，以确保安全用电。检查被测物体是否带电：氖泡发光，证明被测的物体带电；氖泡不发光，就证明被测物体不带电。

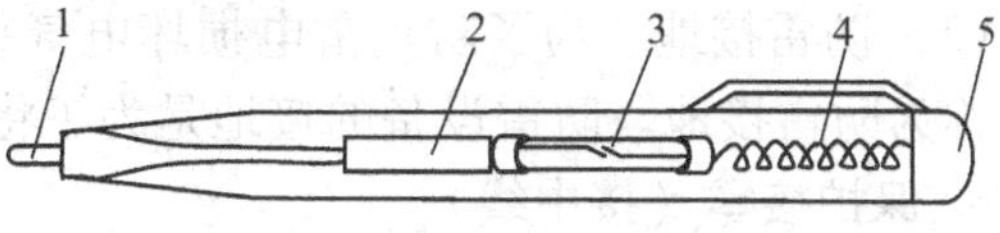

图 11-28 试电笔结构
1—金属体探头 2—电阻 3—氖泡
4—弹簧 5—金属体笔尾

区别相线和零线：相线氖泡发光，零线一般不发光。

如要使用一个新的或长期不用的手电钻时，不要用手握电钻去插电源，应先将其放在绝缘物上，再插上电源，用试电笔检查外壳是否带电，然后再使用。

5. 接地和接零

为了保证设备与人身安全，所有的电气设备，均应安装接地装置。接地方式分为工作接地、保护接地和防雷接地。

电气设备不带电的金属外壳，由于绝缘损坏（击穿）或绝缘性能不好（漏电）时，其外壳就会带电，人体与带电外壳接触就会引起触电事故。为了防止这种触电事故，设备常采用保护接地和保护接零的安全措施。

接地就是将电气设备的某一部分（接地部分）和大地相连接。实际上是通过埋入地下直接与大地接触的金属导体和大地连接，这种金属导体称为接地体。而连接电气设备接地部分与接地体的导线称为接地线。接地线和接地体总称“接地装置”。

接地和接零的作用有两种，一种是为了安全，防止因电气设备绝缘损坏而遭受触电危险，如电气设备的保护接地、接零等；一种是为了保证电气设备的正常运行，如电气设备的工作接地等。

（1）工作接地　为保证电力系统和电气设备的正常运行和安全需要，将电路中的某一点与大地可靠地连接起来，这样的接地方式，称为工作接地。例如，将变压器低压侧的中性点直接接地等。各种工作接地都有各自的功能，例如电源中性点的直接接地，能在运行中维持三相系统中相线对地电压不变。

（2）保护接地　电气设备的金属外壳，由于绝缘损坏有可能带电。为了防止外壳上的电压伤害人身，将金属外壳和同外壳相连的金属构架与大地作电气上的连接，这种为保护人身安全的接地称为保护接地。这种接地一般在中性点不接地的电网中采用。

如果电气设备没有保护接地。当电气设备某处绝缘损坏时，外壳便带电。由于线路与大地间存在电容 C_j 和绝缘电阻 R_j，若人体触及此设备外壳，则电流流经人体形成通路，相当于电源中性点不接地的单相触电情况。这时流过人体电流的大小决定于人体电阻 R_r 和绝缘电阻 R_j，线路的绝缘电阻 R_j 值越低，通过人体电流越大，触电的危险性就会越大。

电气设备外壳采取保护接地后。如电气设备某处绝缘损坏使外壳带电，人体触及带电的外壳时，由于人体电阻 R_r 与接地电阻 R_o 并联，电气设备漏电形成的接地短路电流将同时沿着接地体和人体两条通路流过。人体电阻由体内电阻和皮肤电阻两部分组成，体内电阻约 500Ω；皮肤电阻随皮肤表面的干湿洁污状态和接触电压面而变。人体电阻一般为 1700Ω，而接地电阻 R_o 的数值按国家规定应当低于 4 ~ 10Ω。所以通过人体的电流很小，绝大部分电流通过接地体流入大地，从而使人体避免触电的危险，所以设备接地后将能起到保护人身安全的作用。

(3) 防雷接地　为了防止雷电损坏电气设备，将避雷针、避雷线与建筑物进行单独接地，称为防雷接地。防雷设备的接地是为了将雷电导到大地中去，以实现防雷保护的目的。

6. 保护接零（接中线）

在电源电压低于1000V、中性点接地的配电系统中应采用保护接零。接零即将电气设备在正常情况下不带电的金属外壳直接接到系统的零线上。

采用保护接零后，电动机一相（如C相）绕组碰壳，则C相与中性线间短路，会造成很大的短路电流，足以使保险丝熔断，迅速使故障设备与电源脱开，免除了触电危险。

接零保护一般用在三相四线电源中性点直接接地的系统中。但应注意，在单相供电情况下，不允许将单相用电器具的金属外壳接在入户的零支线上，必须将它们接在零干线上。若由于某种原因造成入户零支线断开，此时设备外壳就会带电，造成严重的触电事故。其实入户的零支线经过电度表，甚至又接刀闸、熔丝，还有具体电器的开关有可能是断开零线，所以这个入户零支线不可靠。单相用电器使用三脚插头和三眼插座时，正确的接线应将用电器具的外壳用导线接在插头的中间脚上，通过插座直接与电源中性线相连。

在电源中性点接地的系统中如果不接零而采用保护接地的措施，则当电气设备绝缘损坏时，因为保护接地的短路电流要流过电气设备的保护接地电阻和系统中性点工作接地电阻，短路电流并不很大。由于接地短路电流不够大，如不足以使熔断器等保护装置动作，则接地电流将长期存在，外壳也将长期带电。同时，接地电流通过电网的工作接地电阻时，使电网中性点电位上升，导致零线带电，造成在这个电网中的所有采用保护接零的电气设备外壳均带电，这是非常危险的。所以在中性点接地的电网中，所有电气设备应当采用接零保护，不能采用接地保护。

必须指出，在同一电网中，绝对不允许一部分设备保护接地，而另一部分设备保护接零。由前面分析可知，如果保护接地和保护接零混合使用，当采用保护接地的设备发生绝缘击穿后，会引起该电网接零设备外壳出现电压，这是不允许的。

安装接地装置有一定的要求，一般应注意以下几点：

1）接地线必须用整线，中间不允许有接头。

2）电动机接入三相电源时，若电网中性点接地的系统中，可以采取保护接零的方法，即将电动机的金属外壳用铜导线与三相四线制电网的中性线相连接。这种保护措施比较可靠，一旦发生外壳漏电，它会迅速地形成较大的短路电流，把用电设备中的熔丝熔断或使空气开关的过流装置跳闸，从而断开电源，保护人身安全。在同一三相四线制电网中，可以全部保护接零，部分同时接地，但不允许只接地，不接零。

3）在中心点不接地的系统中，只允许接地，不允许接零。方法为把电动机的外壳用接地线连接起来后与大地可靠连接。

4）接地体与大地必须可靠连接。接地体可采用较粗的钢管、角钢或铜管等金属良导体，壁厚不应小于3.5mm，长度约3m，垂直埋入大地，上端面的深度不应小于0.5m。为了便于打入地下，接地体的前端应磨尖。为了降低接地电阻阻值，接地体应采用多点接地的方式，接地体一般要三个以上，呈三角形布置，连成一体，接地体之间的间距不应小于5m。连接导线一般采用较粗的铜线（不小于$4mm^2$）。一旦电动机外壳或其他金属连接体发生漏电现象时，由于人体电阻远大于接地电阻，漏电电流将主要通过接地线流入大地，人体通过的电流相对很小，不致危及生命。

5）接地体的连接应采用电焊或气焊，不能用锡焊。

6）接地电阻不应大于4Ω。若接地电阻达不到要求，可以在接地体附近放置少许食盐水与木炭。

上述接地的方法也适合避雷接地。

7. 静电防护

（1）静电防护措施

1）利用控制工艺过程和过程中所用材料的选择，使之不产生静电或少产生静电。

2）采取接地、增湿、加入抗静电添加剂等措施，加速静电的泄漏。

3）利用感应中和器、高压中和器、放射线中和器等装置，加速静电的中和。

4）改善生产环境，利用封闭的方法限制危害的产生，减小易燃易爆物散发的浓度。

（2）电气防火防爆措施

1）严格遵守电气设备的铭牌值、操作规程，勤于观察和检测设备的运行情况、温升情况，以及设备的定期维修等，都可防止事故的发生。

2）在易发生火灾危险的场所，应按国家有关技术规范选用封闭型、防尘型、防滴型或防爆型等电器设备。另外，可安装预防报警装置等监测设备，防止灾害的发生。一旦发生火灾，要积极组织扑救。根据不同的情况，采用相应的灭火方法。电气设备在切断电源后的灭火方法与扑救一般的火灾相同。在无法切断电源或者不能确定是否已切断电源的情况下，应采用带电灭火的方法，应用不导电的灭火剂带电灭火。

第12章　室内环境污染业务咨询

12.1　咨询接待人员必备的知识

12.1.1　客户信息

1. 了解并记录客户相关信息资料

接待咨询是室内环境治理员实务操作的第一课，它对开展室内环境治理业务，有效、经济地为用户做好室内环境治理工作，预防室内环境污染物对人体健康造成的伤害具有十分重要的意义。

室内环境治理员在接待咨询时，应作较详细的记录，并予以保存。其作用是：便于掌握客户信息，发现问题，及时联系；为下一步制订治理方案提供原始的背景材料；在以后室内环境治理业务开展以及跟踪服务中，作为质量检查的可追溯资料。

接待咨询实务操作中需要记录的有关信息有：

1）客户的信息资料。

2）室内环境的基本信息记录。

3）室内装修材料的基本信息记录。

4）室内污染及对人体健康影响的信息记录。

5）室内环境检测治理的信息记录。

6）室内环境污染表观的信息记录。

室内环境治理员在接待用户时，需要详细询问与正确回答用户提出的有关室内环境治理的问题。

2. 室内环境的分类和基本信息

（1）室内环境的分类　目前常见的室内环境分类见表12-1。

表12-1　常见的需要治理的室内环境分类

类别	名　　称
住宅	高层住宅、别墅、移动住宅
办公楼	政府办公楼、企事业办公楼、会议室接待室、计算机室、档案室
公共场所	宾馆、美容厅、歌舞厅、娱乐场所、餐厅、咖啡厅、网吧、商场、超市、健身房、图书馆、博物馆、展览馆
卫生机构	医院急诊、门诊室、普通病房、疾病预防控制中心、幼儿园、老人院、疗养院、康复中心、血站、计生中心、法医检验
金融机构	银行钞票处理中心、银行营业大厅、造币厂、证券公司、保险公司
科研、实验机构	精密仪器实验室、微生物实验室、实验动物室
工厂企业	印刷厂、化妆品厂、保健品厂、钢铁厂、化工厂、电厂、石油基地、电信大楼、电子工厂、制药厂

随着人们环境意识的持续提高和室内环境质量标准的不断完善，我国室内环境治理的市场正保持上升态势。未来几年，我国室内环境治理的服务对象主要为公共场所、住宅与现代化办公楼宇（见图 12-1），其他有专业特殊要求的行业的室内环境治理也将趋于规范化，例如银行钞票处理中心、档案馆、微生物实验室等。

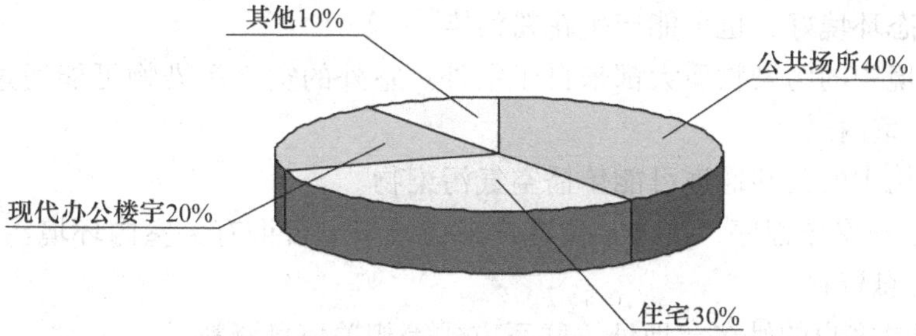

图 12-1　未来几年我国室内环境治理的服务对象

（2）需要了解的室内环境的基本信息　表 12-2 为室内环境治理员在接待客户咨询提问时需要了解的有关室内环境基本信息。

表 12-2　室内环境基本信息表

序号	类别	项　目
1	建筑结构	房间平面布置图、各房间的面积、层高
2	建筑周围情况	是否靠近公路 是否位于闹市中心 附近是否有建筑工地 附近是否有工厂排放烟尘 附近是否有餐厅的厨房排放油烟废气 小区的生态环境如何 是否受到公共通道影响污染（如邻居的厨房油烟排放、卫生间异味等）
3	装修情况	墙、天花板、地板、门窗、家具
4	装修材料	涂料、油漆、胶粘剂、木制品、壁纸、地毯、混凝土外加剂、天然石材
5	装修时间	
6	人员情况	有否老、弱、病、残、孕、婴、幼等人群？成员中有否哮喘等过敏性疾病病史？
7	人员感官情况	有否感觉有异味、灰尘烟雾特别大
8	人员健康情况	呼吸道有无不适，有否喉咙痛、喉咙痒、咳嗽等症状，有否皮肤丘疹、哮喘等过敏症状，有无乏力、困倦、头晕等症状
9	宠物情况	所养宠物的类型，宠物是否有异常情况
10	植物情况	
11	燃料	使用煤气、煤还是液化气
12	气雾剂	是否经常使用气雾类的化妆品、清洁剂或杀虫剂
13	吸烟情况	

特别提示

1）混凝土外加剂可能产生氨污染，一般在我国北方冬季施工时容易发生。

2）天然石材有可能产生氡及其子体污染。

3）宠物会传染人畜共患病。

4）小区生态环境好，也可能产生花粉污染。

5）室内环境中的污染物质大都来自于室外。室外的空气污染物可能通过门、窗以及建筑物的缝隙进入室内。

6）建筑结构中的公共通道可能传播空气污染物。

（3）接待客户操作程序　接待某位客户来访或来电咨询有关室内环境污染与治理问题，记录有关客户信息资料。

步骤 1　记录客户的姓名、地址、联系方式等相关信息资料

根据来访或来电咨询与了解情况，详细填写客户基本信息表（见表 12-3），以便进一步跟踪服务。

表 12-3　客户基本信息表

记录日期		记录人		表格编号	
姓名		性别		年龄	
单位名称					
单位（或住宅地址）				邮编	
联系电话		传真		手机	

室内环境的性质：

□一般住宅　□别墅　□办公楼　□宾馆客房　□美容美发场所

□交通工具内　□沐浴场所　□游泳场所　□候车（机、船）场所

□商场、超市　□幼儿园　□医院门、急诊环境　□计算机房　□网吧

□博物馆、展览馆　□体育场馆　□餐厅　□娱乐场所　□其他

室内空间情况：

房间 1

面积：　m^2；层高：　m；用途：

房间 2

面积：　m^2；层高：　m；用途：

房间 3

面积：　m^2；层高：　m；用途：

房间 4

面积：　m^2；层高：　m；用途：

房间 5

面积：　m^2；层高：　m；用途：

步骤 2　记录客户室内环境与装修的相关信息资料

根据来访或来电咨询与了解情况，详细填写客户室内环境与装修的相关信息（见表 12-4），以便进一步跟踪服务。

表 12-4　室内环境与装修相关信息表

类　别	项　目	记　录
建筑结构	房间平面布置图	
装修情况	墙： 顶： 地面：	
空调		
通风		
家具		
办公用品		
建筑周围情况	是否靠近公路 是否位于闹市中心 附近是否有建筑工地 附近是否有工厂排放烟尘 附近是否有餐厅的厨房排放油烟废气 小区的生态环境如何 是否受到公共通道影响污染（如邻居的厨房油烟排放、卫生间异味等）	（如没有或影响不严重，可以不填）
装修完成至今时间		
是否豢养宠物		
是否种植室内花草		
人员情况	经常人数： 有否特殊群体：□老人　□儿童　□孕妇　□病人　□过敏体质者 成员中有否哮喘等过敏性疾病病史	
吸烟情况		

步骤 3　记录客户室内环境对人体健康影响的相关信息资料

根据来访或来电咨询与了解情况，详细填写客户居室环境对人体健康影响的相关信息（见表 12-5），以便进一步跟踪服务。

表 12-5　客户居室环境对人体健康影响的相关信息表

人员感官情况	
人员健康情况	

人员感官情况主要指环境污染物对眼、鼻、耳、咽喉、皮肤的刺激作用。一般情况下，如人员靠感官觉察到环境的污染问题，则污染已经达到可能影响人体健康的程度。需要注意的是：如果人员感官没有觉察到环境的污染，不能说明室内环境一定没有污染。室内环境中的可吸入颗粒物、细菌等微生物、花粉、一氧化碳、二氧化碳、氡等污染物不一定直接作用于人的感官，但在无声无息中会对人体造成潜在的伤害。

人员健康情况分三种：第一种指人员的既往病史，例如呼吸系统、神经系统、血液系统等方面的疾病。室内环境污染会引发与加重这些疾病；第二种指人员存在的家属病史，例如过敏性疾病、癌症等。室内环境污染会诱发这些疾病；第三种指人员没有既往病史也没有家属病史，是由于室内环境污染引发的疾病，例如军团病、办公室综合症等。

12.2　了解并记录客户反映的室内环境质量检测与治理的问题

12.2.1　室内环境检测与治理问题概述

在接待客户询问并记录有关室内环境污染的相关信息后，进一步了解与记录客户有关对室内环境的检测和已采取的治理手段等问题就变得十分重要。

对于不同的室内场合，不同的污染状况，需要检测的污染物的项目是不同的。测试项目选择不当或漏检了某些引起室内环境污染的主要污染物，都可能对以后的制订治理方案带来困难，甚至会为室内环境质量的评估带来错误的结论。

表 12-6 为针对不同的室内环境提出的需要检测的项目。

表 12-6　不同的室内环境需要检测的项目

检测项目 / 室内环境名称	甲醛	苯、甲苯、二甲苯	氨	TVOC	二氧化碳	一氧化碳	可吸入颗粒物	细菌	氡
住宅	✓	✓		✓					✓
办公室	✓	✓		✓	✓		✓	✓	
商场	✓			✓	✓		✓	✓	
宾馆客房	✓				✓	✓	✓	✓	
咖啡厅	✓				✓	✓	✓	✓	
地铁				✓			✓	✓	✓
银行	✓						✓	✓	
美容院	✓		✓						
幼儿园	✓						✓	✓	

注：✓表示需检测项目，下同。

表 12-7 为针对不同的室内情况提出的需要检测的项目。

表 12-7　针对不同的室内情况提出的需要检测的项目

检测项目 / 室内情况	甲醛	苯类	TVOC	二氧化碳	一氧化碳	可吸入颗粒物	细菌	臭氧	苯并(a)芘	氡	氨
中央空调				✓		✓	✓				
人员密集				✓		✓	✓				
新装修	✓	✓	✓								
新车	✓	✓	✓								
吸烟				✓	✓	✓			✓		

表 12-8 为针对室内装饰装修材料提出的需要检测的项目。

表 12-8　针对室内装饰装修材料提出的需要检测的项目

检测项目 装修材料	甲醛	苯类	TVOC	氡	氨	甲苯二异氰酸脂	可溶性重金属	氯乙烯	其他
人造板及其制品	✓								
溶剂性木器涂料			✓			✓	✓		
混凝土防冻剂					✓				
内墙涂料	✓		✓				✓		
胶粘剂	✓	✓	✓			✓			
木家具	✓				✓		✓		
壁纸	✓						✓	✓	
聚氯乙烯卷材地板	✓		✓				✓	✓	
大理石				✓					
地毯	✓		✓						✓

民用建筑工程验收时，必须进行室内环境污染物难度检测，检测项目为：氡、甲醛、苯、氨与 TVOC。

12. 2. 2　一般居室环境可能存在的污染问题及其特点

居室的装修污染带来的室内空气质量问题是目前室内环境污染的主要来源。在接待咨询用户来电来访时，要详细询问用户的建筑装修情况，特别是使用建材的质量情况。除此之外，居住地的地理位置、周围的建筑与绿化环境等问题也应详细询问。

1. 一般需要询问并记录的问题

1）用户的居室平面图，各房间的用途与面积，特别注意门、窗的朝向。

2）询问并记录每一个房间的装修以及家具的布置情况。表 12-9 为某一居室的有关装修情况的询问记录。

表 12-9　某居室的有关装修情况询问记录表

房间类型	面积/m^2	吊顶	墙壁	地板	门窗	家具
主卧	16	人造板、油漆	多乐士涂料	柚木	柚木、清水	柚木家具
客卧	12	人造板、油漆	多乐士涂料	柚木	柚木、清水	中密度板家具
儿童房	8	人造板、油漆	多乐士涂料	实木	柚木、清水	中密度板家具
客厅	35	人造板、油漆	人造板、油漆	大理石	柚木、清水	真皮沙发、柚木电视柜

3）询问并记录用户住地周围环境。例如，办公地是否靠近高速公路、是否在闹市中心、附近是否有高烟囱、是否有在建的建筑物或周围有否工厂、码头等可能给居住地带来的污染？在绿化生态环境较好的地区，也要询问是否有花粉污染存在；在询问与记录时，特别要注意用户住处的窗户朝向是否有上述室外污染物侵入的可能性。

4）询问并记录室内环境对人体影响的有关信息。主要询问并记录客户家庭成员的身体情况，特别是老、弱、病、孕、幼、残等体弱人群的身体情况。例如：呼吸道有无不适，有否喉咙痛、喉咙痒、咳嗽等症状，有否皮肤丘疹、哮喘等过敏症状，有无乏力、困倦、头晕等症状。在询问时，如发现室内环境污染已影响到人体健康的情况时，则应进一步询问用户的有关病史以及在旧居或装修前的身体状况。

5）其他。例如家养宠物、室内花草有无异样；家庭成员中是否有人在居室内吸烟的习惯等情况。

2. ［案例］一般居室环境

客户陈先生来访反映，他家住房为四室二厅，共 162m^2，其一家三口居住在现址已 3 年，小孩住校念高中，一星期回来一天。前不久刚刚完成装修，其中客厅、卧室全部用人造板吊顶、围护装饰；门与窗套、窗台用柚木加清水涂敷；地板为柚木板材；主卧室购置全套柚木家具，客厅购置中密度板家具与全套真皮沙发。白天上班出门时将房屋门窗关闭，晚上回家一开门，一股装修的异味儿扑鼻而来。他们夫妻两人近来经常感觉有喉咙痛、痒，头晕，咳嗽等症状，装修前从没有此症状。陈先生要求提供咨询服务。

3. 实际操作

（1）记录有关客户相关的信息资料　见表 12-10。

表 12-10　居室客户信息资料调查表

记录日期		记录人		表格编号	
姓名	陈先生	性别	男	年龄	
住宅地址				邮编	
联系电话		传真		手机	
室内环境的性质：一般住宅					
室内情况： 客厅：人造板吊顶、围护装饰；门与窗套、窗台用柚木加清水涂敷；地板为柚木板材；中密度板家具与全套真皮沙发 主卧：人造板吊顶、围护装饰；门与窗套、窗台用柚木加清水涂敷；地板为柚木板材；全套柚木家具 面积：162m^2					
人员情况：一家三口，中年夫妻两人，白天上班，晚上回家，小孩住校念高中，一星期回家一次。 装修完成时间：3 个月内					

（2）记录有关室内环境污染对人体影响的有关信息资料　夫妻两人近来经常感觉有喉咙痛、痒，头晕，咳嗽等症状，装修前没有此症状。

（3）客户反映的表象问题　白天上班出门时将房屋门窗关闭，晚上回家一开门，一股装修的异味儿扑鼻而来。

（4）初步判断污染源　见表 12-11。

表 12-11　初步判断居室污染源

表　象	污染源判别
装修的异味儿扑鼻而来	装修污染
人造板吊顶、围护装饰	人造板板材与胶粘剂可能释放甲醛
门与窗套、窗台用柚木加清水涂敷	涂敷溶剂可能释放苯系物、TVOC

（续）

表　　象	污染源判别
柚木板材	涂敷油漆、溶剂与胶粘剂可能释放甲醛苯系物、TVOC
柚木家具	涂敷油漆、溶剂与胶粘剂能释放甲醛苯系物、TVOC；家具后背及衬板如使用人造板可能产生甲醛
中密度板家具	可能释放甲醛或 TVOC
真皮沙发	可能释放甲醛或 TVOC

（5）根据污染情况提出初步解决方法

1）开窗通风。

2）针对污染源，采取药剂治理方法。

3）安装新风净化系统。

4）安装空气净化设备。

12.2.3　商场环境可能存在的污染问题及其特点

近年来，各大中城市的商场、超市呈现一派繁荣的景象，但是许多商场、超市的建筑结构、装修质量使室内环境存在污染的隐患。国家标准 GB9670—1996 规定，商场（包括超市）内的空气中的二氧化碳含量应≤0.5%（体积分数），一氧化碳含量应≤0.12%（体积分数），可吸入颗粒物含量≤0.25mg/m^3，细菌总数≤7000cfu/m^3。目前，商场、超市室内建筑的通风效果达不到要求，营业高峰时，室内空气质量往往很差。

购物环境的空气质量下降，不仅影响顾客的消费情绪，而且会对商场职工的健康安全造成影响。北京、上海等城市的一些商场与大型超市已在着手计划治理室内环境。

在接待咨询用户来电来访时，特别要详细询问用户的建筑装修情况，特别是使用装饰装修材料的质量情况。除此之外，商场、超市的通风设施、空调设备等问题也应详细询问。

1. 一般需要询问并记录的问题

1）商场、超市的平面图，特别注意与熟食品加工点、卫生间连接的门、窗的位置。

2）询问并记录装修及其使用装修材料的情况。

3）询问顾客购物处是否受到熟食品加工点、卫生间排出的空气污染物影响。

4）询问熟食品加工点、卫生间的通风情况。

5）询问当顾客购物高峰时，商场的通风能否满足要求。

6）询问商场局部装修时，是否有防止装修污染物扩散的措施。

7）询问当顾客购物逗留时间较长时，是否感觉有体能、过敏、思维、心理、理解、判断、方向感、氧气不足等方面的影响。

8）询问商场、超市的工作人员是否感觉有体能、过敏、思维、心理、理解、判断、方向感、氧气不足等方面的影响。

9）询问商场、超市的工作人员，特别是熟食品加工点的工作人员身体影响的有关信息。例如：呼吸道有无不适，有否喉咙痛、喉咙痒、咳嗽等症状，皮肤有无丘疹，有无乏力、困倦、头晕等症状。在询问时，如发现室内环境污染已影响到人体健康的情况，则应进一步询问工作人员的有关病史以及以前的身体状况，注意询问一下工作人员离开工作岗位后是否有症状消失或症状减轻的情况。

2. ［案例］：商场环境

客户沈先生来电咨询，其供职的单位是一家新装修的商场，营业面积约500m^2，使用中央空调，建筑密闭性较好。商场的地板全部使用塑料卷材，柜台与样品柜采用人造板加油漆。门、窗、贴脚线采用实木加油漆。顾客和工作人员都反映，走进商场就闻到一股刺鼻的气味，有的人还眼睛疼、流泪。问是否是装修污染引起的？有什么办法治理？

3. 实际操作

（1）记录有关客户相关的信息资料　见表12-12。

表12-12　商场客户信息资料调查表

记录日期		记录人		表格编号	
姓名	沈先生	性别	男	年龄	
单位地址				邮编	
联系电话		传真		手机	
室内环境的性质：商场					
室内情况：					
使用中央空调 建筑密闭性好 地板全部使用塑料卷材 柜台与样品柜采用人造板加油漆 面积：500m^2					
装修完成时间：3个月内					

（2）客户反映的表象问题　顾客和工作人员都反映，走进商场就闻到一股刺鼻的气味，有的人还眼睛疼、流泪。

（3）初步判断污染源　见表12-13。

表12-13　初步判断商场污染源

表　　象	污染源判别
走进商场就闻到一股刺鼻的气味，有的人还眼睛疼、流泪	装修污染
地板全部使用塑料卷材	塑料卷材可能释放氯乙烯单体与其他挥发物。铺设时使用的粘胶剂可能释放甲醛
柜台与样品柜采用人造板加油漆	人造板可能释放甲醛。油漆及其溶剂可能释放苯系物、TVOC
使用中央空调	搬运污染物质

（4）根据污染情况提出初步解决方法

1）开窗通风。

2）针对污染源，采取药剂治理方法。

3）安装中央空调净化装置。

4）安装空气净化设备。

12.2.4 宾馆客房环境可能存在的污染问题及其特点

宾馆、饭店及其普通的旅店、招待所的室内空气质量应符合国家标准《旅店业卫生标准》（GB 9663—1996）的规定。对于 3～5 星级的宾馆、饭店，其室内空气中的二氧化碳浓度应≤0.07%，一氧化碳浓度应≤$5mg/m^3$，细菌总数≤$1000cfu/m^3$，与饭馆（餐厅）相比，其对空气质量的要求明显有所提高。

星级宾馆、饭店的入住客人对客房的空气质量有较高的要求，特别是来自于发达国家的客人，往往将宾馆客房的空气与其所在国相比，如客房空气不好，往往会引起他们的抱怨。达到优良的室内空气质量已普遍成为星级宾馆创建绿色饭店的主要内容。国家有关方面也编制了实施绿色饭店空气健康化的指导性文件。有关宾馆、饭店客房综合治理室内环境的问题引起了各方面的重视。

在接待咨询用户来电来访时，要详细询问用户的建筑装修以及使用装饰装修材料的质量情况。要详细询问客房的通风设施、空调设备等情况。除此之外，客房的地理位置、周围的建筑与绿化环境等问题也应详细询问。

1. 一般需要询问并记录的问题

1）客房的平面图，各房间的作用与面积，应特别注意门、窗的朝向。

2）询问并记录装修及其使用装修材料的情况。

3）询问并记录装修情况。

4）询问客房是否受到卫生间排出的空气污染物影响。

5）询问卫生间的通风情况。

6）询问客房的通风能否满足要求。

7）询问是否有新入住顾客反映客房内有烟草、化妆品或其他令人不舒服的异味。

8）询问有否顾客对受到污染的地毯发出的异味提出反映。

9）询问并记录宾馆、饭店周围环境。例如，居住地是否靠近高速公路？是否在闹市中心？附近是否有高烟囱？是否有在建的建筑物或周围有否工厂、码头等可能给居住地带来的污染？在绿化生态环境较好的地区，也要询问是否有花粉污染存在。在询问与记录时，特别要注意客房窗户朝向是否有上述室外污染物侵入的可能性。

10）询问并记录室内环境对人体影响的有关信息。主要询问并记录客人入住以后的身体情况，特别是老、弱、病、孕、幼、残等体弱人群的身体情况。例如：呼吸道有无不适，有否喉咙痛、喉咙痒、咳嗽等症状，有否皮肤丘疹、哮喘等过敏症状，有无乏力、困倦、头晕等症状。在询问时，如发现室内环境污染已影响到人体健康的情况，则应进一步询问用户的有关病史以及入住前的身体状况。注意询问一下入住客人离开该客房后是否有症状消失或症状减轻的情况。

11）询问并记录客人对中央空调通风系统的意见。例如风机盘管是否存在污染。

2. ［案例］ 宾馆客房环境

某涉外宾馆客房部主任刘先生来电咨询，该宾馆客房新装修已有一年，入住的贵宾向服务员反映，客厅内的空气质量不好，服务员在整理房间时也感觉到室内的空气质量明显不如室外，如遇客人吸烟，室内的空气污染更是厉害。一位服务员反映有一次一位外国贵宾要求宾馆购买空气净化器，以解决室内空气污染问题。刘先生问，这是否与装修污染有关？

宾馆第5层8个套房经过豪华装修。每间套房使用面积为48m^2，其中客厅为30m^2，卧室为18m^2。新装修的客房为柚木地板上铺有羊毛地毯，四周墙壁为清水柚木护墙板。门、窗套用柚木、清水装饰。天花板为多乐士涂料。客厅家具为中密度板家具，真皮沙发；卧室有柚木壁橱、家具。客房使用风机盘管空调，已使用了10年。

3. 实际操作

（1）记录有关客户相关的信息资料　见表12-14。

表12-14　宾馆客户信息资料调查表

记录日期		记录人		表格编号	
姓名	刘先生	性别	男	年龄	
单位地址				邮编	
联系电话		传真		手机	
室内环境的性质:宾馆客房					
室内情况： 使用风机盘管空调已10年 建筑密封性好 柚木地板上铺有羊毛地毯 天花板为多乐士涂料 四周墙壁为清水柚木护墙板 门、窗套用柚木、清水装饰 客厅家具为中密度板家具 真皮沙发 卧室有柚木壁橱、家具 允许吸烟 面积:8个套房,每间套房使用面积为48m^2,其中客厅为30m^2,卧室为18m^2					
装修完成时间:1年					

（2）客户反映的表象问题　入住的贵宾向服务员反映，客厅内的空气质量不好，服务员在整理房间时也感觉到室内的空气质量明显不如室外，如遇客人吸烟，室内的空气污染更是厉害。一位服务员反映有一次一位外国贵宾要求宾馆购买空气净化器，以解决室内空气污染问题。

（3）初步判断污染源　见表12-15。

表12-15　初步判断宾馆客房污染源

表　　象	污染源判别
柚木地板上铺有化纤地毯	柚木地板涂敷油漆、溶剂与胶粘剂可能释放甲醛苯系物、TVOC；地毯、地毯衬垫与胶粘剂可能产生甲醛、TVOC、苯乙烯与4-苯基环己烯；地毯也可能成为细菌、螨虫的滋生地
四周墙壁为清水柚木护墙板	涂敷油漆、溶剂与胶粘剂能释放甲醛、苯系物、TVOC；护墙板使用的人造板可能释放甲醛

（续）

表　　象	污染源判别
门、窗套用柚木、清水装饰	涂敷油漆、溶剂与胶粘剂能释放甲醛苯系物
客厅家具为中密度板家具	中密度板家具可能释放甲醛
真皮沙发	可能释放甲醛或 TVOC
卧室有柚木壁橱、家具	可能释放甲醛
允许吸烟	产生可吸入颗粒物、一氧化碳、甲醛等多种污染物
共有席位 80 个	人群集中的地方，人与人的活动可能成为一种污染源，产生可吸入颗粒物、细菌、二氧化碳与异味

（4）根据污染情况提出初步解决方法

1）针对污染源，采取药剂治理方法。

2）安装机械式新风装置。

3）安装空气净化设备。

4）安装风机盘管净化装置。

12.2.5　办公楼环境可能存在的污染问题

现代政府机关与企业办公室的建筑特性与装修存在室内环境的污染问题，由此频频产生的办公室室内环境需要治理的信息。

造成现代办公室室内环境污染的主要原因有：高层建筑密闭性能好、不能开窗，装修材料、办公家具、复印机、激光打印机等散发的污染物，办公室人员与客户众多等。办公楼使用中央空调也可能成为室内环境污染的一个重要原因。

在接待咨询用户来电来访时，要详细询问用户的建筑装修情况，特别是使用建材的质量情况。除此之外，办公楼的地理位置、周围的建筑与绿化环境等问题也应详细询问。

1. 一般需要询问并记录的问题

1）用户的办公室平面图，各房间的作用与面积，特别注意门、窗的朝向；

2）询问并记录每一个房间的装修以及办公家具、办公设备布置情况。

表 12-16 为某办公楼宇的有关室内装修与设备情况的询问记录表。

表 12-16　办公楼宇的有关室内装修与设备情况的询问记录表

项　目 室内环境	面积 /m^2	吊顶	墙壁	地板	门窗	办公家具与设备
总经理室	30	人造板、油漆	人造板油漆	柚木	柚木、清水	柚木
接待室	25	人造板、油漆	多乐士涂料	柚木	柚木、清水	密度板
财务室	20	轻钢龙骨、铝合金扣板	多乐士涂料	塑料	柚木、清水	密度板家具、点钞机
会议室	50	轻钢龙骨、铝合金扣板	人造板油漆	塑料	柚木、清水	密度板、真皮沙发
门厅	25	人造板、油漆	多乐士涂料	实木	柚木、清水	密度板
产品展示厅	80	轻钢龙骨、铝合金扣板	人造板、油漆	大理石	柚木、清水	密度板
员工办公室	120	轻钢龙骨、铝合金扣板	多乐士涂料	塑料	柚木、清水	密度板家具、复印机、激光打印机

3）询问并记录用户住地周围环境，例如，办公地是否靠近高速公路？是否在闹市中心？附近是否有高烟囱？是否有在建的建筑物或周围有否工厂、码头等可能给居住地带来的污染？在绿化生态环境较好的地区，也要询问是否有花粉污染存在？在询问与记录时，特别要注意用户住处的窗户朝向是否存在上述室外污染物进入的可能性。

4）询问并记录办公室环境对人体影响的有关信息。例如：呼吸道有无不适，有否喉咙痛、喉咙痒、咳嗽等症状，皮肤有无丘疹，有无乏力、困倦、头晕等症状。在询问时，如发现室内环境污染已影响到人体健康的情况时，则应进一步询问办公室人员的有关病史以及装修前的身体状况，注意询问一下办公室人员离开办公室后是否有症状消失或症状减轻的情况。

5）其他，例如室内花草有无异样情况。办公场所、接待室、展示厅是否允许吸烟等情况。

6）询问并记录用户对中央空调通风系统，例如风机盘管存在污染提出过意见？

7）询问并记录用户有否存在静电通过人体放电的现象？

2. ［案例］ 办公楼环境

某银行的行政部主管宫先生来电反映，银行入驻所在的办公楼装修已有一年。一年来，职工普遍反映有喉咙痛、喉咙痒、头晕、咳嗽等症状，下班后大都没有此症状。该行职工还反映，工作到下午就有瞌睡、精神不振、注意力不能集中等感觉；银行的领导与来访的客户也反映办公室与接待室有刺鼻的气味，询问是否与装修污染有关？

该办公楼位于大厦30层，总面积1000m^2，其中营业大厅600m^2，其他另有6间20～30m^2的行政科室与接待室。四周为玻璃幕墙，不能开窗。营业大厅天花板为轻钢龙骨吊顶，地板为复合地板。营业大厅共有60～70人上班，办公桌与隔断材料为中密度板，每张办公桌上均安装电脑。行政科室与接待室为豪华装修，地板为柚木地板，门、窗台、窗套用柚木、清水。每间房间均配备真皮沙发。营业大厅使用大楼的中央空调。其他各房间使用分体式空调。

3. 实际操作：

（1）记录有关客户相关的信息资料　见表12-17。

表12-17　办公楼客户信息资料调查表

<table>
<tr><td>记录日期</td><td></td><td>记录人</td><td></td><td>表格编号</td><td></td></tr>
<tr><td>姓名</td><td>宫先生</td><td>性别</td><td>男</td><td>年龄</td><td></td></tr>
<tr><td>单位地址</td><td colspan="3"></td><td>邮编</td><td></td></tr>
<tr><td>联系电话</td><td></td><td>传真</td><td></td><td>手机</td><td></td></tr>
<tr><td colspan="6">室内环境的性质：银行办公楼</td></tr>
<tr><td colspan="6">室内情况：
使用中央空调
建筑密闭性好，不能开窗
地板为复合地板
天花板为轻钢龙骨吊顶
办公桌与隔断材料为中密度板
行政科室与接待室为豪华装修，地板为柚木地板，门、窗台、窗套用柚木、清水漆
每间房间均配备真皮沙发
每张办公桌上均安装电脑
面积：1000m^2</td></tr>
<tr><td colspan="6">装修完成时间：1年</td></tr>
</table>

（2）记录有关室内环境污染对人体影响的有关信息资料　职工普遍反映有喉咙痛、喉咙痒、头晕、咳嗽等症状，下班后大都没有此症状，反映工作到下午就有瞌睡、精神不振、注意力不能集中等感觉；

（3）客户反映的表象问题　银行的领导与来访的客户也反映办公室与接待室有刺鼻的气味。

（4）初步判断污染源　见表12-18。

表12-18　初步判断办公楼污染源

表　　象	污染源判别
办公室与接待室有刺鼻的气味	装修污染
办公桌与隔断材料为中密度板	可能释放甲醛与TVOC
地板为柚木地板	涂敷油漆、溶剂与胶粘剂可能释放甲醛苯系物、TVOC
门、窗台、窗套用柚木、清水漆	涂敷溶剂可能释放苯系物、TVOC
真皮沙发	可能释放甲醛或TVOC
每张办公桌上均安装电脑	可能释放TVOC
使用中央空调	通风管道可能存在污染源

（5）根据污染情况提出初步解决方法

1）针对污染源，采取药剂治理方法。

2）安装机械式新风装置。

3）对中央空调进行清洗、净化。

4）安装空气净化设备。

12.2.6　饭店、咖啡厅环境可能存在的污染问题

城市宾馆、饭店的餐厅、咖啡厅、快餐厅、茶室等作为公共场所，其室内空气质量须执行《饭馆（餐厅）卫生标准》（GB 16153—1996）的规定。例如，餐厅空气中的二氧化碳含量应≤0.15%（体积分数），一氧化碳浓度应≤10mg/m^3，甲醛浓度≤0.12mg/m^3，可吸入颗粒物≤0.15m^3/h，细菌总数≤4000cfu/m^3，新风量≥20m^3/(h·人)。

北京、上海等大城市近年来大力倡导绿色饭馆（餐厅）的建设。许多饭馆（餐厅）在实施个性化装修的同时，更重视室内环境的环保、健康化。一些高档的咖啡厅、餐厅的装修规格很高。由此，饭馆（餐厅）要求治理室内环境的信息明显增多。

在接待咨询用户来电来访时，特别要详细询问用户的建筑装修情况，特别是使用装饰装修材料的质量情况。除此之外，饭馆（餐厅）的通风设施、空调设备等问题也应详细询问。

1. 一般需要询问并记录的问题

1）饭馆（餐厅）的平面布局，特别注意与厨房、卫生间连接的门、窗的位置。

2）询问并记录装修及其使用装修材料的情况。

3）询问顾客就餐处是否受到厨房、卫生间排出的空气污染物影响。

4）询问厨房、卫生间的通风情况。

5）询问当顾客就餐高峰时，包房与大堂的通风能否满足要求。

6）询问当有顾客吸烟时，是否会有二手烟的污染。

7）询问有顾客对受到污染的地毯发出的异味有没有提出过反映。

8）询问通风能否满足要求。

9）询问并记录饭馆（餐厅）的工作人员，特别是厨房工作人员身体是否受影响的有关信息。例如：呼吸道有无不适，有否喉咙痛、喉咙痒、咳嗽等症状，皮肤有无丘疹，有无乏力、困倦、头晕等症状。在询问时，如发现室内环境污染已影响到人体健康的情况时，则应进一步询问工作人员的有关病史以及以前的身体状况，注意询问一下工作人员离开饭馆（餐厅）后是否有症状消失或症状减轻的情况。

2. ［案例］咖啡厅（公共场所）

某高档咖啡厅总经理助理李先生求援：咖啡厅新装修后不久，服务员反映有喉咙痛、喉咙痒、头发晕、咳嗽等症状，下班后恢复正常；工作时间久了就有瞌睡、精神不振、注意力不能集中等感觉。常来的客户也反映咖啡味儿香浓可口，就是屋内有股刺鼻异味。问是否是装修污染引起的?

咖啡厅新装修后营业面积180m^2，层高4m，共有席位80个，允许吸烟。该咖啡厅四周为玻璃幕墙，不能开窗。天花板为轻钢龙骨吊顶，地板为大光地砖，周边为大理石。墙壁装修为多乐士涂料。咖啡厅座椅全部为真皮沙发。营业大厅使用吊顶式空调，没有新风装置。

3. 实际操作

（1）记录有关客户相关的信息资料　见表12-19。

表12-19　公共场所客户信息资料调查表

<table>
<tr><td>记录日期</td><td></td><td>记录人</td><td></td><td>表格编号</td><td></td></tr>
<tr><td>姓名</td><td>李先生</td><td>性别</td><td>男</td><td>年龄</td><td></td></tr>
<tr><td>单位地址</td><td colspan="3"></td><td>邮编</td><td></td></tr>
<tr><td>联系电话</td><td></td><td>传真</td><td></td><td>手机</td><td></td></tr>
<tr><td colspan="6">室内环境的性质：咖啡厅</td></tr>
<tr><td colspan="6">室内情况：
使用分体式空调
建筑密闭性好，不能开窗
地板为大光地砖，周边为大理石
天花板为轻钢龙骨吊顶
墙壁装修为多乐士涂料
咖啡厅座椅全部为真皮沙发
允许吸烟
面积：180m² 　层高4m</td></tr>
<tr><td colspan="6">装修完成时间：3个月</td></tr>
</table>

（2）记录有关室内环境污染对人体影响的有关信息资料　服务员反映有喉咙痛、喉咙痒、头发晕、咳嗽等症状，下班后恢复正常。

（3）反映的表象问题　员工反应工作时间久了就有瞌睡、精神不振、注意力不能集中等感觉。顾客也反映咖啡味儿香浓可口，就是屋内有股刺鼻异味。

（4）初步判断污染源　见表 12-20。

表 12-20　初步判断公共场所污染源

表　　象	污染源判别
常来的顾客反映屋内有股刺鼻异味	装修污染
地板为大光地砖，周边为大理石	地砖胶粘剂可能释放甲醛与 TVOC；地砖与大理石必须符合放射性核素含量合格的限量标准
真皮沙发	可能释放甲醛或 TVOC
允许吸烟	产生可吸入颗粒物、一氧化碳、甲醛等多种污染物
共有席位 80 个	人群集中的地方，人与人的活动可能成为一种污染源，产生可吸入颗粒物、细菌、二氧化碳与异味

（5）根据污染情况提出初步解决方法

1）针对污染源，采取药剂治理方法。

2）安装机械式新风装置。

3）装空气净化设备。

12.3　现场检测方法概述

在很多情况下，需要对室内环境的空气质量与卫生状况做出迅速的判断评价。例如，发生事故后的工作场所，有剧毒物质存在的工作场所等，需要迅速知道空气中存在的毒物及其浓度，以便采取相应的措施。如决定现场人员能否进入或是不是需要撤离，需采取什么防护措施等。这种情况下，要求使用现场快速检测方法，尽快得出测定结果。现场检测方法通常是在工作场所进行实时检测，即在短时间内测得空气中是否存在毒物及其浓度的大小。

现场检测方法要求用于现场检测的仪器或试剂有较高的灵敏度、采集空气样品量少、具有一定的准确度、操作简便快速、便于携带等特点。有些检测方法不能完全达到快速、灵敏和准确等上述要求，只要反应快速，灵敏度和准确度稍差些，仍有实用意义，特别对污染物浓度高的情况下是有用的。现场检测方法还有一种是用于连续检测空气中毒物的浓度，有的还具有报警作用；即当空气中毒物浓度超过一定限值时，可以发出警报，以便立即采取相应措施。现场检测方法常用的有检气管法、气体测定仪检测法、试纸法和溶液快速法等，见表 12-21。

表 12-21　现场检测方法

方法名称	说　　明	特　　点
检气管法 （气体检测管法）	以试剂浸泡过的载体颗粒制成指示剂，装在玻璃管内，当有被测毒物的空气通过时，毒物与试剂发生颜色反应，根据产生颜色的深浅或变色柱的长度，与事先制备好的标准色板或浓度标尺比较，即时做出定性和定量的检测。检气管根据其构造和用途可分为普通型、试剂型、短期测量管、长期测量管和扩散式测量管等	普通型是玻璃管内仅装指示剂，能直接与待测物起颜色反应而定性定量 试剂型是在玻璃管内除装指示剂外，还装有试剂溶液小瓶，在采样检测前或后，打破试剂溶液小瓶，待测物与试剂反应，产生颜色 短期测量管的采样检测时间短，通常为数分钟 长期测量管的采样检测时间长，可达数小时 扩散式测量管不同于上述两种的是不需要抽气动力，而利用毒物分子扩散作用达到采样检测的目的

（续）

方法名称	说　明	特　点
气体测定仪检测法	用携带方便的仪器在现场进行即时直读式检测的方法。目前常用的检测原理有红外线、半导体、电化学、气相色谱、激光等	具有较高的灵敏度、准确度和精密度，体积较小，质量较轻，携带方便，操作简单快速；但仪器价格较高，仪器的校正、使用和维护需要较高的技术和费用。可用于许多有害物质的检测，如一氧化碳、二氧化硫、硫化氢、氨、甲醛、苯、可燃性气体等。便携式气相色谱仪的应用，可以在现场较准确地测定许多有机挥发性气体
试纸法	用滤纸浸渍化学试剂后，或直接挂在工作场所的监测点，或放在采样夹内，使被测空气通过它，空气中的有害物质与化学试剂起颜色反应，根据生成颜色的深浅或色调与标准色板比较进行定性和定量检测	具有体积小，质量轻，携带方便，操作简单快速，费用小等优点；但干扰因素较多，准确度较差，是一种半定量检测方法
溶液快速法	在特制的吸收管中，装有化学试剂配制的吸收液，当含有待测物的空气通过吸收液时，待测物与化学试剂迅速发生颜色反应，根据生成颜色的深浅或色调与标准比色管系列比较进行定性和定量检测	一般比试纸法灵敏和准确；但仪器的携带和操作较不便

现场检测是近年来迅速发展起来的检测技术。目前已大量用于室内环境的各种场合。虽然，现场检测采用的仪器检测方法，不同于《室内空气质量标准》规定的规范的测试方法，但其检测的简易、动态、快速的特点，为现场判别污染源与污染程度、为检验治理的效率提高、推广提供了快捷、直观的效果。

由于微电子、激光、微波、自动化等技术的高速发展，现代分析检测仪器在近 20 年来发生了很大的变革。特别是传感器与数字化技术在分析仪器方法中得到大量应用，从而使分析仪器的采样误差越来越小、测试速度越来越快、操作越来越简便、设备的体积也越来越小。

现代现场检测仪器相当于将整个实验室微型化，实现了人工操作的自动化，分析计算的电脑化，实现了现场采样、实时分析及即出报告。

12.4　室内环境治理的基本方法

1. 自然通风

利用热压或风压进行换气的通风方式叫自然通风。自然通风最简单的方法就是开窗通风，用室外新鲜空气来稀释室内空气污染物，使浓度降低，是改善室内空气质量最方便快捷的方法。开窗通风可以始终保持室内具有良好的空气品质，是改善住宅室内空气品质的关键。国外研究发现，新风量越大，发生建筑病综合症的风险就越小。即使在较寒冷的冬季，也最好能开一些窗户，使室外的新鲜空气能进入室内。

多数建筑物都是透气的，在许多建筑设计中，特别是传统的建筑设计，建筑框架有许多过气和出气的通道，如天窗、门缝、电线出入口、楼地基等孔洞，便于自然通风。自然通风与门窗的开设方位与开闭程度有关。敞开的门窗能形成空气对流，对换气有明显的影响，影响换气的还有门、窗的开、闭幅度、频率和持续时间以及户外风速和室外温差等因素。

在高层建筑中，室内外温差产生的压差在建筑物底部吸入空气并使空气在楼顶压出。这就是烟囱效应。高层建筑物的密封程度、户外风速和内外温差等环境因素对自然通风的影响很大。通常，在冬天和大风的气候条件下，引入和排出的气量最大。而在无风或温和的气候情况下，由于温差较小，此时，不管建筑物的密封度如何，换气程度都将大大降低。

自然通风在许多情况下受到了限制。首先，目前我国大多数中心城市大气污染状况比较突出。开窗通风容易将大气中的污染物引入室内。城市大气环境中的汽车尾气、工业废气、建筑粉尘以及餐饮业油烟废气都可能通过自然通风进入室内。大气中的这些污染源造成室内环境中的二氧化硫、二氧化氮、一氧化碳、可吸入颗粒物、TVOC 等污染物的浓度升高。一些靠近高架公路或沿马路的住户开窗通风的弊端更大。城市噪声也会成为一种污染影响室内环境。即使在绿化较好的城市生态小区、别墅区中，在春秋季节也可能将小区空气中的花粉引入室内。

其次，由于大量使用空调，为了节能，现代化建筑的密闭性能越来越好。许多高层建筑的窗户只有采光功能，不能开启。许多楼层的室内空气压力为正压，依靠压力通过建筑的天井等通道排出建筑内的有害气体。在这种建筑中，不能靠开窗进行通风。而必须采用其他的机械式通风方法。

2. 机械通风

利用电能来驱动通风装置的通风方式叫机械通风。机械通风一般分为正压式送风与负压式排风两大类。一些要求较高的场合也有采用送、排风联动的方式。

正压式送风即用风机作为动力，将户外的空气送入室内，将室内的空气通过建筑的缝隙或特意开启的出风口排出。由于送入的气量大于排出的气量，因此，室内的空气对大气呈正压。负压式排风即用风机作为动力，将户外的空气抽至室外，同时户外的新鲜空气通过建筑的缝隙或特意开启的进风口进入室内。由于抽出的气量大于进入的气量，因此，室内的空气对大气呈负压。送、排风联动的方式即指分别设置送风机与排风机，根据需要通过调节控制送风机与排风机控制阀的开度来调节送、排风的气量。

12.5 咨询接待人员的礼仪

企业在日常经营业务时，室内环境治理员接待客户的工作是必不可少的。室内环境治理员除了需要掌握必要的专业知识之外，还应注重接待中的礼仪。室内环境治理员接待中的礼仪表现与企业形象密切相关。所以，接待来访的礼仪应当受到重视。

接待来访礼仪主要包括以下内容：

1）接待时要举止大方，口齿清楚，注意形体、语言、服饰等。

2）服饰要整洁、端庄、得体；女性化妆应尽量淡雅。

3）认真倾听来访者的叙述。

4）对来访者的提问不要轻率表态，应思考后再回答。对一时不能作答的，可以提出另外约定一个时间后再联系。

5）对能够马上答复的或立即可办理的事，应当场答复，迅速办理，尽量使来访者满意而归。

6）来访者的意见与自己不一致时，应当尽量耐心地予以解释，不要与来访者争辩，更不能激怒来访者。

7）主动向来访者呈上企业的介绍资料和自己的名片，并请来访者赐予名片。如来访者不带名片，应当详细记录来访者的姓名、联系方式等信息资料，以备日后的联系及进一步开展业务。

8）对来访者反映的问题，应作简短扼要的记录。

9）接待时要专心致志，如接待中有要紧的电话或有其他人找你，必须需要你暂停接待的情况下，应当向来访者表示歉意。处理完后立即回来继续接待，不要让来访者久等。

10）结束接待后，要恭送来访者至企业门口或楼层的电梯口。

12.6　接受业务的程序

接待客户来访或来电咨询有关家庭居室环境空气质量检测与治理的相关问题，记录有关客户所提问题的信息资料。

1. 操作步骤

（1）记录客户各房间空气质量检测相关信息资料　根据来访或来电咨询与了解情况，详细填写客户的各房间空气质量检测基本信息，见表12-22，以便进一步跟踪服务。

表12-22　各房间空气质量检测的基本信息表

房间名称									
甲醛									
苯、甲苯、二甲苯									
氨									
TVOC									
二氧化碳									
一氧化碳									
可吸入颗粒物									
细菌									
氡									

（2）记录客户根据的相关信息资料　根据来访或来电咨询与了解情况，详细填写客户居室所用装修材料应提供的空气检测的相关信息资料，见表12-23，以便进一步跟踪服务。

表 12-23　根据所用装修材料应提供的有关空气检测的相关信息表

检测项目 / 材料名称	甲醛	苯类	TVOC	氡	氨	甲苯二异氰酸脂	可溶性重金属	氯乙烯	其他
人造板及其制品	✓								
溶剂性木器涂料			✓			✓	✓		
内墙涂料	✓		✓				✓		
胶粘剂	✓	✓	✓			✓			
木家具	✓				✓		✓		
壁纸	✓						✓	✓	
聚氯乙烯卷材地板	✓		✓				✓	✓	
地毯	✓		✓						✓
大理石				✓					

注："✓"为需检测项目。

将客户提供的有关室内空气中有关的污染物的浓度填入表 12-24。

表 12-24　有关室内空气质量检测与治理的问题表格

检测情况记录
房间 1
甲醛：　　mg/m^3；苯：　　mg/m^3；甲苯：　　mg/m^3；二甲苯：　　mg/m^3；
TVOC：　　mg/m^3；氨：　　mg/m^3；二氧化碳：　　%（体积分数）；一氧化碳：　　mg/m^3；
二氧化硫：　　mg/m^3；二氧化氮：　　mg/m^3；臭氧：　　mg/m^3；
细菌：　　cfu/m^3；可吸入颗粒物　　mg/m^3；氡　　Bq/m^3
检测报告情况：
检测日期：
检测单位名称：　　　　检测单位有否 CMA 资质

（3）记录客户的相关问题　根据来访或来电咨询与了解情况，详细填写客户居室环境过去治理的相关信息资料，见表 12-25，以便进一步跟踪服务。

表 12-25　居室环境过去治理的相关信息表一

房间名称 / 采用方法							
通风法							
涂敷法							
喷雾法							
光催化法							
清洗法							
空气净化器							
中央空调清洗							
中央空调净化消毒装置							

通过询问，将客户提供的有关室内环境治理的进一步信息填入表 12-26。

表 12-26　居室环境过去治理的相关信息表二

治理情况	
空调是否定期清洗	
有否机械通风净化系统	
有否使用空气净化设备	
有否使用空调空气净化消毒装置	
有否使用空气清新剂	
有否使用负离子发生器	
有否使用光催化涂层	内墙:□有 □否;家具:□有 □否;
有否使用甲醛捕捉剂等药剂	内墙:□有 □否;家具:□有 □否;

2. 注意事项

1）室内环境的检测是十分必要的。在实际操作时，应当详细了解室内每一个功能房间空气中可能存在的污染物名称与浓度，这一项操作将影响到对室内环境质量的评价、治理方案的制订与治理实施。

2）在实际操作时，如用户曾经做过测试，则应检查测试报告的有效性，并应考虑污染物是否有反弹的问题。有条件的应当在近期进行全面的检测，并详细记录。

3）在实际操作时，如用户曾经做过某种治理，则应检验以往治理的有效性，并应考虑污染物是否有反弹的问题。专业的治理应当考虑时效的问题。一般情况下，专业的治理与有效的售后服务应当保证室内污染物在 1 ~2 年内不产生反弹超标。

12.7　客户的回访

作为室内环境检测业务的公司，公司的服务水平与质量，是关系到公司的生存与发展，同时进行客户回访是掌握客户对检测内容是否明确、服务态度是否达标进行的问卷回访。这是我们必须掌握的。特别是室内环境污染经过检测与治理，是否达到了健康居住的标准，还存在哪些问题，都是检测部门需要掌握的。为此，在客户回访中，要如实填写好表 12-27 表格的内容。

表 12-27　质量反馈调查表（电话回访）

回访 \ 姓名						
电话						
采样						
采样人员						
1. 是否准时到达	是　否	是　否	是　否	是　否	是　否	是　否
2. 服务态度如何	好　一般　不好	好　一般　不好	好　一般　不好	好　一般　不好	好　一般　不好	好　一般　不好
3. 人员素质如何	好　一般　不好	好　一般　不好	好　一般　不好	好　一般　不好	好　一般　不好	好　一般　不好

（续）

回访＼姓名/电话/采样						
检测报告						
1. 是否及时收到	是　否	是　否	是　否	是　否	是　否	是　否
2. 结论叙述如何	简单 复杂 恰当	简单 复杂 恰当	简单 复杂 恰当	简单 复杂 恰当	简单 复杂 恰当	简单 复杂 恰当
3. 检测结果	满意 一般 不满意	满意 一般 不满意	满意 一般 不满意	满意 一般 不满意	满意 一般 不满意	满意 一般 不满意
咨询服务						
1. 服务态度如何	好 一般 不好					
2. 回答内容如何	满意 一般 不满意					
建议和意见						

第13章　室内环境污染治理存在的误区及应注意的问题

室内空气污染治理是要在民用建筑设计、建设过程、装饰装修等过程中，以我国已经颁布实施的室内空气质量标准或规范中的检测标准和判定标准为依据，在建筑材料、装饰装修材料的选择、施工全过程中对能引起室内空气污染的污染源进行预测与分析、选择材料、治理污染物及治理后检测质量并验收，以实现良好的室内环境。

根据绿色建筑的含义，绿色室内环境主要是指无污染、无公害、可持续、有助于人体健康的室内环境，在室内环境的建筑、设计和装饰中，不仅要满足消费者的正常居住和审美需求，还要满足消费者对人身安全和健康的需求。

首先，在设计上，力求简洁、实用，尽可能地选用节能、生态型、可持续发展的绿色建筑材料、装饰装修材料，还要特别注意室内环境条件，合理搭配装饰材料，充分考虑室内空间的承载量和通风量。

其次，在工艺上，选用无毒、无害、无污染的施工工艺，降低施工中粉尘、噪声、废气、废水对环境的污染和破坏，并重视对垃圾的处置。

第三，在装修材料的选择上，严格执行标准和规范中规定的建筑材料、室内装饰装修材料等级和限量规定，选用绿色、生态、环保、安全的装饰装修材料，减小装修度或承载量，提高装修后的空气质量；要尽量选用资源利用率高的材料，如用复合材料代替实木；选用可再生利用的材料，如玻璃、铁艺件、铝扣板等；选用低资源消耗的复合型材料，如塑料管材、人造板材等。

尽管我国室内空气质量标准和规范的实施和执行已经有多年，但是，由于室内环境保护和污染治理是一个新兴产业，人们对室内空气质量的重视程度不同，对室内环境重要性的认识也不一致，因此，还存在许多误区，重点表现在如下方面：

1. 先建设后治理

从我国全社会民用工程建筑建设的现状来看，这是最为普遍的认识误区，是对室内空气污染治理认识不足造成的。

首先从我国现有颁发的室内空气质量相关标准和规范的内容来看：没有一部标准或规范，在建筑工程、装饰装修工程中，列出了防止污染的施工工艺、规定或标准程序，只是规定了材料的检测、等级限量和选用。也没有对相关使用量、承载度的控制要求。

而基本上所有的建筑工程、装饰装修工程，或多或少地存在室内环境污染现象，只是污染物种类的多少、污染量大小不同。我国大型公共建筑、特别是现有精装修住宅，室内环境污染现象日益严重，尽管根据室内质量标准和建筑规范的要求，进行了材料选择等过程控制，但并不等于没有室内环境污染。值得一提的是，目前所有室内环境污染治理，并没有一蹴而就的技术和产品，只是对室内环境中污染物降低的能力大小、时间长短不同。换句话说，对由建筑材料、室内装饰装修引起的室内环境污染的治理是一个长期和复杂的过程。因此，要真正实现绿色住宅、绿色建筑，我们还有很长的路要走。